• 从零开始学编程 •

从零开始学 Java（第3版）

◎ 郭现杰　张权　编著

電子工業出版社
Publishing House of Electronics Industry
北京•BEIJING

内容简介

本书针对初学和自学读者的特点，以通俗易懂的语言讲解 Java 语言编程。全书内容分为六篇共 23 章，讲解了 Java 的各个方面，主要内容包括 Java 语言的环境配置、基本语法、流程控制语句、字符串处理、数组、面向对象、图形界面设计、输入/输出、异常处理、网络编程、数据库及 Java Web 基础 JSP 和 Servlet。最后通过一个大型项目——教务管理系统贯穿所有所学知识点，让读者更好地掌握 Java 语言编程开发。

本书包含大量实例，让读者在实战中体会编程的快乐。为方便读者学习，本书附带大容量资源包，其中包含书中用到的所有实例代码、配套 PPT 教案及视频教程。建议读者边学边练，可快速提高单独开发项目的能力。本书适合想从事软件开发的入门人员、Java 自学者及初级软件程序员与信息技术人员阅读。

未经许可，不得以任何方式复制或抄袭本书之部分或全部内容。
版权所有，侵权必究。

图书在版编目（CIP）数据

从零开始学 Java / 郭现杰，张权编著. —3 版. —北京：电子工业出版社，2017.1
（从零开始学编程）
ISBN 978-7-121-30273-2

Ⅰ. ①从… Ⅱ. ①郭… ②张… Ⅲ. ①JAVA 语言－程序设计 Ⅳ. ①TP312.8

中国版本图书馆 CIP 数据核字(2016)第 265119 号

策划编辑：牛　勇
责任编辑：徐津平
印　　刷：北京捷迅佳彩印刷有限公司
装　　订：北京捷迅佳彩印刷有限公司
出版发行：电子工业出版社
　　　　　北京市海淀区万寿路 173 信箱　　邮编：100036
开　　本：787×1092　1/16　印张：23.75　字数：665 千字
版　　次：2012 年 7 月第 1 版
　　　　　2017 年 1 月第 3 版
印　　次：2021 年 9 月第 10 次印刷
定　　价：59.80 元

凡所购买电子工业出版社图书有缺损问题，请向购买书店调换。若书店售缺，请与本社发行部联系，联系及邮购电话：（010）88254888，88258888。

质量投诉请发邮件至 zlts@phei.com.cn，盗版侵权举报请发邮件至 dbqq@phei.com.cn。

本书咨询联系方式：010-51260888-819　faq@phei.com.cn。

前言

Java 语言自诞生以来，经过十多年的发展和应用，已经成为非常流行的编程语言，根据权威编程语言排行榜显示，它始终居于第一位。现在全球已有超过 15 亿台手机和手持设备应用 Java 技术。同时，Java 技术因其跨平台特性和良好的可移植性，成为广大软件开发技术人员的挚爱，是全球程序员的首选开发平台之一。

日益成熟的 Java 语言编程技术现在已无处不在，使用该编程技术可以进行桌面程序应用、Web 应用、分布式系统和嵌入式系统应用开发，并且在信息技术等各个领域得到广泛应用。

本书全面讲解了 Java 语言基础，通过实例介解读 Java 语言的编程技术和开发过程。关于 Java 的技术很多，只有学好编程基础，再学习深入的高级技术时才能得心应手，快学快用。

改版说明

本书前面两版已经销售了数万册，广受读者欢迎，这次改版主要在如下几个方面进行了完善与升级：

1．修订了书中的个别错误。

2．增加了大量的代码注释，让书中代码的可读性更强，即使以前没有学过编程，也能轻松读懂代码。

3．大部分章节最后增加了“典型实例”版块，全书增加了 42 多段经典 Java 代码，帮助读者掌握相关知识的精髓。

4．赠送《Java 项目开发案例导航》与《Java Web 项目开发案例导航》电子书及配套代码文件，分别包含 10 个不同类型的项目案例完整开发过程，显著提升项目开发实战水平。

5．赠送《Java 程序设计经典 300 例》电子书及配套代码文件，精心收录 300 个经典开发案例，全面覆盖 Java 开发技术，实践出真知。

6．赠送《Java 程序员面试指南》电子书，内含 200 多个经典面试题及解析，在提高开发水平的同时快速提升面试能力。

本书优势

1. 由浅入深

本书从 Java 语言的发展、开发环境及基本语法知识入手，逐步介绍了 Java 的基本概念、面向对象基础、图形界面程序的开发、网络程序开发及数据库应用程序的开发。即使读者没有任何编程基础，也能够很快掌握 Java 语言编程的各种技术。

2. 技术全面

本书从 Java 的基本概念入手，拓展到 Swing、编程异常、线程、网络编程、数据库编程、JSP 和 Servlet 等高级技术，以及对面向对象程序设计的主要原理和方法的介绍，可以让读者学得更充实。

3. 示例讲解

本书每讲解到语法使用、编程要点时都会以示例的形式展现给读者如何具体应用，让读者在实践中得真知，并列举了大量翔实的情境插图，使读者更容易理解客观的理论知识。书中的示例代码都可以直接用在以后的实战应用当中。

4. 辅助学习

为帮助读者学习，本书附带大容量资源包，其中包含书中用到的所有示例代码、PPT 教案及长达数个小时的视频教程。

本书内容

第一篇　Java 基础（1~5 章）

本篇主要讲解了 Java 语言的历史、特性、基本语法、数据类型、数组、程序控制语句和对字符串的处理，让读者对 Java 语言有一定的了解。通过学习本篇可以掌握 Java 的基本知识点，为以后的编程开发打好基础。

第二篇　Java 面向对象（6~9 章）

本篇主要介绍了面向对象编程的内容及特性，类、对象、继承、接口及集合等内容的使用，可以帮助读者从理论的角度理解什么是面向对象设计思想。

第三篇　Swing（10~13 章）

本篇主要内容包括 Java 图形界面开发知识，详细介绍了 Swing 组件、标准布局及事件的处理。读者通过学习本篇可以开发出漂亮的图形界面。

第四篇　Java 编程技术（14~19 章）

本篇包括了 Java 高级编程的相关技术，对程序异常处理、并发程序线程、网络程序定义使用和输入/输出进行了讲解，这些都是较难理解和掌握的。本篇还介绍了数据库应用程序的开发及使用 Swing 组件创建数据库开发程序。读者可以自己多做练习，以便更快地掌握这些 Java 高级编程技术。

第五篇　Java Web 基础（20~21 章）

本篇对 Web 开发程序进行了一些基础讲解，让读者对 Web 开发也有一定的认识和了解。本篇主要介绍了 JSP 程序设计和 Servlet 的一些基础知识及使用。

第六篇　Java 实战（22~23 章）

本篇通过两章内容详细讲解了教务管理系统设计，让读者全面地认识到如何开发程序、如何分析业务流程、如何对程序需求进行分析，这些都是程序员必备的知识。读者可以应用前面所学的知识开发这套教务管理系统，学会独立开发程序。

配套资源包内容

- ❑ 本书示例代码。
- ❑ 本书教学视频。
- ❑ 本书 PPT 教案。
- ❑ 众多电子书、实战代码等丰富赠品。

配套资源包下载地址为 http://www.broadview.com.cn/30273，教学视频讲解基于 Java Platform (JDK) 7u1 版本，操作方法和 Java Platform (JDK) 7u67 版本基本一致。

本书适合的读者

- ❑ 想从事软件开发的入门者。
- ❑ Java 自学者。
- ❑ 初级软件程序员。
- ❑ 从其他语言迁移过来的开发人员。
- ❑ 大中专院校相关专业的学生。
- ❑ 社会培训班学员。

目　录

第一篇　Java 基础

第 1 章　第一个 Java 程序——HelloWorld（教学视频：14 分钟）........ 1

1.1　Java 语言简介........1
1.1.1　Java 语言的历史........1
1.1.2　Java 语言的优点........2
1.1.3　发展前景........2
1.2　工作原理........3
1.2.1　Java 虚拟机（JVM）........3
1.2.2　无用内存自动回收机制........4
1.2.3　代码安全性检查机制........4
1.3　搭建 Java 程序开发环境........4
1.3.1　系统要求........4
1.3.2　下载 Java 程序开发工具包 JDK....4
1.3.3　安装 JDK........5
1.3.4　在 Windows 系统下配置 JDK........7
1.4　开发第一个 Java 应用程序........9
1.4.1　Eclipse 编写 HelloWorld........9
1.4.2　源文件与命令行执行 HelloWorld........12
1.4.3　Java 应用程序的基本结构........14
1.5　典型实例........14

第 2 章　Java 变量、数据类型、运算符（教学视频：20 分钟）... 15

2.1　标识符和关键字........15
2.1.1　标识符........15
2.1.2　标识符命名规则........15
2.1.3　关键字........15
2.2　常量与变量........16
2.2.1　常量概念及声明........16
2.2.2　枚举类型........16
2.2.3　变量概念及声明........17
2.2.4　变量的作用域........18
2.3　基本数据类型........19
2.3.1　整型........19
2.3.2　浮点型........20
2.3.3　布尔型........20
2.3.4　字符型........20
2.3.5　数据类型转换........21
2.4　运算符........22
2.4.1　算术运算符........23
2.4.2　赋值运算符........23
2.4.3　关系运算符........24
2.4.4　逻辑运算符........24
2.4.5　位运算符........25
2.4.6　自增自减运算符........27
2.4.7　三元运算符........28
2.4.8　运算符的优先级........28
2.5　典型实例........29

第 3 章　数组（教学视频：25 分钟）......34

3.1　数组的概念........34
3.1.1　什么是数组........34
3.1.2　数组的特点........34

3.1.3 数组的规则 34
3.2 一维数组 35
3.2.1 声明一维数组 35
3.2.2 初始化一维数组 35
3.2.3 访问一维数组 36
3.2.4 修改一维数组元素 36
3.3 数组的常用操作 37
3.3.1 数组长度 37
3.3.2 数组填充 37
3.3 数组复制 38
4 数组比较 38
数组排序 39
在数组中搜索指定元素 40
把数组转换为字符串 40
数组 41
明二维数组 41
二维数组 41
二维数组 42
维数组 42
.... 43
和循环结构
视频：23 分钟）... 51
.... 51
.... 51
.... 52
.... 53
.... 54
.... 55
.... 56
.... 56
.... 56
.... 57
.... 58
.... 59
.... 60
.... 62
.... 62
4.3.2 continue 跳转语句 62
4.3.3 break 与 continue 的区别 63
4.3.4 return 跳转语句 64
4.4 典型实例 64
第 5 章 字符串处理
（教学视频：25 分钟）... 70
5.1 字符 70
5.2 字符串 71
5.2.1 字符串声明与赋值 71
5.2.2 获取字符串长度 72
5.3 字符串基本操作 72
5.3.1 字符串连接 72
5.3.2 字符串比较 73
5.3.3 字符串截取 74
5.3.4 字符串查找 74
5.3.5 字符串替换 75
5.3.6 字符串与字符数组 75
5.3.7 字符串其他常用操作 76
5.4 StringBuffer 类 77
5.4.1 认识 StringBuffer 类 77
5.4.2 StringBuffer 类提供的操作方法 ... 77
5.4.3 StringBuffer 实例 77
5.4.4 String 类与 StringBuffer 类对比 .. 78
5.5 典型实例 78
第二篇 Java 面向对象
第 6 章 面向对象
（教学视频：30 分钟）... 82
6.1 面向对象编程简介 82
6.1.1 类 82
6.1.2 对象 82
6.1.3 继承 83
6.1.4 接口 84
6.1.5 包 84
6.2 类 84
6.2.1 基本结构 84
6.2.2 类变量 86

6.2.3 类方法......86
6.2.4 类方法命名......87
6.2.5 调用类方法......87
6.2.6 方法重载......88
6.2.7 构造方法......88
6.2.8 方法返回值......89
6.3 抽象类和抽象方法......89
6.3.1 抽象类......89
6.3.2 抽象类实例......89
6.3.3 抽象类的类成员......90
6.3.4 抽象方法......91
6.3.5 抽象类与接口对比......91
6.4 嵌套类......91
6.4.1 嵌套类定义......91
6.4.2 内部类......92
6.4.3 静态嵌套类......92
6.5 对象......92
6.5.1 对象实例......92
6.5.2 创建对象......94
6.5.3 使用对象......96
6.6 this、static、final 关键字......96
6.6.1 this 关键字......96
6.6.2 static 关键字......97
6.6.3 final 关键字......97
6.7 控制对类的成员的访问......97
6.8 标注......98
6.8.1 标注用法......98
6.8.2 文档标注......98
6.9 典型实例......99

第 7 章 继承（教学视频：20 分钟）... 104

7.1 继承概述......104
7.1.1 什么是继承......104
7.1.2 类的层次......105
7.1.3 继承示例......105
7.1.4 继承优点......106
7.2 对象类型转换......106
7.2.1 隐式对象类型转换......106
7.2.2 强制对象类型转换......107
7.2.3 使用 instanceof 运算符......107
7.3 重写和隐藏父类方法......107
7.3.1 重写父类中的方法......108
7.3.2 隐藏父类中的方法......108
7.3.3 方法重写和方法隐藏后的修饰符109
7.3.4 总结......109
7.4 隐藏父类中的字段......110
7.5 子类访问父类成员......111
7.5.1 子类访问父类私有成员......111
7.5.2 使用 super 调用父类中重写的方法......112
7.5.3 使用 super 访问父类中被隐藏的字段......112
7.5.4 使用 super 调用父类的无参构造方法......11
7.5.5 使用 super 调用父类的带参构造方法......1
7.5.6 构造方法链......
7.6 Object 类......
7.7 典型实例......

第 8 章 接口和包（教学视频：16 分钟）...

8.1 接口的概念......
8.1.1 为什么使用接口......
8.1.2 Java 中的接口......
8.1.3 作为 API 的接口......
8.1.4 接口和多继承......
8.1.5 Java 接口与 Java 抽象类的区别......
8.2 定义接口......
8.2.1 声明接口......
8.2.2 接口体......
8.3 实现接口......
8.3.1 接口的实现......
8.3.2 接口示例......

8.3.3 接口的继承 125
8.3.4 实现多个接口时的常量和方法冲突问题 125
8.4 包 127
8.4.1 包的概念 127
8.4.2 创建包 127
8.4.3 包命名惯例 127
8.4.4 导入包 128
8.5 典型实例 128

第 9 章 集合（教学视频：17 分钟）... 133

9.1 Java 集合框架 133
9.2 Collection 接口 133
9.2.1 转换构造方法 133
9.2.2 Collection 接口的定义 133
9.2.3 Collection 接口的基本操作 134
9.2.4 遍历 Collection 接口 134
9.2.5 Collection 接口的批量操作 135
9.2.6 Collection 接口的数组操作 135
9.3 Set 接口 136
9.3.1 Set 接口的定义 136
9.3.2 Set 接口的基本操作 137
9.3.3 Set 接口的批量操作 138
9.3.4 Set 接口的数组操作 139
9.4 List 接口 139
9.4.1 List 接口的定义 139
9.4.2 从 Collection 继承的操作 139
9.4.3 按位置访问和查找操作 140
9.4.4 List 迭代方法 141
9.5 Map 接口 142
9.5.1 Map 接口的定义 142
9.5.2 Map 接口的基本操作 143
9.5.3 Map 接口的批量操作 144
9.6 实现 144
9.6.1 实现的类型 144
9.6.2 Set 接口的实现 145
9.6.3 List 接口的实现 146
9.6.4 Map 接口的实现 146
9.7 典型实例 147

第三篇 Swing

第 10 章 第一个图形界面应用程序（教学视频：12 分钟）... 157

10.1 Swing 简介 157
10.1.1 Swing 157
10.1.2 Swing 特点 157
10.2 创建第一个图形界面程序 158
10.3 Swing 顶层容器 159
10.3.1 Swing 中的顶层容器类 159
10.3.2 容器层 161
10.3.3 组件使用 161
10.3.4 添加菜单栏 162
10.3.5 根面板 162
10.4 JFrame 类创建图形界面窗体 162
10.4.1 创建窗体 162
10.4.2 创建窗体示例 163
10.4.3 设置窗口 164
10.4.4 窗口关闭事件 165
10.4.5 窗体 API 166
10.5 典型实例 167

第 11 章 Swing 组件（教学视频：24 分钟）... 171

11.1 JComponent 类 171
11.2 常用基本组件 172
11.2.1 按钮组件 JButton 172
11.2.2 复选框组件 JCheckBox 172
11.2.3 单选按钮组件 JRadioButton 173
11.2.4 文本框组件 JTextField 173
11.2.5 密码框组件 JPasswordField 173
11.2.6 组合框组件 JComboBox 173
11.2.7 滑块组件 JSlider 174
11.2.8 微调组制组件 JSpinner 174
11.2.9 菜单组件 JMenu 174
11.3 不可编辑的信息显示组件 175

11.3.1 标签组件 JLabel........................175
11.3.2 进度条组件 JProgressBar 175
11.3.3 工具提示组件 JToolTip............175
11.4 Swing 高级组件........................176
11.4.1 颜色选择器 JColorChooser 176
11.4.2 文件选择器 JFileChooser 176
11.4.3 文本编辑组件 JEditorPane 和 JTextPane 177
11.4.4 文本区组件 JTextArea.............178
11.4.5 表组件 JTable..........................178
11.4.6 树组件 JTree 179
11.4.7 面板组件 JPanel.......................180
11.4.8 滚动面板 JScrollPane 180
11.4.9 分割面板 JSplitPane 181
11.4.10 选项卡面板 JTabbedPane 181
11.4.11 工具栏 JToolBar 182
11.5 典型实例..................................182

第 12 章 标准布局
（教学视频：18 分钟）.... 189

12.1 标准布局管理器简介...............189
12.1.1 BorderLayout 边框布局............189
12.1.2 BoxLayout 布局 189
12.1.3 CardLayout 卡片布局 190
12.1.4 FlowLayout 流动布局..............191
12.1.5 GridLayout 网格布局...............191
12.1.6 GridBagLayout 网格包布局 191
12.2 布局管理器的使用...................192
12.2.1 使用 BorderLayout..................192
12.2.2 使用 BoxLayout 193
12.2.3 使用 CardLayout 193
12.2.4 使用 FlowLayout.....................194
12.2.5 使用 GridLayout......................194
12.2.6 使用 GridbagLayout.................194
12.3 使用布局管理器技巧...............195
12.3.1 设置布局管理器 195
12.3.2 向容器中添加组件 196
12.3.3 提供组件大小和排列策略 196
12.3.4 设置组件之间的间隙...............196
12.3.5 设置容器的语言方向...............196
12.3.6 选择布局管理器.......................197
12.4 典型实例..................................198

第 13 章 事件处理
（教学视频：13 分钟）.....205

13.1 事件处理原理...........................205
13.1.1 事件处理模型..........................205
13.1.2 事件类型.................................206
13.1.3 监听器类型.............................207
13.2 动作事件..................................208
13.2.1 动作事件步骤..........................208
13.2.2 动作事件过程..........................208
13.2.3 按钮触发动作事件 209
13.2.4 文本框触发事件 210
13.3 选项事件..................................211
13.3.1 选项事件步骤..........................211
13.3.2 选项事件过程..........................212
13.4 列表选择事件...........................212
13.4.1 列表事件步骤..........................212
13.4.2 列表事件过程..........................212
13.5 焦点事件..................................213
13.5.1 焦点事件步骤..........................213
13.5.2 焦点事件过程..........................213
13.6 键盘事件..................................214
13.6.1 键盘事件步骤..........................214
13.6.2 处理键盘过程..........................214
13.7 鼠标事件..................................215
13.7.1 鼠标事件步骤..........................215
13.7.2 鼠标事件过程..........................215
13.8 鼠标移动事件...........................216
13.8.1 鼠标移动事件步骤..................216
13.8.2 鼠标移动事件过程..................216
13.9 典型实例..................................217

第四篇　Java 编程技术

第 14 章　异常处理

（教学视频：16 分钟）..... 223

14.1　Java 异常........223
14.1.1　编译错误........223
14.1.2　运行错误........223
14.1.3　逻辑错误........224
14.1.4　异常处理机制........225
14.1.5　异常处理类........225
14.1.6　异常处理原则........227
14.2　处理异常........227
14.2.1　try-catch 语句........228
14.2.2　多个 catch 子句........228
14.2.3　finally 子句........229
14.2.4　可嵌入的 try 块........229
14.3　抛出异常........230
14.3.1　使用 throws 抛出异常........230
14.3.2　使用 throw 抛出异常........231
14.3.3　异常类常用方法........232
14.4　自定义异常........232
14.4.1　创建自定义异常类........232
14.4.2　处理自定义异常........232
14.5　典型实例........233

第 15 章　输入与输出

（教学视频：14 分钟）..... 235

15.1　流........235
15.1.1　流的概念........235
15.1.2　输入流与输出流........236
15.1.3　字节流与字符流........237
15.2　字节流........237
15.2.1　InputStream 类与 OutputStream 类........237
15.2.2　FileInputStream 类与 FileOutputStream 类........238
15.2.3　BufferedInputStream 类与 BufferedOutputStream 类........239
15.3　字符流........240
15.3.1　Reader 类和 Writer 类........240
15.3.2　FileReader 类和 FileWriter 类...240
15.3.3　BufferedReader 类和 BufferedWriter 类........242
15.3.4　PrintStream 类和 PrintWriter 类........243
15.4　实现用户输入........243
15.4.1　使用 System.in 获取用户输入....243
15.4.2　使用 Scanner 类获取用户输入...244
15.5　典型实例........244

第 16 章　线程

（教学视频：18 分钟）...251

16.1　线程概念........251
16.1.1　线程的属性........251
16.1.2　线程的组成........252
16.1.3　线程的工作原理........252
16.1.4　线程的状态........253
16.1.5　线程的优先级........253
16.1.6　进程的概念........253
16.1.7　线程和进程的区别........254
16.2　线程对象........254
16.2.1　线程对象和线程的区别........254
16.2.2　定义并启动一个线程........255
16.2.3　使用 Sleep 暂停线程执行........255
16.2.4　中断线程........256
16.2.5　join 方法........256
16.2.6　死锁........257
16.3　线程同步........257
16.3.1　同步方法........257
16.3.2　固定锁和同步........258
16.4　典型实例........259

第 17 章　网络编程

（教学视频：8 分钟）.....262

17.1　网络编程基础........262
17.1.1　什么是 TCP 协议........262

17.1.2 什么是 IP 协议......262
17.1.3 什么是 TCP/IP......263
17.1.4 什么是 UDP 协议......263
17.1.5 什么是端口......263
17.1.6 什么是套接字......263
17.1.7 java.net 包......263
17.2 InetAddress 类......264
17.3 URL 网络编程......265
17.3.1 URL......265
17.3.2 标识符语法......266
17.3.3 URLConnection 类......266
17.4 TCP 的网络编程......267
17.4.1 Socket......267
17.4.2 重要的 Socket API......268
17.4.3 服务器端程序设计......268
17.4.4 客户端程序设计......270
17.5 UDP 网络编程......270
17.5.1 UDP 通信概念......270
17.5.2 UDP 的特性......271
17.5.3 UDP 的应用......272
17.5.4 UDP 与 TCP 的区别......272
17.6 典型实例......272

第 18 章 数据库应用程序开发基础（教学视频：22 分钟）......277

18.1 数据库......277
18.1.1 数据库简介......277
18.1.2 数据库中数据的性质......277
18.1.3 数据库的特点......278
18.2 JDBC 概述......278
18.2.1 JDBC 介绍......279
18.2.2 JDBC 的 4 种驱动程序......280
18.2.3 JDBC 对 B/S 和 C/S 模式的支持......281
18.3 java.sql 包......281
18.4 SQL 语句......282
18.4.1 SQL 语句的分类......282
18.4.2 SELECT 语句......282
18.4.3 INSERT 语句......282
18.4.4 UPDATE 语句......283
18.4.5 DELETE 语句......283
18.4.6 CREATE 语句......283
18.4.7 DROP 语句......283
18.5 典型实例......283

第 19 章 使用 Swing 组件创建数据库应用程序（教学视频：10 分钟）......286

19.1 JComboBox 组件创建数据库应用程序......286
19.1.1 创建 JComboBox......286
19.1.2 DefaultComboBoxModel 创建 JComboBox......288
19.2 JList 组件创建数据库应用程序......289
19.2.1 DefaultListModel 创建 JList......289
19.2.2 ListModel 创建 JList......290
19.3 JTable 组件创建数据库应用程序......291
19.3.1 JTable 相关的类......291
19.3.2 DefaultTableModel 创建 JTable......292
19.4 典型实例......293

第五篇 Java Web 基础

第 20 章 JSP（教学视频：25 分钟）......297

20.1 JSP 简介......297
20.1.1 MVC 模式......297
20.1.2 JSP 技术的优点......298
20.2 基本语法......298
20.2.1 注释......298
20.2.2 JSP 指令......299
20.3 JSP 脚本元素......302
20.3.1 JSP 声明......302
20.3.2 JSP 表达式......302

20.4 JSP 动作....................................303
20.4.1 include 动作元素......................303
20.4.2 forword 动作元素......................304
20.4.3 plugin 动作元素........................304
20.4.4 param 动作元素........................305
20.4.5 useBean 及 setProperty 和 getProperty 动作元素................305
20.5 JSP 内置对象..........................307
20.5.1 request 对象..............................308
20.5.2 response 对象...........................309
20.5.3 session 对象..............................309
20.5.4 application 对象.......................310
20.5.5 out 对象....................................311
20.5.6 config 对象................................312
20.5.7 exception 对象...........................313
20.5.8 pageContext 对象......................313
20.6 典型实例....................................314

第 21 章 Servlet（教学视频：23 分钟）..... 318

21.1 Servlet 简介..............................318
21.1.1 什么是 Servlet..........................318
21.1.2 Servlet 的生命周期....................318
21.1.3 Servlet 的基本结构....................319
21.2 HTTPServlet 应用编程接口.........................319
21.2.1 init()方法..................................320
21.2.2 service()方法.............................320
21.2.3 doGet()方法...............................320
21.2.4 doPost()方法..............................320
21.2.5 destroy()方法.............................320
21.2.6 GetServletConfig()方法............321
21.2.7 GetServletInfo()方法................321
21.3 创建 HttpServlet........................321
21.4 调用 HttpServlet........................322
21.4.1 由 URL 调用 Servlet................322
21.4.2 在<FORM>标记中指定 Servlet..............................323
21.4.3 在<SERVLET>标记中指定 Servlet..............................323
21.4.4 在 ASP 文件中调用 Servlet.....324
21.5 Servlet 之间的跳转..................324
21.5.1 转向（Forward）....................324
21.5.2 重定向（Redirect）................325
21.6 典型实例....................................326

第六篇 Java 实战

第 22 章 案例：教务管理系统（一）........330

22.1 总体设计与概要说明................330
22.1.1 功能模块划分..........................330
22.1.2 功能模块说明..........................330
22.2 业务流程图................................331
22.2.1 登录模块流程..........................331
22.2.2 班主任管理模块流程..............332
22.2.3 教务主任管理模块..................332
22.2.4 人事管理模块..........................332
22.3 数据库设计................................333
22.3.1 数据库需求分析......................333
22.3.2 数据库概念结构设计..............333
22.3.3 数据库逻辑结构设计..............335
22.3.4 数据库结构的实现..................338

第 23 章 案例：教务管理系统（二）........340

23.1 应用程序实现............................340
23.2 实现登录模块............................341
23.3 管理界面介绍............................342
23.4 实现修改密码模块....................344
23.4.1 jbInit()方法..............................346
23.4.2 修改用户权限..........................347
23.4.3 修改用户密码..........................347
23.5 实现“关于”对话框................348
23.6 实现人事管理模块....................349
23.6.1 退出系统管理..........................351
23.6.2 创建组件及处理事件..............353

23.6.3 动态显示登录者相关信息 355
23.6.4 员工个人信息的查询 357
23.6.5 事件处理方法回调 357
23.7 实现 TeacherInfoBean 信息封装类...............................359
23.8 实现 DepartmentAction、TeacherAction 业务处理类 360
23.8.1 实现 DepartmentAction 类 360
23.8.2 实现 TeacherAction 类 361
23.9 软件部署....................................365
23.9.1 组织程序所需资源.................. 365
23.9.2 运行和测试程序....................... 366
23.10 项目总结.................................366

第一篇　Java 基础

第1章　第一个Java程序——HelloWorld

Java是Sun公司于1995年推出的高级编程语言，具有跨平台的特性，它编译后的程序能够运行在多种类型的操作系统平台上。在当前的软件开发行业中已经成为主流，JavaSE、JavaEE技术已经发展成应用软件开发技术。Java在互联网的重要性可见一斑。

1.1　Java 语言简介

Java 可以开发出安装和运行在本机上的桌面程序、通过浏览器访问的面向 Internet 的应用程序，以及能够做出非常优美的图像效果。目前，Java 成为了许多从事软件开发工作的程序员的首选开发语言。下面的章节将对其发展历史及应用进行介绍。

1.1.1　Java 语言的历史

Java 是印度尼西亚爪哇岛的英文名称，因盛产咖啡而闻名。在 Java 中，许多库类名称都与咖啡有关，如 JavaBeans（咖啡豆）、NetBeans（网络豆）及 ObjectBeans（对象豆），等等。它的标识也正是一杯正冒着热气的咖啡。

Java 的历史：

1991 年 4 月，Sun 公司开发了一种名为 OaK 的语言来对其智能消费产品（如电视机、微波炉等）进行控制。

1995 年 5 月，Sun 公司正式以 Java 来命名这种自己开发的语言。

1998 年 12 月，Sun 公司发布了全新的 Java 1.2 版，标志着 Java 进入了 Java 2.0（Java two）时代，Java 也被分成了现在的 J2SE、J2EE 和 J2ME 三大平台。这三大平台至今仍满足着不断增长的市场需求。

2002 年 2 月，Sun 公司发布了 JDK 1.4，JDK 1.4 的诞生明显提升了 Java 的性能。

2006 年 6 月，Sun 公司公开 Java SE 6.0。同年公开了 Java 语言的源代码。

2009 年 4 月，甲骨文公司以 74 亿美元收购 Sun 公司，取得 Java 的版权。

2010 年 9 月，JDK 7.0 发布，增加了简单闭包功能。

2011 年 7 月，甲骨文公司发布 Java 7.0 的正式版。

2014 年，甲骨文公司发布 JDK 8.0，新增了对 Lambda 表达式的支持，JDK 有了关键性的提升。不过，JDK8.0 需要安装在 Windows 7 以上操作系统中，为了方便读者学习，本书仍然采用 JDK7.0。

目前，共有 3 个独立的版本，用于开发不同类型的应用程序。

- JavaSE。JavaSE 的全称是 Java Platform Standard Edition（Java 平台标准版），是 Java 技术的核心，主要用于桌面应用程序的开发。
- JavaEE。JavaEE 的全称是 Java Platform Enterprise Edition（Java 平台企业版），主要

应用于网络程序和企业级应用的开发。任何 Java 学习者都需要从 JavaSE 开始入门，JavaSE 是 Java 语言的核心，而 JavaEE 是在 JavaSE 基础上的扩展。

- JavaME。JavaME 的全称是 Java Platform Micro Edition（Java 平台微型版），主要用于手机游戏、PDA、机顶盒等消费类设备和嵌入式设备中。

1.1.2 Java 语言的优点

Java 语言最大的优点是它的跨平台性。一次编写，多处运行。能始终如一地在任何平台上运行，使得系统的移植、平台的迁移变得十分容易。其他优点如下。

- 简单易学：Java 语言的语法与 C 语言和 C++语言很接近，使得大多数程序员很容易学习和使用 Java。另一方面，Java 丢弃了 C++ 中很少使用的、很难理解的、令人迷惑的那些特性，如操作符重载、多继承、自动的强制类型转换。特别是 Java 语言不使用指针，并且提供了自动的废料收集，使得程序员不必为内存管理而担忧，很容易学习。
- 面向对象：Java 语言提供类、接口和继承等原语，为了简单起见，只支持类之间的单继承，但支持接口之间的多继承并支持类与接口之间的实现机制（关键字为 implements）。Java 语言全面支持动态绑定，而 C++ 语言只对虚函数使用动态绑定。总之，Java 语言是一个纯粹的面向对象程序设计语言。
- 安全性：Java 语言不支持指针，只有通过对象的实例才能访问内存，使应用更加安全。
- 可移植性：这种可移植性来源于体系结构的中立性。另外，Java 还严格规定了各个基本数据类型的长度。Java 系统本身也具有很强的可移植性，Java 编译器是用 Java 实现的，Java 的运行环境是用 ANSI C 实现的。

对对象技术的全面支持和平台内嵌的 API，使得 Java 应用具有无比的健壮性和可靠性，这也减少了应用系统的维护费用。

1.1.3 发展前景

自从 Sun 公司被甲骨文公司收购以后，Java 的发展前景就变得扑朔迷离起来，很多程序开发者都感到很迷惑。2010 年 4 月 9 日，被称为 Java 之父的 James Gosling 又在个人博客上宣布离开 Oracle，这一事件更为 Java 的前景增加了一层迷雾。但是在进入 2010 年 5 月份之后，一切开始变得明朗起来。

首先是 Oracle 在 Java 的后续支持方面，宣布了一系列关于 Java 的相关计划。在 Oracle 的活动发布网站上连续发布了多个关于 Java 的推广活动。Oracle 主要产品负责人 Dave Hofert 提到以下问题：

- 商业版本与社区版本之间平台支持的差异。
- 如何获得专家帮助，以帮助企业增强其 Java 应用。
- 对于旧版本的安全修补问题，可使用的发布工具和更新。

在赫尔辛基、斯图加特、布达佩斯、伦敦举行了 Oracle、Sun 专家与用户见面会。在见面会上专家与用户一起探讨 Java 的发展路线，主要讨论的问题包括 Oracle 将如何继续投资和改进 Java 技术，以及如何向用户通报 JavaSE、JavaME 专家团队的最新消息、JavaFX 和 JDK 7.0 最新的消息，以及 Oracle Berkeley DB 的相关信息。

Oracle 绝对不会轻易放弃 Java 这块巨大的蛋糕，并且 Oracle 也开始逐渐学会了对开源社区的尊重。首先在 JDK 的商业版本方面，Oracle 将会继续深入挖掘 Java 的商业利益，与其固有产品进行更深入整合。在社区版本方面，Oracle 将与 Java 开发者一起探讨和研发 Java 的技术。这里需要特别提到的一个产品是 Oracle Berkeley DB，该产品是 Oracle 一直支持的一个开源非关系数据库产品，在 NoSQL 大行其道的今天，如果 Oracle 能够将 Berkeley DB 与 Java 进行深入整合，将会为 Java 带来更多的活力和生命。

1.2 工作原理

Java 语言引入了 Java 虚拟机，具有跨平台运行的功能，能够很好地适应各种 Web 应用。同时，为了提高 Java 语言的性能和健壮性，还引入了如垃圾回收机制等的新功能，通过这些改进让 Java 具有其独特的工作原理。

1.2.1 Java 虚拟机（JVM）

Java 虚拟机（Java Virtual Machine，JVM）是软件模拟的计算机，JVM 是 Java 平台的核心，它可以在任何处理器上（无论是在计算机中还是在其他电子设备中）安全、兼容地执行保存在.class 文件中的字节码。Java 虚拟机的“机器码”保存在.class 文件中，有时也可以称为字节码文件。

Java 程序的跨平台特性主要是指字节码文件可以在任何具有 Java 虚拟机的计算机或电子设备上运行，Java 虚拟机中的 Java 解释器负责将字节码文件解释成为特定的机器码运行。因此在运行时，Java 源程序需要通过编译器编译成为.class 文件。

Java 虚拟机的建立需要针对不同的软硬件平台来实现，既要考虑处理器的型号，也要考虑操作系统的种类。由此在 SPARC 结构、X86 结构、MIPS 和 PPC 等嵌入式处理芯片上，在 UNIX、Linux、Windows 和部分实时操作系统上都可实现 Java 虚拟机。

为了让编译产生的字节码能更好地解释与执行，把 Java 虚拟机分成了 6 个部分：JVM 解释器、JVM 指令系统、寄存器、栈、存储区和碎片回收区。

- JVM 解释器：虚拟机处理字段码的 CPU。
- JVM 指令系统：该系统与计算机很相似，一条指令由操作码和操作数两部分组成。操作码为 8 位二进制数，主要是为了说明一条指令的功能，操作数可以根据需要而定，JVM 有 256 种不同的操作指令。
- 寄存器：JVM 有自己的虚拟寄存器，这样就可以快速地与 JVM 的解释器进行数据交换。为了功能的需要，JVM 设置了 4 个常用的 32 位寄存器：pc（程序计数器）、optop（操作数栈顶指针）、frame（当前执行环境指针）和 vars（指向当前执行环境中第一个局部变量的指针）。
- JVM 栈：是指令执行时数据和信息存储的场所和控制中心，它提供给 JVM 解释器运算所需要的信息。
- 存储区：JVM 存储区用于存储编译过的字节码等信息。
- 碎片回收区：JVM 碎片回收是指将使用过的 Java 类的具体实例从内存中进行回收，这就使得开发人员避免自己编程控制内存的麻烦和危险。随着 JVM 的不断升级，其碎片回收的技术和算法也更加合理。在 JVM 1.4.1 版之后产生了一种分代收集技术，简单来说就是依据对象在程序中生存的时间划分成代，以此为标准进行碎片回收。

1.2.2 无用内存自动回收机制

在程序的执行过程中，部分内存在使用过后就处于废弃状态，如果不及时进行回收，很有可能导致内存泄露，进而引发系统崩溃。在 C++语言中是由程序员进行内存回收的，程序员需要在编写程序时把不再使用的对象内存释放掉，这种人为管理内存释放的方法往往会因程序员的疏忽而致使内存无法回收，同时也增加程序员的工作量。而在 Java 运行环境中，始终存在着一个系统级的线程，专门跟踪内存的使用情况，定期检测出不再使用的内存，并自动进行回收，避免了内存的泄露，也减轻了程序员的工作量。

1.2.3 代码安全性检查机制

安全和方便总是相对矛盾的。Java 编程语言的出现使得客户端计算机可以方便地从网络中上传或下载 Java 程序到本地计算机上运行，但是如何保证该 Java 程序不携带病毒或没有其他危险目的呢？为了确保 Java 程序执行的安全性，Java 语言通过 Applet 程序来控制非法程序的安全性，也就是有了它才确保了 Java 语言的生存。

1.3 搭建 Java 程序开发环境

在编写程序之前，需要把相应的开发环境搭建好。开发环境搭建包括下载并安装 Java 开发工具包（JavaSE Development Kit，JDK）、安装运行时环境及配置环境变量。安装了 JDK 以后，才能对编写的 Java 源程序进行编译，而在安装了运行时环境后才能运行二进制的.class 文件。

1.3.1 系统要求

JDK 是一种用于构建 Java 应用程序、Java 小应用程序（又称为 Applet）和组件的开发环境，其中包含了开发所必需的常用类库。JDK 中带有进行编译的编译器工具 javac.exe 和运行程序的 java.exe 工具，所以 JDK 对于开发者来说是必备的。

要在 Windows 平台下编写并运行 Java 程序，对操作系统、开发工具有如下要求。

1. 操作系统要求

在 Windows 中开发 Java 应用程序，要求至少是如下的操作系统之一：Windows XP Professional、Windows XP Home、Windows 2000 Professional、Windows Server 2003、Windows Vista/7。

2. Java SE 开发工具箱（JDK 7.0）

在本书中，使用的是应用于微软 Windows 操作系统的 JDK，当前的版本是 JDK 7.0。下节将介绍如何下载并安装用于 Windows 操作系统的 JDK 7.0 开发工具箱。

1.3.2 下载 Java 程序开发工具包 JDK

在开发程序前，要在本机上安装开发工具包 JDK，具体步骤如下。

（1）打开浏览器，在地址栏中输入网址“http:// www.oracle.com/technetwork/java/javase/

downloads/index.html”，按 Enter 键，进入 JDK 下载中心界面，如图 1.1 所示。

（2）在如图 1.1 所示的界面中选择 Java Platform (JDK) 7u67 进行下载，进入如图 1.2 所示的 Java SE Development Kit 7u67 界面，选择“Accept License Agreement”单选按钮，然后选择适用于 Windows x86 的 JDK 版本 jdk-7u67-windows-i586.exe 文件进行下载就可以了。将下载的 JDK 保存在相应的文件夹中。

图1.1　JDK下载中心界面

Java SE Development Kit 7u67

You must accept the Oracle Binary Code License Agreement for Java SE to download this software.

Accept License Agreement　　Decline License Agreement

Product / File Description	File Size	Download
Linux x86	119.67 MB	jdk-7u67-linux-i586.rpm
Linux x86	136.94 MB	jdk-7u67-linux-i586.tar.gz
Linux x64	120.98 MB	jdk-7u67-linux-x64.rpm
Linux x64	135.78 MB	jdk-7u67-linux-x64.tar.gz
Mac OS X x64	186.01 MB	jdk-7u67-macosx-x64.dmg
Solaris SPARC (SVR4 package)	138.77 MB	jdk-7u67-solaris-sparc.tar.Z
Solaris SPARC	98.61 MB	jdk-7u67-solaris-sparc.tar.gz
Solaris SPARC 64-bit (SVR4 package)	23.99 MB	jdk-7u67-solaris-sparcv9.tar.Z
Solaris SPARC 64-bit	18.39 MB	jdk-7u67-solaris-sparcv9.tar.gz
Solaris x64 (SVR4 package)	24.74 MB	jdk-7u67-solaris-x64.tar.Z
Solaris x64	16.35 MB	jdk-7u67-solaris-x64.tar.gz
Solaris x86 (SVR4 package)	139.39 MB	jdk-7u67-solaris-i586.tar.Z
Solaris x86	95.47 MB	jdk-7u67-solaris-i586.tar.gz
Windows x86	127.98 MB	jdk-7u67-windows-i586.exe
Windows x64	129.7 MB	jdk-7u67-windows-x64.exe

图1.2　JDK选择下载

因为 JDK 版本更新很快，所以读者在实际下载时，可能具体的 JDK 名称与此稍有不同，根据各自需要进行下载就可以了。

1.3.3　安装 JDK

只有安装了 JDK，才能使用其中的编译工具软件对 Java 源程序进行编译、使用其中的解释执行工具来运行 Java 字节码程序。安装 JDK 的具体步骤如下：

（1）关闭所有正在运行的程序，双击下载的 jdk-7u1-windows-i586.exe 安装文件，弹出如图 1.3 所示的界面。

（2）单击“下一步”按钮，进入如图 1.4 所示的界面。

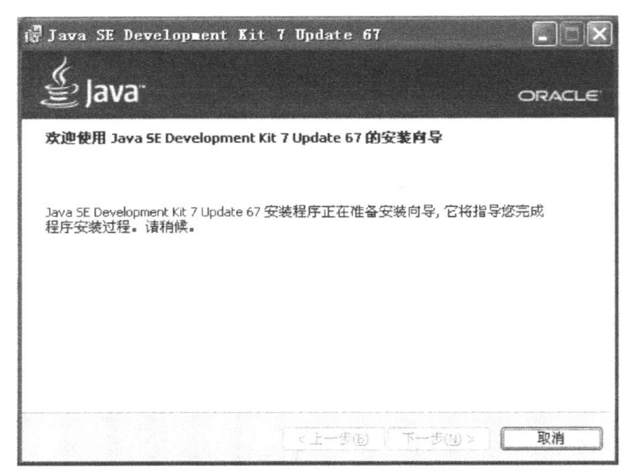

图1.3　安装文件首页

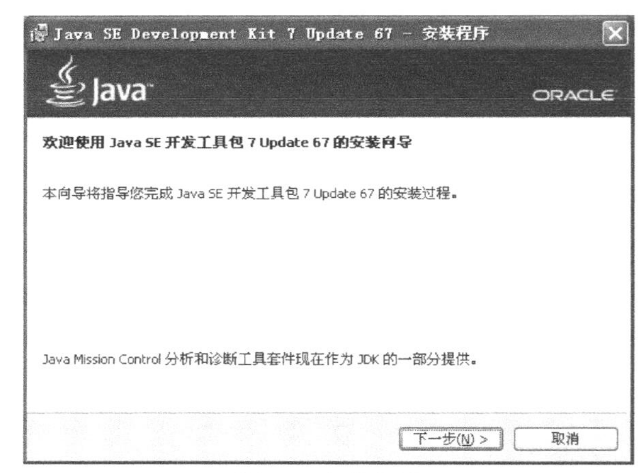

图1.4　安装向导

（3）单击“下一步”按钮，进入如图 1.5 所示的界面，选择所需安装的 JDK 组件，此处保持默认即可。

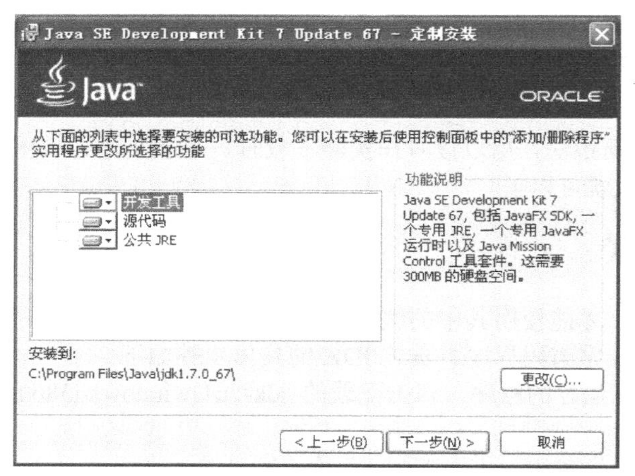

图1.5　选择安装路径

（4）单击“下一步”按钮，开始安装 JDK，JDK 安装完成后将打开如图 1.6 所示界面，设置 JRE 的安装位置，此处不做更改，使用默认安装路径“C:\Program Files\Java\jre7\”。

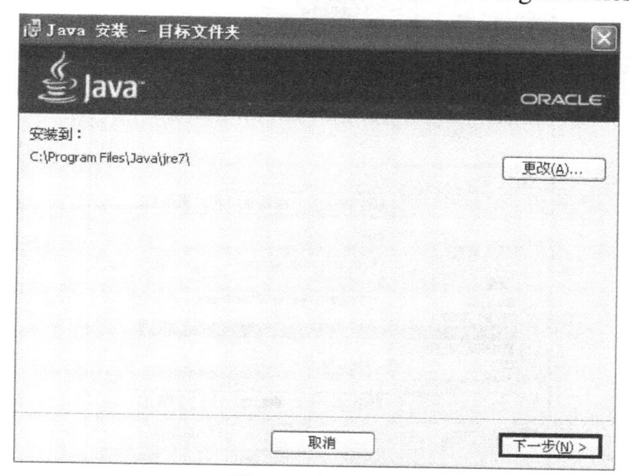

图1.6　默认安装

（5）单击“下一步”按钮，开始安装 JRE，安装完成后单击“完成”按钮即可，如图 1.7 所示。

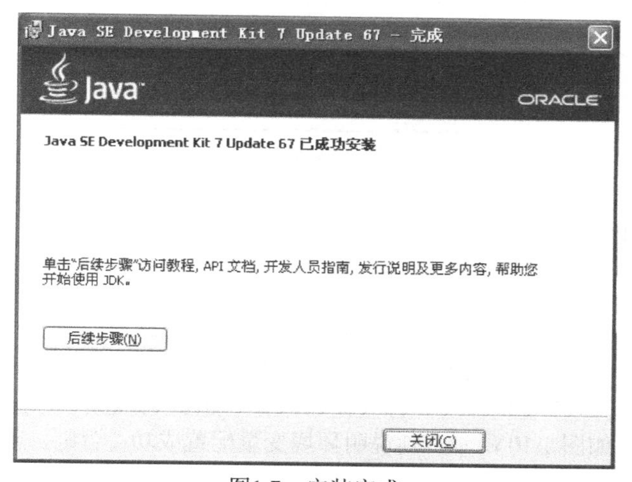

图1.7　安装完成

1.3.4　在 Windows 系统下配置 JDK

读者按 1.3.3 节的操作步骤完成以后，就成功安装了 JDK，但是要想正确地使用 JDK 中的类库和编译器及程序启动工具，还需要手动设置 JDK 环境变量。在 Windows 操作系统下设置 JDK 环境变量的具体操作步骤如下：

（1）选择“控制面板”|“系统”|“高级”|“环境变量”命令，弹出“环境变量”对话框。在“系统变量”列表框中进行环境变量的设置，如图 1.8 所示。

（2）在列表框中找到“JAVA_HOME”变量，单击“编辑”按钮，输入变量值为用户所安装 JDK 的路径（C:\Program Files\Java\jdk1.7.0_67）。如没有该变量，则单击“新建”按钮，弹出如图 1.9 所示的“编辑系统变量”对话框。在对话框中输入变量名“JAVA_HOME”，再进行编辑。单击“确定”按钮，保存设置。

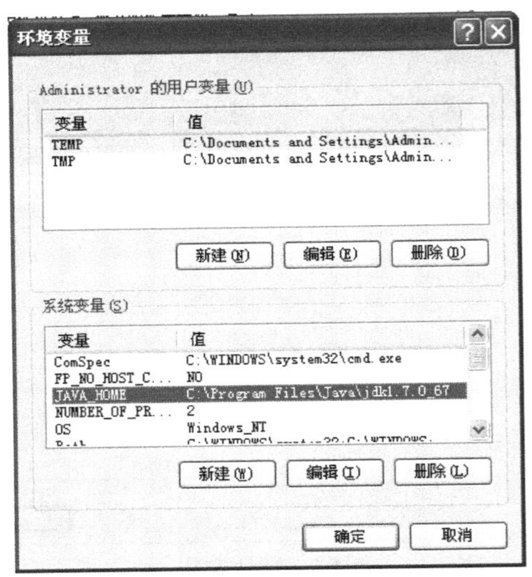

图1.8　设置系统环境变量

图1.9　编辑JAVA_HOME变量

（3）“PATH”变量、“classpath”变量的编辑和 JAVA_HOME 是类似的，将“PATH”变量值的编辑为“%JAVA_HOME%\bin”，并以分号与其后的变量值隔开，单击“确定”按钮，保存设置。将“classpath”变量值编辑为“.; %JAVA_HOME%\lib\dt.jar; %JAVA_HOME%\lib\tools.jar”，单击“确定”按钮，保存设置。注意，输入的变量值最前面是一个点，用分号将其与后面的路径隔开，这样就编辑完环境变量了。

（4）测试环境变量是否配置成功。选择“开始”|“所有程序”|“附件”|“命令提示符”命令，打开“命令提示符”窗口。在光标处输入命令“java -version”，并按 Enter 键。如果出现 JDK 的版本说明，如图 1.10 所示，则说明环境变量配置成功；否则，应重新配置环境变量。

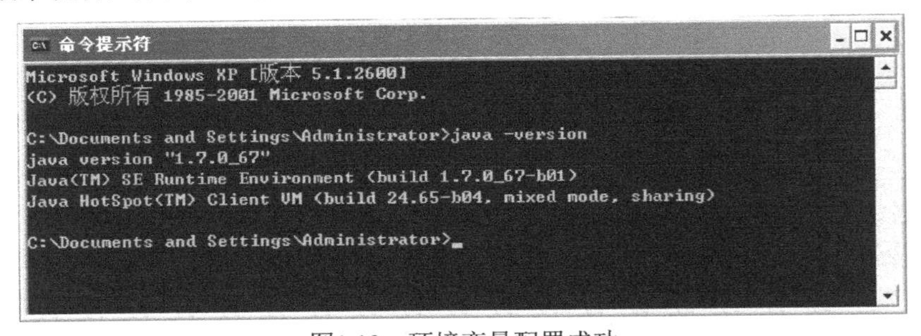

图1.10　环境变量配置成功

重新配置环境变量以后，需要打开一个新的“命令提示符”窗口进行测试，而不能在原来的“命令提示符”窗口下继续测试。

1.4 开发第一个 Java 应用程序

安装好 JDK 及配置好环境变量以后，就可以开发 Java 应用程序了。在编写程序之前先给大家介绍一下它的开发工具，如 Eclipse、MyEclipse、JavaWorkshop、JBuider、Jdeveloper 等。其中，Eclipse 是比较受欢迎的一款开发工具。

Eclipse 是针对 Java 编程的集成开发环境（IDE），可免费下载。大家可以登录 Eclipse 的官网 http://www.eclipse.org/downloads/下载。而且 Eclipse 不需要安装，将下载好的 zip 包解压保存到指定目录下就可以使用了。

1.4.1 Eclipse 编写 HelloWorld

下面就来感受一下 Java 的魅力吧！

（1）打开 Eclipse，弹出启动界面，如图 1.11 所示。接着弹出设置工作空间界面，如图 1.12 所示。保持默认路径就可以了，当然，用户也可以单击“Browse”按钮来更改路径，然后单击“OK”按钮。

图1.11 Eclipse启动界面

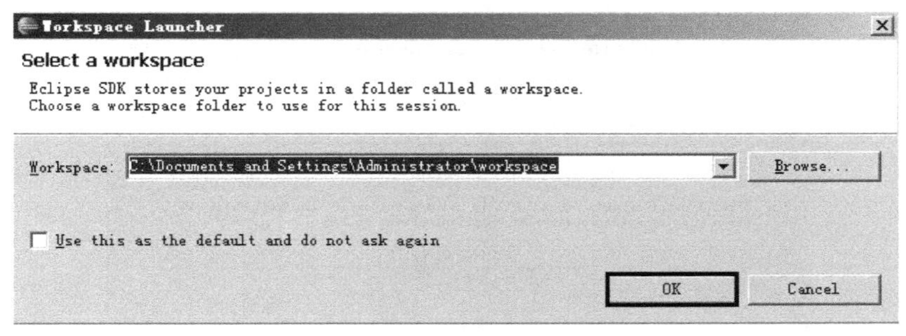

图1.12 设置工作空间界面

（2）如图 1.13 所示，在 Eclipse 中选择“File”|“New”|“Java Project”命令，在打开的“New Java Project”窗口中输入自己的项目名称，单击“Finish”按钮，如图 1.14 所示，这样就完成了项目的创建。

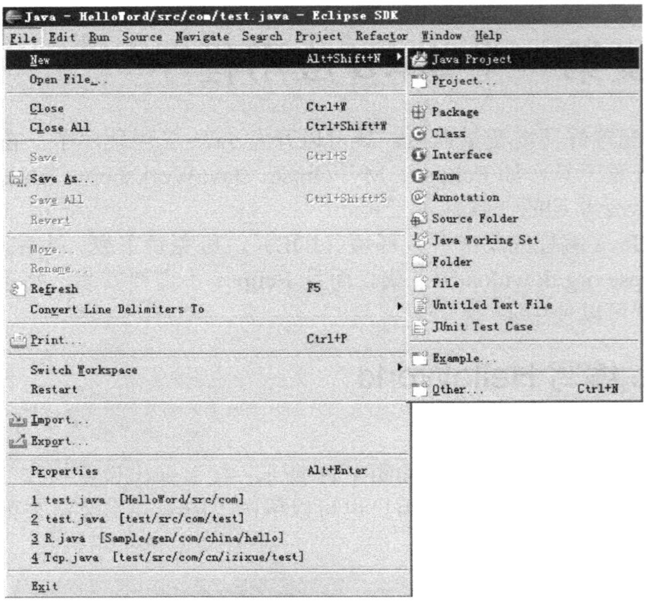

图1.13　新建项目

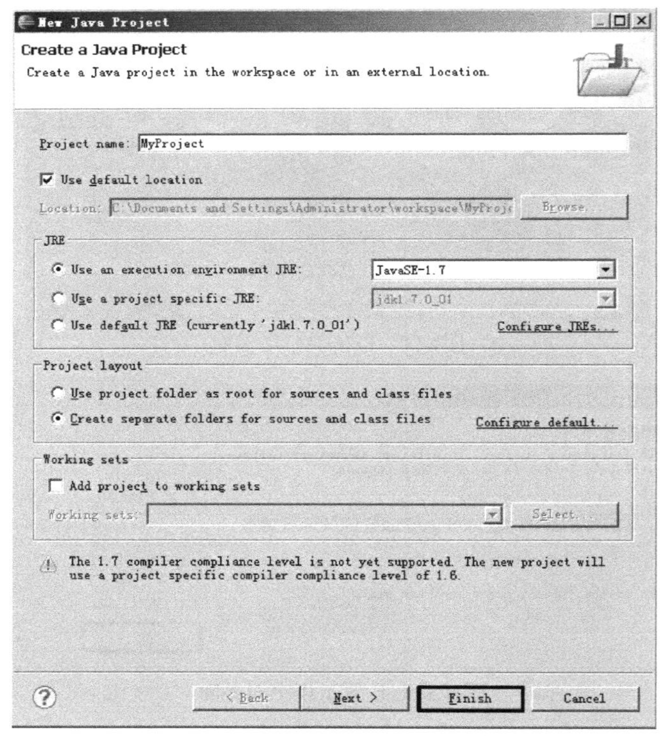

图1.14　编辑项目名称

（3）选中刚才创建的工程，选择“File”|“New”|“File”命令，在打开的窗口中输入源程序的名字，这里我们称之为“HelloWorld”，单击“Finish”按钮，如图 1.15 所示。这样我们就创建了源文件。

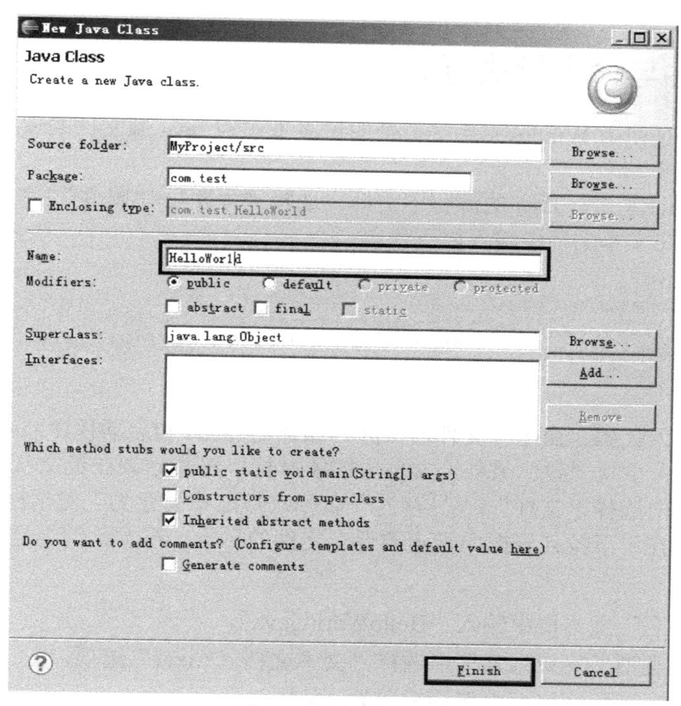

图1.15　创建源文件

（4）打开源文件，手动输入 System.out.print("Hello World")。代码如下：

```
// HelloWorld
public class HelloWorld {
    public static void main(String[] args) {
        System.out.println("Hello World"); //输出"Hello World"字符串
    }
}
```

（5）运行 Java 程序，选中 HelloWorld.java 文件，选择“运行”|“运行方式”|“Java 应用程序”命令。这样我们的第一个 Java 程序就编写运行成功了。运行结果如图 1.16 所示。

```
package com.test;

public class HelloWorld {
    /**
     * @param args
     */
    public static void main(String[] args) {
        // TODO Auto-generated method stub
        System.out.print("Hello World");
    }
}
```

```
Problems  @ Javadoc  Declaration  Console
<terminated> HelloWorld [Java Application] C:\Program Files\Java\jdk1.7.0_01\bin\javaw.exe (2011-11-22 下午3:42:03)
Hello World
```

图1.16　运行结果

这种方法是用开发工具来实现的，是不是感觉很简单呢？

1.4.2 源文件与命令行执行 HelloWorld

还有一种方法是使用 Windows 系统自带的记事本作为 Java 源文件的编辑器，利用命令行执行程序，步骤如下。

（1）首先需要创建一个 Java 的源程序文件。选择“程序”|“附件”|“记事本”命令，启动记事本编辑器。在文本文档中输入以下代码：

```
// HelloWorld
public class HelloWorld {
    public static void main(String[] args) {
        System.out.println("Hello World");    //输出"Hello World"字符串
    }
}
```

必须准确地输入代码、命令和文件名，因为编译器 javac 和启动程序 java 都是大小写敏感的，所以必须保持大小写一致。另外，文件中的所有标点符号必须在英文状态下输入。

（2）在记事本中选择“文件”|“另存为”命令，弹出“另存为”对话框。

- 在“保存在”下拉列表框中指定要保存文件的目录。在本示例中是“C:\test\chapter1”目录。
- 在“文件名”文本框中输入“HelloWorld.java”。
- 在“保存类型”下拉列表框中选择“文本文档（*.txt）”选项。
- 在“编码”下拉列表框中保持编码为 ANSI。

结束以上操作后，对话框如图 1.17 所示。

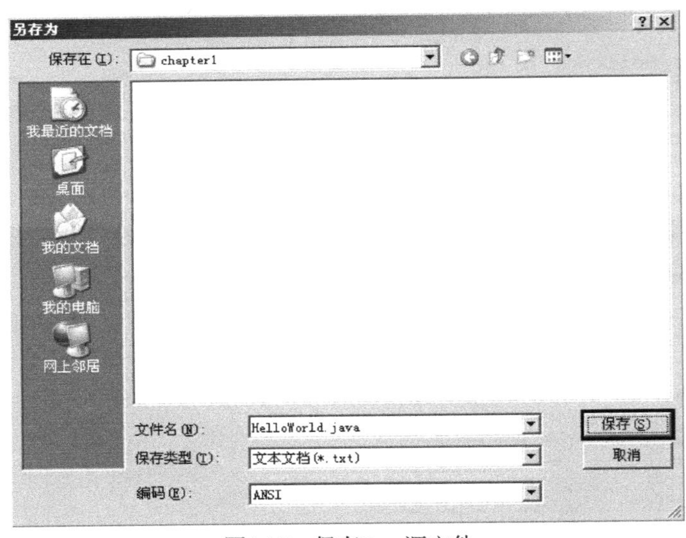

图1.17 保存Java源文件

（3）打开“C:\test\chapter1”目录，可以看到一个名为“HelloWorld.java”的文件。

（4）选择“开始”|“运行”命令，弹出“运行”对话框。在“运行”对话框中输入“cmd”命令并按 Enter 键，打开“命令提示符”窗口。

（5）改变当前目录编译源文件，源文件保存在“C:\test\chapter1”目录中。输入以下命令，如图 1.18 所示。

```
cd C:\test\chapter1
```

```
C:\Documents and Settings\Administrator>cd c:\test\chapter1

C:\test\chapter1>_
```

图1.18　进入源文件所在目录

（6）查看源文件。输入“dir”命令，列出当前目录下的文件清单，如图 1.19 所示。可以看到当前目录下有 HelloWorld.java 源文件。

```
C:\test\chapter1>dir
 驱动器 C 中的卷没有标签。
 卷的序列号是 BC37-E0BA

 C:\test\chapter1 的目录

2014-08-06  22:09    <DIR>          .
2014-08-06  22:09    <DIR>          ..
2014-08-06  22:09               156 HelloWord.java
               1 个文件            156 字节
               2 个目录 20,124,856,320 可用字节

C:\test\chapter1>_
```

图1.19　使用“dir”命令查看当前目录下的源文件

（7）开始编译。在命令提示符下输入以下命令并按 Enter 键。

```
javac HelloWorld.java
```

（8）查看.class 类文件。在命令提示符下输入“dir”命令并按 Enter 键，可以看到多了一个新的文件 HelloWorldApp.class，如图 1.20 所示。

```
C:\test\chapter1>javac HelloWorld.java

C:\test\chapter1>dir
 驱动器 C 中的卷没有标签。
 卷的序列号是 BC37-E0BA

 C:\test\chapter1 的目录

2014-08-06  22:09    <DIR>          .
2014-08-06  22:09    <DIR>          ..
2014-08-06  22:09               423 HelloWorld.class
2014-08-06  22:09               179 HelloWorld.java
               2 个文件            602 字节
               2 个目录 20,123,971,584 可用字节
```

图1.20　编译后的字节码（.class）文件

（9）运行 HelloWorld 应用程序（在与源文件同一目录下），在命令提示符状态下，输入以下命令并按 Enter 键，可以看到如图 1.21 所示的内容。

```
java HelloWorld
```

```
C:\test\chapter1>java HelloWorld
Hello World
C:\test\chapter1>_
```

图1.21　运行HelloWorld应用程序

从图 1.21 中可以看到，运行 HelloWorld 应用程序，输出了一个问候信息“Hello World”。说明运行成功。

1.4.3 Java 应用程序的基本结构

在成功地编写、编译并运行了第一个 Java 应用程序“HelloWorld.java”以后，我们来分析一下 HelloWorld 应用程序的 3 个主要部分。

1．程序框架

```
public class HelloWorld {}
```

HelloWorld 是类名，类名前面要用 public（公共的）和 class（类）两个词修饰。Java 程序是由类（class）组成的，一个源文件中可以包含多个类。

2．main()方法的框架

```
public static void main(String [] args){}
```

main 方法是 Java 程序的入口，一个程序只能有一个 main 方法。

public static void main(String[] args)为固定用法，称为 main 方法的“方法签名”。其中，public、static、void 都是关键字。

3．填写的代码

```
System.out.println("HelloWorld");
```

System.out.println()是 Java 语言自带的功能，向控制台输出信息。

1.5 典型实例

【实例 1-1】在本章的第一个应用程序“HelloWorld”中，程序只能固定地输出一串字符。本例对这个程序进行扩展，具体代码如下：

```
package com.java.ch01;

public class HelloWorld {

    public static void main(String[] args) {        //Java 程序的主入口方法
        HelloWorld hello=new HelloWorld();            //创建类实例
        hello.sayHelloWorld("Tom");                   //调用类的方法
    }
    public void sayHelloWorld(String str){            //声明一个带参数的方法
        System.out.println("传入的参数: "+str);        //输出传入的参数
        System.out.println(str+" say HelloWorld");        //输出字符串
    }
}
```

在上面的代码中，增加了一个名为“sayHelloWorld”的方法，在主入口方法 main 中，新实例化 HelloWorld 类，然后调用该类的 sayHelloWorld 方法，并在方法的参数中传入了参数“Tom”，运行该实例程序，将得到如下所示的结果。

```
传入的参数: Tom
Tom say HelloWorld
```

第 2 章　Java 变量、数据类型、运算符

Java 是一门高级程序语言，既然是语言就不可避免地要学习“词汇”、“句子”、“语法”，就像学习英文一样，先要学习单词、词组，把它们组合在一起才能编写出美妙的文章。Java 语言也要从基础语法学起，这样才能编写出高效、简洁的程序。

2.1 标识符和关键字

标识符和关键字是编程的语言基础，命名标识符和对关键字的理解对编写程序有很大帮助。程序中大量的类、对象、方法和变量都需要使用标识符和关键字，下面就针对标识符和关键字进行详细讲解。

2.1.1 标识符

标识符是用来标识类名、对象名、变量名、方法名、类型名、数组名、文件名的有效字符序列，也就是它们的名称。Java 规定，标识符由字母、数字、下画线“_”、美元符号“$”组成，并且首字母不能是数字。Java 区分大小写，所以标识符 user 与 User 是不同的。

2.1.2 标识符命名规则

为了日后能更好地维护或扩展程序，标识符要命名得有意义，初学时都喜欢用一些简单的字母来命名，如 a、b、c 等，尽管正确，但标识符多了，就分不清分别代表什么意思了。所以从一开始就要养成好习惯，使用有意义的标识符，最好能使用简短的英文单词。标识符的具体命名规则如下：

- 一个标识符可以由几个单词连接而成，以表明它所代表的含义，如 userName。
- 如果是类名，每个单词的首字母都要大写，其他字母则小写，如 UserInfo。
- 如果是方法名或变量名，第一个单词的首字母小写，其他单词的首字母都要大写，如 getUserName()、getUserInfo。
- 如果是常量，所有单词的所有字母全部大写。如果由多个单词组成，通常情况下单词之间用下画线“_”分隔，如 PI、MIN_VALUE。
- 如果是包名，所有单词的所有字母全部小写，如 examples.chapter1。

2.1.3 关键字

关键字是 Java 中赋予了一些特定含义的词汇，只能用于特定的地方。所以，对于有特定含义的关键字，在编程时是不能用来命名标识符的。

关键字是根据语法定义的需要而特别定义的标识符。这些标识符构成了 Java 语言最基本的语素，它们用来表示一种数据类型，或者表示程序的结构等。常用关键字分类如下。

- 用于包、类、接口定义：package、class、interface。
- 访问控制修饰符：public、private、protected、default。
- 数据类型：byte、char、int、double、boolean。
- 流程控制：if、else、while、switch、case、do、break、continue。
- 异常处理：try、catch、finally、throw、throws。
- 引用：this、supe。
- 创建对象：new。

使用关键字需要注意大小写，关键字不能用于命名标识符。虽然 true、false、null 不是关键字，但是保留字，所以仍然不能用于命名标识符。

2.2 常量与变量

编写代码时经常接触不同类型的数据，有的数据在程序运行中是不允许改变的（常量），有的数据在程序运行中是需要改变的（变量）。在程序中怎么表示常量和变量呢？下面进行详细介绍。

2.2.1 常量概念及声明

常量是指在程序执行期间值不变的数据。一旦初始化后，就不能对其进行修改和再次赋值，只能进行访问。

声明一个常量，是指创建一个常量，通过常量名可以简单、快速地找到它的存储数据，常量类型为基本数据类型。声明常量必须使用关键字 final。语法如下：

```
final 常量类型  常量标识符=常量值;
final float PI = 3.14F;                //声明一个 float 类型常量π，并初始化为 3.14
```

在声明常量标识符时，按照 Java 的命名规则，所有的字符都要大写。如果常量标识符由多个单词组成，则在各个单词之间用下画线“_”分隔，如 STUENT_NUMBER。也可以先声明常量，再进行初始化，例如：

```
final float PI;                        //声明一个 float 类型常量
PI = 3.14F;                            //初始化为 3.14
```

如果需要声明多个同一类型的常量，可以使用下面的语法：

```
final 常量类型  常量标识符 1,常量标识符 2,常量标识符 3, …;
final 常量类型  常量标识符 1=常量值 1,常量标识符 2=常量值 2,常量标识符 3=常量值 3;
final float PI, PRICE, WEIGHT;         //声明 3 个 float 类型的变量
//声明 3 个 float 类型的变量，同时进行初始化
final float PI=3.14F,PRICE=13.86F,WEIGHT=86.32F;
```

2.2.2 枚举类型

枚举类型是指字段由一系列固定的常量组成的数据类型。在生活中，一年四季的春、夏、秋、冬；表示方向的东、南、西、北；十二生肖，等等，都可以用枚举类型来表示。

Java 中的枚举类型字段用大写字母表示，使用关键字 enum 声明枚举类型，例如：

```
public enum 枚举名称{
}
```

在任何时候，如果需要代表一系列固定的常量，就可以使用枚举类型。如何使用枚举类型呢？下面我们介绍一个示例，代码如下：

```
public enum Season{                          //声明 Season 枚举类型
    春, 夏, 秋, 冬
}
public class EnumDemo{
    Season season;                           //声明变量 season
    public EnumDemo(Season season) { //构造方法，传递进来一个 Season 类型的参数
        this. season = season;
    }
    public void saySeason () {          //输出季节方法
        switch (season) {
            case 春:System.out.println("现在是春季.");
                break;
            case 夏:System.out.println("现在是夏季.");
                break;
            case 秋:System.out.println("现在是秋季.");
                break;
            default:System.out.println("现在是冬季.");
                break;
        }
    }
//运行测试
public class Test{
    public static void main(String[] args) {
        EnumDemo spring = new EnumDemo (Season.春); //创建一个新的对象实例
        spring. saySeason ();                    //调用其 saySeason 方法
        EnumDemo summer= new EnumDemo (Season.夏);
        summer. saySeason ();
        EnumDemo fall= new EnumDemo (Season.秋);
        fall. saySeason ();
        EnumDemo winter= new EnumDemo (Season.冬);
        winter. saySeason ();
    }
}
```

运行结果如下：

```
现在是春季.
现在是夏季.
现在是秋季.
现在是冬季.
```

Java 语言中的枚举类型比其他语言中的枚举类型要强大得多。enum 声明定义了一个类（称为“枚举类型”）。枚举类的类体中可能包括方法和其他字段。当编译器创建一个枚举时，它会自动添加一些专门的方法。

2.2.3 变量概念及声明

变量是指在程序执行期间值可变的数据。类中的变量是用来表示类的属性的，在编程过程中，可以对变量的值进行修改。

实际上，变量和常量都是程序在运行时存储数据信息的地方，它们的区别就在于程序运行中值是否改变。在程序中使用变量时，先要声明变量，语法如下：

```
变量类型  变量标识符=变量值;
String usertName = "周杰杰";                //声明一个 String 类型的变量，并初始化
Int userAge = 18;                           //声明一个 Int 型变量，并初始化
```

也可以先声明变量，然后在需要时再初始化，例如：

```
String usertName;                           //声明一个 String 类型的变量
int userAge;                                //声明一个 Int 型变量
usertName ="周杰杰";                        //初始化赋值
userAge =18;                                //初始化赋值
```

同时声明多个同一类型的变量，例如：

```
String userName, userPassWord;          //声明两个 String 类型的变量
//声明两个 String 型变量，并初始化
String userName ="周杰杰", userPassWord ="123456";
```

变量的值如果需要的话，可以在程序的任何地方被改变，例如：

```
String userName = "周杰杰";              //声明一个 String 类型的变量，并赋初值"周杰杰"
userName = "李宇宇";                     //改变变量 studentName 的值为"李宇宇"
```

2.2.4 变量的作用域

变量的作用域是指变量的使用范围，只有在使用的范围内才可以调用变量。由于作用域的不同，变量类型有类变量、局部变量、方法参数变量和异常处理参数变量之分。

1. 类变量

类变量指的是在类中声明的变量。类变量不属于任何方法，在整个类中可以随意调用。下面的示例在一个类中声明两个变量：name 和 age，并对它们进行赋值，在 main()方法中调用。代码如下：

```
public class Test1{
    String name="张三";
    Int age = 20;
    public static void main(String[] args){
        Test1 test1 = new Test1();
        System.out.println("Name="+test1.name);
        System.out.println("Age="+test1.age);
    }
}
```

运行结果如下：

```
Name=张三
Age=20
```

2. 局部变量

局部变量是指在方法或方法代码块中定义的变量。下面的示例在 main()方法中声明变量 num1，并在该方法中实现调用。代码如下：

```
public class Test2{
    public static void main(String[] args){
        int num1=3;
        if(num1=3){
        int num2=5;
        System.out.println("num2="+num2);
    }
}
```

运行结果如下：

```
num2=5
```

3. 方法参数变量

方法参数变量是指在方法中作为参数来定义的变量，例如：

```
class MyClass{
    //定义方法 Test3 参数为 int 类型变量 a
    public void Test3(int a){
        System.out.println("a="+a);//输出参数变量
    }
}
```

4．异常处理参数变量

异常处理参数变量和方法参数变量类似，只不过异常参数变量是给异常服务的，也只能在异常代码块中调用。例如：

```
class MyClass{
    public void Test4(){
        try{
            System.out.println(" Hello,Java");
        }catch(Exception e){
            e.printStackTrace();
        }
    }
}
```

2.3　基本数据类型

Java 中基本数据类型可以分为：整型、浮点型、布尔型、字符型。整型包括 byte（字节型）、short（短整型）、int（整型）、long（长整型）。浮点型包括 float（单精度型）、double（双精度型）、boolean（布尔型）及 char（字符型）。基本数据类型是构造语言的最基础的要素。

2.3.1　整型

整型是取值为整数的数据类型，不含小数的数字，默认为 int 型。可以用八进制、十进制、十六进制来表示。Java 有 4 种整数类型，如表 2.1 所示。

表 2.1　Java中的整数类型

数据类型	关键字	占用空间	取值范围
字节型	byte	1 个字节	−128~127
短整型	short	2 个字节	−32 768~32 767
整型	int	4 个字节	−2 147 483 648~2 147 483 647
长整型	long	8 个字节	−9 223 372 036 854 775 808~9 223 372 036 854 775 807

编写程序时在满足需求的情况下，选择合适的整数类型。不同类型的整型变量，内存分配空间大小也不一样。因此，对于不同类型变量，能保存的数值大小也是有限制的，不能超出它的取值范围。下面的示例中声明了两个变量，注释部分的变量赋值超出了类型的分配空间大小。例如：

```
public class Test5{
    public static void main(String[] args){
        byte userAge =20;      //声明一个字节型变量，并赋予初值 20
        //userAge=130;         //错误，超出了 byte 型变量的取值范围
        System.out.println("userAge="+userAge);
    }
}
```

为 long 型常量或变量赋值时，需要注意在所赋值的后面加上一个字母“L”（或小写“l”），说明赋值为 long 型。如果赋的值未超出 int 型的取值范围，也可以省略字母“L”（或小写“l”）。例如：

```
long total = 1234567890L;     //所赋的值超出了 int 型的取值范围，必须在后面加上字母“L”
long total = 123456789L;      //所赋的值未超出 int 型的取值范围，可以在后面加上字母“L”
long total = 123456;          //所赋的值未超出 int 型的取值范围，可以省略字母“L”
```

2.3.2 浮点型

另一种存储数字类型是浮点型。包括两种：float（单精度浮点型）和 double（双精度浮点型），可以用十进制表示，主要用来存储小数。这两种类型占用空间和取值范围各不相同，如表 2.2 所示。

表 2.2 Java中的浮点类型

数据类型	关键字	占用空间	取值范围
单精度型	float	4 字节	3.4E-38 ~ 3.4E+38
双精度型	double	8 字节	1.7E-308 ~ 1.7E+308

用来保存小数的变量，必须声明为浮点类型。下面定义了 3 个变量并赋值为小数。例如：

```
float price = 125.5F;                 //声明一个 float 类型的变量，并赋值
double height = 100.1;                //声明一个 double 类型的变量，并赋值
double height = 100.1D;               //声明一个 double 类型的变量，并赋值
```

为 float 类型变量赋值时，需要在所赋值的后面加上字母“F”（或小写“f”）。如果不加上字母“F”或（小写“f”）时，系统将默认为 double 类型，把 double 类型的数值赋给 float 类型的变量是不正确的。

为 double 类型变量赋值时，既可以在所赋值的后面加上字母“D”（或小写“d”），也可以不加。浮点型变量除了可以接收小数之外，还可以接收整数，例如：

```
float price = 100;                    //声明一个 float 类型的变量，并赋整数值
double height = 100;                  //声明一个 double 类型的变量，并赋整数值
```

2.3.3 布尔型

布尔型是用来表示逻辑值的数据类型，只有 true（真）或 false（假）两个值，用 boolean 关键字表示。布尔型通常用在关系运算和流程控制中进行逻辑判断。布尔型数据占 1 字节，默认为 false。声明赋值布尔型变量的语法如下：

```
boolean flag = false;                 //声明一个 boolean 类型的变量，初始值为 false
flag = true;                          //改变 flag 变量的值为 true
```

2.3.4 字符型

字符型在程序中表示单个字符，一个字符占两个字节。用关键字 char 来声明字符型常量或变量，当声明 char 类型的变量并为其赋值时，所赋的值必须为一个英文字母、一个符号或一个汉字，并且要用英文状态下的单引号括起来，如'男'、'*'、'π'等。例如：

```
char gender = '男';                    //声明一个 char 类型的变量，用来存储性别信息
char star = '*';                      //声明一个 char 类型的变量，用来存储符号'*'
final char PI = 'π';                  //声明一个 char 类型的常量，用来存储圆周率符号'π'
```

因为计算机只识别二进制数据，所以在 Java 中字符属于 Unicode 编码，并且 Unicode 字符集中的前 128 个字符与 ASCII 码字符集兼容，几乎可以处理世界上所有国家的语言文字，这是 Java 开发的一个特点。

有些字符不能通过键盘输入到程序中，这就需要使用转义字符常量，如表 2.3 所示。

表 2.3　Java中的转义字符

转义字符	含　义
\n	表示换行
\t	表示横向跳格，作用同 Tab 键
\b	表示退格
\r	表示回车
\f	表示走纸换页
\\	表示反斜杠字符
\'	表示单引号字符
\"	表示双引号字符
\d	表示八进制字符
\xd	表示十六进制字符
\ud	表示 Unicode 字符

2.3.5　数据类型转换

当把一种数据类型变量的值赋给另一种数据类型变量时，或者不同类型的数据混合在一起进行运算时，就需要进行数据类型转换。数据类型转换分自动类型转换和强制类型转换两种。

1．自动类型转换

自动类型转换是指由低优先级数据类型转换高优先级数据类型，这种转换系统会自动完成。在原始数据类型中，除了 boolean 类型外，其他数据均可参与算术运算，它们的数据类型按从低到高的顺序排列，如图 2.1 所示。

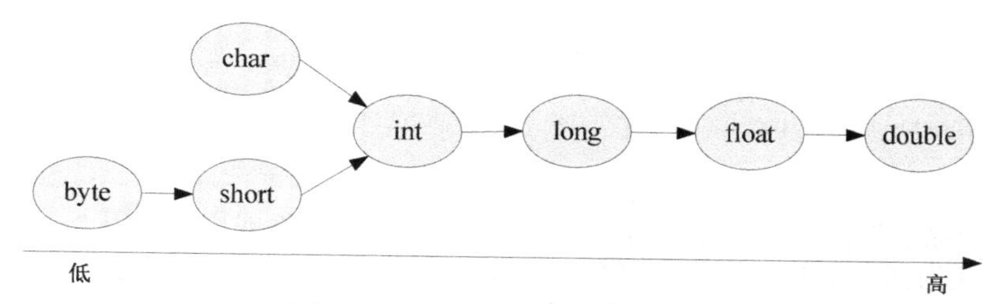

图2.1　数据类型级别与取值范围

一种类型是否可以自动转换为另一种类型，要看是否能通过箭头到达。例如下面的代码，在进行赋值运算时：

```
float price = 30;                          //定义 float 类型的变量并赋值
System.out.println("price="+price);       //输出 price 变量的值：price=30.0
```

可以看出，因为相对 float 类型来说，整数 30 为 int 型属于低级数据类型，所以 Java 自动将其转换为 float 类型的 30.0，并赋值给 float 类型的变量 price。

不同类型的数据进行混合运算时，分为以下两种情况：

❑　参与混合运算的，只有 byte、short 或 char 类型的数据。

在这种情况下，Java 首先将 byte、short 或 char 类型转换为 int 类型，然后再参与运算，运算结果也是 int 型的。例如：

```
public class Test6{
    public static void main(String[] args){
        byte  byteVar = 1;                        //声明一个 byte 类型的字节变量
```

```
        short  shortVar = 100;                 //声明一个 short 类型的整型变量
        char  charVar ='a';                    //声明一个 char 类型的字符变量
        int  value = byteVar + shortVar + charVar;
        System.out.println("value = " + value);   //输出 value 的值：value = 199
    }
}
```

将变量 byteVar、shortVar、charVar 转换为 int 型，然后相加，结果为 int 型，并赋值给 int 型变量 value。字符'a'的值转换时为 98。

- 参与混合运算的，含有 int、long、float 或 double 型的数据。

在这种情况下，Java 首先将所有低数据类型转换为表达式中数据类型最高的数据类型，然后再参与运算，并且运算结果也是表达式中最高的数据类型。例如：

```
public class Test7{
    public static void main(String[] args){
        byte  byteVar = 1;                     //声明一个 byte 类型的变量
        int   intVar = 100;                    //声明一个 int 类型的变量
        float  floatVar = 128.5F;              //声明一个 float 类型的变量
        //不同数据类型变量进行混合运算
        double  value = byteVar + intVar + floatVar;
        System.out.println("value = " + value);   //输出 value 的值:value=229.5
    }
}
```

3 个变量 byteVar、intVar、floatVar 进行加法运算时，首先被转换为 double 型，然后相加，结果也为 double 型，并赋值给 double 型变量 value。

2. 强制类型转换

强制类型转换是指由高优先级数据类型转换为低优先级数据类型。这种转换系统不会自动完成，必须由程序员强制进行类型转换。例如，在进行赋值运算时：

```
public class Test8{
    public static void main(String[] args){
        int  intVar = 100;                     //声明一个 int 类型的整型变量
        float  floatVar = 128.5F;              //声明一个 float 类型的字符变量
        int  value = intVar + (int)floatVar;
        System.out.println("value = " + value);   //输出 value 的值：value = 228
    }
}
```

代码中(int)显示为强制类型转换的语法，即在欲转换的数据或变量前用“(目的数据类型)”的形式强制转换为括号中的目的数据类型。从示例中也可以看到，在进行强制类型转换时，进行了截断而不是四舍五入（输出 228，而不是 229）。

2.4 运算符

运算符是指一些特殊的符号，被用于数学函数、赋值语句和逻辑比较等方面，是有特定意义的符号。表达式是具有确定值的语句，由操作数和运算符组成。程序中会用到大量的运算符和表达式。运算符有以下几种类别：

- 算术运算符。
- 赋值运算符。
- 关系运算符。
- 逻辑运算符。
- 位运算符。

- ❑ 自增自减运算符。
- ❑ 三元运算符。

2.4.1 算术运算符

算术运算符相应地完成基本的算术运算，包括 +（加）、-（减）、*（乘）、/（除）四则运算及%（取余）运算。这5种算术运算符如表2.4所示。

表2.4 算术运算符

运 算 符	含 义	表 达 式
+	加	1+1
-	减	2-1
*	乘	3*1
/	除	4/2
%	取余	5%2

下面通过一个示例来认识一下运算符的应用，分别对两个变量进行求和、求差、求商计算。代码如下：

```
public class Test9{
    public static void main(String [] args){
        int num1 = 100;             //声明一个int型变量num1
        int num2 = 5;               //声明一个int型变量num2
        int sum;                    //声明一个int型变量和sum
        int diff;                   //声明一个int型变量差 diff
        double quo;                 //声明一个double型变量商quo
        sum = num1 + num2;
        diff =num1-num2;
        quo=num1/num2;
        System.out.println("sum:" + sum);
        System.out.println("diff:" +diff);
        System.out.println("quo:" + quo);
    }
}
```

运行结果如下：

```
sum:105
diff:95
quo:20.0
```

这里要特别注意除法运算和取余运算。如果进行除法运算的两个操作数都是整数，那么不论能否整除，运算结果都将是一个整数。运算结果只是简单的截断，即去掉小数部分，而不是四舍五入。如果在整数之间进行取余运算，则运算结果为数学运算中的余数。

2.4.2 赋值运算符

赋值运算符为“=”，即数学中的等于号。赋值运算符是将运算符“=”右边的值赋给左边的变量。

Java中可以把赋值语句连在一起，进行一连串地赋值。例如：

```
x = y = z = 100;
```

另外，还提供了几个复合赋值运算符，以提高程序员的编码效率，如+=、-=、*=、/=、%=。在变量经过计算后再把值赋给变量，如表2.5所示。

表 2.5 赋值运算符

运 算 符	含 义	表 达 式
+=	x = x + y	x += y
-=	x = x - y	x -= y
*=	x = x * y	x *= y
/=	x = x / y	x /= y
%=	x = x % y	x %= y

下面通过示例来对赋值运算符进行详细了解，代码如下：

```
public class Test10{
    public static void main(String[] args){
        int x=8,y=3;
        System.out.println("x+=y:x=" + (x+=y));          //此语句执行完以后，x=11
        System.out.println("x-=y:x=" + (x-=y));          //此语句执行完以后，x=8
        System.out.println("x*=y:x=" + (x*=y));          //此语句执行完以后，x=24
        System.out.println("x/=y:x=" + (x/=y));          //此语句执行完以后，x=8
        System.out.println("x%=y:x=" + (x%=y));          //此语句执行完以后，x=2
    }
}
```

运行结果如下：

```
x+=y:x=11
x-=y:x=8
x*=y:x=24
x/=y:x=8
x%=y:x=2
```

要特别注意其中的除号“/”，该运算符两边为整数时结果也为整数。

2.4.3 关系运算符

关系运算符表示两个值或变量之间的关系，运算结果为 boolean 型。当关系表达式成立时，运算结果为 true（真）；当关系表达式不成立时，运算结果为 false（假）。关系运算符如表 2.6 所示。

表 2.6 关系运算符

运 算 符	含 义	表 达 式	运 算 结 果
>	大于	5>3	true
<	小于	'f'<'a'	false
>=	大于或等于	5.6>=3.2	true
<=	小于或等于	'A'>=65	true
==	等于	'A'==65	true
!=	不等于	'A'!=65	false

所有关系运算符都可以对整数、浮点数和字符型数据进行比较，其中等于和不等于运算符可用于所有数据类型的比较。

2.4.4 逻辑运算符

逻辑运算符是对结果进行判断运算的。操作数和运行结果只能是布尔型，即 true（真）和 false（假）。逻辑运算符如表 2.7 所示。

表 2.7　逻辑运算符

运　算　符	含　义	表　达　式	运　算　结　果
&&	与，并且	5>3&&2>1	true
||	或者	5<3||2<1	false
!	非	!true	false

1. 与运算符“&&”

当两个关系表达式通过“&&”连接在一起，且两个关系表达式的值都为 true（真）时，该组合的表达式的值才为 true（真），否则为 false（假）。

2. 或运算符“||”

当两个关系表达式通过“||”连接在一起时，两个关系表达式的值有一个为 true（真），该组合的表达式的值就为 true（真）。当两侧表达式的值都为 false（假）时，则表达式的值为 false（假）。

3. 取反（非）运算符“!”

运算符“！”用于对逻辑值进行取反运算。当逻辑值为 true（真）时，经过取反运算后，结果为 false（假）；当逻辑值为 false（假）时，经过取反运算后，结果为 true（真）。例如：

```
System.out.println(! true);                //输出结果为false
System.out.println(!false);                //输出结果为true
```

2.4.5　位运算符

位运算是对操作数以二进制为单位进行的运算，运算结果为整数。将操作数转换为二进制形式，按位进行布尔运算，运算结果也为二进制数。位运算符有 7 个，如表 2.8 所示。

表 2.8　位运算符

运　算　符	含　义
&	按位与
|	按位或
^	按位异或
~	按位取反
<<	左移位
>>	右移位
>>>	无符号右移位

1. 按位与运算符“&”

按位与运算符“&”是将参与运算的两个二进制数进行“与”运算，如果两个二进制位都为 1，则该位的运算结果为 1，否则为 0。即：0&0=0，0&1=0，1&0=0，1&1=1。例如：

```
public class Test11{
    public static void main(String[] args){
        int num1=6;
        int num2=11;
        int x=num1&num2;                  //变量 num1 和 num2 进行与运算
        System.out.println(x);            //输出结果为 2
    }
}
```

十进制 6 的二进制表示为 00000000 00000110，十进制 11 的二进制表示为 00000000 00001011。运算过程如下：

```
    00000000 00000110
&   00000000 00001011
———————————————————————
    00000000 00000010      （十进制 2 的二进制表示）
```

输出结果为 2。

2．按位或运算符“|”

按位或运算符“|”是将参与运算的两个二进制数进行“或”运算，如果二进制位上有一个位的值是 1，则该位的运算结果为 1，否则为 0。即：0|0=0，0|1=1，1|0=1，1|1=1。例如：

```
public class Test12{
    public static void main(String[] args){
        int num1=6;
        int num2=11;
        int x=num1|num2;                //变量 num1 和 num2 进行或运算
        System.out.println(x);          //输出结果为 15
    }
}
```

运算过程如下：

```
    00000000 00000110
|   00000000 00001011
———————————————————————
    00000000 00001111      （十进制 15 的二进制表示）
```

输出结果为 15。

3．按位异或运算符“^”

按位异或运算符“^”是将参与运算的两个二进制数进行“异或”运算，如果二进制位相同，则值为 0，否则为 1。即：0^0=0，0^1=1，1^0=1，1^1=0。例如：

```
public class Test13{
    public static void main(String[] args){
        int num1=6;
        int num2=11;
        int x=num1^num2;                //变量 num1 和 num2 进行异或运算
        System.out.println(x);          //输出结果为 13
    }
}
```

运算过程如下：

```
    00000000 00000110
^   00000000 00001011
———————————————————————
    00000000 00001101      （十进制 13 的二进制表示）
```

输出结果为 13。

4．按位取反运算符“~”

按位取反运算符只对一个操作数进行操作。如果二进制位是 0，则取反值为 1；如果是 1，则取反值为 0。即：~0=1，~1=0。例如：

```
int num1=6;
System.out.println(~6);          //输出结果为-7
```

十进制 6 的二进制表示为 00000000 00000110。其运算过程如下：

~　　00000000 00000110

————————————————

11111111 11111001　　（十进制-7 的二进制表示）

输出结果为-7。

5. 左移位运算符“<<”

左移位运算符“<<”就是将操作数所有二进制位向左移动一位。运算时，右边的空位补 0。左边移走的部分舍去。例如：

```
int a=11;
System.out.println(a<<1);                   //输出结果为 22
```

十进制 11 的二进制表示为 00000000 00001101。a<<1 的运算过程如下：

00000000 00001011　　<<1

————————————————

00000000 00010110　　（十进制 22 的二进制表示）

输出结果为 22。

6. 右移位运算符“>>”

右移位运算符“>>”就是将操作数所有二进制位向右移动一位。运算时，左边的空位根据原数的符号位补 0 或 1（原来是负数就补 1，是正数就补 0）。例如：

```
int a=-11;
System.out.println(a>>1);                   //输出结果为 5
```

十进制 11 的二进制表示为 00000000 00001011。a>>1 的运算过程如下：

00000000 00001011　　>>1

————————————————

10000000 00000101　　（十进制-6 的二进制表示）

输出结果为-6。

7. 无符号右移位运算符“>>>”

无符号右移位运算符“>>>”就是将操作数所有二进制位向右移动一位。运算时，左边的空位补 0（不考虑原数正负）。例如：

```
int a=11;
System.out.println(a>>>1);                  //输出结果为 2147483641
```

十进制 11 的二进制表示为 00000000 00001011。a>>>1 的运算过程如下：

00000000 00001011　　>>>1

————————————————

00000000 00000101　　（十进制 5 的二进制表示）

输出结果为 5。

2.4.6 自增自减运算符

Java 提供了一类特殊的运算符，称为“++（自增运算符）”和“--（自减运算符）”。使用自增和自减运算符可减少一定的代码量，使程序更加简洁。

“++”、“--”运算符是一元运算符，表达式 x++或++x 相当于 x=x+1，而表达式 x--或--x 相当于 x=x-1。例如：

```
public class Test14{
    public static void main(String[] args){
        int x=3,y=5;
        System.out.println(x++);        //输出结果为 3；此语句执行完以后，x 的值为 4
        System.out.println(x);          //输出 4
        System.out.println(++y);        //输出结果为 6；此语句执行完以后，x 的值为 6
        System.out.println(y);          //输出 6
    }
}
```

“--”运算符使用方式与“++”运算符一致。如果“++”运算符放在变量名前面，称为“前缀运算符”；如果“++”运算符放在变量名后面，就称为“后缀运算符”。对前缀运算符来说，它总是先自增 1，然后参与运算；对后缀运算符来说，它总是先以原来的值参与运算，然后再自增 1。

2.4.7　三元运算符

Java 中只有一个三元运算符“?:”，其返回值更直接，书写形式更简单。语法如下：

```
逻辑表达式 ？ 表达式 1 ： 表达式 2
```

三元运算符的运算规则是：首先判断逻辑表达式的值，如果为 true（真），整个三元表达式的值为表达式 1 的值；否则，为表达式 2 的值。例如：

```
int a=14,b=7,c;
c=a>b?++a:++b;
System.out.println(c);                  //输出结果为 15
System.out.println(a);                  //输出结果为 15
System.out.println(b);                  //输出结果为 7
```

2.4.8　运算符的优先级

运算符有不同的优先级，优先级越高越优先执行。运算符的优先级的顺序（由高到低）如表 2.9 所示。

表 2.9　运算符的优先级

运　算　符	优　先　级	描　　述	结　合　性
[]　().,;	1	分隔符	无
++　-　-　!	2	自增和自减运算、逻辑非	从右到左
*　/　%	3	算术乘除取余运算	从左到右
+　-	4	算术加减运算	从左到右
>>　<<　>>>	5	移位运算	从左到右
<　<=　>　>=	6	大小关系运算	从左到右
==　!=	7	相等关系运算	从左到右
&	8	按位与运算	从左到右
^	9	按位异或运算	从左到右
|	10	按位或运算	从左到右
&&	11	逻辑与运算	从左到右
||	12	逻辑或运算	从左到右
?:	13	三元运算	从左到右
=	14	赋值运算	从右到左

其实没有必要去刻意记忆运算符的优先级别。编写程序时，尽量使用括号来实现想要的运算顺序，以免产生歧义。

2.5 典型实例

【实例 2-1】本例介绍如何运用实例变量、类变量和常量。具体代码如下：

```
package com.java.ch021;

class Sub {                                                  //内部类
    final String subName = "HelloWorld";                     //声明常量并赋值
    final double fPi = 3.14;                                 //声明常量并赋值
}
public class TextConstant {                                  //操作常量和变量的类

    int number =0;

    public void run(Object obj){                             //传入对象参数的方法
        System.out.println("是对象 Object:"+obj);
    }
    public void run(Sub sub){                                //传入类对象参数的方法
        System.out.println("是类 Sub:"+sub);
    }
    private void showObject(){                               //显示实例化对象的信息
        Sub sub=new Sub();                                   //实例化对象
        System.out.println("Sub.subName= "+sub.subName);//获得对象的属性
        System.out.println("Sub.fPi= "+sub.fPi);
    }
    public static void main(String[] args) {                 //java 程序主入口处
        TextConstant constant = new TextConstant();          //类对象
        constant.number = 5;                                 //常量赋值
        System.out.println("t.i " + constant.number);
        constant.showObject();                               //调用方法
        constant.run(null);                                  //调用方法
    }
}
```

以上代码中，在 showObject()方法中实例化一个对象，可称为实例变量，显示对象中的常量信息。其中 Sub 类中的常量声明为 final，则变量值不可修改。如果方法声明为 final，则方法不可重写；如果类声明为 final，则类不可继承，没有子类。

类中的两个 run()方法是多态的一种方式：重载。在 Java 中，同一个类中的两个或两个以上的方法可以有同一个名字，只要它们的参数不同即可，在这种情况下，该方法就被称为重载(overloaded)。在 main()方法中调用 run()方法并传入 null 作为参数。null 作为关键字，用来标识一个不确定的对象。可以将 null 赋给引用类型变量，但不可以将 null 赋给基本类型变量。在调用 run()方法中，先考虑类对象，如果参数不是类对象才考虑 Object 对象。

运行结果如下所示。

```
t.i 5
Sub.subName= HelloWorld
Sub.fPi= 3.14
是类 Sub:null
```

【实例 2-2】本实例将讲解基本类型的转换，以及转换要注意的几个规则。

类型的自动提升发生的条件是：两种类型是兼容的，或者目标类型的范围比原类型的范围大。如果要转换数据的类型，需要进行强制类型转换。强制类型转换的方法是在数据前放一对包括新的类型名的括号，如语句“int i = (int)55555L;”表示将 long 型的 55555L 转换成 int 型，然后赋值给变量 i。

下面是具体的代码：

```
package com.java.ch022;

public class BasicTypeChange {                              //修饰基本数据类型转换的类

    private void typeAutoUpgrade() {                        //基本类型的自动提升
        byte b = 44;
        char c = 'b';
        short s = 1024;
        int i = 40000;
        long l = 12463l;
        float f = 35.67f;
        double d = 3.1234d;
        //result 声明为其他类型会出错，除非进行类型转换
        double result = (f * b) + +(l * f) + (i / c) - (d * s);
        System.out.print(" 结果 : " + result+" = ");
        System.out.println((f * b) + " + " + (l * f) + " + " + (i / c) + " - "
                + (d * s));                                 //输入经过运算获得的结果
    }
    private void autoChange() {                             //基本类型的自动转换
        char c = 'a';
        byte b = 44;
        short s0 = b;
        int i0 = s0;
        int i1 = c;
        long l = i0;
        float f = l;
        double d = f;
        float fl = 1.7f;
        double dou = fl;
        System.out.println("fl = " + fl + "; dou = " + dou);
        // 一个数从一种类型转换成另外一种类型，再转换回来时，值还是一样。
        fl = (float)dou;
        System.out.println("fl = " + fl + "; dou = " + dou);
    }
    private void forceChange() {                    //强制类型转换
        double d = 123.456d;
        float f = (float) d;                        //将 double 类型强转成 float
        long l = (long) d;                          //将 double 类型强转成 long
        int i = (int) d;                            //将 double 类型强转成 int
        short s = (short) d;                        //将 double 类型强转成 short
        byte b = (byte) d;                          //将 double 类型强转成 byte
        System.out.print("d = " + d + "; f = " + f + "; l = " + l);
        System.out.println("; i = " + i + "; s = " + s + "; b = " + b);
        d = 567.89d;
    // 下面的转换首先进行截断操作，将 d 的值变为 567，因为 567 比 byte 的范围 256 还大，
    // 于是进行取模操作，567 对 256 取模后的值为 55
        b = (byte) d;
        System.out.println("d = " + d + "; b = " + b);
    }
    public static void main(String[] args) {                //Java 程序主入口方法
        BasicTypeChange change = new BasicTypeChange();//实例化对象
        change.typeAutoUpgrade();                           //调用基本类型的自动提升方法
        change.autoChange();                                //调用基本类型的自动转换方法
        change.forceChange();                               //调用强制类型转换方法
    }
}
```

以上代码中，typeAutoUpgrade 方法演示了基本数据类型的数据在进行运算时，其类型会自动进行提升，并对自动提升规则进行了说明。

autoChange 方法演示了基本数据类型的自动转换，以及自动转换发生的条件。当某些 float 类型的数自动转换成 double 类型时，会出现前后不相等的情况，这是由该数不能够用有限的二进制位精确表示造成的。

forceChange 方法演示了何时进行强制类型转换，以及如何进行强制转换。在强制类型转

换过程中会出现损失一定的精度。

运行以上程序，得到如下所示结果：

```
结果 : 443334.29465 = 1569.48 + 444555.2 + 408 - 3198.3616
fl = 1.7; dou = 1.7000000476837158
fl = 1.7; dou = 1.7000000476837158
d = 123.456; f = 123.456; l = 123; i = 123; s = 123; b = 123
d = 567.89; b = 55
```

【实例 2-3】在使用电脑时，经常会遇见十进制、八进制，以及十六进制的问题。本例编写代码完成进行进制转换。

具体代码如下：

```
package com.java.ch023;
import java.util.Scanner;

public class TextNumberConversion {                          //操作数制转换的类

     public static int NumberToTen(int beforeConversion, String number) {
          //其他进制转成十进制
          double result = 0;                                  //声明转换后的数值
          String subString;
          //根据字符串的长度循环获得单个元素
          for (int i = 0; i < number.length(); i++) {
               //将字符串按循环截取
               subString = number.substring(i, i + 1);
 if (beforeConversion == 16) {                                //判断是否是十六进制
          //将字母转换成数字
               subString = sixteenCharToNumber(subString);          }
               result += Integer.parseInt(subString)//返回转换的结果
                         * Math.pow(beforeConversion, number.length() - i - 1);
          }
          return (int) result;
     }

 //十进制转成其他进制
     public static String TenToNumber(int afterConversion,String number) {
     int current = Integer.parseInt(number);    //将字符转换成整数
          String opResult = "";
          //判断转换后的数制是否是 16 进制
          if(afterConversion==16){
          //判断传入的数是否大于 16，大于则逢 16 进一
               while(current>=afterConversion){
                  //将数字转换成字母
               opResult+=sixteenNumberToChar(current%afterConversion);
               current/=afterConversion;
          }
          if(current!=0)opResult+=sixteenNumberToChar(current); //最终余数
          }else{
          //判断传入的值是否大于转换后的数制
          while(current>=afterConversion){
               opResult+=current%afterConversion;
               current/=afterConversion;
          }
          if(current!=0)opResult+=current;                        //最终余数
          }
          String riResult = "";                                   //倒序二进制字符串
          //根据二进制的转换方式进行循环输出
          for(int i=opResult.length()-1;i>=0;i--){
               riResult = riResult + opResult.substring(i,i+1);
          }
          return riResult;
     }
     public static String sixteenCharToNumber(String s){//十六进制字母对应数字
          String num="";
          if(s.equals("A") || s.equals("a"))
```

```
            num="10";
        else if(s.equals("B") || s.equals("b"))
            num="11";
        else if(s.equals("C") || s.equals("c"))
            num="12";
        else if(s.equals("D") || s.equals("d"))
            num="13";
        else if(s.equals("E") || s.equals("E"))
            num="14";
        else if(s.equals("F") || s.equals("f"))
            num="15";
        else
            num=s;
        return num;
    }
    public static String sixteenNumberToChar(int num){ //十六进制数字对应字母
        String c="";
        if(num==10) c="A";
        else if(num==11) c="B";
        else if(num==12) c="C";
        else if(num==13) c="D";
        else if(num==14) c="E";
        else if(num==15) c="F";
        else c=String.valueOf(num);
        return c;
    }
    public static void main(String []args){    //java 程序的主入口处
        String number;                         //要转换的数
        int beforeConversion,afterConversion;//转换前的数制，转换后的数制
        String result="";//经过数制转换后的结果
        String stop="";
        Scanner read=new Scanner(System.in);       //得到用户输入的值
        do{
            System.out.println("请输入三个参数(整数):待转换的数据    转换前的数制   转
换后的数制");
            number=read.next();
            beforeConversion=read.nextInt();
            afterConversion=read.nextInt();
            stop="Q";
        }while(stop!="Q");                                //跳出循环
        try {
            if(beforeConversion!=10){//判断转换前的数制是否是十进制
                String temp=String.valueOf(
                NumberToTen(beforeConversion,number));//转换成十进制的数
                result=String.valueOf(
                TenToNumber(afterConversion, temp));//十进制转换成其他进制
            }else{
                result=String.valueOf(
                TenToNumber(afterConversion, number));//十进制转换成其他进制
            }
            System.out.println(beforeConversion+"进制的数:"+number+",转换成
"+afterConversion+"进制的数为: "+result);

        } catch (Exception e) {
            System.out.print("转换失败，请输入合法数据！");
            //所有程序（方法，类等）停止，系统停止运行
            System.exit(-1);
        }
    }
}
```

在以上程序中，NumberToTen()方法根据传入的数制转换成十进制，用循环遍历字符串获得字符串中的单个字符，然后对每个字符进行判断。传入的如果是十六进制的数，则调用 sixteenCharToNumber()方法将字符转换成数字。并运用 Math.pow()返回底数的指定次幂的功能

电子工业

对数据进行计算。Math.pow(x,y)相当于计算 xy。

TenToNumber()方法首先将要转换的字符转为整型，并根据转换后的数制获得相应的结果。十进制转换为二进制时，需要将十进制的数依次除 2 取余，获得的余数需要进行倒序整理。

在程序主方法 main()中，笔者运用运行程序获取用户输入的方式获得数据，肯定有很好的灵活性和可操作性。

运行结果如下所示。

```
请输入三个参数（整数）：待转换的数据　　转换前的数制　转换后的数制
12
10
8
10 进制的数:12,转换成 8 进制的数为：14
```

第3章　数组

数组是一种复合数据类型，是相同数据的集合。数组可以分为一维数组和多维数组。Java 中也提供了很多内置函数来对数组进行操作，可以编写更复杂的程序。

3.1　数组的概念

数组是在程序设计中为了处理方便，把具有相同类型的若干变量按有序的形式组织起来的一种形式。这些按序排列的同类数据元素的集合称为数组。数组中的每个数据称为数组元素，数组元素是有序的。下面详细介绍数组的定义、声明及使用。

3.1.1　什么是数组

数组是用来存储相同数据类型的数据集合，可使用共同的名称来引用数组中的数据。数组可以存储任何类型的数据，包括原始数据类型和对象，因此按数组元素的类型不同，数组又可分为数值数组、字符数组、指针数组、结构数组等各种类别。但一旦指定了数组的类型之后，就只能用来存储指定类型的数据。也可以理解为数组是专门用来存储大批量数据信息的。

3.1.2　数组的特点

数组提供了一种数据分组的方法。可以通过数组的下标（即数据项在数组中的索引值，从 0 开始）来访问数据。数组有以下特点：

- 既能存储原始数据类型，又能存储对象类型。
- 数组元素的个数称为数组的长度。长度一旦确定，就不能改变。
- 数组元素的下标是从 0 开始的，即第一个元素的下标是 0。
- 可以创建数组的数组。
- 数组可以作为对象处理。数组对象含有成员变量 length，用来表示数组的长度。

3.1.3　数组的规则

规则说明有以下几点：

- 可以只给部分元素赋初值。当{ }中值的个数少于元素个数时，只给前面部分元素赋值。例如，static int a[10]={0,1,2,3,4};表示只给 a[0]～a[4]五个元素赋值，而后五个元素自动赋 0 值。
- 只能给元素逐个赋值，不能给数组整体赋值。例如，给 10 个元素全部赋值为 1，只能写为 static int a[10]={1,1,1,1,1,1,1,1,1,1};，而不能写为 static int a[10]=1;（注意：在 C 语言中是这样，但并非在所有涉及数组的地方都这样）。

- 如不给可初始化的数组赋初值，则全部元素均为0值。
- 如给全部元素赋值，则在数组说明中可以不给出数组元素的个数，例如，static int a[5]={1,2,3,4,5}可写为static int a[]={1,2,3,4,5}。动态赋值可以在程序执行过程中对数组作动态赋值。这时可用循环语句配合scanf函数逐个对数组元素赋值。

3.2 一维数组

编程最常用到的是一维数组。所谓一维数组，是一组相同类型数值的集合。使用一维数组要声明数组变量、创建数组对象并赋值、访问或修改存储的数据（元素）。

3.2.1 声明一维数组

声明一维数组的语法有两种格式。数据类型可以是Java中常用的类型，数组名称要符合标识符命名规则。参数[]可以放在数据类型前或数组名称后。例如：

```
数组类型[ ] 数组名称;                                //声明一维数组
int[ ] username;
```

或

```
数组类型 数组名称[ ];
int username [ ];
```

例如，可以分别声明一个int型、一个boolean型、一个float型的一维数组。

```
int[ ]  nums;                                    //声明一个整型数组
boolean[ ]  flag;                                //声明一个布尔类型的数组
float[ ]  score;                                 //声明一个浮点类型的数组
```

也可以使用第二种声明数组变量的方式。如下所示：

```
int  nums[ ];
boolean  flag[ ];
float  score[ ];
```

建议使用第一种方式，它更符合数组变量的原理，即在数组名字前面指定数组可以保存的数据类型，这里使用方括号“[]”来代表数组类型。

3.2.2 初始化一维数组

一维数组初始化也有两种格式。一种是先声明再赋值，另一种是直接声明赋值。例如：

```
int [ ] array = new int[ 5] ;                  //创建一个整型数组对象，数组长度为5
weeks[0]=1;
weeks[1]=2;
weeks[2]=3;
weeks[3]=4;
weeks[4]=5;
```

或

```
int [ ] array = {1,2,3,4,5} ;     //创建一个整型数组对象，数组长度为5，并同时赋初值
```

一维数组是引用对象，所以可使用new运算符来直接创建一个数组对象，但必须指定数组的长度。这种初始化的方法效果是一样的，但把数组元素值直接放在大括号中来完成创建和初始化数组比较简洁，这种方法创建数组对象时，大括号中的元素类型必须与声明的数据类型一致，数组的长度与大括号中元素的个数要相同。

使用 new 运算符来创建数组对象时，必须指定这个数组的大小。创建数组对象时，仅仅是在内存中为数组变量分配指定大小的空间，并没有实际存储数据，这时数组的所有元素会被自动地赋予初值，其中：

- 数字数组，初值是 0。
- 布尔数组，初值是 false。
- 字符数组，初值是'\0'。
- 对象数组，初值是 null。

3.2.3 访问一维数组

当创建数组变量并赋值后，就可以访问数组中的元素了。例如：

```
public class Test1{
    public static void main(String[ ] args){
        int [ ] weeks ={1,2,3,4,5,6,7};              //定义一个整型数组并赋值
        System.out.println(weeks[0]);                //输出数组 age 的第一个元素值
        System.out.println(weeks[1]);                //输出数组 age 的第二个元素值
        //System.out.println(weeks[7]);              //错误，访问超出了数组的范围
        //循环逐个输出数组元素
        for(int i =0;i < weeks.length;i++){
        System.out.println(weeks[i]);
        }
    }
}
```

运行结果如下：

```
1
2
1
2
3
4
5
6
7
```

数组元素的下标从 0 开始。如果在程序中引用了下标超出数组范围的元素，Java 编译器就会显示一个“ArrayIndexOutOfBoundsException”错误提示。

3.2.4 修改一维数组元素

数组中的元素值是可以改变的。在声明一个数组变量和创建一个数组对象以后，可以通过为数组中的元素赋值，来修改数组中任一元素的值。例如，用数组计算两个学生的语文、数学、英语总分成绩。代码如下：

```
public class Test2{
    public static void main(String[ ] args){
        String[ ] students = {"张三","李四"};
        int mathScore[ ] = {88,93};   //定义一个整型数组，保存两个同学的数学成绩
        //定义一个整型数组，保存两个同学的英语成绩
        int englishScore[ ] = new int[2];
        //定义一个整型数组，保存两个同学的语文成绩
        int languageScore[ ] = new int[2];
        int totalScore[]=new int[2]; //定义一个整型数组，用来保存两个同学的总成绩
        //为两个同学的英语成绩赋值
        englishScore[0] = 98;            //为第一个元素赋值
        englishScore[1] = 72;            //为第二个元素赋值
        //为两个同学的语文成绩赋值
```

```
        language Score[0] = 92;        //为第一个元素赋值
        language Score[1] = 87;        //为第二个元素赋值

        //计算第一个同学的总成绩
        totalScore[0] = mathScore[0] + englishScore[0] + languageScore[0];
        //计算第二个同学的总成绩
        totalScore[1] = mathScore[1] + englishScore[1] + languageScore[1];
        //输出两个同学的总成绩
        System.out.println(students[0] + "同学的总成绩为:" + totalScore[0]);
        System.out.println(students[1] + "同学的总成绩为:" + totalScore[1]);
    }
}
```

本示例中先声明了 4 个数组，其中，mathScore、englishScore 和 languageScore 存储学生的各科成绩，students 存储学生的姓名，totalScore 存储学生的总成绩。通过修改数组中指定元素值的方式为数组 englishScore 和 languageScore 初始化成绩。最后输出两个同学的姓名及其总成绩，运行结果如下。

```
张三同学的总成绩为: 278
李四同学的总成绩为: 249
```

3.3 数组的常用操作

数组的常用操作包括数组的填充、复制、比较、排序等。Java 提供了相应对数组操作的系统函数（方法），利用系统函数（方法）可以对数组进行各种操作。

3.3.1 数组长度

数组长度指的是数组的大小，也就是数组包含元素的个数。如果想获得数组的长度，可以用其本身的 length 属性获得。使用方法就是在数组名后加“.length”。语法如下：

```
数组名.length;
```

下面输出一个数组的长度大小。代码如下：

```
public class Test3{
    public static void main(String[ ] args){
        int [ ] weeks ={1,2,3,4,5,6,7};        //定义一个整型数组并赋值
        int len = weeks.length;
        System.out.println("数组长度为:"+len);
    }
}
```

运行结果如下：

```
数组长度为:7
```

3.3.2 数组填充

数组填充指的是将一个数组或数组指定元素用固定值添加到数组中。可以使用 Arrays 类提供的 fill 对数组进行填充。语法如下：

```
Arrays.fill(数组名,值)                          //将值全部填充到数组
或:
Arrays.fill(数组名,开始下标,结束下标,值);       //将值填充到开始下标到结束下标部分
```

下面是两种填充元素语法的应用，分别对两个数组进行填充元素，代码如下：

```
public class Test4{
    public static void main(String[ ] args){
        int [ ] a =new int [5];                //定义一个整型数组 a
```

```
        int [ ] b =new int [5];                    //定义一个整型数组 b
        Arrays.fill(a,1);                          //给数组 a 填充值 1
        Arrays.fill(b,2,4,20);    //用 20 来填充数组 b 的开始下标 2 到结束下标 4 部分
        //循环输出数组的元素
        for(int i =0;i < a.length;i++){
            System.out.print(a[i]+" ");
        }
        System.out.println();
        for(int i =0;i < b.length;i++){
        System.out.print(b[i]+" ");
        }
    }
}
```

运行结果如下：

```
1 1 1 1 1
0 0 20 20 0
```

3.3.3 数组复制

数组复制是将一个指定数组范围内的元素值复制到另一个数组中去。Java 提供了 Arraycopy 函数（方法）来进行数组的复制操作。语法如下：

```
Arraycopy（数组 a,开始复制下标,复制到数组 b,开始复制下标,复制长度）;
```

将数组 a 的元素从开始复制元素的下标复制到数组 b 中，复制元素的个数由复制长度决定。示例如下：

```
public class Test5{
    public static void main(String[ ] args){
        int [] a ={1,2,3,4,5};                   //定义一个整型数组 a
        int [] b = {11,12,13,14,15};             //定义一个整型数组 b
        //将数组 b 的值复制到数组 a 中
        System.arraycopy(b, 1, a, 2, 3);
        System.out.println("复制后 a 数组的值为");
        for(int i =0;i < a.length;i++){
            System.out.print(a[i]+" ");
        }
    }
}
```

运行结果如下：

```
复制后 a 数组的值为
1  2  12  13  14
```

3.3.4 数组比较

数组之间也可以比较，如果两个数组的长度一样，并且相同位置的元素也一样，那么这两个数组相等；否则，不相等。可以使用 Arrays 提供的 equals 来判断两个数组是否相等。语法如下：

```
Arrays.equals(数组 1,数组 2);
```

返回值为 boolean 值，示例如下：

```
public class Test6{
    public static void main(String[ ] args){
        int [ ] a =new int [5];                //定义一个整型数组 a
        int [ ] b =new int [5];                //定义一个整型数组 b
        Arrays.fill(a,1);                      //给数组 a 填充值 1
```

```
            Arrays.fill(b,2,4,20);                //用 20 来填充数组 b 的下标 2 到下标 4 部分
        if(Arrays.equals(a,b))
            System.out.print("两个数组相等 ");
        else
            System.out.print("两个数组不相等 ");
    }
}
```

运行结果如下：

```
两个数组不相等
```

3.3.5 数组排序

数组排序指的是将数组中的元素按照一定的顺序进行排列，实际应用中会经常对数组进行排序操作，数组排序主要包括 sort 函数（方法）排序和冒泡排序。Arrays 提供了 sort 函数（方法）排序，语法如下：

```
Arrays.sort(数组);
```

或

```
Arrays.sort(数组,开始下标,结束下标);
```

sort 函数（方法）是升序排序，可以将数组全部排序，也可以在指定范围内将元素排序。示例如下：

```
public class Test7{
    public static void main(String[ ] args){
        int [ ] a ={12,62,53,74,8};                 //定义一个整型数组 a
        int [ ] b ={45,68,2,56,7};                  //定义一个整型数组 b
        //将数组 a 全部排序
        Arrays.sort(a);
        //将数组 b 第 2 个和第 4 个之间排序
        Arrays.sort(b,2,4);
        System.out.println("数组 a 排序后为:");
        //循环输出数组的元素
        for(int i =0;i < a.length;i++){
            System.out.print(a[i]+" ");
        }
        System.out.println();
        System.out.println("数组 b 排序后为:");
        for(int i =0;i < b.length;i++){
        System.out.print(b[i]+" ");
        }
    }
}
```

运行结果如下：

```
数组 a 排序后为:
8 12 53 62 74
数组 b 排序后为:
45 68 2 7 56
```

数组排序除了 sort 函数（方法）排序外，还有一种冒泡排序法，又称交换排序法。整个过程是把数组中最小的元素看成重量最轻的气泡，让它上浮并依次从底端进行上浮操作，所以形象地称之为冒泡排序。下面的示例将一个数组用冒泡排序法进行排序。代码如下：

```
public class Test8{
    public static void main(String[ ] args){
        int [ ] a ={12,62,53,74,8};             //定义一个整型数组 a
        int temp;                               //定义一个中间量进行交换
        for(int I=0;I<a.length;I++){
```

```
            for(int j=I;j<a.length;j++){
                if(a[j]<a[i]){
                temp = a[i];
                a[i]=a[j];
                a[j]=temp;
                }
            }
        }
        System.out.println("数组 a 排序后为:");
        for(int i =0;i < a.length;i++){
        System.out.print(a[i]+" ");
        }
    }
}
```

运行结果如下：

```
数组 a 排序后为:
8 12 53 62 74
```

3.3.6 在数组中搜索指定元素

有时需要搜索数组中某个元素是否存在，可以使用 Arrays 提供的 binarySearch 函数（方法）来解决这个问题。语法如下：

```
binarySearch(数组,指定元素);
```

或

```
binarySearch(数组,开始位置,结束位置,指定元素);
```

该方法的返回值是 int 类型，指所在的下标。示例如下：

```
public class Test9{
    public static void main(String[ ] args){
        int [ ] a ={12,62,53,74,8};                //定义一个整型数组并赋值
        //在数组中搜索 53
        int num1=Arrays. binarySearch(a,53);
        //在数组中 2-4 下标范围内搜索 74
        int num2= Arrays. binarySearch(a,2,4,74);
        if(num1>=0)
        System.out.println("53 在数组 a 中的位置是 "+num1);
        else
        System.out.println("53 不在数组 a 中 ");
        if(num2>=0)
        System.out.println("在数组 a 中从下标 2-4 搜索 74 的位置是 "+num2);
        else
        System.out.println("74 不在数组 a 中 ");
    }
}
```

运行结果如下：

```
53 在数组 a 中的位置是 2
在数组 a 中从下标 2-4 搜索 74 的位置是 3
```

3.3.7 把数组转换为字符串

数组还可以转换为由数组元素列表组成的字符串，可以使用 Arrays 类的 toString 函数（方法），任何数组类型都可以。语法如下：

```
toString(数组类型 数组名);
```

返回值为字符串类型。示例如下：

```
public class Test10{
    public static void main(String[ ] args){
        int [ ] a ={12,62,53,74,8};                  //定义一个整型数组 a
        double [ ] b= {3.68,56.44,99.51};            //定义一个 double 数组 b
        //输出数组转换后的字符串
        System.out.println("int 型数组 a 转换成字符串为: "+Arrays.toString(a));
        System.out.println("double 型数组b转换成字符串为:"+Arrays.toString(b));
    }
}
```

运行结果如下：

```
int 型数组 a 转换成字符串为: [12, 62, 53, 74, 8]
double 型数组 b 转换成字符串为: [3.68, 56.44, 99.51]
```

3.4 多维数组

数组元素除了可以是原始数据类型、对象类型之外，还可以是数组，即数组元素是数组。通过声明数组的数组来实现多维数组。

3.4.1 声明二维数组

本节介绍二维数组的声明、创建和使用。多维数组的使用和二维数组使用相似，因此只做简单介绍。声明二维数组语法有两种格式。例如：

```
数组类型[ ][ ] 数组名字;                         //声明一个二维数组变量
int [ ][ ]  num;
```

或

```
数组类型 数组名字[ ][ ];
int[ ][ ]  num;
```

建议采用第一种方式，同声明一维数组类似。对于其他多维数组声明也是类似的。例如：

```
数组类型[ ][ ][ ] 数组名字;                      //声明一个三维数组变量
int[ ][ ][ ]  threeDimension;
```

或

```
数组类型[ ][ ][ ][ ] 数组名字;                   //声明一个四维数组变量
int[ ][ ][ ][ ]  fourDimension;
…
//依此类推
```

3.4.2 创建二维数组

创建二维数组对象有两种格式。例如：

```
int[ ][ ]  num = new int[3][4] ;        //创建一个 int 类型二维数组，长度为 3 和 4
//创建一个 String 类型二维数组，长度为 2 和 2
String[ ][ ] username=new String [2][2];
```

或

```
//创建一个 int 类型二维数组，长度为 3 和 4，并赋值
int[ ][ ]  num= {{3,6,9},{1,2,3,4}};
//创建一个 String 类型二维数组，长度为 2 和 2，并赋值
String[ ][ ] username={{"周杰杰","李宇宇"},{"赵本本","黄宏宏"}};
```

两种方法都可以，可按照程序需求来确定使用哪种方式。创建多维数组和创建二维数组类似。例如：

```
//创建多维数组
int[ ][ ][ ]  num = new int[3][4][5];  //创建一个 int 类型三维数组，长度为 3、4 和 5
//创建一个 String 类型四维数组，长度为 2、2、1 和 1
String[ ][ ][ ][ ]  username=new String [2][2][1][1];
…
//依此类推
```

或

```
//创建一个 int 类型三维数组，长度为 3、4 和 5，并赋值
int[ ][ ][ ]  num= {{3,6,9},{1,2,3,4},{1,2,3,4,5}};
//创建一个 String 类型四维数组，长度为 2、2、1 和 1，并赋值
String[ ][ ][ ][ ]  username={{"周杰杰","李宇宇"},{"赵本本","黄宏宏"},{"刘德德"},{"
张学学"}};
…
//依此类推
```

使用 new 运算符来创建二维数组对象时，必须指定这个数组的长度。也可以把数组元素值直接放在大括号中，同时完成创建和初始化数组。在大括号中使用逗号分隔每个花括号，每个花括号中用逗号分开数据。在这里定义一个二维数组 num1，示例如下：

```
int[ ][ ]  num1 = {{10,20,30,40},{50,60,70,80}};
```

它有 2 行 4 列。可以把数组 num1 看成如表 3.1 所示的二维表格。

表 3.1　二维数组num1 的结构

	列下标 0	列下标 1	列下标 2	列下标 3
行下标 0	10	20	30	40
行下标 1	50	60	70	80

3.4.3　访问二维数组

创建数组变量并赋值后就可以访问二维数组元素了。在该数组的名称后面加两个中括号表示，第一个下标为行索引，第二个下标为列索引。示例如下：

```
public class Test11{
    public static void main(String[ ] args){
        int[ ][ ]  num1 = {{10,20,30,40},{50,60,70,80}};
        System.out.println(num1 [0][2]);
    }
}
```

输出数组 num1 的第 1 行（下标为 0）第 3 列（下标为 2）的元素，应该输出的值为 30。运行结果如下：

```
30
```

在二维数组中，行和列的下标都是从 0 开始计数的。

3.4.4　遍历二维数组

通过以下程序使用两种不同的方法创建二维数组，并将两个二维数组输出。代码如下：

```
public class Test12{
    public static void main(String[ ] args){
        int [ ] [ ]a ={{1,2,3},                              //定义一个整型二维数组 a
                {4,5,6},
```

```
            {7,8,9}};
        int [ ] [ ]b= new int [3][3];                    //定义一个整型二维数组 b
        int k = 1;
        int i,j =0;
        for(i=0;i<b.length;i++){
            for(j=0;j<b[i].length;j++)
            b[i][j] = k++;
        }
        //输出 a 数组
        System.out.println("输出 a 数组");
        for(i=0;i<a.length;i++){
            for(j=0;j<a[i].length;j++){
          System.out.print(a[i][j]+" ");
            }
        System.out.println();
        }
        //输出 b 数组
        System.out.println("输出 b 数组");
        for(i=0;i<b.length;i++){
            for(j=0;j<b[i].length;j++){
          System.out.print(b[i][j]+" ");
            }
        System.out.println();
        }
    }
}
```

3.5 典型实例

【实例 3-1】在所有比 1 大的整数中，除了 1 和它本身以外，不再有别的因数，这种整数叫做质数或是素数。还可以说成质数只有 1 和它本身两个约数。编写程序找出指定范围内的质数。

具体代码如下：

```
package com.java.ch031;
import java.util.Arrays;                        //导入类

public class TextPrimeNumber {                  //操作求指定范围内的质数的类

    private static boolean[] filterNumber(int num){   //筛选法求质数
        if(num<=0){                              //判断指定的范围
            System.out.println("范围必须大于 0");
            return null;
        }
        //声明布尔类型数组，长度为范围+1
        //数组标注是否为质数，下标值为质数，那么对应数组元素值为 true
        //例如 2 是质数,isPrime[2]=true
        boolean[]isPrime=new boolean[num+1];

        isPrime[1]=false;                        //1 不是质数
        Arrays.fill(isPrime, 2,num+1,true);      //将布尔数组元素的值都赋为 true
        int n=(int)Math.sqrt(num);               //Math.sqrt 方法用于求开方
        for(int i=1;i<n;i++){
            if(isPrime[i]){                      //如果是质数，那么 i 的倍数不是质数
                for(int j=2*i;j<=num;j+=i){
                    isPrime[j]=false;
                }
            }
        }
        return isPrime;
    }
    public static void showAppointArea(int number){//显示指定范围内的质数
        boolean [] primes=filterNumber(number);//调用方法赋值给布尔类型的数组
```

```
        int num=0;
        if(primes!=null){
            for(int i=1;i<primes.length;i++){     //循环数组操作数组的元素
                if(primes[i]){                 //如果数组元素值为true，则下标值为质数
                    System.out.print(i+" "); //输出质数
                    if(++num%10==0)        //每输出 10 个质数换行
                        System.out.println();
                }
            }
            System.out.println();
        }
        System.out.println("一共有"+num+"个");
    }
    public static void main(String[] args) {      //java 程序的主入口处
        int number = 200;                        //声明范围
        System.out.println("范围在"+number+"内的质数有: ");
        showAppointArea(number);               //调用方法显示质数
    }
}
```

在以上程序中，filterNumber()方法使用筛选法求传入参数值范围内的所有的质数。声明一个布尔类型的数组，数组元素的值为 true 时，表示为该元素的下标为质数。如果 number 是一个质数,那么 number 的位数都不是质数，利用 Array.fill()方法初始化布尔类型数组，然后利用循环将数组下标为 number 的倍数的元素值设置为 false；这样就能判断哪部分元素是质数了。

showAppointArea()方法调用 filterNumber()方法，得到布尔类型数组，将值为 true 的元素的下标在控制台输出。

运行结果如下所示。

```
范围在 200 内的质数有:
2 3 5 7 11 13 17 19 23 29
31 37 41 43 47 53 59 61 67 71
73 79 83 89 97 101 103 107 109 113
127 131 137 139 149 151 157 163 167 173
179 181 191 193 197 199
一共有 46 个
```

【实例 3-2】在数学上，矩阵是由方程组的系数及常数所构成的方阵。用在解线性方程组上既方便又直观。生活中通过矩阵多因素探索解决问题。本节实际实现了矩阵的基本运算，包括：矩阵的构造、矩阵的加法、矩阵的减法和转置矩阵，等等。具体代码如下：

```
package com.java.ch032;

import java.text.DecimalFormat;                    //引入类
public class TextMatrix {                          //操作矩阵的类,使用二维数组
    private double[][]data;                        //矩阵数据
    public TextMatrix(){}                          //默认构造函数
    public TextMatrix(double[][]data){             //初始化矩阵
        if(CanTransToMatrix(data))                 //判断数组是否能转换成矩阵
            this.data=this.cloneArray(data);
    }
    //判断二维数组能够转换成矩阵
    private static boolean CanTransToMatrix(double [][]data){
        if(data==null)                             //判断二维数组是否为空
            return false;
        for(int i=0;i<=data.length-2;i++){//循环依次比较如果长度不等则返回 false
            //数组长度比较
            if(data[i].length!=data[i+1].length)
                return false;
        }
```

```
        return true;
    }
    //格式化数组
    public String showArray(double [][]data){
        //数据格式化保留二位小数
        DecimalFormat format=new DecimalFormat("0.00");
        //声明StringBuffer可以修改数据
        StringBuffer buffer=new StringBuffer("");
        for(int i=0;i<data.length;i++){
            for(int j=0;j<data.length;j++){   //遍历二维数组按格式显示
                //将数组元素转换为指定格式
                buffer.append(format.format(data[i][j])).append(" ");
            }
            buffer.append("\n");//换行
        }
        return buffer.toString();
    }
    //调用方法显示二维数组
    public void showData(){
        System.out.println(showArray(this.data));
    }
    //克隆一个二维数组
    private double[][]cloneArray(double [][]data){
        if(data==null)
            return null;
        return (double [][])data.clone();
    }
    //获得矩阵
    public double [][]getMatrixData(){
        return cloneArray(this.data);
    }
    //矩阵加法运算
    public TextMatrix add(TextMatrix t){
        if(t==null) return null;
        TextMatrix text=null;
        double [][]tmData=t.getMatrixData(); //获得一个矩阵
        if((this.data.length!=tmData.length) ||
                //判断矩阵行数、列数是否相等
                (this.data[0].length!=tmData[0].length)){
            System.out.println("两个矩阵大小不一");
            return text;
        }else{
        double [][]result=new double[this.data.length][this.data[0].length];
            for(int i=0;i<this.data.length;i++){       //依次循环行数
                for(int j=0;j<this.data[0].length;j++){   //依次循环列数
                    //两个矩阵相加
                    result[i][j]=this.data[i][j]+tmData[i][j];
                }
            }
            text=new TextMatrix(result); //将新生成的矩阵传入对象中
            return text;                 //返回对象
        }
    }
    //矩阵减法运算
    public TextMatrix subtration(TextMatrix t){
        if(t==null) return null;
        TextMatrix text=null;
        double [][]tmData=t.getMatrixData(); //获得一个矩阵
        if((this.data.length!=tmData.length) ||
                //判断矩阵行数、列数是否相等
                (this.data[0].length!=tmData[0].length)){
            System.out.println("两个矩阵大小不一");
            return text;
        }else{
        double [][]result=new double[this.data.length][this.data[0].length];
```

```
            for(int i=0;i<this.data.length;i++){ //依次循环行数
                //依次循环列数
                for(int j=0;j<this.data[0].length;j++){
                    //两个矩阵相减
                    result[i][j]=this.data[i][j]-tmData[i][j];
                }
            }
            text=new TextMatrix(result); //将新生成的矩阵传入对象中
            return text;                 //返回对象
        }
    }
    //矩阵转置,格式为 a[i][j]=b[j][i]
    public TextMatrix transposeMatrix() {
        int Row = this.data[0].length;
        int Column = this.data.length;
        //声明一个二维数组，长度指定
        double[][] change = new double[Row][Column];
        for (int i = 0; i < Row; i++) {
            for (int j = 0; j < Column; j++) {
                change[i][j] = this.data[j][i];  //循环进行转置
            }
        }
        return new TextMatrix(change);
    }
    public static void main(String []args){  //java 程序的主入口处
        //初始化的方式构造一个二维数组
  double[][]data1=new double[][]{{1.0,2.0,3.0},{4.0,5.0,6.0},{7.0,8.0,9.0}};
       //声明一个二维数组,没有初始化

        double[][]data2=new double[3][3];
        for(int i=0;i<3;i++){                           //for 循环依次初始化二维数组
            for(int j=0;j<3;j++){
                data2[i][j]=2*i+j;                      //进行赋值
            }
        }
        TextMatrix matrix1=new TextMatrix(data1);
        TextMatrix matrix2=new TextMatrix(data2);
        System.out.println("两组二维数组展示:");
        matrix1.showData();                             //二维数组展示
        matrix2.showData();
        System.out.println("矩阵加法运算结果: ");
        matrix1.add(matrix2).showData();       //显示矩阵加法运算结果
        System.out.println("矩阵减法运算结果: ");
        matrix1.subtration(matrix2).showData();  //显示矩阵减法运算结果
        System.out.println("矩阵 matrix1 转置结果: ");
        matrix1.transposeMatrix().showData();//矩阵转置的结果
    }
}
```

以上代码根据不同的方法对二维数组进行初始化。并采用二维数组存放矩阵的数据。并对要操作的两个数组进行行和列是否一致的判断。

add()方法实现了矩阵的加法运算，根据矩阵加法的条件，判断参与加法的两个矩阵是否可加，并将结果数组变换为矩阵对象返回。

sub()方法实现了矩阵减法运算，当前对象是被减数，输入参数对象是减数。

clone()方法用于克隆一个矩阵。

运行结果如下所示。

```
两组二维数组展示:
1.00 2.00 3.00
4.00 5.00 6.00
7.00 8.00 9.00
```

```
0.00 1.00 2.00
2.00 3.00 4.00
4.00 5.00 6.00
矩阵加法运算结果：
1.00 3.00 5.00
6.00 8.00 10.00
11.00 13.00 15.00
矩阵减法运算结果：
1.00 1.00 1.00
2.00 2.00 2.00
3.00 3.00 3.00
矩阵 matrix1 转置结果：
1.00 4.00 7.00
2.00 5.00 8.00
3.00 6.00 9.00
```

【实例 3-3】栈和队列是两种特殊的线性表，它们的逻辑结构和线性表相同，只是其运算规则较线性表有更多的限制。本节实例介绍如何使用顺序栈、顺序队列、优先队列，以及使用的规则和要领。具体代码如下：

```
package com.java.ch033;

class Stack {                                   // 实现顺序栈的类
    long stackArray[];                          // 栈数组
    int size;                                   // 栈的大小
    int top;                                    // 栈的顶部

    public Stack(int size) {                    // 构造方法初始化大小为 size 的栈
        this.size = size;
        this.stackArray = new long[size];
        this.top = -1;
    }
    public long pop() {                         // 出栈操作
        return stackArray[top--];
    }
    public void push(long value) {              // 入栈操作
        stackArray[++top] = value;
    }
    public boolean isEmpty() {                  // 判断栈是否为空
        return top == -1;
    }
    public boolean isFull() {                   // 判断栈是否已满
        return top == size - 1;
    }
    public long peek() {                        // 取栈顶元素
        return stackArray[top];
    }
}

class Queue {                                   // 实现顺序队列的类
    private long queueArray[];                  // 队列数组
    private int front;                          // 队列的前端下标
    private int rear;                           // 队列的尾端下标
    private int size;                           // 队列的大小
    private int count;                          // 队列中元素的个数

    public Queue(int size) {                    // 构造方法初始化大小为 size 的队列
        this.queueArray = new long[size];
```

```
        this.size = size;
        this.front = 0;
        this.rear = -1;
        this.count = 0;
    }
    public void insert(long value) {        // 插入操作
        if (rear == size - 1)               // 队列已满
            rear = -1;
        queueArray[++rear] = value;
        count++;
    }
    public long remove() {                  // 删除操作
        long temp = queueArray[front++];
        if (front == size)
            front = 0;
        count--;
        return temp;
    }
    public long peakFront() {               // 返回队列第一个元素
        return queueArray[front];
    }
    public boolean isEmpty() {              // 判断是否为空
        return count == 0;
    }
    public boolean isFull() {               // 判断是否已满
        return count == size;
    }
    public int Count() {                    // 返回队列中元素的个数
        return count;
    }
    public void print() {                   // 输出队列元素
        for (int i = front; i < front + count; i++) {
            System.out.print(queueArray[i] + "\t");
        }
        System.out.println();
    }
}

class PriorityQueue {                       // 实现优先队列的类
    private int count;                      // 队列中元素的个数
    private long priorityArray[];           // 队列数组
    private int size;                       // 队列的大小
    public PriorityQueue(int size) {        // 构造方法初始化大小为 size 的队列
        this.size = size;
        this.priorityArray = new long[size];
        this.count = 0;
    }
    public void insert(long value) {        // 插入操作
        int i;
        if (count == 0)
            priorityArray[count++] = value;
        else {
            // 循环找到比插入值大的位置
            for (i = count - 1; i >= 0; i--) {
                if (value < priorityArray[i]) {
                    // 依次移动位置
                    priorityArray[i + 1] = priorityArray[i];
                } else
                    break;
            }
            priorityArray[i + 1] = value;// 插入值放到指定位置
            count++;
        }
    }
```

```
        public long remove() {                      // 删除操作
            return priorityArray[--count];
        }
        public boolean isEmpty() {                  // 判断是否为空
            return count == 0;
        }
        public boolean isFull() {                   // 判断是否已满
            return count == size;
        }
        public void print() {                       // 输出队列元素
            for (int i = 0; i < count; i++)
                System.out.print(priorityArray[i] + "\t");
            System.out.println();
        }
    }
    public class TextStackAndQueue {                // 操作顺序栈与队列的类
        public static void main(String[] args) {// java 程序主入口处
            System.out.println("1.数组实现顺序栈");
            Stack stack = new Stack(6);             // 实例化顺序栈，栈的大小为 6
            while (!stack.isFull()) {               // 只要栈不满便循环
                long r = (long) (Math.random() * 20);
                stack.push(r);                      // 入栈
                System.out.print(r + "\t");
            }
            System.out.println();
            while (!stack.isEmpty()) {              // 只要栈不空便循环
                long value = stack.pop();           // 获得栈顶元素
                System.out.print(value + "\t");
            }
            System.out.println();
            System.out.println("-------------------------------------");
            System.out.println("2.数组实现顺序队列");
            Queue queue = new Queue(6);             // 实例化顺序队列，队列的大小为 6
            while (!queue.isFull()) {               // 只要队列不满便循环
                long value = (long) (Math.random() * 20);
                queue.insert(value);      // 元素插入队列
            }
            queue.print();                          // 输出队列元素
            while (!queue.isEmpty()) {              // 只要栈不空便循环
                queue.remove();                     // 元素移除
                queue.print();                      // 输出队列元素
            }
            queue.print();                          // 输出队列元素
            System.out.println(queue.isEmpty());// 队列是否为空?
            System.out.println("-------------------------------------");
            System.out.println("3.数组实现优先队列");
            // 实例化顺序队列，队列的大小为 6
            PriorityQueue priority = new PriorityQueue(6);
            while (!priority.isFull()) { // 只要队列不满便循环
                long value = (long) (Math.random() * 20);
                priority.insert(value);       //元素插入队列
            }
            priority.print();                       // 输出队列元素
        }
    }
```

在以上程序中，定义了 4 个类，其中 3 个类用于操作栈、队列、优化队列：

（1）Stack 类实现顺序栈包括入栈、出栈、置栈空、判断栈是否为空，以及判断栈是否已满和取栈内的元素。入栈的 push()方法需要将栈顶 top 加 1，需要注意的是当 top =size-1 表示栈满，当栈满时再做入栈运算产生空间溢出的现象，简称“上溢”。出栈的 pop()方法需要将栈顶 top 减 1，当 top<0 表示空栈。当栈空间，做出栈运算产生溢出现象，简称“下溢”。当取栈内元素时，由于栈是先进后出的，则取到的元素是最后放入的元素。

（2）Queue 类实现顺序队列包括入队、出队、置空队列、判断队列是否为空，以及判断队列是否已满和取队列中的元素。入队的 insert()方法将新元素插入到 rear 所指的位置，然后 rear 加 1，需要注意的是当 rear=size-1 时表示队列已满。当队列满时，做进栈运算产生空间溢出的现象，简称“真上溢”。当队列中实际的元素个数远远小于向量空间的规模时，也可能由于尾指针已超越向量空间的上界而不能做入队操作，该现象称为“假上溢”。出队的 remove()方法删去 front 所指的元素，然后将 front 加 1 并返回被删的元素。当 count 为空时，做出队运算产生溢出，称为“下溢”。“下溢”常用作程序控制转移的条件。当取队列中的元素时，由于队列是先进先出的，则取到的元素是最先放入的元素。

（3）PriorityQueue 类实现优化队列，对队列中的元素进行从小到大的排序。入队的 insert()方法循环查找一个大于要插入元素的位置，当找到大于要插入的元素就跳出，然后为要插入的元素留出位置，将要插入的元素保存到该位置。再根据队列元素是否为空和是否已满条件，输出队列中已排序的元素，这样就实现队列的优化操作。

运行结果如下所示。

```
1.数组实现顺序栈
10   17   17   6    0    9
9    0    6    17   17   10
-----------------------------------
2.数组实现顺序队列
16   8    18   8    8    9
8    18   8    8    9
18   8    8    9
8    8    9
8    9
9
true
-----------------------------------
3.数组实现优先队列
0    2    6    7    13   18
```

第 4 章　条件结构和循环结构

Java 中程序流程控制语句包括条件结构、循环结构和跳转语句。程序可以根据需求选择不同的执行语句。通过综合运用这些流程语句，可以实现复杂的计算问题。

4.1 条件结构

条件结构包括顺序结构和选择结构。顺序结构在程序执行中没有跳转和判断，直到程序结束为止。选择结构包括 if 语句、if-else 语句和 switch 语句。这些语句用来控制选择结构，在程序执行中可以改变程序的执行流程。

4.1.1 if 语句

if 语句是根据条件判断之后再处理的一种语法结构，是经常使用的判断语句。例如，当一个男人向一个女人求婚时，这个女人会做什么判断呢？

```
如果你有车有房有存款
        我就嫁给你
```

在上例中，想要女人嫁给男人，男人必须达到女人的要求，那就是要有车、有房、有存款。在 Java 中是如何使用 if 语句来进行判断的呢？语法格式如下：

```
if(条件表达式)
        语句                    //条件成立后执行，一条执行语句可省略花括号
```

或

```
if(条件表达式){
        一条或多条语句          //条件成立后执行
}
```

当条件表达式判断为 true（真）时，程序会执行 if 后面花括号中的代码；当条件表达式判断为 false（假）时，程序会跳过 if 语句执行后面的代码。if 语句执行流程如图 4.1 所示。

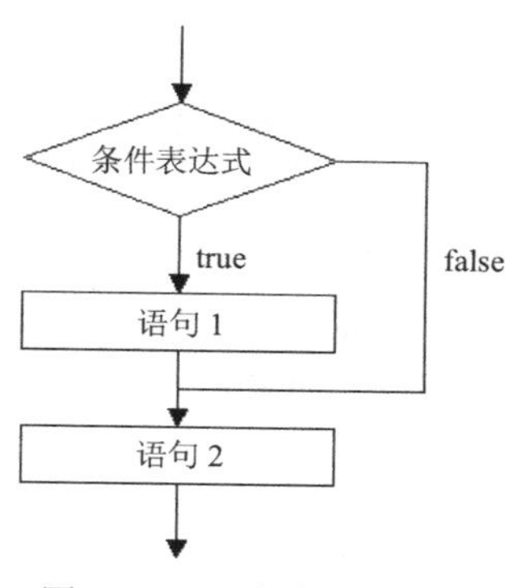

图4.1　if 语句流程图

关键字 if 后小括号中的条件必须是条件表达式，表达式的值必须是 boolean 类型 true 或 false。示例如下：

```
public class Test1{
    public static void main(String[] args){
        int num1 = 60;                          //声明一个 int 型变量 num1
        int num2 = 99;                          //声明一个 int 型变量 num2
        if((num1< num2)) {                      //进行判断
        System.out.println("num1 小于 num2");   //执行语句
        }
    }
}
```

4.1.2 if-else 语句

if-else 语句是在 if 语句形式基础上加了一条 else 语句。可以对判断结果做出选择。例如，在 4.1.1 节例子中，当一个男人向一个女人求婚时，女人思考的逻辑也可以是这样的：

```
如果有车有房有存款
    我嫁给你
否则
    我不嫁给你
```

女人根据条件有两个选择："我嫁给你"和"我不嫁给你"。满足条件是一个结果，不满足条件是另一个结果，这在生活当中是很常见的。在 Java 中，也有相应的条件语句来完成类似的逻辑判断和有选择地执行这样的功能，这就是 if-else 语句。语法格式如下：

```
if(条件表达式)
    语句 1
else
    语句 2
```

或

```
if(条件表达式){
    语句块 1
}else{
    语句块 2
}
```

if-else 语句又称双分支选择结构，流程图如图 4.2 所示。

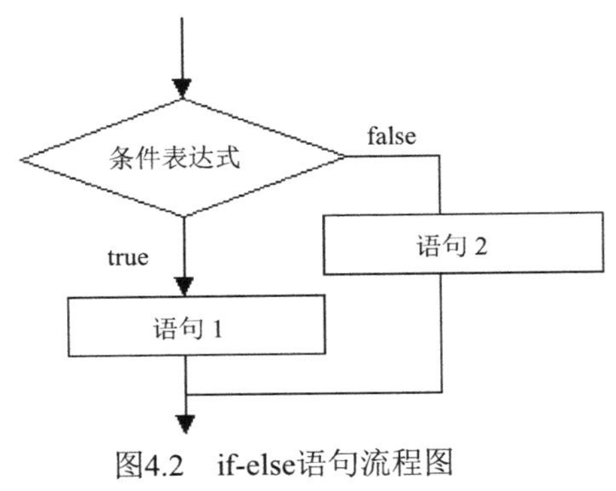

图4.2 if-else语句流程图

示例如下：

```
public class Test2{
    public static void main(String[] args){
        int num1 = 60;                          //声明一个 int 型变量 num1
        int num2= 99;                           //声明一个 int 型变量 num2
```

```
            if((num1> num2)) {                          //进行判断
            System.out.println("num1 大于 num2");       //执行语句
            }else                                       //以上条件不成立
            {
            System.out.println("num2 大于 num1");       //执行语句
            }
        }
    }
```

运行结果如下：

```
num2 大于 num1
```

4.1.3 if-else-if 语句

if-else-if 语句可以对更多的条件进行判断，else 后面又跟着一个 if，比前两种语句又复杂些。语法格式如下：

```
if(条件表达式 1){                        //如果条件表达式 1 成立（结果为 true）
    语句块 1                             //就执行语句块 1 中的代码
}else if(条件表达式 2){                  //否则，如果条件表达式 2 成立
    语句块 2                             //就执行语句块 2 中的代码
}else if(条件表达式 n){                  //如果条件表达式 n 成立
    语句块 n                             //就执行语句块 n 中的代码
}
…                                        //对其他条件进行判断
else{                                    //如果以上所有的条件都不成立
    语句块 n+1                           //就执行语句块 n+1
}
```

if-else-if 语句执行时，对 if 后面括号中的条件表达式进行判断，如果条件表达式的值为 true，就执行语句块 1。否则，对条件表达式 2 进行判断，如果条件表达式的值为 true，就执行语句块 2，依此类推。

如果所有条件表达式的值都为 false，则执行最后语句块 n+1。

if-else-if 又称多分支选择语句，流程图如图 4.3 所示。

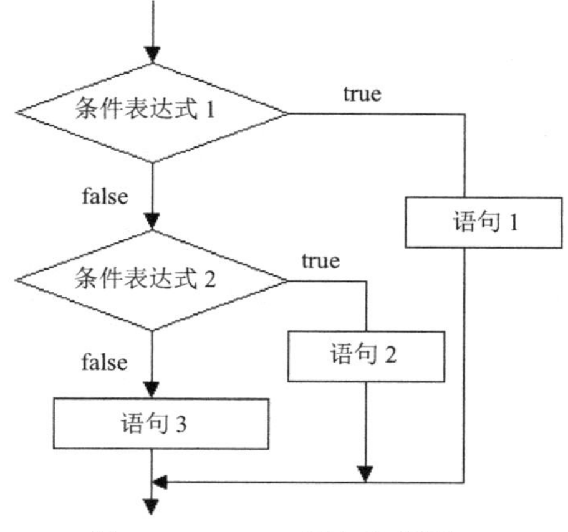

图4.3　if-else-if 语句流程图

根据学生的成绩，判断其属于哪个档次并输出。代码如下：

```
public class Test3{
    public static void main(String [] args){
        int score = 100;                    //声明成绩变量并赋值
        if(score>=90){                      //对变量进行判断
```

```
            System.out.println("优");             //执行语句
            }else if(score>=80){                  //对变量进行判断
            System.out.println("良");             //执行语句
            }else if(score>=60){                  //对变量进行判断
            System.out.println("及格");           //执行语句
            }else{                                //判断都不成立
            System.out.println("不及格");         //执行语句
            }
        }
}
```

当程序执行到 score >= 90 时，计算结果为 true，执行其后的语句块输出“优”，并结束 if-else-if 语句。运行结果如下：

```
优
```

4.1.4 选择语句的嵌套

选择语句的嵌套是指在 if 语句中再嵌套 if 语句。一般用在比较复杂的分支语句中，语法格式如下：

```
if(条件表达式 1){
    if(条件表达式 2){
        语句块 1
    }else{
        语句块 2
    }
}else{
    if(条件表达式 3){
        语句块 3
    }else{
        语句块 4
    }
}
```

使用嵌套的 if 语句，根据学生的成绩判断其属于哪个档次并输出。代码如下：

```
public class Test4{
    public static void main(String[] args){
        int score = 85;                           //声明初始整型变量 score，并赋初值
        if(score >=60){                           //如果成绩大于等于 60，再进一步判断
            if(score >= 80){                      //如果成绩大于等于 80，再进一步判断
                if(score >= 90)  {                //如果成绩大于等于 90，输出相关信息
                    System.out.println("优");
                }else                             //如果成绩在 80~90 之间，输出相关信息
                    System.out.println("良");
            }else                                 //如果成绩在 60~80 之间，输出相关信息
                System.out.println("及格");
        }else                                     //如果成绩小于 60
            System.out.println("您的成绩不及格");
    }
}
```

运行结果如下：

```
良
```

else 总是和离它最近的 if 进行匹配，在 if 语句嵌套时，尽可能使用花括号进行划分逻辑关系，避免出现问题。例如：

```
public class Test5{
    public static void main(String[] args){
        int score = 85;
        if(score >=60)
```

```
            if(score > 89)
                System.out.println("优");
        else                //与最近的 if 语句相匹配，因此当 score 小于等于 89 时，输出信息
            System.out.println("不及格");
    }
}
```

运行结果如下：

```
不及格
```

很明显，输出结果是错误的。因此大家最好加上花括号为代码划分界限。

4.1.5　switch 语句

switch 语句属于多分支结构，可以代替复杂的 if-else-if 语句。表达式的结果类型只能是 byte、short、int 或 char 类型。switch 语句是多分支的开关语句，语法格式如下：

```
switch(表达式){
    case 常量表达式 1：语句组 1；
                        [ break;]
    case 常量表达式 1：语句组 1；
                        [ break;]
    case 常量表达式 1：语句组 1；
                        [ break;]
    …
    default：语句块 n
}
```

程序执行时，如果表达式的值与某个 case 的值相等，就执行此 case 后的语句。如果表达式的值没有与之相等的值就会执行 default 后的执行语句。break 可以省略，但程序会执行每一条语句，直到遇到 break 为止。其流程图如图 4.4 所示。

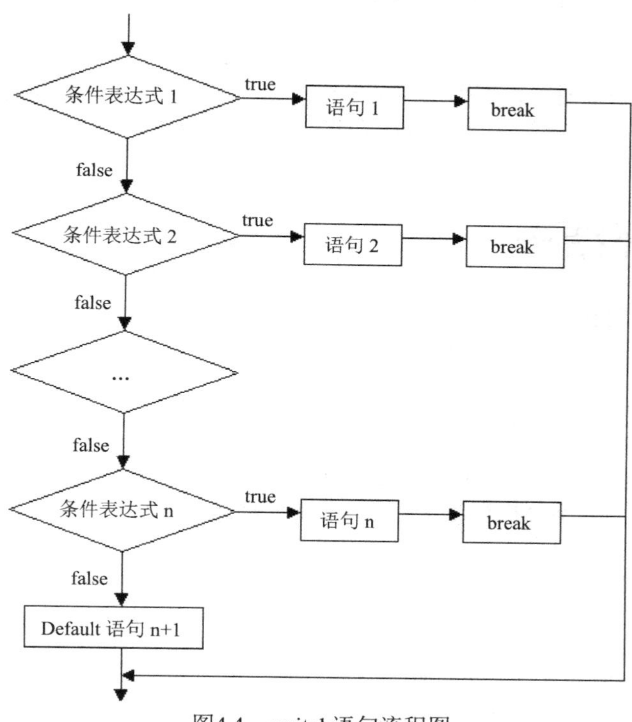

图4.4　switch语句流程图

使用 switch 语句编写一个程序，要求根据学生成绩等级，输出成绩为“优”、“良”、“及格”和“不及格”。代码如下：

```
public class Test6{
    public static void main(String [] args){
        int score= 80;
        int rank = score / 10;    //将 100 分制转换为 0~10，方便下面判断
        switch(rank){
        Case 10:                  //90~100 为优
        case 9:
        System.out.println("优");
        break;
        case 8:                   //70~89 为良
        case 7:
        System.out.println("良");
        break;
        case 6:                   //60~69 为及格
        System.out.println("及格");
        break;
        default:                  //60 以下为不及格
        System.out.println("我不及格");
        }
    }
}
```

运行结果如下：

```
良
```

变量 score 依次和 case 后面的变量值进行比较，当 case 为 80 时和 score 的值相等，执行后面的语句，输出“良”。

4.1.6 if 与 switch 的区别

if 语句和 switch 语句结构很相似，都是多分支选择语句，但是 switch 结构只能处理等值条件判断，而且必须是整型变量或字符型变量，而多重 if 结构却没有这个限制。在使用 switch 结构时不要忘记每个 case 的最后加上 break。通常情况下，分支的层次超过 3 层时，使用 switch 语句。如果条件判断一个范围，这时要使用 if-else-if 语句。

4.2 循环结构

循环结构可以重复执行相同或类似的操作，让程序完成繁重的计算任务，同时还可以简化程序编码。循环结构语句包括 for、while、do-while 共 3 种循环语句。

4.2.1 while 循环语句

while 循环首先判断循环条件是否满足，如果第一次循环条件就不满足的话，那么直接跳出循环，循环操作一遍都不会执行。这就是 while 循环的一个特点：先判断，后执行。语法格式如下：

```
while(布尔表达式){
    语句或语句块
}
```

while 是关键字，循环条件是一个布尔表达式，结果为 true（真）时执行循环，结果为 false（假）时结束循环。流程图如图 4.5 所示。

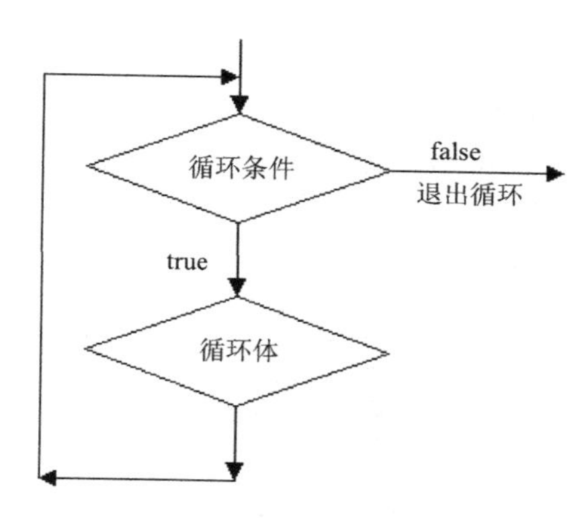

图4.5　while 语句流程图

使用 while 语句循环输出 1～100，代码如下：

```
public class Test7{
    public static void main(String[] args){
        int i = 1;                          //定义循环变量
        while(i<101){                       //循环 100
            System.out.println(i);;         //输出循环变量值
            i++;                            //循环变量自增 1
        }
    }
}
```

运行结果如下：

```
1
2
3
4
5
……
100
```

程序首先定义一个循环变量 i，并赋初值为 1。循环变量 i 用在 while 后面的表达式 i<101 中，作为循环的条件，保证循环只到 100。i++为改变循环条件语句，每执行一次循环体，变量 i 自增 1，当循环执行到 101 时，循环条件不再成立，结束循环。如果在 while 语句中没有改变循环条件的语句，那么循环将无限期地执行下去，这称为“死循环”。下面介绍一下“死循环”的程序示例。代码如下：

```
public class Test8{
    public static void main(String[] args){
        int i = 1;                          //定义循环变量
        while(i<101){                       //循环 100
            System.out.println(i);          //输出循环变量值
        }
    }
}
```

因为没有改变循环变量语句 i++，所以条件“i=1 且永远小于 101”，循环将会无限期地执行下去。编写程序时这是要避免的。

4.2.2　do-while 循环语句

do-while 语句与 while 语句很相似，可以完成相同的功能。它是先执行 do 后面的循环体语句，然后对 while 后面的布尔表达式进行判断，如果为 true，则再次执行 do 后面的循环体语句，并再次对布尔表达式的值进行判断；否则，结束循环语句。由于是先执行一遍循环操作，然后再判断条件，所以它的特点是先执行后判断。语法格式如下：

```
do{
    语句或语句块
}while(布尔表达式);
```

循环条件也是一个布尔表达式。需要注意的是，while 后面使用分号“;”作为结尾，这与 while 语句不同。流程图如图 4.6 所示。

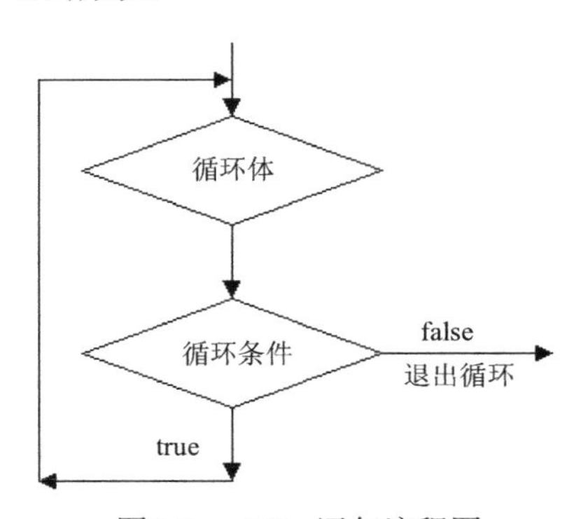

图4.6　while 语句流程图

使用 do-while 语句循环输出 1～100，代码如下：

```
public class Test9{
    public static void main(String[] args){
        int i = 1;                                  //定义循环变量
        do{
        System.out.println(i);                      //先执行一次输出
        i++;                                        //循环变量自增 1
        }while(i<101);{                             //循环 100
            System.out.println(i);                  //输出循环变量值
        }
    }
}
```

运行结果如下：

```
1
2
3
4
5
……
100
```

4.2.3　while 与 do-while 的区别

虽然 while 语句和 do-while 语句在大多数情况下可以相互替代是等价的，但是在某些情况下，它们的使用还是有区别的，如 while 语句是先判断，后执行；而 do-while 语句是先执行，后判断。所以即使一开始循环条件就不成立，do-while 语句中的循环体也会执行一次。例如，下面两个示例：

```
public class Test10{
    public static void main(String[] args){
        boolean flag = false;                       //声明布尔变量 flag，并赋初值 false
        int  num1 = 0;                              //声明整型变量 num1，并赋初值 0
        while(flag){                                //如果 flag 的值为真，就进入循环体执行
```

```
            num1 ++;
        }
        System.out.println("num1 =" + num1); //输出循环语句执行以后 num1 的值
    }
}
```

运行结果如下：

```
num1 =0
```

本例使用了 while 循环语句，对布尔类型的条件变量 flag 的值进行判断。如果 flag 的值为真，就将变量 num1 的值增 1。循环执行，直到 flag 的值为 flase 为止，最后输出执行循环语句以后的变量 num1 的值。

```
public class Test11{
    public static void main(String[] args){
        boolean flag = false;              //声明布尔变量 flag，并赋初值 false
        int  num1 = 0;                     //声明整型变量 num1，并赋初值 0
        do{                                //先执行一次循环体
            num1 ++;                       //对变量 num1 的值进行自增
        } while(flag);                     //后对布尔变量 flag 的值进行判断
        System.out.println("num1 =" + num1);
    }
}
```

运行结果如下：

```
num1 =1
```

使用 do-while 循环语句，无论布尔变量的初值是否为 flase（即不论初始条件是否成立），都会先执行 num1++语句。

4.2.4　for 循环语句

for 语句是最经常使用的循环语句，一般用在循环次数已知的情况下。for 循环比 while 和 do-while 循环更复杂也更灵活。语法格式如下：

```
for(初始化表达式; 条件表达式; 迭代语句){
    循环体语句
}
```

初始化表达式只在循环前执行一次，通常作为迭代变量的定义。条件表达式是一个布尔表达式，当值为 true（真）时，才会执行或继续执行 for 语句的循环体语句。迭代表达式用于改变循环条件的语句，如自增、自减等运算。

for 循环语句的执行过程如下：

（1）执行初始化表达式。

（2）对中间的条件表达式的值进行判断，如果为 true，则执行后面的循环体语句。

（3）执行迭代表达式，改变循环变量的值。

（4）重复执行上述两步，开始下一次循环，直到某次中间的条件表达式的值为 false，结束整个循环语句。流程图如图 4.7 所示。

使用 for 循环语句输出 1～100。代码如下：

```
public class Test12{
    public static void main(String[] args){
        int i;                      //定义循环变量
        for(i=1;i<101;i++){         //循环语句，初始化 i 的值为 0；当 i<101 时，循环继续
            System.out.println(i);
        }
    }
}
```

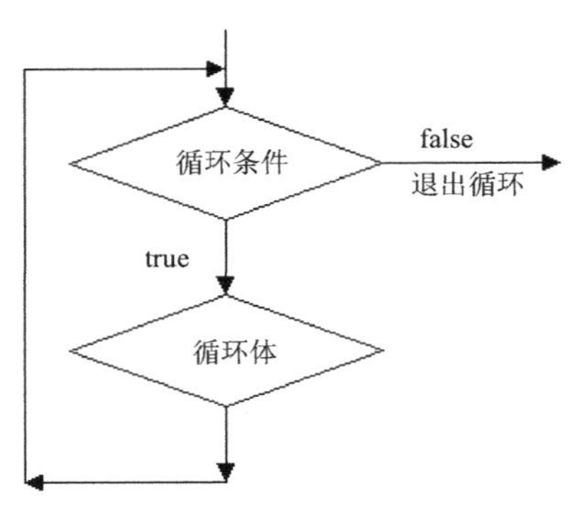

图4.7 while 语句流程图

先对循环变量 i 赋初值 1，然后判断条件表达式 i<101 的值，如果为 true，就执行循环语句，为第 i+1 个元素赋值，更新循环变量。当 i=101 时，条件不成立，结束循环。for 语句的循环变量也可以在 for 语句外面声明并初始化，例如：

```
public class Test13{
    public static void main(String[] args){
        int i=1;                    //定义循环变量并赋值
        for(;i<101;i++){            //循环语句，初始化 i 的值为 0；当 i<101 时，循环继续
            System.out.println(i);
        }
    }
}
```

即使表达式为空，分隔 3 个表达式的分号“;”也不能省略，3 个表达式都为空也是合法的，但是分号依然不能省略，例如：

```
for(;;){
…
}
```

4.2.5 嵌套循环语句

嵌套循环是指一个循环结构循环体中可以包含另一个循环结构。while 语句、do-while 语句及 for 语句都可以嵌套，而且它们之间也可以相互嵌套。下面是几种嵌套的语法格式。

（1）while 语句嵌套。

```
while(条件表达式 1){
    while(条件表达式 2){
…
    }
}
```

（2）do-while 语句嵌套。

```
do{
     do{
        …
    } while(条件表达式 1);
} while(条件表达式 2);
```

（3）for 语句嵌套。

```
for(; ;){
    for(; ;){
    …
    }
}
```

（4）for 循环与 while 循环嵌套。

```
for(; ;){
    while(条件表达式){
    …
    }
}
```

（5）for 循环与 do-while 循环嵌套。

```
for(; ;){
    do{
        …
    } while(条件表达式);
}
```

（6）while 循环与 for 循环嵌套。

```
while(条件表达式){
    for(; ;){
        …
    }
}
```

（7）do-while 循环与 for 循环嵌套。

```
do{
    for(; ;){
        …
    }
} while(条件表达式 1);
```

（8）do-while 循环与 while 循环嵌套。

```
do{
    while(条件表达式 1){
        …
    }
} while(条件表达式 2);
```

（9）while 循环与 do-while 循环嵌套。

```
while(条件表达式 1){
    do{
        …
    } while(条件表达式 2);
}
```

使用嵌套循环用“*”输出一个直角三角形。代码如下：

```
public class Test14{
    public static void main(String[] args){
        int  i , j;                                //声明两个循环变量
        for(i=0;i<6;i++){                          //第一重循环
            for(j=0;j<i;j++){                      //第二重循环
                System.out.print ("*");            //输出“*”
            }
        System.out.println();                      //换行
        }
    }
}
```

运行结果如下：

```
*
**
***
****
*****
```

采用两重循环，第一重循环控制打印行数，第二重循环输出“*”号，每一行“*”号个数逐行增加，最后输出一个直角三角形。

4.3 跳转语句

为了在程序中更好地控制循环操作进行流程跳转，这就需要跳转语句。跳转语句有 break、continue 和 return。

4.3.1 break 跳转语句

在 switch 语句中已经接触到了 break 语句，其作用是终止 switch 语句的执行，而整个程序继续执行后面的语句。循环结构中的 break 语句也起着同样的作用。当循环结构中执行到 break 语句时，它立即停止当前循环并执行循环下面的语句。语法格式如下：

```
break;
```

在循环结构中使用 break 输出 0～99。代码如下：

```
public class Test15{
    public static void main(String[] args){
        int i;                          //定义循环变量
        for(i=1;i<101;i++){             //循环语句，初始化 i 的值为 0；当 i<101 时，循环继续
            if(i==100)                  //当 i=100 时停止循环
            break;
            System.out.println(i);
        }
    }
}
```

运行结果如下：

```
1
2
3
……
99
```

当 i=100 时，执行 break 语句，终止循环。在一个循环中可以有多个 break 语句，break 不是专门用来终止循环的，只有在某些情况下来取消一个循环。

4.3.2 continue 跳转语句

continue 应用在 for、while、do-while 等循环语句中，作用是跳过本次循环，执行下一次循环语句。语法格式如下：

```
continue;
```

continue 跳转语句应用示例如下：

```
public class Test16{
    public static void main(String[] args){
        int i;                          //定义循环变量
        for(i=1;i<101;i++){             //循环语句，初始化 i 的值为 0；当 i<101 时，循环继续
            if(i==3)                    //当 i=3 时 continue 跳过本次循环
            continue;
            System.out.println(i);
        }
    }
}
```

运行结果如下：

```
1
2
4
……
99
```

当 i=3 时，用 continue 语句跳过本次循环，继续执行下面的判断循环。

4.3.3　break 与 continue 的区别

continue 和 break 语句都是跳出循环，但它们的作用是不同的。continue 语句只结束本次循环，而不是终止整个循环的执行。而 break 语句则是结束整个循环过程，不再判断执行循环的条件是否成立。有以下两个循环结构：

- 循环结构 1

```
while(表达式 1){
    …
    if(表达式 2)  break;
    …
}
```

- 循环结构 2

```
while(表达式 1){
    …
    if(表达式 2)  continue;
    …
}
```

循环结构 1 的流程图如图 4.8 所示，而循环结构 2 的流程图如图 4.9 所示。请注意，在两张图中当“表达式 2”为 true 时流程的转向。

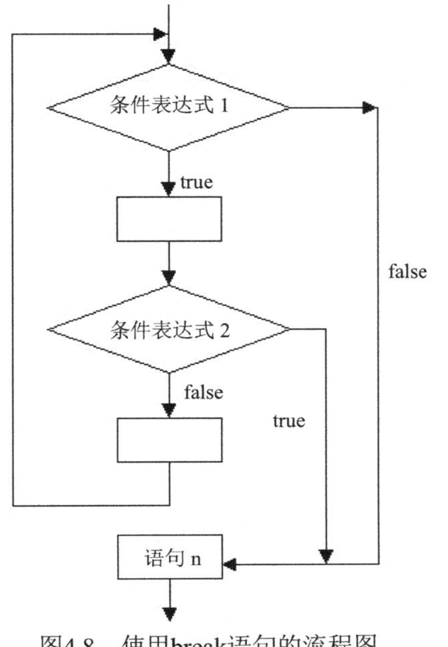

图4.8　使用break语句的流程图

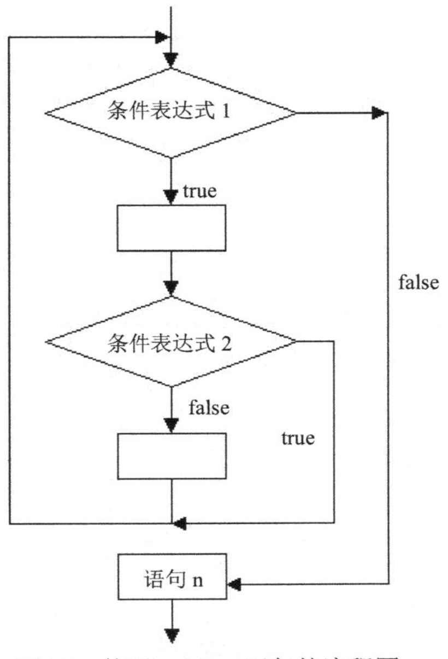

图4.9　使用continue语句的流程图

4.3.4 return 跳转语句

return 语句是终止当前方法运行，返回到调用该方法的语句处。该语句还提供相应返回值。语法格式如下：

```
return;
```

return 跳转语句应用示例如下：

```
public boolean isPlus(int x){
    if (x>=0){
        return true;
    }
return false;
    }
```

当 if 条件语句结果为 true（真）时，执行第一条 return 语句（return true），退出方法。下面（return false）跳过不执行。

4.4 典型实例

【实例 4-1】本例通过打印九九乘法表实例程序讲解，帮助读者学习和掌握循环结构在程序中的应用。

使用双重循环来实现打印输出一个九九乘法表，代码如下：

```
package com.java.ch041;

//打印九九乘法表
public class MultiTable{
    public static void main(String[] args){
        for(int i=1;i<10;i++){                          //循环行
            for(int j=1;j<=i;j++){                      //循环列
                System.out.print(j + "*" + i + "=" + i*j);
                if(i*j<10)                              //如果乘法之和为个位数
                    System.out.print("   ");  //多输出一个空格，使输出结果排列整齐
                else
                    System.out.print("  ");  //少输出一个空格
            }
            System.out.println( );
        }
    }
}
```

运行结果如下：

```
1*1=1
1*2=2   2*2=4
1*3=3   2*3=6   3*3=9
1*4=4   2*4=8   3*4=12  4*4=16
1*5=5   2*5=10  3*5=15  4*5=20  5*5=25
1*6=6   2*6=12  3*6=18  4*6=24  5*6=30  6*6=36
1*7=7   2*7=14  3*7=21  4*7=28  5*7=35  6*7=42  7*7=49
1*8=8   2*8=16  3*8=24  4*8=32  5*8=40  6*8=48  7*8=56  8*8=64
1*9=9   2*9=18  3*9=27  4*9=36  5*9=45  6*9=54  7*9=63  8*9=72  9*9=81
```

在程序 MultiTable 中，第二层 for 循环的循环条件为 j<=i，即列索引值要小于等于行索引值，只有这样才能在行索引值和列索引值相等时换行。另外，为了输出结果的美观整齐，当乘积为个位数时，后面要多输出一个空格。

【实例 4-2】杨辉三角是一个由数字排列的三角形数表。本例演示如何实现控制台输出杨辉

三角形。具体代码如下：

```
package com.java.ch042;

public class TextTriangle {                     // 操作杨辉三角的类
    // 输出杨辉三角
    public static void yanghui(int a[][], int ROW) {
        for (int i = 0; i <= ROW; i++){  //循环行数
            //在行基础上循环列数
            for (int j = 0; j <= a[i].length - 1; j++) {
                if (i == 0 || j == 0 || j == a[i].length - 1)
                    a[i][j] = 1;     //将两侧元素设为 1
                else          //元素值为其正上方元素与左上角元素之和
                    a[i][j] = a[i - 1][j - 1] + a[i - 1][j];
            }
        }
        for (int i = 0; i <= ROW; i++) {//循环行数
            //在行基础上循环列数
            for (int j = 0; j <= a[i].length - 1; j++)
                System.out.print(a[i][j] + " ");//输出
            System.out.println();                    //换行
        }
    }

    public static void main(String args[]) {// java 程序主入口处
        final int ROW = 5;                          // 设置行数
        int a[][] = new int[ROW + 1][];             // 声明二维数组,行数为 6
        for (int i = 0; i <= ROW; i++) { // 循环初始化数组
            a[i] = new int[i + 1];
        }
        yanghui(a, ROW);                        // 调用方法显示杨辉三角
    }
}
```

以上程序，在 main()方法中声明二维数组并运用循环对数组赋值。调用 yanghui()方法，传入数组和行数作为参数。在 yanghui()方法中，运用循环将要输出的三角的两侧元素设值为 1，再运用杨辉三角的性质：每个位置上的元素值为其正上方元素与左上角元素之和。将元素进行运算赋值。最后将这个二维数组元素循环显示出来，即为杨辉三角。

运行结果如下所示。

```
1
1 1
1 2 1
1 3 3 1
1 4 6 4 1
1 5 10 10 5 1
```

【实例 4-3】几何图形基本上包括长方形、三角形、菱形、梯形等，如何通过程序输出指定图形，将是一个很好的话题。本实例将讲解如何输出直角三角形、菱形，以及由规律数字组成的直角三角形。具体代码如下：

```
package com.java.ch043;

public class TextPrintPicture {        //操作控制台输出图形的类
    //输出直角图形
    public static void printRightangle(int row){
        for(int i=1;i<row;i++){        //外层循环 row 次，输出 row 行
            for(int j=1;j<=i;j++){     //控制本次输出的“*”数目,这个数目由 i 决定
                System.out.print("*");
            }
```

```
            System.out.println();     //每输完一行就要换行
        }
    }
    //输出菱形图形
    public static void printLozenge(int row){
        if(row>=1){                            //判断传入的行数
            int i,j;
          for(i=1; i<=row; i++){              //先输出上面的正三角形
            for(j=1; j<=row-i; j++)           //控制本次输出的空格数,注意循环控制表达式
              System.out.print(" ");
            for(j=1; j<=2*i-1; j++)           //控制本次输出的"*"数目,注意循环控制表达式
              System.out.print("*");
            System.out.println();             //每输完一行就要换行
          }
          for(i=1;i<=row;i++){                //输出下面的正三角形
           for(j=1;j<=i;j++)
               System.out.print(" ");         //打印左边的空格
           for(j=1;j<=2*(row-i)-1;j++)        //控制本次输出的"*"数目,注意循环控制表达式
               System.out.print("*");
           System.out.println();              //每输完一行就要换行
          }
        }
    }
    //输出数字直角图形
    public static void printNumberRightangle(int row){
        for(int i=1;i<=row;i++){                     //外层循环 row 次，输出 row 行
            for(int x=1;x<i;x++)                     //数字由小到大排列显示
                System.out.print(x);
            for(int j=i;j!=0;j--)                    //数字由大到小排列显示
                System.out.print(j);
            System.out.println();                    //每输完一行就要换行
        }
    }
    public static void main(String []args){          //java 程序主入口方法
        System.out.println("1.输出直角图形");
        printRightangle(5);                          //输出行数为 5 的直角图形
        System.out.println("2.输出菱形图形");
        printLozenge(5);                             //输出行数为 2*5-1 的菱形
        System.out.println("3.输出数字直角图形");
        printNumberRightangle(8);                    //输出行数为 8 的数字直角图形
    }
}
```

在以上程序中，输出的第一个直角三角形，每行输出的“*”都在依次增加，很容易想到用双层循环来实现：外层循环控制输出的行数，即为传入的参数值；内层循环控制本行输出的“*”数目，这个数目恰好是本行的行号；每一行输出完毕后，需要输出一个换行符。

输出的第二个菱形，可以把它分成两个正三角形：上面一个的行数是与传入参数值相等的正三角形，下面一个的行数是（传入参数值-1）的倒三角形。对于上面的正三角形，若以 i 代表行号，那么每行“*”的数目等于 2i-1。对于下面的倒三角形，行数是上三角形行数-1，这样“*”的数目等于 2(row-i)-1，其中 row 就是参数的值。对于空格：上三角形输出的空格越来越少，下倒三角形输出的空格越来越多，也是运用双重循环进行逻辑控制。

输出的数字直角三角形，也是把它分为两部分完成。具体编写跟输出菱形类似。

运行结果如下所示。

```
1.输出直角图形
*
**
***
****
```

2.输出菱形图形

```
    *
   ***
  *****
 *******
*********
 *******
  *****
   ***
    *
```

3.输出数字直角图形

```
1
121
12321
1234321
123454321
```

【实例 4-4】本例通过循环、分支等结构实现打印任意一年日历的功能。具体代码如下：

```
package com.java.ch044;
import java.io.*;

public class TextCalendar{                              // 操作打印任意一年日历的类
    static int year, monthDay, weekDay;                 // 定义静态变量，以便其他类调用

    // 判断是否是闰年
    public static boolean isLeapYear(int y) {
        return ((y % 4 == 0 && y % 100 != 0) || (y % 400 == 0));
    }
    // 计算该年第一天是星期几
    public static int firstDay(int y) {
        long n = y * 365;
        for (int i = 1; i < y; i++)
            if (isLeapYear(i))                          // 判断是否是闰年
                n += 1;
        return (int) n % 7;
    }
    // 打印标头
    public static void printWeek()          {
        System.out.println("============================");
        System.out.println("日    一    二    三    四    五    六");
    }
    // 获取每个月的天数
    public static int getMonthDay(int m)        {
        switch (m) {
        case 1:
        case 3:
        case 5:
        case 7:
        case 8:
        case 10:
        case 12:
            return 31;
        case 4:
        case 6:
        case 9:
        case 11:
            return 30;
        case 2:
```

```
            if (isLeapYear(year))                    // 判断是否是闰年
                return 29;
            else
                return 28;
        default:
            return 0;
        }
    }
    // 分别按不同条件逐月打印
    public static void printMonth()  {
        for (int m = 1; m <= 12; m++)                // 循环月份
        {
            System.out.println(m + "月");
            printWeek();
            // 按每个月第一天是星期几打印相应的空格
            for (int j = 1; j <= weekDay; j++){
                System.out.print("    ");
            }
            int monthDay = getMonthDay(m);    // 获取每个月的天数
            for (int d = 1; d <= monthDay; d++) {
                if (d < 10)                           // 以下 4 行对输出格式化
                    System.out.print(d + "   ");
                else
                    System.out.print(d + "  ");
                weekDay = (weekDay + 1) % 7; // 每打印一天后，反应第二天是星期几
                if (weekDay == 0)                     // 如果第二天是星期天，就换行。
                    System.out.println();
            }
            System.out.println('\n');
        }
    }

public static void main(String[] args) throws IOException{//java 程序的主入口处
        System.out.print("请输入一个年份：");
        InputStreamReader ir;                         // 以下接受从控制台输入
        BufferedReader in;
        ir = new InputStreamReader(System.in);
        in = new BufferedReader(ir);
        String s = in.readLine();
        year = Integer.parseInt(s);
        weekDay = firstDay(year);                     // 计算该年第一天是星期几
        System.out.println("\n          " + year + "年          ");
        printMonth();
    }
}
```

以上程序中各方法的功能：

（1）isLeapYear()方法根据传入的年份被 4 整除但不能被 100 整除或能被 400 整除来判断是否是闰年。

（2）firstDay()方法判断传入的年份是否是闰年，如果是闰年则天数要加 1，再取得除 7 的余数，余数即为星期几的表示。

（3）getMonthDay()方法根据大月、小月，以及 2 月份的月份天数的不同，运用 switch~case 分路分支的流程判断。注意：switch 中的字符是 int，short，byte，char，不能用 long，String。如果 case 的值为空，没有 break 语句时，则循环一直往下寻找直到遇到 return；在没有符合匹配的字符串时，则进入 default 语句。

（4）程序的 main()方法中，运用从控制台输入数值，具有很好的灵活性和可操作性。将所输入的文本从流中 InputStream（字节流）传给 InputStreamReader（字符流）再放到 BufferStream（缓冲流）。 这样有助于读完数据释放已分配的内存。

运行结果如下所示。

```
请输入一个年份：2016

          2016 年
1 月
============================
日  一  二  三  四  五  六
                    1   2
3   4   5   6   7   8   9
10  11  12  13  14  15  16
17  18  19  20  21  22  23
24  25  26  27  28  29  30
31

2 月
============================
日  一  二  三  四  五  六
    1   2   3   4   5   6
7   8   9   10  11  12  13
14  15  16  17  18  19  20
21  22  23  24  25  26  27
28  29
……
```

第 5 章　字符串处理

字符串是复合数据类型。在程序中经常会用到字符串及对字符串的各种操作，如字符串的连接、比较、截取、查找、替换等。Java 提供了 Java.lang.String 类来对字符串进行这一系列的操作，以及 StringBuffer 类。

5.1 字符

字符指的是用单引号括起来的单个字母。在 Java 中，表示字符的数据类型为 char。一个字符在内存中占 16 位大小的空间（2 个字节）。在编写程序的多数时候，如果想使用一个单独的字符值，通常会使用原始的 char 类型。例如：

```
char ch = 'a';
char uniChar = '\u039A';                    //大写的希腊 omega 字符的 Unicode 编码
char[] charArray = {'h', 'e', 'l', 'l', 'o'};        //一个字符的数组
char sex = '男';                            //汉字字符
```

有时可能需要使用一个字符作为一个对象，例如，将一个字符作为一个方法的参数，而该参数应该为对象类型。同样，Java 语言也提供了一个“包装（wrapper）器”类，用来将 char 类型的字符“包装”为一个 Character 对象。一个类型为 Character 的对象包含一个单独的字段，其类型为 char。Character 类还提供有一系列的类方法（静态方法）用于操纵字符。可以使用 Character 构造器创建一个 Character 对象，代码如下：

```
Character sex = new Character('男');
```

Java 编译器会根据需要自动创建一个 Character 对象。例如，如果传递一个原始的 char 类型字符到一个期望参数是对象的方法中，编译器会自动将 char 转换为 Character。这个特性被称为“自动装箱”，或者如果转换是相反方向的，称为“拆箱”。下面是一个自动装箱的示例。

```
Character sex = '男';                       //原始字符'男'被装箱到 Character 对象 sex 中
```

下面是一个既有装箱又有拆箱的示例。

```
Character method(Character c)  {…}      //方法的参数和返回类型都是 Character 对象
char c = method ('x');          //原始的'x'被装箱用于方法 method,返回值被拆箱为字符'c'
```

Character 类是不可变的，所以一旦一个 Character 对象被创建，就不能被改变。表 5.1 中列出了 Character 类中最有用的一些方法。

表 5.1　Character类中有用的方法

方　法	描　述
boolean isLetter(char ch) boolean isDigit(char ch)	分别用来判断指定的字符值是否是一个字母或一个阿拉伯数字
boolean isWhiteSpace(char ch)	判断指定的字符值是否是空格
boolean isUpperCase(char ch) boolean isLowerCase(char ch)	分别用来判断指定的字符值是否是大写或小写字符

续表

方　法	描　述
char toUpperCase(char ch) char toLowerCase(char ch)	返回指定字符值的大写或小写格式
toString(char ch)	返回代表指定字符值的 String 对象，也就是只有一个字符的字符串

在一个字符前带一个反斜线符号“\”，是一个“转义字符序列”，并且对于编译器来说，每一个转义字符序列都有一个特定的含义。本书的 System.out.println()语句中，已经频繁地使用到“\n”转义字符，它的含义是输出一个字符串后转到下一行。表 5.2 列出了 Java 中的转义序列。

表 5.2　转义字符序列

转义字符序列	描　述
\t	在文本的当前位置处插入一个制表位
\b	在文本的当前位置处插入一个退格
\n	在文本的当前位置处插入一个新行
\r	在文本的当前位置处插入一个回车返回
\f	在文本的当前位置处插入一个走纸符
\'	在文本的当前位置处插入一个单引号字符
\"	在文本的当前位置处插入一个双引号字符
\\	在文本的当前位置处插入一个反斜杠字符

5.2 字符串

字符串或串（String）是由零个或多个字符组成的有限序列。它是编程语言中表示文本的数据类型。通常以串的整体作为操作对象，例如，在串中查找某个子串、求取一个子串、在串的某个位置上插入一个子串及删除一个子串等。两个字符串相等的充要条件是：长度相等，并且各个对应位置上的字符都相等。设 p、q 是两个串，求 q 在 p 中首次出现的位置的运算称为模式匹配。串的两种最基本的存储方式是顺序存储方式和链接存储方式。

5.2.1　字符串声明与赋值

String 是字符串变量的类型，字符串使用 String 关键字来声明。Java 中，字符串一定是用双引号括起来的零个或多个字符序列。

在 Java 中，像其他原始数据类型一样，在使用字符串对象之前，需要先声明一个字符串变量。语法格式如下：

```
String 字符串变量名称;
String userName;
```

字符串变量必须赋值后才可以使用，这称为字符串对象初始化。初始化有 3 种方式，分别为使用 new 运算符、直接赋值和初始化为空。语法格式如下：

```
String studentName = new String ("周杰杰");
```

或

```
String studentName = "周杰杰";
```

或

```
String studentName = "";
studentName = "周杰杰";
```

使用 new 运算符来创建对象时，Java 会自动为该字符串分配相应大小的内存。也可以直接将字符串字面量赋给 String 类型的变量，用“=”连接，并要用双引号“”括住要赋的值。对于字符串对象来说，如果一开始并无确定的初值，那么可以定义为 null。需要注意的是，null 值与空字符串是不同的。空字符串仅仅是不含字符，它还需要双引号括起来。而 null 值则是此变量本身就没有引用任何值。

5.2.2 获取字符串长度

length()方法是用来获取字符串长度的。它会返回字符串对象中所包含的字符的个数。例如：

```
String hello = "大家好，我是周杰杰！";
int length = hello.length( );  //length 方法返回 hello 字符串的长度，赋给变量 lenth
```

调用对象的方法，要使用圆点“.”运算符，上面代码中的 hello.length()可以理解为 hello 的 length()方法。这条语句执行以后，变量 len 的值为 10。包含在字符串中的标点或空格在计算字符串的长度时也要包括在内。

5.3 字符串基本操作

String 类型的对象是不能改变的，而在编程过程中，经常有改变字符串形式或长短的情况，Java 语言提供了几种对字符串的操作函数（方法），下面就给大家详细介绍这几种操作字符串的函数（方法）。

5.3.1 字符串连接

最经常对字符串进行的操作之一就是将两个字符串连接起来，合并为一个字符串。String 类提供连接两个字符串的方法 concat( )，格式如下：

```
string1.concat(string2);
```

concat( )方法返回一个字符串，是将字符串 string2 添加到 string1 后面之后形成的新字符串。例如：

```
public class Test1{
    public static void main(String[ ] args){
        String string1 = "hello,";
        String string2 = "my name is Tom!";
        String string2 = string1.concat(string2); //连接字符串
        System.out.println(string2);               //输出连接后的字符串
    }
}
```

运行结果如下：

```
"hello,my name is Tom!"
```

也可以直接使用字符串字面量来调用 concat( )方法，例如：

```
String string2 = "hello,".concat("my name is Tom!");
```

连接字符串还可以使用加号“+”运算符。这是一个重载了的运算符，用来直观地连接两个字符串。它使用起来比 concat()方法更加灵活。例如：

```
public class Test2{
    public static void main(String[ ] args){
        String string1 = "hello,";
        String string2 = "my name is Tom!";
        String string3 = string1 + string2;   //用加号连接字符串
        System.out.println(string3);
    }
}
```

运行结果如下：

```
"hello,my name is Tom!"
```

需要注意的是，当表达式中包含多个加号“+”，并且存在各种数据类型参与运算时，则按照加号“+”运算符从左到右地进行运算，Java 会根据加号“+”运算符两边的操作数类型来决定是进行算术运算还是字符串连接的运算。例如：

```
public class Test3{
    public static void main(String[ ] args){
        System.out.println(10 + 2.5 + "price");//先进行算术运算，再进行字符串连接
        System.out.println("price" +10 +2.5);  //进行字符串连接
    }
}
```

运行结果如下：

```
12.5price
price102.5
```

第一行代码从左至右先计算“10+2.5”，结果为 12.5。然后计算“12.5+"price"”，结果为“12.5price”；对于第二行代码，先计算“"price"+10”，然后再计算“price10+2.5”，结果为“price102.5”。在多行之间使用加号“+”运算符进行连接，代码更加清晰，在打印输出语句中使用很普遍。例如：

```
public class Test4{
    public static void main(String[ ] args){
        String name="Tom";
        int age = 18;
        String address = "北京市海淀区";
        System.out.println("姓名：" + name +"年龄：" + age +
            "家庭住址：" + address);        //多行间的连接运算
    }
}
```

运行结果如下：

```
姓名：Tom 年龄：18 家庭住址：北京市海淀区
```

5.3.2　字符串比较

Java 中 String 类提供了几种比较字符串的方法。最常用的是 equals()方法，它是比较两个字符串是否相等，返回 boolean 值。使用格式如下：

```
string1.equals(string2);
```

equals()方法会比较两个字符串中的每个字符，相同的字母，如果大小写不同，其含义也是不同的。例如：

```
public class Test5{
    public static void main(String[ ] args){
        String string1 = "hello";
        String string2 = "HELLO";
        System.out.println(string1.equals(string2)); //比较两个字符串
```

```
    }
}
```

运行结果如下：

```
false
```

还有一种是忽略字符串大小写的比较方法，即 equalsIgnoreCase()方法。同样返回 boolean 值。使用格式如下：

```
public class Test6{
    public static void main(String[ ] args){
        String string1 = "hello";
        String string2 = "HELLO";
        //string1.equalsIgnoreCase(string2);
        System.out.println(string1. equalsIgnoreCase (string2));//忽略大小写
    }
}
```

运行结果如下：

```
true
```

在比较字符串时，不能使用“==”，因为使用“==”比较对象时，实际上判断的是是否为同一个对象。如果内容相同，但不是同一个对象，返回值为 false。

5.3.3 字符串截取

所谓截取就是从某个字符串中截取该字符串中的一部分作为新的字符串。String 类中提供 substring 方法来实现截取功能。使用格式如下：

```
String substring (int beginIndex);
```

或

```
String substring (int beginIndex,int endIndex);
```

字符串第一个字符的位置为 0。第一种是只有开始位置，它截取的是从这个位置开始一直到字符串的结尾部分。第二种是开始和结尾位置都有，那么只截取指定开始和结尾位置部分。例如：

```
public class Test7{
    public static void main(String[ ] args){
        String string1 = "I love Java!";
        String subs1=string1.substring(2);    //对字符串进行截取，从开始位置 2 截取
        String subs2=string1.substring(2,6); //对字符串进行截取，截取 2-6 之间部分
        System.out.println("从开始位置 2 截取");
        System.out.println(subs1);
        System.out.println("从位置 2-6 截取");
        System.out.println(subs2);
    }
}
```

运行结果如下：

```
从开始位置 2 截取
love Java!
从位置 2-6 截取
love
```

5.3.4 字符串查找

字符串查找是指在一个字符串中查找另一个字符串。String 类中提供了 indexOf 方法来实

现查找功能。使用格式如下：

```
str.indexOf(string substr)
```

或

```
str.indexOf(string substr,fromIndex)
```

第一种是从指定字符串开始位置查找。第二种是从指定字符串并指定开始位置查找。例如：

```
public class Test8{
    public static void main(String[ ] args){
        String string1 ="I love Java!";          //定义字符串 string1
        String string2 ="love";                  //定义字符串 string2
        int serindex1 = string1.indexOf(string2);//从开始位置查找"love"字符串
        //从索引 2 位置开始查找"love"字符串
        int serindex2 = string1.indexOf(string2,2);
        if (serindex1>=0)
        System.out.println("love 在 I love Java!中第"+serindex1+"个位置出现");
        Else
        System.out.println("love 在 I love Java!中未出现");
        if (serindex2>=0)
        System.out.println("从索引 2 位置开始查找，love 在 I love Java!中第
"+serindex1+" 个位置出现");
        Else
        System.out.println("从索引 2 位置开始查找，love 在 I love Java!中未出现");
    }
}
```

运行结果如下：

```
love 在 I love Java!中第 2 个位置出现
从索引 2 位置开始查找，love 在 I love Java!中第 2 个位置出现
```

5.3.5　字符串替换

字符串替换指的是用一个新字符去替换字符串中指定的所有字符，String 类提供的 replace 方法可以实现这种替换。使用格式如下：

```
string1.replace(char oldchar,char newchar)
```

string1 表示原字符串，用 newchar 替换 string1 中所有的 oldchar，并返回一个新字符串。例如：

```
public class Test9{
    public static void main(String[ ] args){
        String string1 = "I love Java!";
        char oldchar ='a';              //被替换字符
        char newchar ='b';              //替换字符
        String string2 = string1.replace(oldchar,newchar);
        System.out.println("替换后的字符串为:"+string2);
    }
}
```

运行结果如下：

```
替换后的字符串为:I Love Jbvb!
```

5.3.6　字符串与字符数组

有时会遇到字符串和字符数组相互转换的问题，可以方便地将字符数组转换为字符串，然后利用字符串对象的属性和方法，进一步对字符串进行处理。例如：

```
public class Test10{
    public static void main(String[ ] args){
        char[ ] helloArray = {'h', 'e', 'l', 'l', 'o'};   //定义一个字符数组
        //将字符数组作为构造函数的参数
        String helloString = new String(helloArray);
        System.out.println(helloString);
    }
}
```

运行结果如下：

```
hello
```

在使用 new 运算符创建字符串对象时，将字符数组作为构造函数的参数，可以将字符数组转换为字符相应的字符串。相反，也可以将字符串转换为字符数组，这需要使用字符串对象的一个方法 toCharArray()。它返回一个字符串对象转换过来的字符数组。例如：

```
public class Test11{
    public static void main(String[ ] args){
        String helloString = "hello";          //声明一个字符串变量并赋初值
        char[ ] helloArray = helloString.toCharArray( );//将字符串转换为字符数组
        //循环遍历字符数组，并输出数组当中每一个字符元素
        for(int i=0;i<helloArray.length;i++){
            System.out.println(helloArray[i]);
        }
    }
}
```

运行结果如下：

```
h
e
l
l
o
```

5.3.7 字符串其他常用操作

Java 中 String 提供了很多方法来对字符串进行各种复杂操作，在实际编程中可以查看相关 API，根据不同需求使用各种方法。表 5.3 列出了字符串的常用方法及说明。

表 5.3 String类常用方法

方 法	描 述
toLowerCase()	转换字符串中的英文字符为小写
toUpperCase()	转换字符串中的英文字符为大写
charAt(int index)	返回指定索引处的字符
compareTo(string)	比较两个字符串，返回 int 值
indexOf(String str)	返回指定字符串第一个找到的索引值
insert(int index,参数 1)	在 index 位置插入参数 1 变量
trim()	去除字符串前后空格
startswith(String suffix)	判断参数 suffix 是否为字符串的开始
endsWith(String suffix)	判断参数 suffix 是否为字符串的结尾

5.4 StringBuffer 类

一个 String 对象的长度是固定的，如果使用 String 类对字符串进行不同的操作，会产生很多对象，需要另外分配空间。针对这个问题 Java 提供了 StringBuffer 类，既可以节省空间，又能改变字符串的内容。

5.4.1 认识 StringBuffer 类

StringBuffer 类所产生的对象默认有 16 个字符的长度，内容和长度都可以改变。如果附加的字符超出可容纳的长度，则 StringBuffer 对象会自动增加长度以容纳被附加的字符。String 类型和 StringBuffer 类型的主要性能区别其实在于 String 是不可变对象，因此在每次对 String 类型进行改变时其实都生成了一个新的 String 对象。而 StringBuffer 类则不一样，每次操作结果都会在 StringBuffer 对象本身进行，不会生成新的对象。所以，在字符串对象经常改变的情况下使用 StringBuffer 类型，会让程序的运行效率提高。

5.4.2 StringBuffer 类提供的操作方法

在 StringBuffer 对象上有 append()和 insert()方法，它们有多种重载的形式，可以把不同类型的数据转换为字符序列，然后添加或插入到 StringBuffer 对象中。append()方法总是添加字符串到字符序列的最后，而 insert()方法则将字符或字符串添加到指定的位置。关于 StringBuffer 类的各种方法，如表 5.4 所示。

表 5.4　各种StringBuffer方法

方　法	描　述
StringBuffer append(参数类型,参数)	添加参数到 StringBuffer 对象中
StringBuffer deleteCharAt(int index)	删除 StringBuffer 对象中指定的字符或字符序列
StringBuffer delete(int start, int end)	删除 StringBuffer 对象中指定的字符或字符序列
StringBuffer insert(int offset, String str)	将第二个参数插入到 StringBuffer 对象第一个参数索引位置。
StringBuffer replace(int start, int end, String s)	在 StringBuffer 对象中替换指定的字符或字符序列
StringBuffer reverse()	翻转 StringBuffer 对象中的字符序列
String toString()	返回一个包含在 StringBuffer 中的字符序列的字符串

5.4.3 StringBuffer 实例

下面做一个测试 StringBuffer 的程序，看看它具体是怎么操作的。代码如下：

```
public class Test12{
    public static void main(String[ ] args){
        StringBuffer sb = new StringBuffer( );     //声明一个 StringBuffer 变量
        sb.append("我");                           //将字符串转换为字符数组
        sb.append("爱");
        sb.append("Java");
        System.out.println(sb.toString());
        int i=sb.length( );
        System.out.println("StringBuffer 的长度是:"+i);
    }
}
```

运行结果如下：

```
我爱 Java
StringBuffer 的长度是:6
```

5.4.4 String 类与 StringBuffer 类对比

String 类和 StringBuffer 类有以下不同点。

String 类：该类一旦产生一个字符串，其对象就不可以改变，并且字符串的内容和长度也是不变的。如果在程序中需要调用该字符串的信息，就需要调用系统所提供的各种字符串操作方法。通过这些方法来对字符串进行相关操作，不会改变对象实例本身，而是产生了一个新的字符串对象示例，并且系统在为 String 类对象分配内存时，也是按照对象所包含的实际字符数来分配的。

StringBuffer 类：该类具有缓冲功能。StringBuffer 类处理可改变字符串。如果需要修改一个 StringBuffer 类的字符串，不需要再创建一个新的字符串对象，可以直接在原来的字符串上进行操作。该类中的有些方法和 String 类不同。系统在为 StringBuffer 类对象分配内存时，除去当前字节所占有控件外，还另外提供了 16 个字符大小的缓冲区。Length 方法可以返回当前实际所包含的字符串长度，而 capacity()方法则可以返回当前数据容量和缓冲区容量的和。

5.5 典型实例

【实例 5-1】本实例通过一个“用户登录验证程序”实例来帮助读者了解和掌握字符串处理在实际应用程序开发中的应用。

用户登录验证方式是对用户所输入的用户名和密码进行验证。如果用户输入的用户名和密码正确，就认为是合法用户允许进入系统；否则，就认为是非法用户，拒绝其登录。代码如下：

```
//用户登录验证
public class LoginCheck{
    public static void main(String[] args){
        String originalUserName = "张三@163.com"; //声明固定用户名
        String originalPassword = "123456";       //声明原始密码
        String userName,userPwd;
        //判断是否输入了用户名和密码
                                                  //如果命令行参数数组长度小于 2
        if(args.length<2){
            System.out.println("请输入用户名和密码！");
            return;                         //立即结束程序并返回，后面的代码不再执行
        }
        //获得用户输入的用户名和密码
        userName = args[0].trim();          //trim()方法消除字符串首尾的空格
        userPwd = args[1].trim();
        //将用户输入的用户名和密码与原始的用户名和密码进行比较
        //如果用户输入的用户名与程序中固定用户名不同
        if(!userName.equals(originalUserName)){
            System.out.println("抱歉，您的用户名不正确！请重新输入");
        //如果用户输入的密码与程序中原始密码不同
        }else if(!userPwd.equals(originalPassword)){
            System.out.println("抱歉，您的密码不正确！请重新输入");
        }else{                              //如果用户名和密码都正确
        //查找用户名中有没有符号'@'
            int index = originalUserName.indexOf('@');
            //截取'@'前的用户名
            String name = originalUserName.substring(0,index);
            System.out.println(name + ",欢迎您！您已经通过验证，可以进行操作！");
        }
    }
```

```
}
```

本例进行了简化，将用户名和密码设置为固定的值，用户名“张三@163.com”和密码“123456”，在实际开发过程中，原始的用户名和密码应该来源于数据库、文件或其他保存数据的地方。args 是 main()方法的字符串数组参数。它自动保存用户在执行 Java 程序时所输入的参数字符串序列。trim()方法用来消除字符串首尾的空格。最后，调用 String 类的 equals()方法，将用户登录时输入的用户名和密码与程序中保存的原始用户名和密码进行比较，如果相符，则用户登录成功；否则，给出相应的提示信息。

【实例 5-2】Java 中有时候需要读取一个文本类的文件，将其转换为字符串。或是将字符串写入文件中，然后做进一步处理。Java 中没有现成的 API 方法，需要自己手写。本实例讲解字符串与文件的互转。具体代码如下：

```
package com.java.ch051;
import java.io.BufferedReader;
import java.io.BufferedWriter;
import java.io.File;
import java.io.FileInputStream;
import java.io.FileWriter;
import java.io.IOException;
import java.io.InputStreamReader;
import java.io.StringReader;
import java.io.StringWriter;

public class StringFromOrToFile {
    public static int DEFAULT_BUFFER_SIZE=1000;
    //将字符串写入指定文件(当指定的父路径中文件夹不存在时,
    //会最大限度去创建，以保证保存成功！)
    public static boolean stringToFile(String res, String filePath) {
        boolean flag = true;
        BufferedReader bufferedReader = null;
        BufferedWriter bufferedWriter = null;
        try {
            File distFile = new File(filePath);     //创建文件
            if (!distFile.getParentFile().exists())//判断父路径文件夹是否存在
             distFile.getParentFile().mkdirs();//可以在不存在的目录中创建文件夹
            bufferedReader = new BufferedReader(
                    new StringReader(res));         //将原字符串读入缓冲
            bufferedWriter = new BufferedWriter(
                    new FileWriter(distFile));      //将文件写入缓冲
            char buf[] = new char[1024];            // 字符缓冲区
            int len;
            while ((len = bufferedReader.read(buf)) != -1) {
                bufferedWriter.write(buf, 0, len);    //将字符串写入文件
            }
            bufferedWriter.flush();                 //刷新写入流的缓冲
            bufferedReader.close();                 //关闭读出流
            bufferedWriter.close();                 //关闭写入流
        } catch (IOException e) {                   //捕获异常
            e.printStackTrace();
            flag = false;
            return flag;
        } finally {                                 //finally 方法总被执行
            if (bufferedReader != null) {           //判断读出流是否为空
                try {
                    bufferedReader.close();         //确保读出流关闭
                } catch (IOException e) {
                    e.printStackTrace();
                }
            }
        }
        return flag;                              //返回布尔类型
    }
```

```
    //文本文件转换为指定编码的字符串
    public static String fileToString(String filePath, String encoding) {
        InputStreamReader reader = null;
        StringWriter writer = new StringWriter();
        try {
            //判断编码类型是否为空
            if (encoding == null || "".equals(encoding.trim())) {
                reader = new InputStreamReader(
                    new FileInputStream(new File(filePath)), //设置编码方式
                    encoding);
            } else {
                reader = new InputStreamReader(
                        new FileInputStream(new File(filePath)));
  }
            char[] buffer = new char[DEFAULT BUFFER SIZE];
            int n = 0;
            while (-1 != (n = reader.read(buffer))) {      //while 循环
                writer.write(buffer, 0, n);                 //将输入流写入输出流
            }
        } catch (Exception e) {                             //捕获异常
            e.printStackTrace();
            return null;
        } finally {                                         //finally 总被执行
            if (reader != null)
                try {
                    reader.close();                         //确保输入流关闭
                } catch (IOException e) {
                    e.printStackTrace();
                }
        }
        if (writer != null)
            return writer.toString();                       //返回转换结果
        else
            return null;
    }

    public static void main(String[] args) {        //java 程序的主入口方法
        String res="字符串写入指定文件\r\n 文本文件转换为指定编码的字符串";
        String filePath="d:/Text/1.txt";                    //文件
        String encoding="GB2312";                           //编码格式设置
        System.out.println("字符串写入指字文件是否成功: "+
        stringToFile(res,filePath));                //调用方法将字符串写入文件
        System.out.println("从"+filePath+"文件根据"+encoding+
              "编码格式读到的内容: \r\n"+fileToString(filePath,encoding));
    }
}
```

以上程序中，stringToFile()方法用来操作将字符串写入到指定文件中。当文件或目录不存在时，自动为其创建文件或目录。字符串写入到文件中，返回成功标记。

fileToString 方法用来操作将文本文件转换为指定编码的字符串。如果不知道编码，调用的时候设为 null 即可。不过最后设置编码的方式，以免出现乱码。静态变量 DEFAULT_BUFFER_SIZE 用来设置写入的字符串的长度不大于这个数值。

需要注意的是，在 main()方法中设置 filePath 时指定的盘符和路径一定要存在，否则程序运行将报错。

【实例 5-3】在实际开发中，开发人员获取字符串的子串，或者截取指定位置之间的字符串，往往会想到 String 对象中的 indexOf()和 substring()方法进行截取，但如果字符串中含有汉字的话，按照上述方法进行操作会导致截取到半个汉字。该实例解决了这一问题。具体代码如下：

```
    package com.java.ch052;
```

```
class CopyStrByByte { // 调用类
    private String str = ""; // 字符串
    private int copyNum = 0; // 要复制的字节数
    private String arrStr[]; // 存放将字符串拆分成的字符数组
    private int cutNum = 0; // 已截取的字节数
    private int cc = 0; // str 中的中文字符数

    // 构造函数变量初始化
    public CopyStrByByte(String str, int copyNum) {
        this.str = str;
        this.copyNum = copyNum;
    }

    public String CopyStr() { // 该方法获得指定的子串
        arrStr = str.split(""); // 将传的字符串拆分为字符数组
        str = ""; // 清空，用于存放已截取的字符
        for (int i = 0; i < arrStr.length; i++) {
            if (arrStr[i].getBytes().length == 1) { // 非汉字
                cutNum = cutNum + 1; // 统计个数
                str = str + arrStr[i]; // 获得非汉字子串
            } else if (arrStr[i].getBytes().length == 2) {// 汉字
                cc = cc + 1;
                cutNum = cutNum + 2; // 汉字字节数为 2 进行统计
                str = str + arrStr[i];
            }
            if (cutNum >= copyNum)
                break;// 已截取的字符数大于或等于要截取的字符数
        }
        if (cutNum > copyNum) // 已截取的字符数大于要截取的字符数
            return str.substring(0, copyNum - cc);
        else
            return str;
    }
}

public class TextTruncate { // 描述字符串长度的类
    public static void main(String args[]) { // java 程序的主入口方法
    CopyStrByByte cp = new CopyStrByByte("我 ABC 汉 DEF", 6);// 调用类并初始化
        System.out.println(cp.CopyStr()); // 调用方法获取指定子串
    }
}
```

以上程序创建 CopyStrByByte 类作为调用类。将 CopyStrByByte 类进行构造函数传参。注意：一个类中只能有一个类名前用 public 修饰，并且类名与用 public 修饰的类名相同。否则编译不通过。

CopyStr()方法用来操作字符串。Split()方法运用不同的分隔符将字符串转化为字符串数组。程序中运用字母间隔作为分隔符。然后对数组中的每个元素的字节数进行判断，字节数为 2，则元素为汉字。

对不同字节数的元素进行字节统计，当字节数大于传入的字节数时跳出。

在主程序入口 main 方法中，创建一个 CopyStrByByte 的类实例 cp，同时使用由汉字与字母组成的字符串和字节数作为构造函数的参数，用以初始化数据。

第二篇　Java 面向对象

第 6 章　面向对象

面向对象是 Java 语言的基本特征。将客观世界中的事物描述为对象，并通过抽象思维方法将需要解决的实际问题分解成人们易于理解的对象模型，然后通过这些对象模型来构建应用程序的功能。类和对象是面向对象编程的基础。

6.1 面向对象编程简介

面向对象编程（Object Oriented Programming）是一种创建程序的方法，对象是对现实世界实体的模拟，由现实实体的过程或信息来定义。一个对象可被认为是一个把数据（属性）和程序（方法）封装在一起的实体，这个程序产生该对象的动作或对它接收到的外界信号的反应。这些对象操作有时称为方法。面向对象开发的要素有：封装、继承和多态性。

6.1.1　类

类是面向对象程序设计语言中的一个概念。一个类定义了一组对象。类具有行为（Behavoir），它描述一个对象能够做什么及做的方法（Method），它们是可以对这个对象进行操作的程序和过程。类（Class）实际上是对某种类型的对象定义变量和方法的原型。它表示对现实生活中一类具有共同特征的事物的抽象，是面向对象编程的基础。

类是对某个对象的定义。它包含有关对象动作方式的信息，包括它的名称、方法、属性和事件。实际上它本身并不是对象，因为它不存在于内存中。当引用类的代码运行时，类的一个新的实例（即对象）就在内存中创建了。虽然只有一个类，但这个类在内存中创建多个相同类型的对象。

可以把类看做“理论上”的对象，也就是说，它为对象提供蓝图，但在内存中并不存在。从这个蓝图可以创建任何数量的对象。从类创建的所有对象都有相同的成员：属性、方法和事件。但是，每个对象都像一个独立的实体一样动作。例如，一个对象的属性可以设置成与同类型的其他对象不同的值。

类是具有相同属性和共同行为的一组对象的集合。例如，顾客和收银员，现实世界中顾客很多，收银员也很多，因此，顾客 m 仅仅是顾客这类人群中的一员，即一个实例。因此我们可以将它们共同具有的特征抽象出来，这些共同的属性和行为被组织在一个单元中，就称为类。类有属性和方法。对象或实体所拥有的特征在类中表示时称为类的属性。对象执行动作称为类的方法。

6.1.2　对象

在 Java 的世界中“万物皆对象”，现实世界中所有事物都可视为对象，对象无处不在。Java 是一门面向对象的编程语言，我们要学会用面向对象的思想思考问题，编写程序。面向对象

（Object-Oriented，OO）思想的核心就是对象（Object）。对象表示现实世界中的实体，因此，面向对象编程能够很好地将现实世界中遇到的概念模拟到计算机程序中。例如，顾客 m 和收银员 n 就是两个对象，都有自己的特征。顾客 m 特征：姓名、年龄、体重，执行动作：购物；收银员 n 特征：姓名、年龄、体重，执行动作：收款。

面向对象的特征如下。

1．唯一性

每个对象都有自身唯一的标识，通过这种标识，可找到相应的对象。在对象的整个生命期中，它的标识都不改变，不同的对象不能有相同的标识。

2．分类性

分类性是指将具有一致的数据结构（属性）和行为（操作）的对象抽象成类。一个类就是这样一种抽象，它反映了与应用有关的重要性质，而忽略其他一些无关内容。任何类的划分都是主观的，但必须与具体的应用有关。

3．继承性

继承性是子类自动共享父类数据结构和方法的机制，这是类之间的一种关系。在定义和实现一个类时，可以在一个已经存在的类的基础之上来进行，把这个已经存在的类所定义的内容作为自己的内容，并加入若干新的内容。

继承性是面向对象程序设计语言不同于其他语言的最重要的特点，是其他语言所没有的。

6.1.3　继承

不同类型的对象，相互之间经常有一定的共同点。例如，公交车、小轿车、卡车都有汽车的特性（品牌、排汽量、当前速度等）。同时，每一个对象还定义了额外的特性使得它们与众不同。例如，公交车的底盘高度；小轿车的载人量；而卡车有额外的载重量。

又如，小学生、中学生、大学生都是学生，都有学生的特性（学号、姓名、班级等）。同时，每一个还定义了额外的、自己独有的而别人没有的特性，如小学生有一个是否为少先队员的属性；中学生有一个参加高考的行为；而大学生有专业属性。

面向对象程序设计允许类从其他类继承通用的状态和行为。类的继承关系如图 6.1 所示。

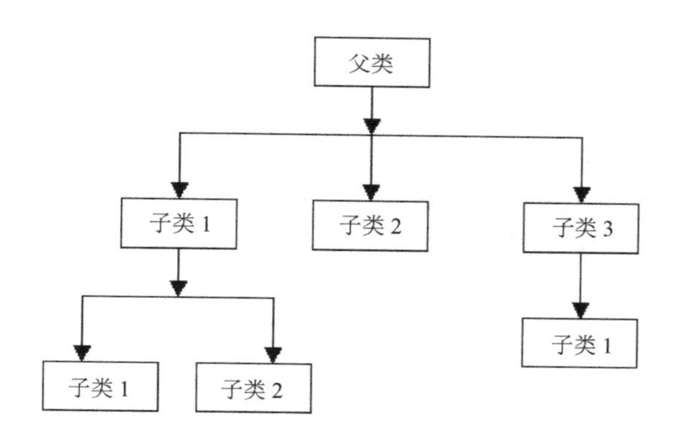

图6.1　类的一个继承层次

在 Java 程序中，每一个类有一个直接的父类，每一个父类有可能有无限多的子类。使用继承，可以快速创建新的类。继承使用关键字 extends 表示。语法格式如下：

```
class A extends SuperA{
…
}
```

6.1.4 接口

接口中可以声明属性、方法、事件和类型（Structure），但不能声明变量，也不能设置这些成员的具体值，也就是说，只能定义而不能给它里面定义的变量赋值。接口通常是一组相关方法。实现一个接口，使类所提供的方法更加统一。如电视机、DVD，它们都实现了相同的“按钮”接口，这样对外界来说它们的行为是统一的：只需用户操作按钮，就可以打开相应的电器。接口在类和外部世界之间形成了一个契约的关系，如果一个类声明实现一个接口，那么在类能被成功地编译之前，在接口中定义的所有方法必须出现在类的源代码中。要使用接口就要声明接口，用 interface 关键字表示。语法格式如下：

```
interface interfaceName{
…
}
```

6.1.5 包

为了更好地组织类，Java 提供了包机制。包是类的容器，用于分隔类名空间。如果没有指定包名，所有的示例都属于一个默认的无名包。Java 中的包一般均包含相关的类。

包是组织一系列相关类和接口的一个命名空间。从概念上，可以将包理解为计算机上的文件夹。要创建包通过关键字 package 声明，语法格式如下：

```
package packageName;
```

Java 平台提供一个规模庞大的类库（一系列的包），用于在程序员编写的应用程序中使用。这个类库就是有名的“应用程序接口”，简称“API”。它里面的包代表了与通用程序相关的最常用的任务。

当使用包说明时，程序中无须再引用（import）同一个包或该包的任何元素。import 语句只用来将其他包中的类引入当前名字空间中。而当前包总是处于当前名字空间中。

6.2 类

前面介绍过，类是用来创建对象的模板，包含被创建对象的属性和方法的定义。因此，要学习 Java 编程就必须学会怎样去编写类，即怎样用 Java 的语法去描述一类事物共有的属性和行为。对象的属性通过变量来表示，而对象的行为通过方法来实现。方法可以操作属性形成一定的算法来实现一个具体的功能。类把属性及对属性进行操作的相关方法封装为一个整体。

6.2.1 基本结构

在 Java 语言中，类是构成程序的基本要素，程序是由类组成的。使用面向对象的语言开发程序，就犹如使用一个个零件组装机器一样，大大降低了开发的难度，提高了开发的效率。因此，能否熟练掌握类及类的使用，是衡量一个程序员水平的重要标志。Java 的类主要包括两个部分：类的声明和类的主体。

1. 类的声明

最简单的类的声明，包括类的名称、类名前面加关键字 class、类名后面紧跟一对花括号。类的声明语法格式如下：

```
class 类的名称{
    //属性、构造函数和方法声明
}
```

其中，class 是关键字，类的名称用来标识一个类，通常类的名称的第一个字母要大写，例如：

```
class Car{
    //属性、构造函数和方法声明
}
```

在类的声明中，也可以加上访问权限控制符，以控制对该类的访问，其语法格式如下：

```
[类修饰符] class 类的名称{
    //属性、构造函数和方法声明
}
```

在这里，用方括号将类修饰符括起来，它代表的含义是里面的内容是可选的。类修饰符可以是 public、private、abstract、final 和 strictft，它们决定其他类能否访问本类或能访问什么。public 表示定义的类可以被 Java 的所有软件包使用。例如：

```
public class Car{
    //属性、构造函数和方法声明
}
```

在声明一个类时，还可以提供更多的信息。例如，指明该类的父类（又称超类）的名称，即该类是从哪个类派生过来的，这需要在类名后面加上关键字 extends 来实现，例如：

```
[类修饰符] class 类的名称 [extends 父类名称]{
    //属性、构造函数和方法声明
}
```

还可以在声明一个类时指明该类是否实现接口，这需要在类名后面加上关键字 implements 来实现，例如：

```
[类修饰符] class 类的名称 [extends 父类名称][implements 接口名称]{
    //属性、构造函数和方法声明
}
```

一般情况下，类的声明可以按顺序包括以下这些内容：

- 修饰符，如 public、private 及许多其他修饰符。
- 类名，按惯例首字母要大写。
- 父类（超类）的名称，都要在前面加上关键字 extends。一个类只能继承自一个父类。
- 被该类实现的接口列表（用逗号进行分隔），在接口前面加上关键字 implements。一个类可以实现多个接口。

2. 类的主体

类的主体，简称类体，指的是类名后面花括号中的内容。类体包含所有用于创建自该类的对象的生命周期的代码，包括构造器（用于初始化新对象）、属性声明（用于表示类及其对象的状态）及方法（实现类及其对象的行为）。

6.2.2 类变量

在程序中有多种类型的变量，如字段、局部变量、参数等。这些变量在程序中的位置不同，所起的作用也不相同。下面对这些变量加以说明。

- 在一个类中的成员变量被称为字段。
- 在一个方法中或代码块中的变量被称为局部变量。
- 在方法声明中的变量被称为参数。

其中，字段的声明由 3 部分组成，其语法格式如下：

```
[修饰符] 数据类型  变量名称;
```

例如，在 6.2.1 节声明的 Car 类有 3 个属性：品牌、排汽量和速度。可以使用下面的代码来定义 3 个字段。

```
public String brand;                          //代表品牌
public float exhaust;                         //代表排汽量
public int speed;                             //代表速度
```

Car 类的字段被命名为 brand、exhaust 和 speed。关键字 public 说明这些字段是公共成员，可以被任何能够访问该类的对象所访问。

1. 访问修饰符

修饰符可以让程序员知道控制字段有什么样的使用权限。目前只考虑 public 和 private。

- public 修饰符：所有的类访问该字段。
- private 修饰符：它所在的类内部访问该字段。

根据封装的原则，通常使用私有字段（即使用 private 修饰符来定义字段），如下面的代码定义 Car 类：

```
public class Car{
    private String brand;                     //表示汽车的品牌
    private float exhaust;                    //表示汽车的排汽量
    private int speed;                        //表示汽车的速度
}
```

在这里，声明了 3 个 private（私有的）字段，没有赋初值，那么 Java 虚拟机会赋给其默认的初始值：String 类型的为 null，float 类型的为 0.0，int 类型的为 0。

2. 数据类型

所有的成员变量都必须有一个类型。可以是原始数据类型，如 int、float、boolean 等。也可以是引用类型，如字符串、数组或对象。

3. 变量名称

所有的变量或参数都遵循 Java 标识符的命名规范。方法名和类名也遵循同样的命名规范，但在以下方面与变量命名不同。

- 类名的首字母应大写。
- 方法名的第一个单词应该是一个动词。

6.2.3 类方法

类由一组具有相同属性和共同行为的实体抽象而来，对象执行的操作通过编写类的方法来实现。显而易见，类的方法是一个功能模版，作用是“做一件事”。在类中声明成员方法的语法格式如下：

```
[方法修饰词列表] 返回类型 方法名称(方法的参数列表){
    //方法体语句
}
```

由一对花括号括起来的语句是方法体，它包含一段程序代码。方法名称主要在调用这个方法时使用，命名方法与命名变量、类一样，要遵守一定的规则，必须以字母、下画线或“$”开头。可以包含数字但不能以数字开头。在方法的主体内，如果方法具有返回值，则必须使用关键字 return 返回。

6.2.4 类方法命名

在编写程序时，方法名称应该是一个小写的动词或一个多词组组成的名称，但是要以一个小写的动词起始，后面跟形容词、名词等。在多词组组成的方法名中，从第二个单词开始，后面的每一个单词的首字母要大写。如下面这些方法的名称：

```
show
showName
getUserName
getData
setX
isEmpty
```

通常，一个方法在一个类中具有唯一的名称。然而，一个方法也可能具有与其他方法相同的名称，这就是“方法重载”。

6.2.5 调用类方法

调用方法就是执行方法体中的代码语句。在程序中要调用方法，必须指明调用哪个对象的方法，因为在面向对象的语言中，方法是封装在对象中的。当调用某个对象的方法时，程序流程就会转向方法定义中的第一条语句，并顺序执行其中的代码，直到遇到 return 语句或右花括号为止。方法调用示例，代码如下：

```
//定义一个表示问候的成员方法
class Hello{
    void sayHello( ){
        System.out.println("Hello,I'm Tom!");
    }
}
public class Test1{
    public static void main(String[] args){
        Hello hello = new Hello( );          //声明一个 Hello 类的实例对象
        hello.sayHello( );                   //调用对象 hello 的 sayHello 方法
    }
}
```

程序输出结果如下：

```
Hello,I'm Tom!
```

在程序中，定义成员方法 sayHello()时，因其仅仅是简单的输出，不需要返回值，所以返回类型为 void。而且此方法不需要参数，因此参数列表为空，但圆括号不能省略。当调用 sayHello()方法时，只需要在对象名后面使用圆点运算符“.”引用其方法名即可。在调用方法时，主程序暂停，转而执行 sayHello 方法中的代码，直到执行完毕，再转回主程序继续执行后面的语句。

6.2.6 方法重载

Java 语言支持“重载”方法，并且 Java 能够根据不同的“方法签名”来区分重载的方法。这意味着，在一个类中，可以有相同名称但具有不同参数列表的方法（当然会有一些限定条件，这将在接口和继承当中讨论）。

假设有一个类，它可以输出各种类型的数据（字符串、整数等），并且每一次输出是一个数据类型的方法。为每一个方法都命名一个新的名称是很麻烦的，这些方法所做的操作基本上都是相似的。可以命名一个相同的名称，但是为每一个方法传递一个不同的参数列表。因此，这个数据输出类可能会声明 4 个同名的方法，每一个都有一个不同的参数列表，如下所示：

```
public class Test2{
    …
    public void show(String s){                  //声明输出字符串的方法
        …
    }
    public void show (int i){                    //声明输出整数的方法
        …
    }
    public void show (double f){                 //声明输出双精度小数的方法
        …
    }
    public void show (int i , double f){         //声明输出一个整数和一个小数的方法
        …
    }
}
```

通过传递给方法的参数的数量和类型来区分重载的方法。

6.2.7 构造方法

构造方法通常用来完成对象的初始化。构造方法的声明看上去和方法声明类似，但是有自己的特点。

- 构造方法的名称必须与类名相同。
- 构造方法没有返回类型，包括关键字 void 也不能有。
- 任何类都含有构造方法。如果没有显式地定义类的构造方法，则系统会为该类提供一个默认的构造方法。这个默认的构造方法不含任何参数。一旦在类中定义了构造方法，系统就不会提供默认的构造方法了。

下面定义了两个 Test3 类，一个不带参数，一个带两个参数，并分别对成员变量 a 和 b 进行初始化赋值。代码如下：

```
public class Test3{
        int a,b;
        Test3 ()      //不带参数构造方法
        {
            a=10;
        }
        Test3 (int d,int e)  //带参数构造方法
        {
            a=d;
            b=e;
        }
}
```

6.2.8　方法返回值

方法实际上是一段单独执行的代码段。当方法执行完毕以后就会返回主程序。不管哪种情况先发生，方法都会返回。当以下情况发生时，方法返回到调用它的代码处：完成方法中所有语句；遇到 return 语句和抛出一个异常。

在方法体中使用 return 语句来返回一个值。任何声明 void 的方法都不返回任何值。return 语句通常被用于终止一个控制流程块并退出方法。语法格式如下：

```
return;
```

如果一个方法没有声明为 void，那么必须包含一个 return 语句。例如：

```
return 返回值;
```

返回值的数据类型必须与方法所声明的返回类型一致。例如：

```
public int getHeight( ){
    …
    return 10;   //返回值，数据类型与方法声明的 int 一致
}
```

当返回值类型与方法声明中的返回类型不一致时，就会导致编译错误。

6.3　抽象类和抽象方法

抽象类属于 Java 类的高级特性，是一种特殊的类。抽象类用来提供更高级的类型抽象，在面向对象的程序设计语言中，类是有层次和继承关系的。子类总是比其父类更加具体。程序开发过程中，很多时候需要构造一系列的类及其继承关系，这时，通常会将类层次中共有的特性抽取出来，创建包含这些共有特性的抽象类，并由抽象类派生出更加具体、有更多实现的子类或后代类，形成一个完整的类的层次体系。

抽象类可能含有抽象方法，也可能没有，但抽象类中可以含有非抽象的方法。抽象类不能被实例化，不能使用 new 运算符创建抽象类的实例对象，但是抽象类可以派生子类。

6.3.1　抽象类

用关键字 abstract 声明抽象类，关键字 abstract 在 class 前面，语法格式如下：

```
abstract class 类名称{
    类体
}
```

如果一个类包含有抽象方法，那么这个类必须被声明为 abstract，如下所示：

```
public abstract class Animal{
    //声明字段
    //声明非抽象的方法
    abstract void eat( );          //声明抽象方法
}
```

当从一个抽象类派生子类时，子类通常提供父类中所有抽象方法的实现。如果子类中没有实现其父类中所有的抽象方法，那么这个子类也必须被声明为 abstract（抽象的）。

6.3.2　抽象类实例

首先声明一个抽象类 Animal，在这个类中，提供被所有的子类所全部共享的成员变量和

方法，还声明一些抽象方法，如 run()或 eat()，这些方法需要被子类实现，但是实现的途径又各自不同。声明的抽象类 Animal 如下所示：

```
abstract class Animal {
    //声明被所有的子类所共享的成员变量
    String name;
    …
    //声明已经实现的成员方法，可以被所有的子类所共享
    void sleep() {
    …
    }
    //声明抽象方法，由各个子类去具体实现
    abstract void run();
    abstract void eat();
}
```

每一个 Animal 类的非抽象子类，如 dog 类和 cat 类，必须实现 run()和 eat()方法，代码如下：

```
//声明 dog 类，是抽象类 Animal 的子类
class dog extends Animal {
    //在子类中实现父类中声明的抽象方法，提供具体的实现
    void run () {
    …
    }
    void eat () {
    …
    }
}
//声明 cat 类，是抽象类 Animal 的子类
class cat extends Animal {
    //在子类中实现父类中声明的抽象方法，提供具体的实现
    void run () {
    …
    }
    void eat () {
    …
    }
}
```

虽然 dog 类和 cat 类都有自己的 run ()方法和 eat ()方法，但它们实现的方式是不同的。这样就在抽象类 Animal 中提供了统一的对外接口，而在子类中去具体实现。

6.3.3 抽象类的类成员

一个抽象类也可以有静态字段和静态方法（static 字段和 static 方法）。与其他类一样，可以直接使用抽象类名来引用这些静态成员，例如：

```
abstract class AbstractClass{
    static void say(){                          //定义的类方法（静态方法）
        System.out.println("hello");
    };
}
public class Test4{
    public static void main(String[] args) {
        AbstractClass.say();                    //可以直接通过抽象类名调用其静态方法
    }
}
```

需要注意的是，修饰符 static 和 abstract 不能一起使用。如果一个方法声明为静态的，就不能声明为抽象的；如果声明为抽象的，就不能声明为静态的。

6.3.4　抽象方法

如果一个方法被声明但是没有被实现（即没有花括号、方法体，声明后面直接就是分号），那么该方法被称为“抽象方法”。如下面的代码所示：

```
abstract void moveTo(int x, int y);
```

方法 moveTo()即为抽象方法。抽象方法只有方法的声明，而没有方法的实现，用关键字 abstract 进行修饰。其语法格式如下：

```
abstract <方法返回值类型> 方法名称(参数列表);
```

除了关键字 abstract，其他声明与普通方法的声明相同。实际上，一个接口中的所有方法，隐含的都是抽象的，因此接口的方法可以不使用 abstract 修饰符。当然也可以使用，只不过不是必需的。

6.3.5　抽象类与接口对比

接口可以被任何类实现。抽象类经常用于被子类化，并共享部分实现。在一个单独的抽象类中，提供大部分子类的共同点（即抽象类已经实现的部分），但是还有一些不同点，抽象方法只声明不实现，留给不同的子类根据自己的要求去具体实现。

抽象类可以包含有非 static 和 final 的字段，并且抽象类可以包含有实现的方法。这样的抽象类与接口很相似，但抽象类提供部分方法的实现，其余的让子类来完成实现。如果一个抽象类只包含抽象方法的声明，那么应该将其声明为一个接口。

6.4　嵌套类

通常情况下，使用嵌套类的情形并不多，但在编写事件响应的代码时，使用嵌套类相对较多。使用嵌套类有多种原因，包括以下几种：

- 将只用在同一个地方的类进行逻辑上的分组的一种方法。如果一个类只对另一个类有用，那么将其逻辑地嵌入另一个类并使两个类紧密地结合在一起。嵌套这样的“辅助类”使得它们所在的包更加简化和有效。
- 增强了封装性。例如，两个顶级类 A 和 B，B 需要访问 A 中被声明为 private 的成员。通过将类 B 隐藏在类 A 中，A 的成员可以被声明为私有的，同时 B 也可以访问它们。另外，B 本身对外部世界是隐藏的。
- 嵌套类能使代码可读性和可维护性更强。在顶级类中嵌套较小的类使得代码最接近它被使用的地方。

6.4.1　嵌套类定义

在 Java 中允许在一个类（如 ClassA）中定义另一个类（如 ClassB），这样，ClassB 称为“嵌套类”，ClassA 称为“外部类”。例如：

```
class OuterClass {
    …
    class NestedClass {
    …
    }
```

```
}
```

嵌套类分为两种类别：静态的和非静态的。声明为 static 的嵌套类称为“静态嵌套类”。非静态嵌套类称为“内部类”。如下所示：

```
class OuterClass {
    …
    //静态嵌套类
    static class StaticNestedClass {
    …
    }
    //内部类
    class InnerClass {
    …
    }
}
```

嵌套的类可以被声明为 private、public、protected 或包级私有的（package private）；而外部类只能被声明为 public 或包级私有的。

6.4.2 内部类

内部类中不能定义任何静态成员。内部类的实例对象存在于外部类的实例对象中。并可以直接访问包围它的实例的方法和字段，包括私有方法和私有字段。

要实例化一个内部类，必须首先实例化其外部类。然后使用下面的语法创建位于外部对象中的内部对象：

```
OuterClass.InnerClass innerObject = outerObject.new InnerClass() ;
```

一个嵌套类可以访问它的封装类的所有私有成员，包括字段和方法。因此，被一个子类所继承的一个 public 或 protected 嵌套类可以间接访问父类的所有私有成员。

6.4.3 静态嵌套类

与类方法和类变量一样，静态嵌套类与它的外部类相关联。并且像静态类方法一样，一个静态嵌套类不能直接引用其外部类的实例变量或实例方法，只能通过一个对象引用使用它们。语法格式如下：

```
OuterClass.StaticNestedClass
```

要创建一个静态嵌套类的对象，可以使用下面所示的语法：

```
OuterClass.StaticNestedClass nestedObject = new OuterClass.StaticNestedClass() ;
```

6.5 对象

Java 程序会创建许多对象，对象间通过调用方法进行交互和通信。通过这些对象的交互作用，程序能够执行各种各样的任务，如实现一个 GUI 界面、运行一个动画、发送和接受网络上的信息。一旦一个对象已经完成了它应该完成的工作，它的资源就会被回收以供其他对象使用。

6.5.1 对象实例

下面通过一个简单的程序，说明对象的使用。在下面这个程序中定义了 3 个类。其中，类 Point 和 Rectangle 分别代表点和矩形。在另外一个主程序 CreateObjectDemo 中，创建这两个类的实例对象并使用其属性和方法完成相应的操作。

在这个程序中创建 3 个对象，一个 Point 对象和两个 Rectangle 对象。代码如下：

```
//创建类 Point，代表一个有着 x 坐标和 y 坐标的点
class Point {
    public int x = 0;                          //声明 int 类型变量 x，代表点的水平坐标
    public int y = 0;                          //声明 int 类型变量 y，代表点的垂直坐标
    //构造方法
    public Point(int a, int b) {
        x = a;                                 //在构造方法中初始化实例变量 a 和 b
        y = b;
    }
}
//创建类 Rectangle，代表一个矩形
class Rectangle {
    public int width = 0;                      //声明 int 类型变量 width，代表矩形的宽
    public int height = 0;                     //声明 int 类型变量 height，代表矩形的高
    public Point origin;                       //声明一个 Point 对象，代表一个点
    //4 个构造方法
    public Rectangle() {                       //无参构造方法
        origin = new Point(0, 0);              //默认创建坐标为(0,0)的点
    }
    public Rectangle(Point p) {                //带有一个 Point 类型的参数的构造方法
        origin = p;                            //使用已知的点 p 初始化矩形左上角的点
    }
    public Rectangle(int w, int h) {           //带有两个整型参数的构造方法
        origin = new Point(0, 0);              //初始化矩形左上角坐标为(0,0)
        width = w;                             //初始化矩形的宽
        height = h;                            //初始化矩形的高
    }
    public Rectangle(Point p, int w, int h) {        //带有 3 个参数的构造方法
        origin = p;                        //使用已知的 Point 对象初始化矩形左上角坐标
        width = w;                             //使用参数 w 初始化矩形的宽
        height = h;                            //使用参数 h 初始化矩形的高
    }
    //移动矩形的方法
    public void move(int x, int y) {
        origin.x = x;                          //将矩形左上角点的 x 坐标改变为新的值
        origin.y = y;                          //将矩形左上角点的 y 坐标改变为新的值
    }
    //计算矩形面积的方法
    public int getArea() {
        return width * height;
    }
}
//主类，含有 main()方法
public class CreateObjectDemo {
    public static void main(String[] args) {
        //声明并创建一个坐标点对象和两个矩形对象
        Point originOne = new Point(23, 94);        //创建一个 Point 点对象
        //使用已知的点和长宽值创建一个矩形对象
        Rectangle rectOne = new Rectangle(originOne, 100, 200);
        //使用默认的坐标和长宽值创建一个矩形对象
        Rectangle rectTwo = new Rectangle(50, 100);
        //显示 rectOne 的宽、高和面积
        System.out.println("rectOne 的宽是: " + rectOne.width);
        System.out.println("rectOne 的高是: " + rectOne.height);
        System.out.println("rectOne 的面积是: " + rectOne.getArea());
        //设置 rectTwo 的位置
        rectTwo.origin = originOne;
        //显示 rectTwo 的位置
        System.out.println("rectTwo 的 X 坐标是: " + rectTwo.origin.x);
        System.out.println("rectTwo 的 Y 坐标是: " + rectTwo.origin.y);
        //移动 rectTwo 并显示它的新位置
        rectTwo.move(40, 72);
        System.out.println("rectTwo 的 X 坐标是:" + rectTwo.origin.x);
```

```
        System.out.println("rectTwo 的 Y 坐标是:" + rectTwo.origin.y);
    }
}
```

运行结果如下：

```
rectOne 的宽是: 100
rectOne 的高是: 200
rectOne 的面积是: 20000
rectTwo 的 X 坐标是: 23
rectTwo 的 Y 坐标是: 94
rectTwo 的 X 坐标是: 40
rectTwo 的 Y 坐标是: 72
```

在上述程序中，创建、操纵、显示了各种对象的信息。使用上面的这个例子来描述在一个程序中对象的生命周期。掌握如何在程序中编写创建和使用对象的代码，以及当一个对象的生命周期结束以后，系统是如何进行清理的。

6.5.2 创建对象

类是对象的模板，可以从一个类创建一个对象。下面的语句来自于上面的程序，每一个语句都创建一个对象并将其赋予一个变量。例如：

```
Point originOne = new Point(23, 94);
Rectangle rectOne = new Rectangle(originOne, 100, 200);
Rectangle rectTwo = new Rectangle(50, 100);
```

第一行创建一个 Point 类的对象，第二行和第三行各自创建一个 Rectangle 类的对象。每个语句都由声明、实例化、初始化组成。声明：赋值符号（=）左边的代码都是变量声明。实例化：关键字 new 用来创建一个新的对象。初始化：new 运算符后面跟一个构造方法的调用，由构造方法来初始化新的对象。

1. 声明一个变量指向一个对象

前面内容中，学习过如何声明一个变量。声明变量的语法格式如下：

```
数据类型 变量名称;
int a ;
```

该声明通知编译器，程序中使用一个变量名“a”指向一个 int 型的数据。对于原始数据类型的变量，这样的声明还为该变量分配适当大小的内存。相类似的，声明一个引用类型的变量。例如：

```
Point originOne;
```

简单地这样声明一个引用变量并不会生成一个对象。要真正地生成对象，需要使用 new 运算符。在使用 originOne 之前，必须给它赋一个对象，否则，就会出现编译错误。

2. 实例化一个类

当使用 new 运算符来实例化一个类时，通过为新的对象分配内存返回一个引用来实现。new 运算符还调用对象的构造方法。例如：

```
Point originOne = new Point(23,94);
```

由 new 运算符所返回的引用不必一定要赋给变量，它也可以直接在一个表达式中使用。例如，下面的代码，直接使用 new 运算符创建一个 Rectangle 对象，并直接调用该对象的 height 属性。不过，这样创建的对象不可以重复使用，因为没有保存对它的引用。

```
int height = new Rectangle( ).height;
```

3. 初始化一个对象

上述 Point 类有两个属性：x 和 y。这两个属性分别代表点的水平横坐标和垂直纵坐标。Point 类的定义如下：

```
public class Point {
    public int x = 0;                          //代表点的水平横坐标
    public int y = 0;                          //代表点的垂直纵坐标
    //构造方法
    public Point(int a, int b) {               //使用两个参数来初始化 x 和 y 坐标
        x = a;
        y = b;
    }
}
```

这个类只包括一个单一的构造器。Point 类的构造方法需要两个参数。下面的代码提供 23 和 94 作为构造器的实参：

```
Point originOne = new Point(23,94);
```

在这行代码中，使用 new 生成一个新的 Point 类的对象，在内存中为其分配相应的空间，然后将其引用赋给 Point 类型的变量 originOne 保存，执行过程如图 6.2 所示。

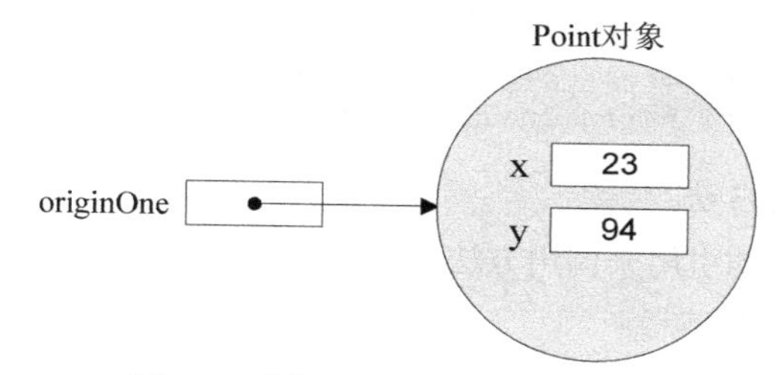

图6.2　对象originOne的内存状态

如果一个类有多个构造器，那么这些构造器必须有不同的签名。就像上面的类 Rectangle，Java 编译器基于参数的数量和类型来区分不同的构造器。例如，当 Java 编译器遇到下面的代码时，它就知道需要调用 Rectangle 类中 Point 参数和两个整型参数的构造方法。

```
Rectangle rectOne = new Rectangle(originOne,100,200);
```

其中的 origin 成员变量初始化为 originOne。构造方法设置 width 字段值为 100 和 height 字段值为 200。现在有两个引用指向同一 Point 对象，执行过程如图 6.3 所示。

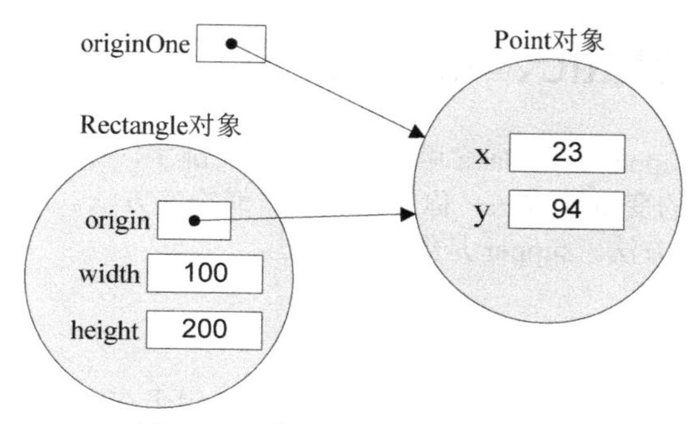

图6.3　两个引用指向同一个对象

类至少有一个构造器。如果一个类没有显式地声明一个构造方法，Java 编译器会自动提供

一个无参构造器，称为“默认构造器”。这个默认构造方法会调用它的父类的无参构造器。

6.5.3 使用对象

在使用对象时有时需要它的某个字段值，有时需要改变它的某个字段值或调用它的方法来执行一个动作。

1. 引用一个对象的字段

通过对象的字段名称来访问对象的字段。在一个类的内部，可以使用简洁的名称来引用字段。可以在上例的 Rectangle 类中添加一行输出 width 和 height 值的语句。例如：

```
System.out.println("宽和高分别是: " + width + ", " + height);
```

width 和 height 是简洁的名称。如果在对象类的外部引用对象中的字段，必须使用一个对象引用或表达式，后面跟一个圆点（.）运算符，再跟一个简洁字段名，例如：

```
objectReference.fieldName
Rectangle.width
```

如果调用 Rectangle 的对象 rectOne 中的 origin、width 和 height 字段，必须使用 rectOne.origin、rectOne.width 和 rectOne.height 来引用，代码如下：

```
System.out.println("矩形 rectOne 的宽度为: " + rectOne.width);
System.out.println("矩形 rectOne 的高度为: " + rectOne.height);
```

2. 调用一个对象的方法

还可以使用一个对象的引用来调用方法，语法格式如下：

```
对象名称.方法名称(参数列表);
```

或

```
对象名称.方法名称();
```

通过一个对象名后面跟一个圆点运算符，再跟方法名称及参数列表（如果没有参数，也要保留空的圆括号）。Rectangle 类有两个方法：getArea( )用来计算矩形的面积，move( )改变矩形的原点。调用这两个方法的代码如下：

```
System.out.println("rectOne 的面积为: " + rectOne.getArea());
…
rectTwo.move(40, 72);
```

6.6 this、static、final 关键字

this、static、final、supper 都是 Java 中和类相关的关键字，关键字 this 是对当前对象的引用。static 用来修饰类中的变量或方法，称为静态变量或静态方法。final 也可以修饰变量或方法，称为最终变量或最终方法。supper 是继承的意思。

6.6.1 this 关键字

this 关键字是对当前对象自身的引用。this 关键字常用于在对象的一个字段被方法或构造方法的参数屏蔽时，需要调用这个被屏蔽的字段的情况。例如：

```
public class Test5 {
        int x = 0;                      //声明字段 x
        int y = 0;                      //声明字段 y
```

```
    //定义成员方法
    void setValue(int a, int b) {
        this.x = a;                 //给字段 x 赋值
        this.y = b;                 //给字段 y 赋值
    }
}
```

6.6.2　static 关键字

static 用来修饰类中的变量或方法，称为静态变量或静态方法。静态变量对于所有的类对象共享同一个内存空间。当 Java 程序执行时，类的字节码文件加载到内存中，虽然没有创建对象，但静态变量此时被分配相应的内存。例如：

```
//静态变量
static int num1;
//精通方法
public static class Test3{
…
}
```

6.6.3　final 关键字

final 是最终、最后的意思。可以修饰成员变量或成员方法，称为最终变量或最终方法。继承包含最终方法类的子类不能覆盖最终方法，即子类不能覆盖父类中的最终方法。

6.7　控制对类的成员的访问

访问级别修饰符用来决定其他类是否能访问一个特定的字段或调用一个特定的方法。有以下两种级别的访问控制。

- 最高级别：public 或包级私有（package-private，没有指定修饰符），用于修饰类。
- 成员级别：public、private、protected 或包级私有（package-private，没有指定修饰符），用于修饰类中的成员。

一个类可能会使用 public 修饰符声明，在这种情况下，类对在任何地方的其他类都是可见的。如果一个类没有修饰符（这时访问级别是默认的，即包级私有），那么这个类只能在它自己的包中可见。

在成员级别，也有 public 修饰符或无修饰符（包级私有），它们的含义与最高级别相同。对于成员，还有两个额外的访问修饰符 private 和 protected。private 修饰符说明成员只能在它所在的类的内部被访问。protected 修饰符说明成员只能在它所在的包中被访问到（包级私有），另外，也可以被位于其他包中的该类的子类访问到。在成员级别，访问优先级为：public>protected>package-private>private，如表 6.1 所示。

表 6.1　访问级别

修饰符	类	包	子类	全部
public	是	是	是	是
protected	是	是	是	否
无修饰符	是	是	否	否
private	是	否	否	否

一个类总是可以访问它自己的成员。当访问其他类时，访问级别决定可以使用这些类的哪些方法。当编写了一个类时，可以决定类中的每一个成员变量和每一个成员方法的访问级别。

6.8 标注

标注（Annotations）是代码中的标记，它提供与程序有关的数据，但是标注本身不是程序的一部分。标注对其所注解的代码的操作没有直接的影响。有的书中也将标注称为注释。通过使用注释，开发人员可以在不改变原有逻辑的情况下，在源文件中嵌入一些补充的信息。代码分析工具、开发工具和部署工具可以通过这些补充信息进行验证或进行部署。

6.8.1 标注用法

标注在类加载、运行或编译时可以被解释，但是不对程序的运行产生直接的影响。标志有很多用法，包括：

- 为编译器提供信息。编译器可以使用标注来检测错误或禁止警告。
- 在编译和部署时处理。软件开发工具可以处理标注信息以生成代码、XML 文件等。
- 在运行时处理。有些标注在运行时可以被检查并使用。

从某些方面来看，注释就像修饰符一样被使用，并应用于包、类型、构造方法、方法、成员变量、参数、本地变量的声明中。注释可以应用到程序的类的声明、字段的声明、方法的声明及其他程序元素的声明中。按惯例注释要出现在所在行的第一行，并且可以包括带有名称或未命名值的元素，如下所示：

```
@User(
   name = "张三",
   date = "2011-11-11"
)
class MyClass() { }
```

或者

```
@SuppressWarnings(value = "unchecked")
void myMethod() { }
```

或者

```
@SuppressWarnings("unchecked")
void myMethod() { }
```

另外，标注也可以没有元素，可以省略圆括号，例如：

```
@Override
void myMethod() { }
```

6.8.2 文档标注

许多注释用来代替应该出现在代码中的注释。假设一个软件以传统的方式开始每个类，通常使用大量的注释来提供重要的信息，如下所示：

```
public class B extends A{
     //作者：张三
     //日期：2011-11-11
     //最后修改日期：2011-11-12
     //类体代码…
}
```

如果要使用标注来添加同样的元数据信息，必须首先定义“标注类型”。定义标注类型的语法如下所示：

```
@interface AuthorInfo {
    String 作者();
    String 日期();
    String 最后修改日期() default "N/A";
        //类体代码...
}
```

如果要使“@ AuthorInfo”中的信息出现在 Javadoc 生成的文档中，必须使用“@Documented”标注注释“@AuthorInfo”的定义，如下所示：

```
import java.lang.annotation.*;                    //导入这个包才能使用@Documented
@Documented
@interface AuthorInfo {
    String 作者();
    String 日期();
    String 最后修改日期() default "N/A";
        //类体代码...
}
```

6.9 典型实例

【实例 6-1】抽象类是 Java 中一种特殊的类。抽象类不能创建对象，而只能由其派生子类创建。抽象类是专门作其他类的父类来使用的。本实例介绍如何运用抽象类获得不同图形的面积。具体代码如下：

```
package com.java.ch061;

abstract class Geometric {          // 创建抽象类
    String color = "block";
    int weight = 2;

    abstract float getArea();       // 抽象构造方法求面积

    abstract float getPerimeter(); // 抽象构造方法求周长
}
class Circle extends Geometric { // 继承 Geometric，求圆的面积和周长
    float radius;
    Circle(float number) {          // 带参数的构造方法
        radius = number;
    }
    protected float getArea() {   // 实现父类抽象方法求圆的面积
        return 3.14f * radius * radius;
    }
    protected float getPerimeter() { // 实现父类抽象方法求圆的周长
        return 2 * 3.14f * radius;
    }
}
class Rectangle extends Geometric { // 继承 Geometric 求长方形的面积和周长
    float width;
    float height;

    Rectangle(float width, float height) { // 带参数的构造方法
        this.width = width;
        this.height = height;
    }
    float getArea() {                           // 实现父类抽象方法求长方形的面积
        return width * height;
    }
```

```
    float getPerimeter() {               // 实现父类抽象方法求长方形的周长
        return 2 * (width * height);
    }
}
public class TextAbstract {              // 操作抽象类求图形面积的类
    public static void main(String[] args) { // java 程序主入口处
        System.out.println("1.获得圆的面积与周长");
        Circle circle = new Circle(4); // 创建圆对象实例
        System.out.printf("圆的面积:%s%n", circle.getArea());
        System.out.printf("圆的周长: %s%n", circle.getPerimeter());
        System.out.println("2.获得长方形的面积与周长");
        Rectangle rectangle = new Rectangle(3, 4); // 创建长方形对象实例
        System.out.printf("圆的面积:%s%n", rectangle.getArea());
        System.out.printf("圆的周长: %s%n", rectangle.getPerimeter());
    }
}
```

以上程序用关键字 abstract 创建 Geometric 抽象类，并声明两个抽象构造方法。默认的抽象方法拥有受保护的访问权限，即默认用“protected”访问修饰符修饰。简单地说，只有类内部和子类可以访问该成员。

Circle 和 Rectangle 类继承 Geometric 抽象类，必须实现所有的抽象方法，否则需要在关键字 class 前加 abstract 成为抽象类。

运行结果如下所示。

```
1.获得圆的面积与周长
圆的面积:50.24
圆的周长：25.12
2.获得长方形的面积与周长
圆的面积:12.0
圆的周长：24.0
```

注意，在以上代码中使用了 printf 方法进行格式化输出，需要将 JDK 版本为 1.5 以上才能使用该方法。

【实例 6-2】静态内部类作为类的静态成员存在于某个类中，也称为嵌套类。在创建静态内部类时不需要外部类对象的存在。其实质是一个放置在某个类内部的普通类。要定义一个静态类只需在类的定义中加入关键字 static 即可。本实例介绍如何使用静态内部类。具体代码如下：

```
package com.java.ch062;

public class TextStaticInnerClass { // 操作静态内部类的类
    private static int num = 1;

    public static void outer() {
        System.out.println("这是外部类的静态方法 outer!");
    }
    public void outer 1() {
        System.out.println("这是外部类的非静态方法 outer 1!");
    }
    static class Inner {
        static int inner num = 100;
        int inner count = 200;

        static void inner outer() {
        System.out.println("在 Inner 方法中访问外部类的静态成员 num,其值为" + num);
            outer(); // 访问外部类的静态方法
        }
        void inner outer 1() {
            System.out.println("这是静态内部类的非静态主法 inner outer 1");
            outer(); // 访问外部类的静态方法
```

```
        }
    }

    public void outer_2() { // 外部类访问静态内部类的静态成员：内部类.静态成员
        System.out.println(Inner.inner_num);
        Inner.inner_outer(); // 访问静态内部类的静态方法
        Inner inner = new Inner(); // 实例化对象
        inner.inner_outer_1(); // 访问静态内部类的非静态方法
    }
    public static void main(String[] args) {// java 程序主入口处
        TextStaticInnerClass inner = new TextStaticInnerClass();
        inner.outer_2(); // 调用方法
    }
}
```

以上代码在程序类中定义静态变量、非静态变量、静态方法、非静态方法以及一个静态内部类。在静态内部类中定义静态变量、非静态变量、静态主法以及非静态方法。默认的非静态方法的访问修饰符为 protected，可以被该类所在的包内成员以及非包内的子类成员访问。

在静态内部类的方法中只能访问外部类的静态变量及静态方法。外部类访问静态内部类语法格式为：静态内部类.静态变量(或静态方法())。如果外部类访问内部类的非静态成员时，需要先实例化内部类即可。

运行结果如下所示。

```
100
在 Inner 方法中访问外部类的静态成员 num,其值为 1
这是外部类的静态方法 outer!
这是静态内部类的非静态主法 inner_outer_1
这是外部类的静态方法 outer!
```

【实例 6-3】单例模式能够确保一个类只有一个实例。自行提供这个实例并向整个系统提供这个实例。本实例介绍如何使用这种设计模式及讲解单例模式的用法。

单例模式有两种实现方式：一种是将类的构造方法私有化，用一个私有的类变量 instance 保存类的实例，在加载类时，创建类的实例，并将实例赋给 instance；再提供一个公有的静态方法 getInstance，用于获取类的唯一实例，该方法直接返回 instance；另一种是将类的构造方法私有化，用一个私有的类变量 instance 保存类的实例，在加载类时，将 null 赋给 instance；再提供一个公有的静态方法 getInstance，用于获取类的唯一实例，该方法首先判断 instance 是否为 null，如果为 null，则创建实例对象，否则，直接返回 instance。

两种方式的区别在于：前者被加载时，类的唯一实例被创建；后者在第一个调用 getInstance()方法是，类的唯一实例被创建，但需要在 getInstance()方法的声明中使用 synchronized 关键字，保证某一时刻只有一个线程调用此方法。

单例模式的实例代码如下：

```
package com.java.ch063;

class OneSingleton { // 第一种方式实现单例模式
    private static int number = 0; // 私有属性
    // OneSingleton 的唯一实例
    private static OneSingleton instance = new OneSingleton();
    private OneSingleton() { // 构造函数私有防外界构造 OneSingleton 实例
    }
    public static OneSingleton getInstance() { // 获取 OneSingleton 的实例
        return instance;
    }
    public synchronized int getNumber() { //synchronized 关键字表示方法是线程同步
        return number; // 任一时刻最多只能有一个线程进入该方法
    }
```

```
    public synchronized void nextNumber() { // 将 number 加 1
        number++;
    }
}
class TwoSingleton {
    private static int number = 0; // 私有属性
    private static TwoSingleton instance = null; // SingletonB 的唯一实例

    private TwoSingleton() { // 构造函数私有防外界构造 TwoSingleton 实例
    }

    // synchronized 关键字表示方法是线程同步
    public static synchronized TwoSingleton getInstance() {
        // 任一时刻最多只能有一个线程进入该方法
        if (instance == null) { // 判断是否 instance 为空，为空则创建
            instance = new TwoSingleton();
        }
        return instance;
    }

    public synchronized int getNumber() {
        return number;
    }
    public synchronized void nextNumber() {
        number++;
    }
}
public class TextSingleton { // 操作单例模式的类
    public static void main(String[] args) { // java 程序主入口处
        OneSingleton one1 = OneSingleton.getInstance(); // 调用方法获得实例
        OneSingleton one2 = OneSingleton.getInstance(); // 调用方法获得实例
        System.out.println("用 OneSingleton 实现单例模式");
        System.out.println("调用 nextNumber 方法前：");
        System.out.println("one1.number=" + one1.getNumber());
        System.out.println("one2.number=" + one2.getNumber());
        one1.nextNumber(); // 调用方法
        System.out.println("调用 nextNumber 方法后：");
        System.out.println("one1.number=" + one1.getNumber());
        System.out.println("one2.number=" + one2.getNumber());

        TwoSingleton two1 = TwoSingleton.getInstance(); // 调用方法获得实例
        TwoSingleton two2 = TwoSingleton.getInstance(); // 调用方法获得实例
        System.out.println("用 TwoSingleton 实现单例模式");
        System.out.println("调用 nextNumber 方法前：");
        System.out.println("two1.number=" + two1.getNumber());
        System.out.println("two2.number=" + two2.getNumber());
        two1.nextNumber(); // 调用方法
        System.out.println("调用 nextNumber 方法后：");
        System.out.println("two1.number=" + two1.getNumber());
        System.out.println("two2.number=" + two2.getNumber());
    }
}
```

以上程序中，OneSingleton 和 TwoSingleton 类都实现了单例模式，区别是前者在类被加载的时候就创建类的唯一对象，而后者是在第一次调用 getInstance()方法时才创建类的唯一实例，因此也被称为 lazy initialization。

TwoSingleton 类中，getInstance()方法声明中使用了 synchronized（同步）关键字，以保证同一时刻只有一个线程进入该方法，这样，就保证了只会 new 一个对象。

单例模式的实现方法是将构造函数私有，以防止外界通过调用构造函数创建类的对象。将类的唯一对象保存为静态私有属性，然后提供一个静态公有方法获取该唯一对象，可以保证每次返回的都是同一个对象。

运行结果如下所示。

```
用 OneSingleton 实现单例模式
调用 nextNumber 方法前：
one1.number=0
one2.number=0
调用 nextNumber 方法后：
one1.number=1
one2.number=1
用 TwoSingleton 实现单例模式
调用 nextNumber 方法前：
two1.number=0
two2.number=0
调用 nextNumber 方法后：
two1.number=1
two2.number=1
```

第 7 章　继承

继承是面向对象语言的三大特征之一。本章将学习怎样从一个类派生出另一个类，也就是说，一个子类如何继承父类的字段和方法。还将学习到所有的类都派生自 Object 类，以及如何修改从父类继承过来的子类的方法。

7.1 继承概述

Java 继承是使用已存在的类的定义作为基础建立新类的技术，新类的定义可以增加新的数据或新的功能，也可以用父类的功能，但不能选择性地继承父类。Java 不支持多重继承，单继承使 Java 的继承关系很简单，一个类只能有一个父类，易于管理程序，同时一个类可以实现多个接口，从而克服单继承的缺点。在面向对象程序设计中，继承是不可或缺的一部分。通过继承，可以快速创建新的类，实现代码的重用，提高程序的可维护性，节省大量创建新类的时间，提高开发效率和开发质量。

7.1.1　什么是继承

在 Java 语言中，一个类可以从其他的类派生出来，从而继承其他类的字段和方法。派生出来的类称为子类。用来派生子类的类称为父类或基类。

除了 Object 类没有父类外，其他每个类都有一个并且只有一个直接的父类（这称为 Java 的“单继承”）。在没有任何其他显式父类的情况下，每个类的父类都是 Object 类。子类也可以再派生其他子类，依此类推。

继承的思想很简单，但功能却很强大：当程序员想要创建一个新的类时，如果已经存在一个含有他所想要的代码的类，那么他只需从已经存在的类派生出新的类，就可以重用已经存在的类的字段和方法。

需要注意的是，构造方法不会被子类继承，但是可以从子类中调用父类的构造方法。在面向对象程序设计中运用继承原则，就是在每个由一般类和特殊类形成的一般-特殊结构中，把一般类的对象实例和所有特殊类的对象实例都共同具有的属性和操作一次性地在一般类中进行显式的定义。在特殊类中不再重复定义一般类中已经定义的东西，但是在语义上，特殊类却自动地、隐含地拥有它的一般类（以及所有更上层的一般类）中定义的属性和操作。特殊类的对象拥有其一般类的全部或部分属性与方法，称为特殊类对一般类的继承。

继承所表达的就是一种对象类之间的相交关系，它使得某类对象可以继承另外一类对象的数据成员和成员方法。若类 B 继承类 A，则属于类 B 的对象便具有类 A 的全部或部分性质（数据属性）和功能（操作），称被继承的类 A 为基类、父类或超类，而称继承类 B 为类 A 的派生类或子类。

继承避免了对一般类和特殊类之间共同特征进行的重复描述。同时，通过继承可以清晰地表达每一项共同特征所适应的概念范围——在一般类中定义的属性和操作适应于这个类本身及它以下的每一层特殊类的全部对象。运用继承原则使得系统模型比较简练、清晰。

7.1.2　类的层次

在 java.lang.package 包中定义的 Object 类，定义和实现了对所有的类来说最通用的行为。在 Java 平台中许多类都直接继承自 Object，其他类再从这些类继承，依此类推，形成类的一个层次，如图 7.1 所示。

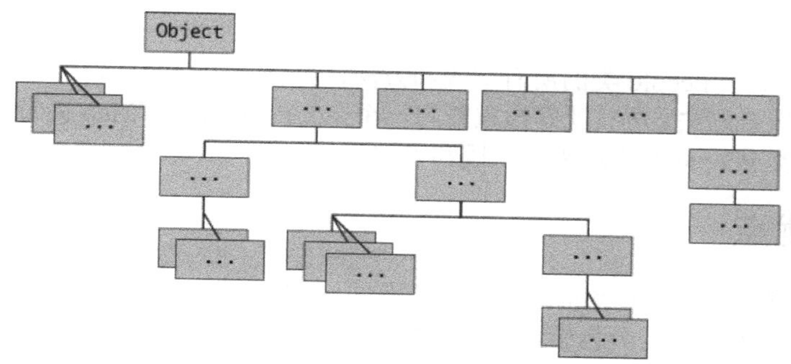

图7.1　Java平台中所有的类都继承自Object

在类层次的顶点是 Object 类，Object 类提供了对所有类的高度概括。在类层次底部的类则提供更加特定的行为。

7.1.3　继承示例

People 类是对人的一个基本概括，包含姓名和年龄字段及对这些字段属性进行读取的相应方法。代码如下：

```
public class People{
    //定义两个私有字段，代表 People 对象的两个属性
    public String name;                          //表示姓名
    public int age;                              //表示年龄
    //定义一个带参的构造方法，用来初始化字段
    public People(String name,int age){
        this.name = name;
        this.age = age;
    }
    public String getName(){                     //获得属性 name 的值
        return name;
    }
    public void setName(String name) {           //设置属性 name 的值
        this.name = name;
    }
    public float getAge(){                       //获得属性 age 的值
        return age;
    }
    public void setAge(int age) {                //设置属性 age 的值
        this.age = age;
    }
}
```

这个 People 类是泛指，代表广义概念上的人类。现在想要创建一个代表更具体的男人类，最简单的方法是从 People 类派生出来，然后在子类中只需要增加新的特性（字段或方法）即可。例如：

```
public class Man extends People{
    //Man 子类中增加一个字段，代表性别
    public String sex;
```

```
    //Man 子类有一个构造方法
    public Man(String name,int age,String sex){
        super(name,age);                  //调用父类的构造方法
        thisl.sex = sex;                  //初始化子类中新增加的属性
    }
    //Man 类增加一个方法
    public void eat(){
        System.out.println("吃饭");
    }
}
```

男人类 Man 继承了 People 类的所有字段和方法，并增加了一个代表性别的字段 sex 和一个 eat()方法。除了构造方法之外，就好像重新写一个全新的 Man 类，Man 类带有 3 个字段和 1 个方法，包括从父类 People 继承过来的字段和方法。

7.1.4 继承优点

不论子类位于哪个包中，它都继承其父类所有的 public（公共的）和 protected（受保护的）成员。如果子类和父类在同一个包中，它还继承包级私有（package-private）的成员（包级私有成员，指的是类中不带修饰符的成员和方法，默认对其访问权限仅限于同一个包中）。在子类中，既可以不加修改地使用继承过来的成员，还可以替换、隐藏它们，或者使用新的成员对其进行补充。继承的优点如下：

- 继承过来的字段可以像任何其他字段一样被直接使用。
- 在子类中可以声明一个与父类中同名的新的字段，从而“隐藏”父类中的字段（不推荐使用）。
- 可以在子类中声明一个在父类中没有的新的字段。
- 从父类继承过来的方法可以直接使用。
- 可以在子类中编写一个与父类当中具有相同签名的新的实例方法，这称为“方法重写”或“方法覆盖”。
- 可以在子类中编写一个与父类当中具有相同签名的新的静态方法，从而“隐藏”父类中的方法。
- 可以在子类中声明一个父类当中没有的新的方法。
- 可以在子类中编写一个调用父类构造方法的子类构造方法，既可以隐式地实现，也可以通过使用关键字 super 来实现。

7.2 对象类型转换

在 Java 中，一个对象的类型可以看成是其自身所属类的类型，也可以看成是其父类的类型。那么在其自身所属类型和其父类类型之间，就会发生对象类型转换。对象类型转换表示在允许继承和实现的对象中，使用一个类型的对象来替代另一个类型。

7.2.1 隐式对象类型转换

例如，周杰杰（对象）是个歌星（类），也可以说周杰杰是个明星（歌星、笑星、影星是明星的子类），凡是明星能做的事情周杰杰都能做。可以这样理解，使用父类的地方都可以使用子类替代，因为子类继承了其父类所有的成员。换句话说，在代码中可以定义一个父类的引

用变量，实际指向一个子类。例如：

```
Object car = new Car();
```

或

```
AutoCar car = new Car();
```

这里，car 既是一个 Object（或 AutoCar）类型，又是一个 Car 类型，这称为“隐式类型转换”。即将 Car 类型隐含地转换为其父类类型，因为子类继承了父类中所有的成员，凡能调用父类的地方都可以使用子类。

7.2.2 强制对象类型转换

但是反过来就不成立：一个 AutoCar 可能是一个 Car，但并不一定是一个 Car。例如，在上面的例子中，周杰杰是明星或歌星。但反过来，说到明星或歌星是周杰杰时，不成立。将 7.2.1 节的代码反过来写，代码如下。

```
AutoCar car = new Car( );
Car myCar = car;
```

那么在编译时将会得到一个编译时错误，因为在第二行中编译方法无法判断出 car 是一个 Car 类型。但是，可以通过“强制类型转换”来“告诉”编译方法，car 引用变量引用的是一个 Car 类型，代码如下：

```
Car myCar = (Car)car;
```

在这种强制类型转换中，编译时编译方法会进行运行时检查，会发现 car 引用变量已经被赋予了一个 Car 类型的对象，因此编译方法就会安全地判断出 car 是一个 Car 类型。如果在运行时 car 不是一个 Car 类型，那么就会抛出一个异常。

7.2.3 使用 instanceof 运算符

使用强制类型转换时，如果转换的类型不合适，编译时会抛出异常。所以，最好的做法是在对某个对象进行强制类型转换之前，先对其类型进行判断。判断对象的类型使用 instanceof 运算符。

使用 instanceof 运算符对一个特定对象的类型进行逻辑判断，可以防止因为不合适的类型转换而产生的运行时错误。例如，将 7.2.2 节强制类型转换的代码改写如下：

```
if(car instanceof Car){
    Car myCar = (Car)car;
}
```

在上述代码中，instanceof 运算符检查 car 引用变量指向一个 Car 实例对象，所以可以放心地进行类型转换，而不必担心会抛出运行时异常。

7.3 重写和隐藏父类方法

子类继承了父类中的所有成员及方法。在某些情况下，子类中该方法所表示的行为与其父类中该方法所表示的行为不完全相同。例如，在父类动物中定义了跑这个方法，而在子类中跑的方法是不同的：狮子由狮子的跑方法实现，兔子由兔子的跑方法实现，这时，需要在子类中重写或隐藏其父类中的该方法。

7.3.1 重写父类中的方法

当一个子类中的一个实例方法具有与其父类中的一个实例方法相同的签名（指名称、参数个数和类型）和返回值时，称子类中的方法“重写”了父类的方法。例如：

```
//父类 A
class A{
    //表示问候的公共方法
    public void sayHello( ){
        System.out.println("Hello,everyone!");                 //输出英文问候
    }
    //表示道别的公共方法
    public void sayBye( ){
        System.out.println("GoodBye,everyone!");               //输出英文道别
    }
}
//A 的子类 B
class B extends A{
    //用中文问候
    public void sayHello( ){
        System.out.println("大家早上好! ");                     //输出中文问候
    }
}
//主程序 Test1
public class Test1{
    public static void main(String[ ] args){
        B b = new B( );                     //创建子类 B 的一个实例对象，使用默认构造方法
        b.sayHello( );                      //调用子类中重写的方法
        b.sayBye( );                        //调用父类中的方法
    }
}
```

运行结果如下：

```
大家早上好!
GoodBye,everyone!
```

在上面的示例程序中，子类 B 中定义了一个与其父类 A 中具有相同签名的方法 sayHello()。当在子类 B 中调用 sayHello()方法时，调用的是在子类中定义的该方法，称为子类的 sayHello()方法重写了父类中的 sayHello()方法。而道别的方法 sayBye()没有被重写，所以在子类 B 中调用的是从其父类 A 继承的该方法。重写的方法具有与其所重写的方法相同的名称、参数数量、类型和返回值。

7.3.2 隐藏父类中的方法

如果一个子类定义了一个类方法（静态方法），而这个类方法与其父类中的一个类方法具有相同的签名（指名称、参数个数和类型）和返回类型，则称在子类中的这个类方法“隐藏”了父类中的该类方法。

当调用被重写的方法时，调用的版本是子类中的方法。当调用被隐藏的方法时，调用的版本取决于是从父类中调用的还是从子类中调用的。例如：

```
public class Animal {
    public static void testClassMethod() {                    //静态的类方法
        System.out.println("Animal 中的类方法.");
    }
    public void testInstanceMethod() {                        //定义实例方法
        System.out.println("Animal 中的实例方法.");
    }
}
```

编写 Animal 类的子类，名为 Cat 类。

```
public class Cat extends Animal {
    public static void testClassMethod() {           //定义静态的类方法
        System.out.println("Cat 中的类方法.");
    }
    public void testInstanceMethod() {               //定义实例方法
        System.out.println("Cat 中的实例方法.");
    }
}
```

再编写一个用来测试的程序 Test2。

```
public class Test2{
    public static void main(String[] args) {
        Cat myCat = new Cat();                       //创建 Cat 类的一个实例对象
        Animal myAnimal = myCat;                     //隐式对象类型转换
        Animal.testClassMethod();                    //调用 Animal 类的类方法
        myAnimal.testClassMethod();                  //调用 myAnimal 对象的类方法
        Cat.testClassMethod();                       //调用 Cat 类的类方法
        myAnimal.testInstanceMethod();               //调用 myAnimal 对象的实例方法
        myCat.testInstanceMethod();                  //调用 myCat 对象的实例方法
        Animal myAnimal2 = new Animal();
        myAnimal2.testInstanceMethod();              //调用myAnimal2 对象的实现方法
        }
}
```

在上面的示例中，类 Cat 重写了类 Animal 中的实例方法并隐藏了 Animal 中的类方法。在 main 方法中，创建一个 Cat 类的实例对象并调用 Animal 和 myAnimal、Cat 的类方法 testClassMethod()和 myAnimal 的实例方法 testInstanceMethod()。运行结果如下：

```
Animal 中的类方法.
Animal 中的类方法.
Cat 中的类方法.
Cat 中的实例方法.
Cat 中的实例方法.
Animal 中的实例方法.
```

可以看出，得到调用的隐藏方法的版本是父类中的方法，而得到调用的重写方法的版本是子类中的方法。

7.3.3 方法重写和方法隐藏后的修饰符

在子类中被重写的方法，其访问权限允许大于但不允许小于被其重写的方法。也就是说，子类中重写方法的访问控制修饰符的作用域要大于父类中被重写的方法的访问控制修饰符的作用域。例如，父类中一个受保护的实例方法（protected）在子类中可以是公共的（public）的，但不可以是私有的（private）。

不允许将父类中的一个实例方法在子类中改变为类方法，换句话说，如果一个方法在父类中是 static 方法，那么在子类中也必须是 static 方法；如果一个方法在父类中是实例方法，那么在子类中也必须是实例方法。

7.3.4 总结

表 7.1 列出了当在子类中定义一个与父类中的方法具有相同签名的方法时，会发生的情况。

表 7.1　重写或隐藏

	父类实例方法	父类静态方法
子类实例方法	重写	产生编译时错误
子类静态方法	产生编译时错误	隐藏

在一个子类中，可以重载从父类继承过来的方法。重载的方法既不隐藏也不重写父类的方法，它们是新的方法，对于子类来说是唯一的。方法重载示例如下：

```
//父类 A
class A{
    //表示问候的公共方法
    public void sayHello( ){
        System.out.println("Hello,everyone!");
    }
}
//A 的子类 B
class B extends A{
    //重载的 sayHello 方法
    public void sayHello(String helloStr){
        System.out.println(helloStr);
    }
}
//主程序 Test3
public class Test3{
    public static void main(String[ ] args){
        B b = new B( );
        b.sayHello( );                  //调用父类中的 sayHello 方法
        b.sayHello("Hello!" );          //调用子类中重载的 sayHello 方法
    }
}
```

运行结果如下：

```
Hello,everyone!
Hello!
```

在这个程序中，父类 A 和子类 B 中有两个同名的方法 sayHello()，但子类中的 sayHello()方法带有一个字符串类型的参数，而父类中的 sayHello()方法不带参数，所以子类中的 sayHello()方法重载了从父类中继承过来的 sayHello()方法。这样，在子类中就有两个可用的 sayHello()方法，一个不带参数，一个带有一个 String 类型的参数。当通过 B 的对象实例 b 调用其 sayHello()方法时，根据是否带有参数来决定调用哪一个。当调用不带参数的 sayHello()方法时，会调用从父类 A 继承过来的 sayHello()方法；当调用带参数的 sayHello()方法时，会调用在子类 B 中重载的 sayHello()方法。

7.4 隐藏父类中的字段

一个子类中与其父类有同名的字段，即使这些字段的数据类型不同，也可以称为子类中的字段隐藏了父类的字段。在子类中，不能通过简单的名称来引用父类中的这个字段，必须通过关键字 super 访问它。例如，在类 A 中定义了一个 String 类型的变量 name，在其子类 B 中也定义了一个同名的变量，数据类型也为 String，代码如下：

```
//父类 A
class A{
    public String name = "张小小";
}
//A 的子类 B
class B extends A{
```

```
        public String name = "赵丽丽";              //隐藏父类的同名字段
        public void say( ){
            //此处调用子类B中声明的字段name
            System.out.println("我的名字是: " + name);
        }
    }
    //主程序Test4
    public class Test4{
        public static void main(String[ ] args){
            B b = new B( );                              //创建类B的实例对象
            b.say( );                                    //调用对象的say方法
        }
    }
```

运行结果如下：

```
我的名字是：赵丽丽
```

子类中的 name 字段隐藏了父类中的 name 字段。不推荐使用隐藏字段，因为这有可能使代码难以阅读。

7.5 子类访问父类成员

7.5.1 子类访问父类私有成员

子类继承其父类的所有 public（公共的）和 protected（受保护的）成员，但不继承其父类中的 private（私有的）成员。例如在下面的示例中，类 A 含有一个公共变量 value，在其子类 B 中就可以直接访问这个字段。代码如下：

```
    //父类A
    class A{
        public int value;                                //声明一个公共变量
    }
    //A的子类B
    class B extends A{
    }
    //主程序Test5
    public class Test5{
        public static void main(String[ ] args){
            B b = new B( );                              //创建子类B的一个实例对象
            System.out.println("可以在子类B中直接访问它的父类A中的公共字段value: " +
b.value);
        }
    }
```

运行结果如下：

```
可以在子类B中直接访问它的父类A中的公共字段value: 0
```

如果将类 A 的字段 value 前的访问控制修饰符改为 private，再一次编译此程序，会出现编译错误信息，因为子类不继承其父类中的私有成员，所以在子类中不能直接访问其父类中的私有成员。如果想在子类中访问到父类中的私有字段，那么需要在父类中提供用来访问其私有字段的 public 或 protected 方法，然后子类就可以使用这些方法来访问相应的字段。将类 A 的字段 value 改为私有的，然后提供一个访问该字段的公共方法 getValue。其代码如下：

```
    //父类A
    class A{
        private int value;                               //声明一个私有变量
        //提供一个公共方法，对外界提供一个访问其私有字段的接口
```

```
    public int getValue(){
        return value;                                    //返回属性值
    }
}
```

运行结果如下：

```
在子类 B 中通过其父类 A 提供的公共访问接口访问 A 中的私有字段 value:0
```

在上述程序中，子类 B 继承了其父类的 public 方法 getValue()，因此可以通过调用 getValue() 方法间接地访问其父类的私有字段。而对类 A 来说，通过将其字段封装为私有的，并提供公共访问接口，可以很好地保护其私有数据。

7.5.2 使用 super 调用父类中重写的方法

子类的一个方法重写了父类中的一个方法，要想在子类中可以访问到父类中被重写的方法，可以在子类中通过使用关键字 super 来调用父类中被重写的方法。使用 super 关键字调用父类中被重写的方法。代码如下：

```
//创建父类 A，其中包含方法 printA()
public class A {
    public void say() {
        System.out.println("我是父类 A ");
    }
}
//创建子类 a，它重写了方法 printA()
public class a extends A {
    //重写父类 A 中的 printA 方法
    public void say() {
        super.say();                             //使用 super 关键字调用父类中的方法
        System.out.println("我是子类 a");
    }
}
```

编写一个包含 main 方法的测试程序 Test6，代码如下：

```
public class Test6{
    public static void main(String[] args) {
        a a1 = new a();                          //创建子类的一个实例对象
        a.say();                                 //调用子类中重写的方法
    }
}
```

在子类 a 中，say()方法重写了 A 中的 say()方法。因此，要调用 A 中的 say()方法，必须使用 super 关键字。运行结果如下：

```
我是父类 A
我是子类 a
```

7.5.3 使用 super 访问父类中被隐藏的字段

在 7.4 节中我们隐藏了父类中的字段，当子类中重写了父类中的字段后，子类就无法调用父类的字段。如果需要调用父类中被重写的字段，可以使用 super 关键字，语法格式如下：

```
super.字段名
```

下面修改 7.4 节中的示例程序，使用 super 关键字访问父类中被隐藏的字段。代码如下：

```
//父类 A
class A{
    public String name = "张小小";
}
```

```
//A 的子类 B
class B extends A{
    public String name = "赵丽丽";                              //与父类中同名的字段
    public void say( ){
        System.out.println("我的名字是：" + name);
        //使用 super 访问父类中被隐藏的字段
        System.out.println("我原来的名字是：" + super.name);
    }
}
//主程序 Test7
public class Test7{
    public static void main(String[ ] args){
        B b = new B( );                                        //创建子类 B 的实例对象
        b.say( );                                              //调用其 self 方法
    }
}
```

编译并运行上述程序，输出结果如下：

```
我的名字是：赵丽丽
我原来的名字是：张小小
```

7.5.4　使用 super 调用父类的无参构造方法

子类不继承其父类的构造方法。因此，如果要初始化父类中的字段，可以在子类的构造方法中通过关键字 super 调用父类的构造方法。对父类的构造方法的调用必须放在子类构造方法的第一行。调用一个父类构造方法需要使用 super 关键字，当使用 super()时，父类的无参构造方法会被调用。语法格式如下：

```
super();
```

调用父类的无参构造方法示例，代码如下：

```
//父类 A
class A{
    A(){                                                       //父类构造方法
        System.out.println("这里是父类 A 的构造方法。");
    }
}
//A 的子类 B
class B extends A{
    B(){                                                       //子类构造方法
        super();                                               //首先调用其父类构造方法
        System.out.println("这里是子类 B 的构造方法。");
    }
}
//主程序 Test8
public class Test8{
   public static void main(String[] args) {
        B b = new B();                                         //创建子类 B 实例对象，调用其构造方法
   }
}
```

运行结果如下：

```
这里是父类 A 的构造方法。
这里是子类 B 的构造方法。
```

实际上，如果一个构造方法没有显式地调用一个父类的构造方法，那么 Java 编译方法会自动插入一个对父类无参构造方法的调用。例如，将上面示例中子类 B 中的“super();”语句去掉，如下所示：

```
// A 的子类 B
```

```
class B extends A{
    B(){
        System.out.println("这里是子类 B 的构造方法。");
    }
}
```

输出结果不变。虽然在子类 B 的构造方法中没有显式地调用父类的构造方法，但是 Java 编译方法自动地插入了对父类 A 的无参构造方法的调用。例如：

```
//父类 A
class A{
    A(int a){                                    //有参构造取代无参构造
        System.out.println("这里是父类 A 的带有参数的构造方法。");
    }
}
//A 的子类 B
class B extends A{
    B(){
        System.out.println("这里是子类 B 的构造方法。");
    }
}
//主程序 Test9
public class Test9{
   public static void main(String[] args) {
        B b = new B();
   }
}
```

如果父类没有一个无参构造方法，那么会产生编译时错误。由于父类 A 中没有无参构造方法（当一个类中显式定义一个构造方法时，Java 就不会为其创建默认的无参构造方法了），在 B 类的构造方法中，首先调用父类 A 的无参构造方法，而父类 A 并没有无参的构造方法，这样就会产生一个编译时错误。

7.5.5 使用 super 调用父类的带参构造方法

如果要完成对父类成员的一些初始化工作，那么使用无参的 super()方法就不可以了。这时，需要使用带有参数的 super()方法，其语法形式如下所示：

```
super(参数列表);
```

调用父类的无参构造方法示例。代码如下：

```
public class User{
    //定义两个私有字段，代表 People 对象的两个属性
    public String name;                          //表示姓名
    public int age;                              //表示年龄
    //定义一个带参的构造方法，用来初始化字段
    public People(String name,int age){
        this.name = name;
        this.age = age;
    }
}
```

在创建子类 Tom 时，构造方法中带有两个参数。在构造方法中，首先调用了其父类 Tom 的构造方法，然后添加它自己的初始化代码，代码如下：

```
public class Tom extends User{
    //Tom 子类中增加一个字段，代表密码
    public String password;
    //Tom 子类有一个构造方法
    public Man(String name,int age,String password){
        super(name,age);                         //调用父类的构造方法
        thisl.password = password;               //初始化子类中新增加的属性
```

```
    }
    //Tom类增加一个方法
    public void login(){
        System.out.println("登录");
    }
}
```

使用“super(参数列表)”，父类的带有相匹配的参数列表的构造方法会被调用。因为构造方法不能被继承，那么对从父类中继承过来的字段的初始化，必须通过调用父类的带参构造方法来完成，如上面的程序所示。因此，在子类的带参构造方法中，参数列表中包括父类构造方法要用到的参数。

7.5.6 构造方法链

如果一个子类的构造方法显式或隐式地调用其父类的一个构造方法，而其父类会再显式或隐式地调用父类的父类的构造方法，那么将会存在一个完整的构造方法的连环调用，一直调用到Object的构造方法，称为“构造方法链”。当存在一个很长的类的继承链时，在使用时要考虑到这一点。

构造方法链示例，代码如下：

```
//父类A，其继承自Object类
class A{
    A(){                                  //父类的无参构造方法
        System.out.println("这里是父类A的构造方法。");
    }
}
//A的子类B
class B extends A{
    B(){                                  //子类B的无参构造方法
        System.out.println("这里是子类B的构造方法。");
    }
}
//B的子类C
class C extends B{
    C(){                                  //子类C的无参构造方法
        System.out.println("这里是子类C的构造方法。");
    }
}
//主程序Test10
public class Test10{
   public static void main(String[] args) {
        C c = new C();                    //创建子类C的实例对象，会依次调用父类无参构造方法
   }
}
```

在这个示例中，类B继承自类A，而类C又继承自类B。当在main()方法中使用类C的构造方法构造一个C类的对象实例时，会先调用其父类B的构造方法，然后才执行其自身构造方法中的其他语句。同样的道理，在调用B的构造方法时，也会先调用其父类A的构造方法。依此类推，在类A的构造方法中也是先调用其父类Object的构造方法。

所以，在执行这个程序时，最先执行的输出语句是类A的构造方法中的输出语句，即最先输出“这里是父类A的构造方法。”；其次是类B的构造方法中的输出语句得到执行：“这里是子类B的构造方法。”；最后输出的语句是类C中的“这里是子类C的构造方法。”。编译并运行上述程序，输出结果如下：

```
这里是父类A的构造方法。
这里是子类B的构造方法。
这里是子类C的构造方法。
```

该示例的构造方法链如图 7.2 所示。

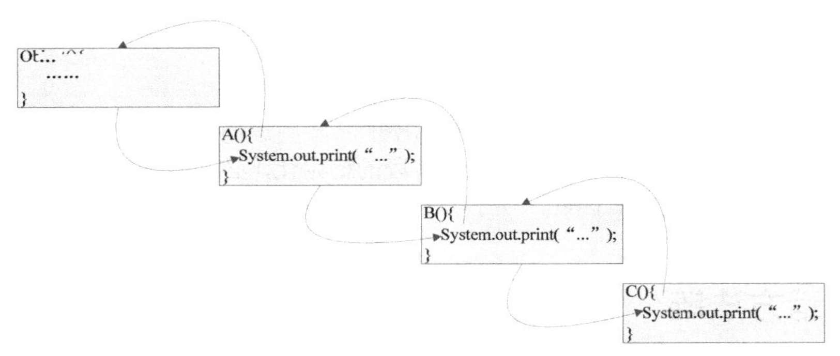

图7.2 Java中的构造方法链

7.6 Object 类

在很多地方都提到了 Object 类。Object 类是很特别的一个类，位于 java.lang 包中，处于 Java 类层级树的顶端。Java 中的所有类都是 Object 类的直接或间接子孙类。Object 类为 Java 中的所有类提供了最基本的属性和方法，是 Java 中所有类的高度概括。

程序中所使用的或编写的每一个类都继承了 Object 的实例方法。通常不会使用这些方法，但是如果要使用的话，就需要使用特定的代码来重写它们。从 Object 继承过来的方法如下所示：

```
//创建并返回本对象的一个复制
protected Object clone() throws CloneNotSupportedException
//判断一个对象是否与另一个对象相等
public boolean equals(Object obj)
//当垃圾收集方法决定内存中不再有对一个对象的引用时，垃圾收集方法在对象上调用该方法
protected void finalize() throws Throwable
//返回一个对象的运行时的类
public final Class getClass()
//返回对象的哈希值
public int hashCode()
//返回对象的一个字符串表示
public String toString()
```

另外，Object 还有 notify、notifyAll 和 wait 等方法，主要用在同步程序的独立的线程活动中，这些内容将在后面的相关章节中讲解。类似这样的方法共有 5 个，如下所示：

```
public final void notify()
public final void notifyAll()
public final void wait()
public final void wait(long timeout)
public final void wait(long timeout, int nanos)
```

7.7 典型实例

【实例 7-1】继承是面向对象编程技术的一块基石，因为它允许创建分等级层次的类。运用继承，能够创建一个通用类，定义一系列相关项目的一般特性。该类可以被更具体的类继承，每个具体的类都增加一些自己特有的东西。本实例介绍如何运用继承以及继承的用法。具体代码如下：

```
package com.java.ch071;
```

```
class Box {                    // 盒子的超类
    double width;              // 盒子的宽度
    double height;             // 盒子的高度
    double depth;              // 盒子的深度

    Box(Box box) {             // 带对象的构造方法
        this.width = box.width;
        this.height = box.height;
        this.depth = box.depth;
    }
    Box(double width, double height, double depth) { // 带参数的构造方法
        this.width = width;
        this.height = height;
        this.depth = depth;
    }
    Box() {                    // 默认构造方法
        this.width = -1; // 用-1 表示
        this.height = -1;
        this.depth = -1;
        System.out.println("I am a Box");
    }
    Box(double len) {      // 构造正方体
        this.width = this.height = this.depth = len;
    }
    double volume() {      // 求体积
        return width * height * depth;
    }
}
class BoxWeight extends Box {
    double weight;

    BoxWeight(double w, double h, double d, double m) { // 带参数的构造方法
        width = w;
        height = h;
        depth = d;
        weight = m;
    }
    BoxWeight() {
        System.out.println("I am a small Box");
    }
}
public class TextExtends { // 操作一个盒子的继承的类
    public static void main(String[] args) { // java 程序主入口处
    BoxWeight weightBox = new BoxWeight(10, 20, 15, 34.0); // 子类实例化对象
        Box box = new Box(); // 超类实例化对象
        double vol;
        vol = weightBox.volume(); // 子类调用超类方法
        System.out.printf("盒子 box1 的体积: %s%n", vol);
        System.out.printf("盒子 box1 的重量: %s%n", weightBox.weight);
        box = weightBox;
        vol = box.volume(); // 调用方法
        System.out.printf("盒子 box 的体积: %s%n", vol);
        Box box2 = new BoxWeight(); // 超类引用子类对象
    }
}
```

以上程序中定义一个超类及继承超类的子类。其中在超类中定义一个盒子的高度、宽度和深度，子类继承超类的所有特片并为自己增添一个重量成员。继承可以让子类没有必要重新创建超类中的所有特征。

在 main()主方法中在子类带参数实例化对象时，由于继承超类，则需要打印超类默认构造方法中的语句“I am a Box”。当超类不带参数实例化对象时调用默认构造方法也可打印出“I am a Box” 。将子类对象赋给超类变量，weight 是子类的一个属性，超类不知道子类增加的属性，

则超类不能获取子类属性 weight 的值。超类变量引用子类对象，可以看作是先实例化超类接着实例化子类对象，则打印出超类和子类默认构造方法中的语句。

运行结果如下所示。

```
I am a Box
I am a Box
盒子 box1 的体积：3000.0
盒子 box1 的重量：34.0
盒子 box 的体积：3000.0
I am a Box
I am a small Box
```

【实例 7-2】继承是多态的基础。多态是面向对象编程的一个重要特性，也是一个重要思想。本实例通过介绍学生的各色生活来了解多态的定理和核心，以及重写与重载的运用。

```
package com.java.ch072;
import java.util.Date;                                  //引入类

class Student {                                         // 学生父类
    String name;                                        // 学生名称
    Date date = new Date();
    int hour = date.getHours();                         // 获得时间

    public void goToSchol(Student student) {  // 去上学的方式
        Student stu = new Student();
        if (this.hour <= 7 && this.hour > 5) {
            this.clockMe(stu);
        } else {
            System.out.println("洗脸刷牙");
        }
    }
    public void clockMe(Student stu) {
        System.out.println("叮铃铃...叮铃铃..." + this.name + "起床了");
    }
}
class Pupil extends Student { // 小学生
    public void goToSchool(Student student) {  // 去上学的方式
        System.out.println("我是小学生");
        Pupil pupil = new Pupil();
        if (hour <= 6 && hour > 5) {
            this.clockMe(pupil);
        } else {
            System.out.println("要锻炼身体!!!");
        }
    }
    public void clockMe(Student stu) {
        System.out.println("小鸟咕咕叫..." + this.name + "起床了");
    }
    public void showInfo() {
        System.out.println("我是小学生！");
    }
}

class Undergraduate extends Student {      // 大学生
    public void goToSchool(Student stu) {
        System.out.println("我是大学生");
        Undergraduate graduate = new Undergraduate();
        if (hour <= 9 && hour > 5) {
            this.clockMe(graduate);
        } else {
            System.out.println("继续睡觉!!!");
```

```
        }
    }
    public void clockMe(Student me) {
        System.out.println("小鼓咚咚咚..." + this.name + "起床了");
    }
    public void showInfo() {
        System.out.println("我是大学生！");
    }
}
public class TextPolymiorphism {                    // 操作运用多态展示学生生活的类
    public static void main(String[] args) {        // java程序主入口处
        System.out.println("1.当时间在5-7点时");
        // System.out.println("2.当时间不在5-7点时");
        Student student = new Pupil();              // 实例化对象
        student.name = "Susan";
        student.goToSchol(student);                 // 调用去上学方式
        // student.showInfo();
        student = new Undergraduate();              // 实例化对象
        student.name = "Tom";
        student.goToSchol(student);                 // 调用去上学方式
        Pupil pupil = new Pupil();                  // 实例化小学生对象
        pupil.goToSchool(pupil);
        pupil.showInfo();
    }
}
```

程序中定义学生超类以及继承超类的两个子类。在超类中定义去上学方式以及铃声起床两个方法。两个子类根据起床时间不同重写超类的方法。

在main()主方法中，超类变量引用子类对象，创建可以把子类对象当作超类对象的实例。这样子类自己扩展的属性和方法就不能调用了，只能调用父类的，比如子类方法中的showInfo()方法在这种情况下子类就不能调用。由于子类重写父类的方法，在调用方法goToSchool()方法时，由于时间不同，子类重写clockMe()方法，则调用该方法时调用的是子类重写后的方法。当实例化子类对象时，子类可以调用自己扩展及重写的属性及方法。

运行结果如下所示。

```
1.当时间在5-7点时
小鸟咕咕叫...Susan起床了
小鼓咚咚咚...Tom起床了
我是小学生
要锻炼身体!!!
我是小学生！
2.当时间不在5-7点时
洗脸刷牙
洗脸刷牙
我是小学生
要锻炼身体!!!
我是小学生！
```

【实例7-3】instanceof是Java的一个二元操作符，用于检测对象的类型。检测它左边的对象与右边的类的实例，返回boolean类型的数据。本实例运用instanceoff进行类型判断以及类型转换。具体代码如下：

```
package com.java.ch073;

public class TextInstanceOf {                 // 操作instance运算符的类
    static class ObjectA {                    // 静态内部超类
```

```
        static String A = "Object";
    }
    static class ObjectB extends ObjectA { // 静态内部子类
        static void showInfo() {
            System.out.printf("超类的静态属性%s 的值:%s%n", "A", A);
        }
    }
    public static void main(String[] args) { // java 程序主入口处
        ObjectA a = new ObjectA();
        ObjectB b = new ObjectB();
        if (a.A instanceof Object) {            // 静态属性 A 是否是 Object 类型
            System.out.println("静态属性 A 是 Object 类型");
        } else {
            System.out.println("静态属性 A 不是是 Object 类型");
        }
        if (a.A instanceof String) {            // 静态属性 A 是否是 String 类型
            System.out.println("静态属性 A 是 String 类型");
        } else {
            System.out.println("静态属性 A 不是是 String 类型");
        }
        if (null instanceof Object) {           // null 是否是 Object 类型
            System.out.println("null 是 Object 类型");
        } else {
            System.out.println("null 不是是 Object 类型");
        }
        if (a instanceof ObjectA) {         // 检测对象 a 是否为 ObjectA 类型
            System.out.println("对象 a 是 ObjectA 类型");
        } else {
            System.out.println("对象 a 不是 ObjectA 类型");
        }
        if (b instanceof ObjectA) {         // 检测对象 b 是否为 Class 类型
            System.out.println("对象 b 是 ObjectA 类型");
        } else {
            System.out.println("对象 b 不是 ObjectA 类型");
        }
        if (a instanceof ObjectB) {         // 检测 a 是否为 ObjectB 类型
            System.out.println("对象 a 是 ObjectB 类型");
        } else {
            System.out.println("对象 a 不是 ObjectB 类型");
        }
        if (b instanceof ObjectB) {         // 检测 b 是否为 ObjectB 类型
            System.out.println("对象 b 是 ObjectB 类型");
        } else {
            System.out.println("对象 b 不是 ObjectB 类型");
        }
    }
}
```

运行结果如下所示。

```
静态属性 A 是 Object 类型
静态属性 A 是 String 类型
null 不是是 Object 类型
对象 a 是 ObjectA 类型
对象 b 是 ObjectA 类型
对象 a 不是 ObjectB 类型
对象 b 是 ObjectB 类型
```

第 8 章　接口和包

接口是面向对象编程中的一个重要概念，在开发程序中，有些不相关的类但是有相同的行为（方法），接口就是来定义这种行为的。接口只提供方法，不定义方法的具体实现。一个类只能继承一个父类，但是接口却可以继承多个接口。

8.1 接口的概念

我们可以把现实生活中的接线板作为接口，不管是电脑、电视机、微波炉还是电冰箱只要插上电源，就能打开使用。虽然对象不一样，但是这些对象具有相似的行为。我们就可以认为接线板就是这些对象的接口。

在 Java 语言规范中，一个方法的特征仅包括方法的名称、参数的数目和种类，而不包括方法的返回类型、参数的名称及所抛出来的异常。在 Java 编译器检查方法的重载时，会根据这些条件判断两个方法是否为重载方法。但在 Java 编译器检查方法的置换时，则会进一步检查两个方法（分为超类型和子类型）的返回类型和抛出的异常是否相同。

8.1.1 为什么使用接口

如果有两个类分别有相似的方法，其中一个类调用其中另一个类的方法，动态地实现这个方法，那么它们就提供一个抽象父类和一个子类。子类实现父类所定义的方法。

Java 是一种单继承的语言，一般情况下，类可能已经有了一个超类，我们要做的就是给它的父类加父类，或者给它父类的父类加父类，直到移动到类等级结构的最顶端。这样对一个具体类的可插入性的设计，就变成了对整个等级结构中所有类的修改。接口的出现解决了这个问题。

在一个等级结构中的任何一个类都可以实现一个接口，这个接口会影响到此类的所有子类，但不会影响到此类的任何超类。此类将不得不实现这个接口所规定的方法，而其子类可以从此类自动继承这些方法，当然也可以选择置换掉所有的这些方法或其中的某一些方法。这时，这些子类具有了可插入性（并且可以用这个接口类型装载，传递实现了它的所有子类）。

接口提供了关联及方法调用上的可插入性，软件系统的规模越大，生命周期越长。接口使得软件系统的灵活性和可扩展性、可插入性方面得到保证。

使用 Java 接口将软件单位与内部和外部耦合起来。使用 Java 接口不是具体的类进行变量的类型声明、方法的返回类型声明、参量的类型声明及数据类型的转换。

在理想的情况下，一个具体的 Java 类应当只实现 Java 接口和抽象 Java 类中声明的方法，而不应当给出多余方法。

8.1.2 Java 中的接口

在 Java 程序设计语言中，接口是一个引用类型，与类相似，所以可以在程序中定义并使用一个接口类型的变量。在接口中只能有常量、方法签名。

接口没有构造方法，不能被实例化，只能被类实现或被另外的接口继承，所以在接口中声明方法时，不用编写方法体。接口中的方法签名后面没有花括号，以分号结尾。

接口继承和实现继承的规则不同，一个类只有一个直接父类，但可以实现多个接口。

Java 接口本身没有任何实现，因为 Java 接口不涉及表象，而只描述 public 行为，所以 Java 接口比 Java 抽象类更抽象化。

Java 接口的方法只能是抽象的和公开的，Java 接口不能有构造方法，Java 接口可以有 public、静态的和 final 属性。

接口把方法的特征和方法的实现分割开来。这种分割体现在接口常常代表一个角色，它包装与该角色相关的操作和属性，而实现这个接口的类便是扮演这个角色的演员。一个角色由不同的演员来演，而不同的演员之间除了扮演一个共同的角色之外，并不要求其他的共同之处。

8.1.3 作为 API 的接口

作为 API 使用的接口还普遍使用在商业软件生产中。典型的软件公司会开发并销售包含复杂方法的一个软件包，而另外一家公司在他们自己的软件产品中使用这些方法。

例如，A 公司开发一个含有数字图像处理方法的软件包，然后将此软件包销售给制作终端用户图片程序的 B 公司。A 公司编写它们自己的类以实现一个接口，而将接口公开给它的客户 B。然后 B 公司根据接口中定义的方法签名和返回类型，调用相应的图像处理方法。当 A 公司的 API 对它的客户 B 公司公开时，它对 API 的实现实际上是隐藏的。事实上，A 公司可能会在以后的应用中修改 API 的实现，升级其软件包。但是，只要新的软件包继续实现原始接口，就不会影响到它的客户 B 公司对 API 的使用。

8.1.4 接口和多继承

接口有另外一个非常重要的作用，因为 Java 中不允许多继承，一个类只能继承自一个父类，因此有时这种单继承并不能反映现实世界的某些现象。例如，未来的某个时候，出现了一种超级汽车，可以在水、陆、空 3 种环境下行驶。但是它只能从最初的 Cars 类继承，只继承了陆地行驶的方法，这时只通过单继承的方式不能满足创建此超级汽车的目的。因此它可以实现多个接口。这时，要想创建水、陆、空都能行驶的汽车，除了从 Cars 类继承陆地行驶的方法之外，还可以实现带有水中行驶和空中行驶方法的接口，那么它就具有了水中行驶和空中行驶的方法。当实现多个接口时，对象可以同时具有多个类型：

- 自身所属类的类型。
- 其所实现的所有接口的类型。

这意味着，如果声明一个接口类型的变量（接口是引用类型），那么它的值可以引用任何实现了该接口的类的任何实例对象。

8.1.5 Java 接口与 Java 抽象类的区别

Java 接口和 Java 抽象类有太多相似的地方，又有太多特别的地方，究竟在什么地方才是它们的最佳位置呢？比较一下，就可以发现：

- Java 接口和 Java 抽象类最大的一个区别，就在于 Java 抽象类可以提供某些方法的部分实现，而 Java 接口不可以。这是 Java 抽象类唯一的优点，这个优点非常有用。当向一个抽象类中加入一个新的具体方法时，它所有的子类都立刻得到了这个新方法，而 Java 接口做不到这一点。如果向一个 Java 接口中加入一个新方法，所有实现这个接口的类就无法成功通过编译了，因为必须让每一个类都再实现这个方法才行，这显然是 Java 接口的缺点。

- 一个抽象类的实现只能由这个抽象类的子类给出，也就是说这个实现处在抽象类所定义出的继承的等级结构中，而由于 Java 语言的单继承性，所以抽象类作为类型定义工具的效能大打折扣。这时，Java 接口的优势就显现出来了，任何一个实现了一个 Java 接口所规定的方法的类都可以具有这个接口的类型，而一个类可以实现任意多个 Java 接口，从而这个类就有了多种类型。
- Java 接口是定义混合类型的理想工具，混合类表明一个类不仅具有某个主类型的行为，而且还具有其他的次要行为。

8.2 定义接口

有时，程序员需要自己定义要使用的接口或用来分发的接口。定义接口与定义类很相似，包括接口的声明和接口体的实现。在接口体中，含有对接口所包含的所有方法的方法声明。接口所含有的方法声明后面紧跟一个分号，而不是花括号，因为一个接口不提供对它里面所声明的方法的实现。在一个接口中声明的所有方法都隐含是 public 的，所以 public 修饰符可以被省略。

8.2.1 声明接口

接口属于引用类型，定义接口需要使用关键字 interface。接口的名称要遵循 Java 标识符命名规则。语法格式如下：

```
[修饰符] interface 接口名称 [extends 父接口名称列表]{
    //接口体
}
```

各选项说明如下。

- 修饰符：可选，用于指定接口的访问权限，可选值为 public。如果省略，则使用默认的访问权限，即只能在当前的软件包中使用。换句话说，声明接口时，关键字 interface 前面要么是修饰符 public，要么什么都没有，而不能使用 protected 或 private 关键字。
- interface：必选，定义接口的关键字。
- 接口名称：必选，用于指定接口的名称。接口名称必须是合法的 Java 标识符。一般情况下，要求接口名称的首字母为大写。
- extends 父接口名称列表：可选，用于指定该接口继承自哪个父接口。当使用 extends 关键字时，父接口名称为必选参数。接口可以是多继承的，即一个接口可以有任意多个父接口。在接口的声明中，包括其所有父接口的一个列表，用逗号分隔。例如，下面声明一个接口 AInterface，该接口继承 3 个父接口：

```
public interface AInterface extends Interface1,Interface2,Interface3 {
    //接口体
}
```

在上面的声明中，public 访问控制符指出该接口可以被任何包中的任何类所使用。如果没有指定接口是 public 的，那么接口将只能被与其定义在同一个包中的类所访问。

8.2.2 接口体

接口体就是接口声明后面的花括号括起来的部分。由两部分组成：常量声明和方法声明。其语法格式如下所示：

```
[修饰符] interface 接口名称 [extends 父接口名称列表]{
    //常量声明
    [public] [static] [final] 常量名称;
    //方法声明
    [public] [abstract] 返回类型 方法签名;
}
```

各选项说明如下。

- 常量声明：接口中可以包含常量声明，也可以不包含，应根据需求而定。如果有常量声明的话，默认是 public、static、final 类型的，接口中的所有字段都隐含地具有 public、static 和 final 属性。所以可以省略常量声明的修饰符 public、static 和 final。
- 方法声明：接口中的方法只有返回类型和方法名，没有方法体。接口中的方法都具有 public 和 abstract 属性，所以在声明方法时，可以省略前面的修饰符 public 和 abstract。也就是说，即使声明方法时前面不使用修饰符，该方法也隐含地是 public 和 abstract 的。例如：

```
public interface GroupedInterface extends Interface1,Interface2,Interface3 {
    int E = 2;                                //常量声明
    …
    void doSomething (int i);                 //声明方法
    …
}
```

8.3 实现接口

接口的主要作用是声明共同的常量或方法，用来为不同的类提供不同的实现，但这些类仍然可以保持同样的对外接口。接口可以被类实现，也可以被其他接口继承。

8.3.1 接口的实现

声明一个实现接口的类，需要在类的声明中使用 implements 短语。一个类可以实现多个接口，所以 implements 关键字后面要跟一个被类实现的接口列表，用逗号分开。如果有 extends 短语的话，implements 短语跟在 extends 短语后面，语法格式如下：

```
[修饰符] class 类名称 implements 接口列表{
    //类体
    //在类中，要实现所有接口中声明的方法
}
```

或

```
[修饰符] class 类名称 [extends 父类名称] implements 接口列表{
    //类体
    //在类中，要实现所有接口中声明的方法
}
```

8.3.2　接口示例

为了让大家更容易理解，下面举例说明。定义两个接口：InterfaceA 和 InterfaceB，并在类 InterfaceTest 实现两个接口。代码如下：

```
//定义 InterfaceA 接口
interface InterfaceA {
    final int sum1=20;
    int getValue();
}
//定义 InterfaceB 接口
interface InterfaceB {
    void say();
}
//定义 InterfaceTes 类实现接口 InterfaceA , InterfaceB
class InterfaceTest implements InterfaceA , InterfaceB {
    public int getValue(){              //实现 interfaceA 的 getValue 方法
        System.out.printin("实现接口 interfaceA 的 getValue()方法")
        return 2;
}
public void say()                       //实现 interfaceB 的 say()方法
{
System.out.printin("实现接口 interfaceB 的 say()方法")
}
//实现接口中声明的方法
public class Test1{
    public static void main(String[] args){
    InterfaceTest obj = new IntertfaceTest();
    Obj.getValue();                     //调用 getValue()方法
    Obj.say();                          //调用 say()方法
}
```

运行结果如下：

```
实现接口 interfaceA 的 getValue()方法
实现接口 interfaceB 的 say()方法
```

如果接口的返回类型不是 void，在类实现该接口时，方法体中至少有一个 return 语句。如果在接口前加 public 关键字，则该接口可以被任何一个类使用。

8.3.3　接口的继承

接口也是可以被接口继承的，用关键字 extends，和类的继承相似。语法格式如下：

```
Interface Interface2 extends Interface1
{
…
}
```

注意，当类实现了一个接口，而该接口继承了另一个接口时，则这个类必须实现这两个接口的所有方法。

8.3.4　实现多个接口时的常量和方法冲突问题

每个类只能实现单重继承，而实现接口时，则可以实现多个接口。这时就有可能出现常量或方法名冲突的情况。例如，一个类实现两个接口，两个接口中都声明了相同名称的常量或相同名称的方法，那么在实现这两个接口的类中，引用常量或实现方法时，就不明确是哪个接口中的。在解决这类冲突问题时，如果是常量冲突，则需要在类中使用全限定名（接口名称、常量名称）明确指定常量所属的接口；如果是方法冲突，则只需要实现一个方法就可以了。

下面的示例程序中定义了两个接口，并且都声明了一个同名的常量和一个同名的方法。然后再定义一个同时实现这两个接口的类。

（1）创建 A 接口，在该接口中声明一个常量和两个方法，代码如下：

```
public interface A {
    float PI = 3.14f;                         //定义一个用于表示圆周率的常量 PI
    float getArea( );                         //定义一个用于计算面积的方法
    float getGirth( );                        //定义一个用于计算周长的方法
}
```

（2）创建 B 接口，在该接口中声明一个常量和两个方法，代码如下：

```
public interface B{
    float PI = 3.14158f;                      //定义一个用于表示圆周率的常量 PI
    float getArea( );                         //定义一个用于计算面积的方法
    void draw( );                             //定义一个绘制图形的方法
}
```

（3）创建一个 C 类，该类同时实现 A 接口和 B 接口，代码如下：

```
public class C implements A,B {
    //声明一个私有变量 radius，代表圆的半径
    private float radius;
    //构造方法
    public Circle(float r){
        radius = r;                           //将圆的半径初始化为参数 r 的值
    }
    //实现计算圆面积的方法，该方法两个接口中都有，只需实现一个即可
    public float getArea( ){
        //计算圆的面积，使用全限定名指定 A 接口中的常量
        float area = A.PI*radius*radius;
        return area;
    }
    //实现计算圆周长的方法
    public float getGirth ( ){
        //计算圆的周长，使用全限定名指定 B 接口中的常量
        float circuGirth = 2*B.PI*radius ;
        return circuGirth;
    }
    //实现绘制图形的方法
    public void draw( ){
        System.out.println("在这里绘制了一个圆！");
    }
}
```

（4）创建一个含有 main()方法，代码如下：

```
public class Test2{
    public static void main(String[ ] args){
        C c = newC(7);                        //创建 c 的对象
        float area = c.getArea( );//调用 c 对象的 getArea 方法，获得该对象的面积值
        System.out.println("圆的面积为：" + area);
        //调用 c 对象的 getGirth 方法，获得该对象的周长值
        float girth = c.getGirth( );
        System.out.println("圆的周长为：" + girth);
        c.draw( );                            //调用 c 对象的 draw 方法，绘制一个圆
    }
}
```

在这个程序中，接口 A 和接口 B 都声明有 getArea()方法和变量 PI，而类 C 实现了这两个接口，所以为了避免变量冲突，在引用 PI 时使用了全限定名 A.PI；为了避免方法冲突，只实现一个 getArea()方法。

8.4 包

“包”指的是一组提供访问保护和命名空间管理的相关的类型。如何将类和接口封装到一个包中、如何使用包中的类是学习编程的重要内容。

8.4.1 包的概念

为了更好地组织类，Java 提供了包机制。包是类的容器，用于分隔类名空间。如果没有指定包名，所有的示例都属于一个默认的无名包。Java 中的包一般均包含相关的类，例如，所有关于交通工具的类都可以放到名为 Transportation 的包中。

程序员可以使用 package 指明源文件中的类属于哪个具体的包。包语句的格式如下:

```
package pkg1[. pkg2[. pkg3…]];
```

程序中如果有 package 语句，该语句一定是源文件中的第一条可执行语句，它的前面只能有注释或空行。另外，一个文件中最多只能有一条 package 语句。

包的名称有层次关系，各层之间以点分隔。包层次必须与 Java 开发系统的文件系统结构相同。通常包名全部用小写字母，这与类名以大写字母开头，且各字的首字母也大写的命名规则有所不同。

当使用包说明时，程序中无须再引用（import）同一个包或该包的任何元素。import 语句只用来将其他包中的类引入当前名字空间中。而当前包总是处于当前名字空间中。

为了使得各种类型易于查找和使用，避免命名冲突，并控制访问，程序员将一组相关的类型封装到包（package）中。当程序中的文件越来越多时，一定不要将它们全部放置在同一目录下，而应按其不同的用途放置在不同的包中。使用包的好处如下：

- 程序员能很容易地判断出这些类型是相关的。
- 程序员自己创建的类型的名称将不会和其他包中的类型的名称相冲突，因为包创建了一个新的命名空间。
- 可以允许在此包中的类型彼此自由地相互访问，同时仍能限制对包外的类型的访问。

8.4.2 创建包

要创建一个包，需要为包选择一个名称，并将一个 package 语句和包的名称放在每一个想要放到包中的源文件的顶部。所有的包名都必须小写。使用含有关键字 package 的语句来创建包。例如：

```
package 包名称;
```

如果在一个源文件中有多个类型，那么只有一个允许是 public 的，并且它必须与源文件同名。

8.4.3 包命名惯例

包名使用小写字母，以避免与类名或接口名冲突。对公司来说，通常使用其颠倒的 Internet 域名来命名其包名。例如，命名为 com.company.region.package。不过在有的情况下，互联网的域名可能不是一个有效的包名。例如，域名包含一个连字符或其他特殊字符，包名以数字开头或以其他 Java 名称开头都是非法的，在这种情况下，建议的规则是添加下画线。

8.4.4 导入包

由于不同的包之间的类不可以直接相互使用，因此就必须要通过导入包的方式来解决。使用带有通配符“*”的 import 语句导入一个特定包中包含的所有类型，例如：

```
import 包名.*;
```

通配符“*”代表该包中所有的类型，但不包括包含的子包。导入以后，就可以通过简单名引用包中的任何类或接口。“*”只被用于指定包中的所有类。它不能被用于匹配一个包中的类的子集。如果想引用包中某一个类，就可以使用以下导入语句：

```
import 包名.A;
```

8.5 典型实例

【实例 8-1】Java 中的类不支持多重继承，即一个类只能有一个超类。接口作为一种程序结构，很好地解决了这一问题，实现多重继承的功能。本实例介绍如何使用接口模拟员工薪资。具体代码如下：

```
package com.java.ch081;

class Employee {                     // 员工类
    private String name;             // 员工名称
    private String gender;           // 员工性别
    private int age;                 // 员工年龄
    private int salary;              // 员工薪资

    public Employee(String name, String gender, int age, int salary) {
        super();
        this.name = name;
        this.gender = gender;
        this.age = age;
        this.salary = salary;
    }
    public int getAge() {
        return age;
    }
    public void setAge(int age) {
        this.age = age;
    }
    public String getGender() {
        return gender;
    }
    public void setGender(String gender) {
        this.gender = gender;
    }
    public String getName() {
        return name;
    }
    public void setName(String name) {
        this.name = name;
    }
    public int getSalary() {
        return salary;
    }
    public void setSalary(int salary) {
        this.salary = salary;
    }
}
```

```
interface PersonForm {                          // 定义输出二维表的接口
    public int getFormCol();                    // 获得表格的列数

    public int getFormRow();                    // 获得表格的行数

    public String getValue(int row, int col); // 获得指定的某行某列的值

    public String getColName(int col); // 获得指定的列名
}
class FormA implements PersonForm {   // 定义一个类实现接口
    String[][] data;                            // 定义一个二维数组

    public FormA(String[][] data) {   // 带参数的构造方法
        this.data = data;
    }
    public String getColName(int col) {   // 获得指定的列名
        return data[0][col];
    }
    public int getFormCol() {                   // 获得表格的列数
        return data[0].length;
    }
    public int getFormRow() {                   // 获得表格的行数
        return data.length - 1;
    }
    public String getValue(int row, int col) { // 获得指定的某行某列的值
        return data[row + 1][col];
    }
}
class FormB implements PersonForm {   // 定义一个类实现接口
    private Employee[] data;

    public FormB(Employee[] data) {   // 带参数的构造方法
        this.data = data;
    }
    public String getColName(int col) {
        switch (col) {
        case 0:
            return "姓名\t|";
        case 1:
            return "性别\t|";
        case 2:
            return "年龄\t|";
        case 3:
            return "工资\t|";
        default:
            return null;
        }
    }

    public int getFormCol() {
        return 4;
    }
    public int getFormRow() {
        return data.length;
    }
    public String getValue(int row, int col) {
        switch (col) {
        case 0:
            return data[row].getName();
        case 1:
            return data[row].getGender();
        case 2:
            return data[row].getAge() + "";
        case 3:
            return data[row].getSalary() + "";
```

```
        default:
            return null;
        }
    }
}
class Table {                                    // 表格类
    private PersonForm form;

    public Table(PersonForm form) {              // 带参数的构造方法
        this.form = form;
    }
    public void display() {              // 显示格式和取值
        for (int i = 0; i < form.getFormCol(); i++) { // 循环显示列名
            System.out.print(form.getColName(i));
        }
        System.out.println();
        System.out.println("---------------------------------");
        for (int i = 0; i < form.getFormRow(); i++) { // 循环显示行信息
            for (int j = 0; j < form.getFormCol(); j++) {// 循环显示列信息
                System.out.print(form.getValue(i, j) + "\t|");
            }
            System.out.println();
        }
    }
}
public class TextInterface {                          // 操作接口的类
    public static void main(String[] args) { // java 程序主入口处
        String[][] str = new String[][] {     // 创建二维数组存储数据
        { "name\t|", "gender\t|", "age\t|", "salary\t|" },
                { "Tom", "male", "20", "2000" },
                { "Lingda", "female", "21", "2100" },
                { "Susan", "female", "22", "2200" },
                { "Ansen", "female", "24", "2500" } };
        PersonForm form = new FormA(str);     // 接口变量引用类对象
        Table table1 = new Table(form);       // 创建表格实例
        table1.display();                     // 显示员工薪资信息
        System.out.println("^^^^^^^^^^^^^^^^^^^^^^^^^^^^^^^^^^^");
        Employee em1 = new Employee("汤姆", "男", 20, 2000);
        // 创建员工对象用一维数组存储
        Employee em2 = new Employee("玲达", "女", 21, 2100);
        Employee em3 = new Employee("苏萨", "女", 22, 2200);
        Employee em4 = new Employee("爱瑞卡", "男", 23, 2300);
        Employee em5 = new Employee("安臣", "女", 24, 2500);
        Employee[] data = { em1, em2, em3, em4, em5 }; // 创建员工数组
        PersonForm form1 = new FormB(data);   // 接口变量引用类对象
        Table table2 = new Table(form1);      // 创建表格实例
        table2.display();                     // 显示员工薪资信息
    }
}
```

程序中定义一个员工类、一个查看员工薪资的接口和两个实现接口的类。在 main()主方法中首先创建二维数组并将数据信息填入数组，定义接口的引用使用了多态。接口的引用必须是实现了接口的类的对象，所以使用类 FormA 创建 form 对象，再根据 form 来创建 Table 表格的对象 table1，调用 display()方法输出数据。

再创建 5 个 Employee 对象，用数组存储。接口引用同样使用多态，方式跟创建 form 对象一样。

运行结果如下所示。

```
name    |gender |age |salary   |
---------------------------------
Tom     |male   |20  |2000     |
```

```
Lingda    |female   |21   |2100     |
Susan     |female   |22   |2200     |
Ansen     |female   |24   |2500     |
^^^^^^^^^^^^^^^^^^^^^^^^^^^^^^^^^^^^^
姓名      |性别     |年龄 |工资     |
-----------------------------------------
汤姆      |男       |20   |2000     |
玲达      |女       |21   |2100     |
苏萨      |女       |22   |2200     |
爱瑞卡    |男       |23   |2300     |
安臣      |女       |24   |2500     |
```

【实例 8-2】工厂模式提供创建对象的接口是最常用的设计模式。本实例就工厂模式的分类不同，介绍工厂模式之一的简单工厂模式的使用方法及其使用规则。

实现简单工厂模式的技术要点如下：

- 简单工厂模式又称静态工厂模式。从命名上就可以看出这个模式很简单：定义一个用于创建对象的接口。
- 简单工厂模式由工厂类角色、抽象产品角色和具体产品角色组成。
- 工厂类角色是本模式的核心，含有一定的商业逻辑和判断逻辑，它往往由一个具体类实现。
- 抽象产品角色一般是具体产品继承的父类或者实现的接口，由接口或者抽象类来实现。
- 具体产品角色由一个具体类实现。

下面是简单工厂模式的实例代码：

```
package com.java.ch082;

interface Car {                          // 车的父类
    public void driver();                // 开车
}
class Benz implements Car {              // 奔驰车
    public void driver() {
        System.out.println("今天咱开奔驰！");
    }
}
class Bike implements Car {              // 自行车
    public void driver() {
        System.out.println("唉，现在经济危机，只能骑自行车了呀！");
    }
}
class Bmw implements Car {               // 宝马
    public void driver() {
        System.out.println("今天开宝马吧！");
    }
}
class Driver {                           // 车的工厂
    public static Car driverCar(String s) throws Exception {
        if (s.equalsIgnoreCase("Benz")) { // 判断传入参数返回不同的实现类
            return new Benz();
        } else if (s.equalsIgnoreCase("Bmw")) {
            return new Bmw();
        } else if (s.equalsIgnoreCase("Bike")) {
            return new Bike();
        } else {
```

```
            throw new Exception(); // 抛出异常
        }
    }
}
public class TextSimpleFactory { // 操作工厂模式的类
    public static void main(String[] args) { // Java 程序主入口处
        try {
            Car car = Driver.driverCar("Bike"); // 调用方法返回车的实例
            System.out.println("经理，今天开什么车呀？");
            car.driver();          // 调用方法开车
        } catch (Exception e) { // 捕获异常
            System.out.println("开车出现问题......");
        } finally {            // 代码总被执行
            System.out.println("......");
        }
    }
}
```

程序中定义一个车的接口、三个实现接口的开车方式类，以及调用车的工厂类。在 Driver 类中的 driverCar()方法根据传入参数的不同，判断返回不同的实现接口的类。这样实现了开车的方便选择性。在程序中将多个类放在一个文件中，需要注意的是只有一个类被声明为 public，该类的类名必须与文件名相同。

第 9 章　集合

Java 集合是多个对象的容方法，容方法中放了很多对象。集合框架是 Java 语言的重要组成部分，包含系统而完整的集合层次体系，封装了大量的数据结构的实现。深刻理解 Java 集合框架的组成结构及其中的实现类和算法，会极大地提高程序员编码的能力。

9.1 Java 集合框架

集合有时又称容方法，简单地说，它是一个对象，能将具有相同性质的多个元素汇聚成一个整体。集合被用于存储、获取、操纵和传输聚合的数据。集合代表形成一个自然组合的数据条目，如一副纸牌（一个纸牌卡片的集合）、一个邮包（一个信函的集合）或一个电话本（一个姓名和电话号码的映射集合）。

集合框架（Collections Framework）是用来表现和操纵集合的一个统一的体系结构。

9.2 Collection 接口

Collection 接口是 Java 集合框架的最顶层接口。它提供了大量通用的集合操纵方法。Collection 接口是 Sort 接口和 List 接口的父接口。

9.2.1 转换构造方法

Collection 接口的实现都有一个带有集合参数的构造方法。这个构造方法作为“转换构造方法”，将新的集合初始化为包含集合参数的所有元素，不论是给定接口的子接口或其实现类型。换句话说，即允许程序员来“转换”集合的类型。例如，假设有一个集合：

```
Collection<String>a;
```

a 可以是一个 List、Set 或另外一种 Collection。通常，习惯地创建一个新的 ArrayList（List 接口的一个实现），初始化为包含 a 中的所有元素。例如：

```
List<String> list = new ArrayList<String>(a);
```

这里的 ArrayList 是 List 接口的一个实现类，在创建其实例对象时，将一个集合 a 作为参数传递给其构造方法，由 a 中的所有元素初始化 list。也就是说，通过使用“转换构造方法”，list 对象就包含了集合 a 中的所有元素。

9.2.2 Collection 接口的定义

通过了解接口的定义，掌握在 Collection 接口中定义的通用的方法，这些通用的方法同样会被 Collection 接口的子接口所继承。

```
public interface Collection<E> extends Iterable<E> {
```

```
    //基本操作
    int size();
    boolean isEmpty();
    boolean contains(Object element);
    boolean add(E element);                              //可选的
    boolean remove(Object element);                      //可选的
    Iterator<E> iterator();
    //批量操作
    boolean containsAll(Collection<?> c);
    boolean addAll(Collection<? extends E> c);           //可选的
    boolean removeAll(Collection<?> c);                  //可选的
    boolean retainAll(Collection<?> c);                  //可选的
    void clear();                                        //可选的
    //数组操作
    Object[] toArray();
    <T> T[] toArray(T[] a);
}
```

在 Collection 接口中，定义了对于集合元素进行基本操作、批量操作和数组操作的方法。

9.2.3 Collection 接口的基本操作

从 Collection 的定义中可以看出，Collection 接口的基本操作有 6 个。使用这些方法，可以知道集合中有多少个元素（即集合的大小，size()和 isEmpty()方法），可以检查集合中是否包含某个元素（contains()方法），可以向集合中添加元素和从集合中移除元素（add()方法、remove()方法），以及获取访问集合元素的一个迭代方法（iterator()方法）。

其中，add 方法被定义得相当通用，所以它对于允许重复元素的集合和不允许重复元素的集合都一样有意义。该方法保证在调用结束以后，Collection 将包含指定的元素，并且如果调用的结果是 Collection 发生了改变，那么返回 true。同样，remove()方法从 Collection 移除指定的元素，并且如果作为该方法调用的结果 Collection 被修改了，那么返回 true。

9.2.4 遍历 Collection 接口

要遍历集合中的元素，有两种方法：使用 for-each 结构和使用 Iterator 迭代方法。

1. for-each 结构

for-each 结构允许使用 for 循环简洁地遍历一个集合或数组。下面的代码使用 for-each 结构在每一行上输出一个集合的每一个元素：

```
for (Object o : collection)
    System.out.println(o);
```

2. Iterator 迭代方法

迭代方法是一个对象，通过它可以遍历一个集合并从集合中有选择地移除元素。通过调用集合的 Iterator 方法来获得集合的迭代方法。接口 Iterator 的定义如下：

```
public interface Iterator<E> {
    boolean hasNext();                  //判断是否有下一个元素
    E next();                           //获得下一个元素
    void remove();                      //删除当前的元素。这个方法是可选的
}
```

当迭代方法中还有更多元素时，hasNext 方法返回 true，next 方法返回迭代方法中的下一个元素。remove 方法移除由 next 方法从 Collection 中返回的最后一个元素。每次调用 next 方法以后只能调用 remove 方法一次，如果违反此规则，就会抛出一个异常。

需要注意的是，在迭代期间，Iterator.remove 是修改集合的唯一安全的方法；在迭代期间，任何其他修改集合的方式都会造成不确定的结果。下面几种情况，使用 Iterator 代替使用 for-each 结构：

- 移除当前元素。for-each 结构隐藏迭代方法，因此不能调用 remove 方法。所以，for-each 结构不能用于清除集合元素。
- 在多重集合上进行并行迭代。

下面的方法演示了怎样使用一个 Iterator 来过滤一个任意的 Collection 集合，即遍历集合并移除指定的元素。

```
static void filter(Collection<?> c) {
    for (Iterator<?> it = c.iterator(); it.hasNext(); )
        if (!cond(it.next()))
            it.remove();
}
```

其中，调用集合 c 的 iterator 方法，获得一个迭代方法 it；通过迭代方法 it 的 hasNext 方法来判断是否还有更多的元素。如果有，返回 true，循环继续。在循环体内，通过调用迭代方法 it 的 next 方法，来获取迭代方法中的下一个元素。

9.2.5 Collection 接口的批量操作

批量操作是指在整个集合上的操作。可以通过使用基本操作来实现这些快速操作，不过在大多数情况下，这样的实现是缺乏效率的。下面是批量操作的一些方法。

- containsAll：如果目标集合包含指定集合的所有元素，返回 true。
- addAll：将指定集合中的所有元素添加到目标集合中。
- removeAll：从目标集合中移除所有同时还包含在指定集合中的元素。
- retainAll：从目标集合中移除所有没有包含在指定集合中的元素。也就是说，它只在目标集合中保留指定集合中含有的元素。
- clear：从集合中移除所有元素。

如果在执行相应操作的过程中，目标集合被修改了，那么 addAll、removeAll 和 retainAll 方法都返回 true。下面是一个表现批量操作强大功能的示例，从一个名为 c 的 Collection 中移除一个指定元素 e 的所有实例。

```
c.removeAll(Collections.singleton(e));
```

在更明确的情况下，例如，想要从一个 Collection 中移除所有的 null 元素，可以使用下面的语句：

```
c.removeAll(Collections.singleton(null));
```

Collections.singleton 是一个静态工厂方法，返回一个只包含指定元素的不可变的 Set 集合。例如，Collections.singleton(e)方法返回只包含元素 e 的 Set 集合，然后集合 c 调用 removeAll 方法删除 c 中所有元素 e 的实例。同样，Collections.singleton(null)方法返回只包含元素 null 的 Set 集合，然后集合 c 调用 removeAll 方法删除 c 中所有 null 元素。

9.2.6 Collection 接口的数组操作

toArray()方法主要作为集合和老的期望输入数组的 API 之间的桥梁。数组操作允许 Collection 中的内容被转换到一个数组中去。用这种不带参数的简单方式创建一个新的 Object 数组，例如，假设 c 是一个 Collection，下面的代码将 c 中的内容放入一个新分配的 Object 数组中，该数组的长度等于 c 中元素的数量。

```
Object[ ]  a = c.toArray( );
```

有一种更复杂的形式，允许调用者提供一个数组或选择输出数组的运行时类型。例如，假设已知 c 只包含字符串。下面的代码将 c 中的内容放入一个新分配的 String 数组中，该数组的长度等于 c 中元素的数量。

```
String[ ]  a = c.toArray(new String[0]);
```

9.3 Set 接口

Set 是一个不能包含重复元素的接口。它是数学集合的抽象模型。Set 接口是 Collection 的子接口，只包含从 Collection 继承过来的方法，并增加了对 add()方法使用的限制，不允许有重复的元素。Set 还修改了 equals()和 hashCode()方法的实现，允许对 Set 实例进行内容上的比较，即便它们的实现类型不同。如果两个 Set 实例包含相同的元素，那么它们就是相等的。

9.3.1 Set 接口的定义

下面是 Set 接口的定义。凡是实现了 Set 接口的类，都要实现 Set 接口中的方法。因此先了解一下 Set 接口的定义，有助于快速并且全面地掌握这些方法的用法。Set 接口的定义如下所示：

```
public interface Set<E> extends Collection<E> {
    //基本操作
    int size();
    boolean isEmpty();
    boolean contains(Object element);
    boolean add(E element);                          //可选的
    boolean remove(Object element);                  //可选的
    Iterator<E> iterator();
    //批量操作
    boolean containsAll(Collection<?> c);
    boolean addAll(Collection<? extends E> c);      //可选的
    boolean removeAll(Collection<?> c);              //可选的
    boolean retainAll(Collection<?> c);              //可选的
    void clear();                                    //可选的
    //数组操作
    Object[] toArray();
    <T> T[] toArray(T[] a);
}
```

Java 平台包含 3 个用于通用目的的 Set 实现：HashSet、TreeSet 及 LinkedHashSet。HashSet 将其元素存储在一个哈希表中，它具有最好的性能实现；然而它不保证迭代的顺序。TreeSet 将其元素存储在一个红黑树中，按元素的值顺序排列；本质上它比 HashSet 要慢。LinkedHashSet 是作为一个哈希表实现的，用链表连接这些元素，按元素的插入顺序排列。

下面是一个简单却有用的 Set 的习惯用法。假设存在有一个集合 c，现在想创建另外一个集合，其包含的元素与 c 相同，但消除了所有重复的元素。使用下面的代码实现了这一功能。

```
Collection<Type> noDups = new HashSet<Type>(c);
```

这行代码通过创建一个 Set（按定义不能包含重复的元素），初始化包含 c 中的所有元素。下面是这个用法的一个变化，使用 LinkedHashSet，既可移除重复的元素，又可保持原来集合的顺序不变。

```
Collection<Type> noDups = new LinkedHashSet<Type>(c);
```

下面是封装了前述用法的泛型方法，返回一个 Set，此 Set 与传递进来的参数集合有相同的泛型类型。

```
public static <E> Set<E> removeDups(Collection<E> c){
    return new LinkedHashSet<E>(c);
}
```

9.3.2 Set 接口的基本操作

在 Set 接口中没有增加新的方法，它只包含从 Collection 接口继承过来的方法，包括 6 个基本操作方法。其中：

- size()方法返回 Set 中元素的数量（其基数）。
- isEmpty()方法如其名所示，判断 Set 是否为空。
- add()方法添加指定的元素到 Set 中（如果 Set 中还没有这个元素的话），并返回一个 boolean 值，以说明这个元素是否已经被添加了。
- 类似地，remove()方法从 Set 中移除指定的元素（如果存在的话），并返回一个 boolean 值，以说明这个元素是否已经被移除了。
- Iterator()方法返回 Set 的迭代方法 Iterator。

下面通过一个示例程序说明 Set 接口的基本操作。编写程序，获取命令行参数中的字符串列表，输出其中重复的单词、不重复的单词的数量及消除重复以后的单词列表。代码如下：

```
import java.util.*;
public class FindDups {
    public static void main(String[] args) {
        //声明不能具有重复元素的 HashSet 对象
        Set<String> s = new HashSet<String>();
        for (String a : args)      //遍历命令行参数字符串数组
            if (!s.add(a))         //如果添加字符串 a 不成功，说明 s 中已经有了相同元素
                System.out.println("重复的元素: " + a);
        System.out.println(s.size() + "个单独的单词: " + s);
    }
}
```

运行结果如下：

```
重复的元素: i
重复的元素: i
4 个单独的单词: [i, left, saw, came]
```

这里的代码总是按 Collection 的接口类型 Set 来引用集合，而不是按 Collection 的实现类型 HashSet 来引用的。强烈建议这样来写，因为这样可以带来更大的灵活性，只需要通过改变构造方法就可以改变实现。如果用于保存一个集合的变量或用于传递集合的参数被声明为 Collection 的实现类型而不是声明为接口类型，那么为了改变其实现类型，所有这些变量和参数也必须被改变。

此外，只通过集合的接口引用集合可以防止程序员出现任何不规范的操作。在上述示例程序中，Set 的实现类型是 HashSet，它与 Set 一样，不保证其元素的顺序。如果想让程序按字母顺序输出单词列表，只有将 Set 的实现类型从 HashSet 改为 TreeSet。只在程序中改动一行代码，那么上述程序在命令行中输出如下：

```
java FindDups i came i saw i left
重复的元素: i
重复的元素: i
4 个单独的单词: [came, i, left, saw]
```

9.3.3 Set 接口的批量操作

批量操作特别适合于 Set 接口。当应用时，它们执行标准的集合代数运算。假设 s1 和 s2 是 set 集合，那么可以执行的批量操作如下所示。

- s1.containsAll(s2)：如果 s2 是 s1 的一个子集合，返回 true（如果集合 s1 包含 s2 中的所有元素，那么 s2 是 s1 的一个子集合）。
- s1.addAll(s2)：将 s1 变换为 s1 和 s2 的并集（两个集合的并集是包含两个集合的所有元素的集合）。
- s1.retainAll(s2)：将 s1 变换为 s1 和 s2 的交集（两个集合的交集指的是这个集合只包含两个集合共同的元素）。
- s1.removeAll(s2)：将 s1 不对称地变换为 s1 和 s2 的差集（例如，s1 减去 s2 的差集指的是包含所有只在 s1 中存在的元素但不在 s2 中存在的元素的集合）。

要对联合、交集或差集进行非破坏性的计算（不修改两个集合），调用者必须在调用合适的批操作前复制一个集合。下面是据此所编写的代码：

```
Set<Type> union = new HashSet<Type>(s1); //声明 HashSet 实例对象，使用泛型版本
union.addAll(s2);                        //向 HashSet 对象中添加集合元素 s2，结果是并集
//声明 HashSet 实例对象，使用泛型版本
Set<Type> intersection = new HashSet<Type>(s1);
intersection.retainAll(s2);                          //获得两个集合的交集
//声明 HashSet 实例对象，使用泛型版本
Set<Type> difference = new HashSet<Type>(s1);
difference.removeAll(s2);                            //获得两个集合的差集
```

在上面的用法中，Set 所实现的结果类型是 HashSet，HashSet 是 Java 平台中最全面的 Set 实现。重新看一下 FindDups 程序。假设想知道参数列表中哪个单词只出现一次及哪些单词出现超过一次，但是又不想重复地输出重复的单词。这时可以通过创建两个 Set 来达到目的：一个包含参数列表中的每一个单词，另一个只包含重复的单词。只出现一次的单词是这两个集合的差。使用 HashSet 进行单词统计应用程序示例，代码如下：

```
import java.util.*;
public class FindDups2 {
    public static void main(String[] args) {
        //声明 HashSet 实例对象，使用泛型版本
        Set<String> uniques = new HashSet<String>();
        //声明 HashSet 实例对象，使用泛型版本
        Set<String> dups = new HashSet<String>();
        for (String a : args)                      //遍历命令行参数字符串数组
            if (!uniques.add(a))                   //如果 a 已经存在
                dups.add(a);                       //那么，将 a 添加到 dups 集合中
       //破坏性的集合差
        uniques.removeAll(dups);                   //从 uniques 中移除所有具有重复的单词
        System.out.println("不重复的单词: " + uniques);
        System.out.println("重复的单词   : " + dups);
    }
}
```

运行结果如下：

```
不重复的单词: [left, saw, came]
重复的单词   : [i]
```

没有共同元素的集合代数运算是对称集合差（symmetric set difference）。对称集合差是这样的集合，它只包含属于这个集合的元素，或属于另一个集合的元素，但不同时属于两个集合

的元素。下面的代码非破坏性地计算两个集合的对称集合差：

```
Set<Type> symmetricDiff = new HashSet<Type>(s1);
symmetricDiff.addAll(s2);
Set<Type> tmp = new HashSet<Type>(s1);
tmp.retainAll(s2));
symmetricDiff.removeAll(tmp);
```

9.3.4 Set 接口的数组操作

Set 接口的数组操作与任何其他的 Collection 接口都是一样的，没有任何特殊的地方，在此不再重复。

9.4 List 接口

List 是一个有序的集合（有时被称为序列）。List 可以包含重复的元素。除了从 Collection 继承过来的操作之外，List 接口还包括以下操作。

- 按位置访问：根据元素在序列中的位置索引访问元素。
- 查找：在序列中查找指定的对象，并返回其位置索引。
- 迭代：扩展了 Iterator 接口，以利用序列的顺序特性。
- List 子集合：在序列上执行任意范围的操作。

9.4.1 List 接口的定义

List 接口定义如下：

```
public interface List<E> extends Collection<E> {
    //按位置访问
    E get(int index);
    E set(int index, E element);                        //可选的
    boolean add(E element);                             //可选的
    void add(int index, E element);                     //可选的
    E remove(int index);                                //可选的
    boolean addAll(int index,Collection<? extends E> c);   //可选的
    //查找
    int indexOf(Object o);
    int lastIndexOf(Object o);
    //迭代
    ListIterator<E> listIterator();
    ListIterator<E> listIterator(int index);
    //子集合
    List<E> subList(int from, int to);
}
```

Java 平台包含两个通用的 List 实现：ArrayList 和 LinkedList。

9.4.2 从 Collection 继承的操作

List 接口具有从 Collection 接口继承过来的所有操作的功能。例如，remove()操作总是从 List 中移除第一个与指定元素相匹配的元素。Add()和 addAll()操作总将新的元素追加到序列的尾部。因此，下面的用法可以将一个 List 对象与另一个 List 对象连接。

```
list1.addAll(list2);
```

下面是一个这种用法的非破坏性的形式，创建第三个 List 对象，由第二个 List 对象追加到第一个 List 对象上组成。

```
List<Type> list3 = new ArrayList<Type>(list1);
list3.addAll(list2);
```

注意，在这种非破坏性形式的用法中，利用了 ArrayList 的标准转换构造方法。和 Set 接口一样，List 接口增强了两个函数：equals()和 hashCode()，因而两个 List 对象可以进行逻辑相等性的比较，而不用考虑它们的实现类。如果两个 List 对象包含相同的元素并有相同的顺序，那么它们是相等的。

9.4.3 按位置访问和查找操作

基本的按位置访问的操作有 get()、set()、add()和 remove()方法，它们的功能和在 Vector（向量）中相对应的方法（elementAt()、setElementAt()、insertElementAt()和 removeElementAt()方法）很类似，有一点需要注意：set()和 remove()方法返回元素被改写或被移除前的值；而 Vector 中相应的方法（setElementAt()和 removeElementAt()）什么也不返回（void）。查找操作 indexOf()和 lastIndexOf()功能与 Vector 中相同名称的操作相同。

addAll()方法将指定集合的所有元素插入到指定位置。元素按集合的迭代方法返回的顺序被插入 List。这种调用是位置访问，与 Collection 的 addAll()操作类似。下面是一个简单的方法，用来交换 List 对象中两个不同索引处的值。

```
public static <E> void swap(List<E> a, int i, int j){
    E tmp = a.get(i);
    a.set(i, a.get(j));
    a.set(j, tmp);
}
```

这是一个多态的算法：交换任何 List 中的两个元素，而不必考虑其实现类型。下面是使用前面的 swap()方法的另外一个多态算法。

```
public static void shuffle(List<?> list, Random rnd) {
    for (int i = list.size(); i > 1; i--)
        swap(list, i - 1, rnd.nextInt(i));
}
```

这个算法是包含在 Java 平台 Collections 类中的一个算法，它使用指定的随机种子随机地安排指定列表的序列。这个方法的实现是从 List 对象的底部开始往上，重复地将随机选择的元素与当前位置的元素交换。这种方式严格地要求 list.size()-1 次交换。使用 shuffle()算法随机地输出其参数列表中的单词。代码如下：

```
import java.util.*;
public class ShuffleDemo1 {
    public static void main(String[] args) {
        List<String> list = new ArrayList<String>(); //创建一个动态数组对象
        for (String a : args)                        //循环遍历命令行参数中的每一个元素
            list.add(a);                             //将元素添加到数组中
        //使用 Collections 类的 shuffle 方法对 list 随机排序
        Collections.shuffle(list, new Random());
        System.out.println(list);
    }
}
```

实际上，这个方法可以更简洁和快速。Arrays 类中有一个静态的工厂方法，称为 asList()，将一个数组当做一个 List 看待。这个方法并不复制数组。在 List 中的改变也同样反映在数组当中，反之亦然。最终的 List 不是一个通用的 List 实现，因为它并没有实现 add()和 remove()操作：数组是不可改变大小的。使用 Arrays.asList()并调用方法 shuffle()（使用一个默认的随机种子），可以得到以下精简的程序，其作用与上面的程序相同，使用 shuffle()算法随机地输出其参数列表中的单词，代码如下：

```
import java.util.*;
public class ShuffleDemo2 {
    public static void main(String[] args) {
        List<String> list = Arrays.asList(args); //创建一个动态数组对象
        //使用 Collections 类的 shuffle 方法对 list 随机排序
        Collections.shuffle(list);
        System.out.println(list);            //输出随机排序以后的 list 中的元素
    }
}
```

先编译 ShuffleDemo2.java，然后在命令行下运行如下命令，其输出结果中字符串的顺序与命令行中输入的顺序是不同的。

```
>java ShuffleDemo2 hello every one
[every, one, hello]
```

9.4.4 List 迭代方法

由 List 的 iterator()方法所返回的 Iterator 迭代方法，以固有顺序返回 List 对象中的元素。List 还提供一个更加强大的迭代方法，称为 ListIterator，它允许从前到后地遍历 List 对象，也可以从后到前地遍历，在迭代期间修改 List 对象，以及获得迭代方法的当前位置。ListIterator 接口代码如下：

```
public interface ListIterator<E> extends Iterator<E> {
    boolean hasNext();
    E next();
    boolean hasPrevious();
    E previous();
    int nextIndex();
    int previousIndex();
    void remove();                      //可选的
    void set(E e);                      //可选的
    void add(E e);                      //可选的
}
```

该接口中有 3 个方法继承自 Iterator（hasNext()、next()和 remove()），并且实现同样的功能。hasPrevious()和 previous()方法使用方式和 hasNext()与 next()类似。前者操作指向隐含游标前面的元素，反之，后者指向隐含游标后面的元素。previous()操作向后移动游标，而 next()向前移动游标。下面是向后迭代一个 List 对象的规范用法：

```
for(ListIterator<Type> it = list.listIterator(list.size());it.hasPrevious(); ){
    Type t = it.previous();
    …
}
```

注意上述代码中 listIterator 的参数。List 接口有两个形式的 listIterator()方法。不带参数的形式返回一个位于 List 对象起始位置的 ListIterator；带有一个 int 类型参数的形式返回一个位于 List 对象指定索引处的 ListIterator。初始调用 next()方法，将返回索引处的元素。

Iterator 接口提供了 remove()操作，用来移除使用 next()方法从集合当中最后返回的元素。对于 ListIterator，采用同样的操作移除由 next()或 previous()所返回的最后的元素。ListIterator 接口还提供了两个额外的操作来修改 List 对象——set()和 add()。其中，set()方法使用指定的元素覆盖了由 next()或 previous()方法返回的最后的元素。在下面的多态算法中，调用 set()方法来使一个新值替换集合中某一个指定值。

```
public static <E> void replace(List<E> list, E val, E newVal) {
    for (ListIterator<E> it = list.listIterator(); it.hasNext(); )
        //如果集合中下一个值与val值相等或为null
        if (val == null ? it.next() == null : val.equals(it.next()))
            it.set(newVal);          //使用新的值替换集合与val相同的值或null
}
```

需要特别指明 val 的 null 值以防止出现 NullPointerException 异常。

add()方法将一个新的元素插入到 List 对象中位于当前游标位置之前。下面的多态算法的例子中，使用一个指定的 List 对象所包含的序列值来替换所有指定的值，其中用到了 add()方法。

```
public static <E> void replace(List<E> list, E val, List<? extends E> newVals) {
    for (ListIterator<E> it = list.listIterator(); it.hasNext(); ){
        if (val == null ? it.next() == null : val.equals(it.next())) {
            it.remove();             //移除null空值或与val相等的值
            for (E e : newVals)
                it.add(e);
        }
    }
}
```

9.5 Map 接口

Map 是一种包含键值对的元素的集合。Map 不能包含重复的键：每个键最多可映射到一个值。它是数学函数的抽象模型。

9.5.1 Map 接口的定义

在 Map 接口中声明了一系列的方法，凡是实现 Map 接口的类都要实现这些方法。所以先了解 Map 接口的定义，掌握其声明方法的含义和用法，有助于快速且全面地理解该接口的用法。Map 接口的定义如下：

```
public interface Map<K,V> {
    //基本操作
    V put(K key, V value);
    V get(Object key);
    V remove(Object key);
    boolean containsKey(Object key);
    boolean containsValue(Object value);
    int size();
    boolean isEmpty();
    //批量操作
    void putAll(Map<? extends K, ? extends V> m);
    void clear();
    //集合视图
    public Set<K> keySet();
    public Collection<V> values();
    public Set<Map.Entry<K,V>> entrySet();
    //用于entrySet元素的接口
    public interface Entry {
        K getKey();
        V getValue();
        V setValue(V value);
    }
}
```

Java 平台包含 3 种通用的 Map 实现：HashMap、TreeMap 和 LinkedHashMap。它们的行为和执行性能正好与 HashSet、TreeSet 和 LinkedHashSet 类似。另外，Hashtable（哈希表）重新

实现了 Map。

9.5.2 Map 接口的基本操作

Map 的基本操作（put()、get()、containsKey()、containsValue()、size()、isEmpty()）非常类似于 Hashtable 中相应的操作。下面的程序生成一个在参数列表中出现的单词的频度表。在频度表中，将每一个单词映射到它在参数列表中出现的次数。编写统计命令行参数字符串出现次数的程序。代码如下：

```
import java.util.*;
public class Freq {
    public static void main(String[] args) {
        Map<String, Integer> m = new HashMap<String, Integer>();
        //从命令行初始化频率表
        for (String a : args) {
            Integer freq = m.get(a);                    //获得键为 a 的元素的值
            //设置 a 出现的次数，保存在 Map 对象中
            m.put(a, (freq == null) ? 1 : freq + 1);
        }
        System.out.println(m.size() + "个不同的单词:");
        System.out.println(m);
    }
}
```

上述程序需要注意的是 put 语句的第二个参数。该参数是一个条件表达式，用来设置一个单词的出现频率。如果这个单词从来没有出现过，则设置为 1；如果已经出现过，则设置为当前值增 1。

编译并运行此程序：

```
java Freq if it is to be it is up to me to delegate
```

程序的输出结果如下：

```
8 个不同的单词:
{to=3, delegate=1, be=1, it=2, up=1, if=1, me=1, is=2}
```

假设想按字母顺序看到此频度表，那么就将 Map 的实现类型由 HashMap 改为 TreeMap。将上述程序中的 HashMap 改为 TreeMap，重新编译并以同样的命令行参数运行，输出结果如下：

```
8 个不同的单词:
{be=1, delegate=1, if=1, is=2, it=2, me=1, to=3, up=1}
```

同样，若想使程序按单词在命令行参数中的顺序输出频度，只需将 map 实现的类型改为 LinkedHashMap。那么，上述程序的输出结果为：

```
8 个不同的单词:
{if=1, it=2, is=2, to=3, be=1, up=1, me=1, delegate=1}
```

与 Set 和 List 接口类似，Map 也加强了对 equals()和 hashCode()方法的要求，这样两个 Map 对象可以进行逻辑相等比较，而不必考虑它们的实现类型。如果两个 Map 实例代表相同的键-值映射，那么它们就是相等的。

按惯例，所有通过的 Map 实现都提供接收一个 Map 对象作为参数的构造方法，并初始化新的 Map 使其包含指定 Map 中所有的键-值对。这个标准 Map 转换构造方法完全与标准 Collection 构造方法类似：允许调用者创建一个希望实现的类型的 Map，初始化包含另一个 Map 的所有的映射，而不必考虑另一个映射的实现类型。例如，假设有一个名为 m 的 Map。下面这行代码创建一个新的 HashMap，初始化包含 m 中所有的相同键-值映射。

```
Map<K,V> copy = new HashMap<K,V>(m);
```

9.5.3 Map 接口的批量操作

Map 接口中的批量操作主要有 clear()方法、putAll()方法。其中，clear()方法从 Map 中删除所有的映射；putAll()方法是 Map 中类似于 Collection 接口的 addAll()方法。

putAll 除了将一个 Map 填充进另一个 Map 外，它还有第二种更为巧妙的用法。假设一个 Map 被用于代表一个属性-值对的集合；putAll()方法与 Map 的转换构造方法结合使用，提供另一种方式来实现使用默认值的属性映射。下面是使用这种技术的一个静态工厂方法的示例。

```
static <K, V> Map<K, V> newAttributeMap(Map<K, V> defaults, Map<K, V>  overrides) {
    Map<K, V> result = new HashMap<K, V>(defaults);   //创建一个新的 Map 对象
    result.putAll(overrides);                        //填充进另一个 Map 集合
    return result;                                   //返回填充后的 Map 对象
}
```

9.6 实现

实现是用于存储集合的数据对象，实现了在 9.5 节所描述的那些接口。通俗来讲，实现是指这样一些类：这些类实现了 9.5 节所介绍的各种集合框架中的接口。在实际开发程序时，集合主要使用这些实现了集合接口的集合类。

9.6.1 实现的类型

对于集合框架中集合接口的实现，主要包括以下几种类型。

- 通用目的的实现：最经常使用的实现，是为日常使用而实现的。
- 特殊目的的实现：被设计用于特殊情况，并显示了非标准的执行特征、使用约束或行为。
- 并发实现：被设计用于高并发性，特别是单线程开销的情况下。这些实现是 java.util.concurrent 包的一部分。
- 其他实现：用于与其他特定目的的实现。

用于通用目的的实现如表 9.1 所示。

表 9.1　通用目的实现

接　口	实　现				
	哈希表	可变数组	树	链表	哈希表+链表
Set	HashSet		TreeSet		LinkedHashSet
List		ArrayList		LinkedList	
Queue					
Map	HashMap		TreeMap		LinkedHashMap

Java 集合框架提供了数个对 Set、List 和 Map 接口的通用实现。注意，SortedSet 和 SortedMap 接口并不在表 9.1 中。这些接口中的每一个都有一个实现（TreeSet 和 TreeMap），在 Set 和 Map 行列出。有两个通用的对 Queue 的实现：LinkedList（它同时还是 List 的实现）和 PriorityQueue（它没有在表中出现）。这两个实现提供了不同的语义：LinkedList 是 FIFO 的，而 PriorityQueue 根据元素的值排序。

每一个通用目的的实现都提供了所有其接口中包含的操作；都允许 null 元素、键和值，且都不是同步的（线程安全的）；都能在迭代期间检测非法的并发修改，且迅速失败并清除；都是可序列化的并且都支持公共的 clone()方法。

事实上，这些实现都是非同步的，这与以前旧版本的实现是不同的：遗留下来的集合 Vector 和 Hashtable 是同步的。之所以这样改变，是因为当集合被频繁地使用时，同步是无益的。这样的使用包括单线程使用、只读使用及作为大的数据对象的一部分使用（该大数据对象有自己的同步）。一般来说，这是一个好的 API 设计的实践，用户不会为他们不使用的特性而付出额外的开销。进一步来讲，不必要的同步在一定情况下会导致死锁。

如果需要线程安全的集合，可以使用同步包装方法，允许任何集合被转换为一个同步的集合。此外，java.util.concurrent 包提供 BlockingQueue 接口的同步实现，该接口扩展了 Queue，以及对 ConcurrentMap 接口的实现，该接口扩展自 Map。这些实现比同步实现提供更高的并发性。

作为一个原则，在使用集合时应该考虑的是接口而不是实现。这就是为什么在本节中没有程序示例的原因。大多数情况下，对于实现的选择，只影响执行性能。当创建一个接口并立即赋予一个新的集合给相对应的接口类型的变量时，选择实现（或者传递集合到一个需要接口类型参数的方法中）。以这种方式，程序并不依赖于一个给定实现当中的任何增加的方法，这样，程序可以在任何时候因性能原因或行为细节而改变实现。

9.6.2 Set 接口的实现

由 9.6.1 节可知，Set 接口中的元素不允许有重复的元素，因此实现 Set 接口的实现类要遵循这样的原则。Set 实现分为通用实现和特殊实现。

1. 通用 Set 实现

有 3 个通用的 Set 实现：HashSet、TreeSet 和 LinkedHashSet。HashSet 比 TreeSet 快，但是不提供顺序保证。如果需要使用 SortedSet 接口中的操作或要求按值的顺序迭代，则使用 TreeSet；否则，使用 HashSet。大多数情况下会使用 HashSet。

LinkedHashSet 在某种意义上位于 HashSet 和 TreeSet 中间。作为带有链表的哈希表，它提供插入顺序的迭代，运行速度接近于 HashSet。LinkedHashSet 实现避免了 HashSet 提供的混乱顺序，同时又没有像 TreeSet 那样增加高昂的成本。

需要注意的是，HashSet 在条目数量和容量数量上呈线性迭代。因此初始容量选择太高会浪费空间和时间。另一方面，选择一个过低的容量会在强制增加其容量时浪费复制数据结构的时间。如果不指定一个初始的容量，则默认是 16。之前选择一个素数作为初始容量有一些好处，但是现在不是这样了。HashSet 的容量总是以 2 的几何级数增长。使用 int 构造方法指定初始的容量。下面的代码给一个 HashSet 分配初始容量为 64：

```
Set<String> s = new HashSet<String>(64);
```

HashSet 类有另一个调整的参数，称为“加载因子”。否则，仅接受默认值，默认值总是最好的选择。LinkedHashSet 有和 HashSet 一样的调整因子，但是迭代时间不受容量的影响。TreeSet 没有调整因子。

2. 特殊目的的 Set 实现

有两个特殊目的的 Set 实现：EnumSet 和 CopyOnWriteArraySet。EnumSet 是用于枚举类型的一个高性能的 Set 实现。一个枚举 Set 集合中的所有成员必须是相同的枚举类型。EnumSet 支持在枚举类型上的范围迭代。例如，给定一个用于一周的天数的枚举声明，可以在周一至周五之前迭代。EnumSet 类提供一个静态的工厂方法，代码如下：

```
for (Day d : EnumSet.range(Day.MONDAY, Day.FRIDAY))
      System.out.println(d);
```

EnumSet 还提供一个丰富的、类型安全的对传统的位标志的替代：

```
EnumSet.of(Style.BOLD,Style.ITALIC)
```

CopyOnWriteArraySet 是一个由拷贝数组支持的 Set 实现。所有的可变操作（如 add()、set() 和 remove()）通过对原数组的一次新的拷贝元素来实现；这个实现只适用于很少修改但经常迭代的 Set 集合。它很适用于维护事件处理列表。

9.6.3　List 接口的实现

对 List 接口的实现也分为两类：通用目的的实现和特殊目的的实现。

1．通用目的的 List 实现

有两个通用目的的 List 实现：ArrayList 和 LinkedList。大多数时候，程序员或许都使用 ArrayList。它不必为 List 中的每一个元素分配节点对象，并且当它要在同一时刻移动多个元素时，可以利用 System.arraycopy()。将 ArrayList 当成不带同步的向量 Vector。

如果频繁地添加元素到 List 的开始位置或迭代 List 以从 List 的内部删除元素，应该考虑使用 LinkedList。实际应用中，如果想使用 LinkedList，在做出决定之前，先用 LinkedList 和 ArrayList 进行应用程序的性能测试；ArrayList 通常会快一点。

ArrayList 有一个调整参数——初始容量，它代表 ArrayList 在增长之前可以持有的元素的数量。LinkedList 没有调整参数，有 7 个可选的操作，其中一个是 clone()。其他 6 个是 addFirst()、getFirst()、removeFirst()、addLast()、getLast()和 removeLast()。LinkedList 还实现了 Queue 接口。

2．特殊目的的 List 实现

CopyOnWriteArrayList 是一个由写拷贝数组支持的 List 实现。其本质上与 CopyOnWriteArraySet 相似。甚至在迭代期间，同步也不是必需的，而且迭代保证永远不抛出 ConcurrentModificationException。这个实现很适合用于维护事件处理列表。在事件处理列表中很少发生改变，而遍历很频繁并且很耗时。

9.6.4　Map 接口的实现

对 Map 接口的实现可分为 3 类：通用目的、特殊目的和并发实现。下面依次讲解这 3 类实现方法。

1．通用目的的 Map 实现

3 个通用目的的 Map 实现分别是 HashMap、TreeMap 和 LinkedHashMap。

- 如果需要 SortedMap 操作，或者按键排序的集合视图迭代，使用 TreeMap。
- 如果想要最大的速度而不关心迭代的顺序，使用 HashMap。
- 如果想要接近 HashMap 性能和按插入顺序迭代，使用 LinkedHashMap。

在这方面，Map 的情形与 Set 类似。同样，在“Set 实现”一节中的任何事情都可应用于 Map 实现。

LinkedHashMap 提供两个 LinkedHashSet 不具备的性能。当创建一个 LinkedHashMap 时，可以基于键的访问顺序来排序，而不是基于插入顺序。换句话说，仅查找与一个键关联的值引起该键到 Map 的结尾。另外，LinkedHashMap 提供 removeEldestEntry()方法，该方法可以被覆盖以强加一个策略，该策略用于当新的映射被添加到 Map 中时，自动删除过时的映射。这使得实现一个自定义缓冲非常容易。

例如，下面的代码覆盖将允许 Map 增长到 90 个条目的大小，然后每次一个新的条目被加入时，Map 将删除最老的那个条目，维护 90 个条目的稳定状态。

```
private static final int MAX_ENTRIES = 90;

protected boolean removeEldestEntry(Map.Entry eldest) {
    return size() > MAX_ENTRIES;
}
```

2. 特殊目的的 Map 实现

有 3 个特殊目的的 Map 实现：EnumMap、WeakHashMap 和 IdentityHashMap。

3. 并发的 Map 实现

java.util.concurrent 包中含有 ConcurrentMap 接口，它扩展自 Map，带有 putIfAbsent()、remove()和 replace()方法，以及该接口的 ConcurrentHashMap 实现。

9.7 典型实例

【实例 9-1】在一条街上有 5 栋房子，喷了 5 种颜色，在每栋房子里住着不同国籍的人，每个人喝不同的饮料，抽不同品牌的香烟，养不同的宠物，问谁养的是鱼？

提示：英国人住红色房子，瑞典人养狗，丹麦人喝茶，绿色房子在白色房子左面，绿色房子主人喝咖啡，抽 PallMall 香烟的人养鸟，黄色房子主人抽 Dunhill 香烟，住在中间房子的人喝牛奶，挪威人住第 1 栋房子，抽 Blends 香烟的人住在养猫的人的隔壁，养马的人住抽 Dunhill 香烟的人隔壁，抽 BlueMaster 的人喝啤酒，德国人抽 Prince 香烟，挪威人住蓝色房子的隔壁，抽 Blends 香烟的人有一个喝水的邻居。

具体实现代码如下：

```
package com.java.ch091;
import java.util.ArrayList; //引入类

public class TextArrayList { // 操作使用 ArrayList 判断谁养鱼
    private static String[] HOUSES = { "红房子", "白房子", "绿房子", "蓝房子", "
黄房子" };
    private static String[] PERSONS = { "英国人", "瑞典人", "丹麦人", "挪威人", "
德国人" };
    private static String[] DRINKS = { "茶", "咖啡", "牛奶", "啤酒", "水" };
    private  static  String[]  SMOKES  =  {  "PalMal",  "Dunhill",  "BlMt",
"Prince","Blends" };
    private static String[] PETS = { "狗", "鸟", "猫", "马", "鱼" };
    private int[][] color;   // 颜色数组
    private int[][] person;  // 人员数组
    private int[][] drink;   // 饮料数组
    private int[][] smoke;   // 烟数组
    private int[][] pet;     // 宠物数组
    private int total = 0;

    public void init() { // 计算一组数据的组合方式
        ArrayList array = new ArrayList(); // 创建集合数组
        for (int num1 = 0; num1 < 5; num1++) {
            for (int num2 = 0; num2 < 5; num2++) {
                if (num2 == num1)
                    continue;
                for (int num3 = 0; num3 < 5; num3++) {
```

```
                    if (num3 == num2 || num3 == num1)
                        continue;
                    for (int num4 = 0; num4 < 5; num4++) {
                        if (num4 == num3 || num4 == num2 || num4 == num1)
                            continue;
                        for (int num5 = 0; num5 < 5; num5++) {
                            if (num5 == num4 || num5 == num3 || num5 == num2
                                    || num5 == num1)
                                continue;
                            int oneArray[] = { num1, num2, num3, num4, num5 };
                            array.add(oneArray);
                        }
                    }
                }
            }
        }
        color = new int[array.size()][5]; // 创建颜色的二维数组
        for (int count = 0; count < array.size(); count++) {
            // 循环数组实始化房颜色数据
            color[count] = (int[]) array.get(count);
        }
        person = color;
        drink = color;
        smoke = color;
        pet = color;
    }

    public void calculate() { // 判断运算
        init(); // 调用方法实始化数据
        for (int num1 = 0; num1 < color.length; num1++) {
            if (!con4(num1))
                continue;
            if (!con14(num1))
                continue;
            for (int num2 = 0; num2 < person.length; num2++) {
                if (!con1(num2, num1))
                    continue;
                if (!con8(num2))
                    continue;
                for (int num3 = 0; num3 < drink.length; num3++) {
                    if (!con3(num2, num3))
                        continue;
                    if (!con5(num1, num3))
                        continue;
                    if (!con9(num3))
                        continue;
                    for (int num4 = 0; num4 < smoke.length; num4++) {
                        if (!con7(num1, num4))
                            continue;
                        if (!con12(num4, num3))
                            continue;
                        if (!con13(num2, num4))
                            continue;
                        if (!con15(num4, num3))
                            continue;
                        for (int num5 = 0; num5 < pet.length; num5++) {
                            if (!con2(num2, num5))
                                continue;
                            if (!con6(num4, num5))
                                continue;
                            if (!con10(num4, num5))
                                continue;
                            if (!con11(num5, num4))
                                continue;
                            total++;
```

```
                        show(num1, num2, num3, num4, num5);
                    }
                }
            }
        }
    }
}
public boolean con1(int cy, int cl) {// 英国人住红色房子
    for (int i = 0; i < 5; i++) {
        if (person[cl][i] == 0) {
            if (color[cy][i] == 0) {
                return true;
            } else
                break;
        }
    }
    return false;
}
public boolean con2(int cy, int p) { // 瑞典人养狗
    for (int i = 0; i < 5; i++) {
        if (person[cy][i] == 1) {
            if (pet[p][i] == 0) {
                return true;
            } else
                break;
        }
    }
    return false;
}
public boolean con3(int cy, int d) { // 丹麦人喝茶
    for (int i = 0; i < 5; i++) {
        if (person[cy][i] == 2) {
            if (drink[d][i] == 0) {
                return true;
            } else
                break;
        }
    }
    return false;
}
public boolean con4(int cl) {           // 绿色房子在白色房子左面
    int c1 = 0; // 白房子
    int c2 = 0; // 绿房子
    for (int i = 0; i < 5; i++) {
        if (color[cl][i] == 1) {
            c1 = i;
        }
        if (color[cl][i] == 2) {
            c2 = i;
        }
    }
    if (c2 < c1)
        return true;
    else
        return false;
}
public boolean con5(int cl, int d) { // 绿色房子主人喝咖啡
    for (int i = 0; i < 5; i++) {
        if (color[cl][i] == 2) {
            if (drink[d][i] == 1) {
                return true;
            } else
                break;
        }
    }
```

```
        return false;
    }
    public boolean con6(int s, int p) { // 抽 PallMall 香烟的人养鸟
        for (int i = 0; i < 5; i++) {
            if (smoke[s][i] == 0) {
                if (pet[p][i] == 1) {
                    return true;
                } else
                    break;
            }
        }
        return false;
    }
    public boolean con7(int cl, int s) { // 黄色房子主人抽 Dunhill 香烟
        for (int i = 0; i < 5; i++) {
            if (color[cl][i] == 4) {
                if (smoke[s][i] == 1) {
                    return true;
                } else
                    break;
            }
        }
        return false;
    }
    public boolean con8(int cy) { // 住在中间房子的人喝牛奶
        if (person[cy][0] == 3)
            return true;
        else
            return false;
    }
    public boolean con9(int d) { // 挪威人住第 1 栋房子
        if (drink[d][2] == 2)
            return true;
        else
            return false;
    }
    public boolean con10(int s, int p) { // 抽 Blends 香烟的人住在养猫的人隔壁
        for (int i = 0; i < 5; i++) {
            if (smoke[s][i] == 4) {
                if (i < 4 && pet[p][i + 1] == 2) {
                    return true;
                }
                if (i > 0 && pet[p][i - 1] == 2) {
                    return true;
                }
                break;
            }
        }
        return false;
    }
    public boolean con11(int p, int s) { // 养马的人住抽 Dunhill 香烟的人隔壁
        for (int i = 0; i < 5; i++) {
            if (pet[p][i] == 3) {
                if (i < 4 && smoke[s][i + 1] == 1) {
                    return true;
                }
                if (i > 0 && smoke[s][i - 1] == 1) {
                    return true;
                }
                break;
            }
        }
        return false;
    }
    public boolean con12(int s, int d) { // 抽 BlueMaster 的人喝啤酒
```

```
        for (int i = 0; i < 5; i++) {
            if (smoke[s][i] == 2) {
                if (drink[d][i] == 3) {
                    return true;
                } else
                    break;
            }
        }
        return false;
    }
    public boolean con13(int cy, int s) { // 德国人抽 Prince 香烟
        for (int i = 0; i < 5; i++) {
            if (person[cy][i] == 4) {
                if (smoke[s][i] == 3) {
                    return true;
                } else
                    break;
            }
        }
        return false;
    }
    public boolean con14(int c) { // 挪威人住蓝色房子隔壁
        if (color[c][1] == 3)
            return true;
        else
            return false;
    }
    public boolean con15(int s, int d) { // 抽 Blends 香烟的人有一个喝水的邻居
        for (int i = 0; i < 5; i++) {
            if (smoke[s][i] == 4) {
                if (i < 4 && drink[d][i + 1] == 4) {
                    return true;
                }
                if (i > 0 && drink[d][i - 1] == 4) {
                    return true;
                }
                break;
            }
        }
        return false;
    }
    public void show(int n1, int n2, int n3, int n4, int n5) {
        // 显示计算之后的每个数组找出对应答案
        System.out.println("第" + total + "组:>");
        System.out.println("1\t\t2\t\t3\t\t4\t\t5\t\t");
        for (int i = 0; i < 5; i++)
            // 循环显示房子数组数据
            System.out.print(HOUSES[color[n1][i]] + "\t\t");
        System.out.println();
        for (int i = 0; i < 5; i++)
            // 循环显示人员数组数据
            System.out.print(PERSONS[person[n2][i]] + "\t\t");
        System.out.println();
        for (int i = 0; i < 5; i++)
            // 循环显示饮料数组数据
            System.out.print(DRINKS[drink[n3][i]] + "\t\t");
        System.out.println();
        for (int i = 0; i < 5; i++)
            // 循环显示香烟数组数据
            System.out.print(SMOKES[smoke[n4][i]] + "\t\t");
        System.out.println();
        for (int i = 0; i < 5; i++)
            // 循环显示宠物数组数据
            System.out.print(PETS[pet[n5][i]] + "\t\t");
        System.out.println();
```

```
    }
    public static void main(String args[]) {        // Java 程序主入口处
        TextArrayList test = new TextArrayList();// 实例化对象
        long l = System.currentTimeMillis();     // 获得系统时间
        test.calculate(); // 调用方法进行计算统计
        System.out.println("计算共用时: " + (System.currentTimeMillis() - l) +
"ms");
    }
}
```

以上程序中，init()方法中创建 ArrayList 列表集合，运用多种循环进行判断获得各组数据之间的组合方式，并将符合要求的组合方式放入列表集合中。循环遍历列表集合，将元素放入颜色、人员、饮料等数组中。

calculate()方法调用 init()方法对数组元素进行初始化。循环判断比较各数组元素的关系获得符合原题要求的元素的索引，再根据 show()方法循环将指定索引的元素打印到控制台。

运行结果如下所示。

```
第 1 组:
1        2        3        4        5
绿房子    蓝房子    红房子    黄房子    白房子
挪威人    德国人    英国人    丹麦人    瑞典人
咖啡      水        牛奶      茶        啤酒
PalMal   Prince   Blends   Dunhill  BlMt
鸟        猫        马        鱼        狗
第 2 组:
1        2        3        4        5
绿房子    蓝房子    红房子    黄房子    白房子
挪威人    德国人    英国人    丹麦人    瑞典人
咖啡      水        牛奶      茶        啤酒
PalMal   Prince   Blends   Dunhill  BlMt
鸟        鱼        马        猫        狗
……
第 7 组:
1        2        3        4        5
黄房子    蓝房子    红房子    绿房子    白房子
挪威人    丹麦人    英国人    德国人    瑞典人
水        茶        牛奶      咖啡      啤酒
Dunhill  Blends   PalMal   Prince   BlMt
猫        马        鸟        鱼        狗
计算共用时：16ms
```

【实例 9-2】迭代器（Iterator）是一种设计模式。它是一个对象，可以遍历并选择序列中的对象。迭代器通常被称为“轻量级”对象，因为创建它的代价小。本实例介绍如何使用迭代器以及使用的规则。具体代码如下：

```
package com.java.ch092;
import java.util.ArrayList; //引入类
import java.util.Iterator;
import java.util.List;
import java.util.Vector;

public class TextIterator { // 操作使用 Iterator 的类
```

```
    public static void searchBooks() { // 查看书目
        List<String> list = new ArrayList<String>(5);
        // 创建容量为 5 的列表集合
        list.add("Java 入门提高"); // 添加元素(对象)
        list.add("ASP.NET 网络开发");
        list.add("JavaScript 开发技术大全");
        list.add("PHP 程序设计");
        System.out.println("第一次查看书目:");
        for (Iterator iter = list.iterator(); iter.hasNext();) {
            // 使用 Iterator 进行循环
            Object obj = iter.next(); // 获得每个元素(对象)
            System.out.print(obj + "\t");
            if ("PHP 程序设计".equals(obj)) // 判断
                iter.remove(); // 移除对象
        }
        System.out.println();
        System.out.println("第二次查看书目: ");
        Iterator it = list.iterator(); // 获得 Iterator 对象
        while (it.hasNext()) { // 只要有元素(对象)便进行循环
            System.out.print(it.next() + "\t");
        }
        System.out.println();
    }
    public static void searchResult() { // 查看经过一系列操作后的书目
        Vector<String> vector = new Vector<String>(4); // 创建容量为 4 的向量集合
        vector.add("Java 入门提高"); // 添加元素(对象)
        vector.add("ASP.NET 网络开发");
        vector.add("JavaScript 开发技术大全");
        vector.add("PHP 程序设计");
        System.out.println("查看经过操作后的书目:");
        for (Iterator iter = vector.iterator(); iter.hasNext();) {
             // 使用 Iterator 进行循环
            if (iter.next().equals("Java 入门提高")) // 获得一个元素进行判断
                iter.remove(); // 移除对象
            else {
                System.out.println(iter.next().toString()); // 输出元素
            }
        }
    }
    public static void main(String[] args) { // Java 程序主入口处
        searchBooks();  // 调用方法获得书目
        searchResult(); // 调用方法获得操作后的书目
    }
}
```

以上程序中，searchBooks()方法中创建列表集合并运用 Java 5.0 新特性：泛型。<String>表示列表中只能存放字符串类型的数据。列表集合运用 add()方法添加元素，运用 iterator()方法创建 Iterator 对象。Iterator 对象中的 hasNext()方法控制列表集合的循环，next()方法依次获得每个列表集合中的每个元素，remove()方法删除列表集合中的元素。

searchResult()方法创建向量集合并运用 Java 5.0 新特性：泛型。<String>表示向量中只能存放字符串类型的数据。方法返回的结果是输出下标为 2 的元素，原因是：第一次循环用 iter.next()方法值为“Java 入门提高”，调用 iter.remove()方法将其移除；第二次循环调用 iter.next()方法值为“ASP.NET 网络开发”，进入 else 语句，又调用一次 iter.next()方法将“JavaScript 开发技术大全”输出；第三次循环调用 iter.next()方法值为“PHP 程序设计”，进入 else 语句，此时向量 vector 中已无更多元素，再调用 next()方法则抛出异常。

运行结果如下所示。

```
第一次查看书目:
Java 入门提高  ASP.NET 网络开发  JavaScript 开发技术大全  PHP 程序设计
```

```
第二次查看书目:
Java 入门提高  ASP.NET 网络开发  JavaScript 开发技术大全
查看经过操作后的书目:
JavaScript 开发技术大全
Exception in thread "main" java.util.NoSuchElementException
	at java.util.Vector$Itr.next(Vector.java:1136)
	at com.java.ch092.TextIterator.searchResult(TextIterator.java:41)
	at com.java.ch092.TextIterator.main(TextIterator.java:48)
```

【实例 9-3】Java 为数据结构中的集合定义了一个接口 java.util.Set，它有 3 个实现类，分别是 HashSet、LinkedHashSet 和 TreeSet。本实例介绍如何使用这 3 个实现类，以及讲解这 3 个实现类之间的共性。具体代码如下：

```
package com.java.ch093;
import java.util.ArrayList;//引入类
import java.util.HashSet;
import java.util.Iterator;
import java.util.LinkedHashSet;
import java.util.List;
import java.util.Set;
import java.util.TreeSet;

public class TextSetClass {                              //操作使用 Set 的三个实现类的类
    public static void initSet(Set<String> set) {          // 初始化 Set 的元素
        if (set != null) {
            set.add("中央电视台");
            set.add("湖南卫视");
            set.add("新闻频道");
            set.add("电影频道");
            set.add("少儿节目");
        }
    }
public static void display(Set set) {                       // 输出 set 的元素
        if (set != null && set.size()>0) {
            Iterator it = set.iterator();                     // 获得迭代器 Iterator
            while (it.hasNext()) {                            // 循环获得 Set 每个元素
                System.out.print(it.next() + " ");
            }
        }else{
            System.out.println("没有元素! ");
        }
        System.out.println();                                 // 换行
    }
    public static void showHashSet() {                        // 使用 HashSet 操作元素
        Set hashSet = new HashSet();
        initSet(hashSet);                                   // 调用方法初始化元素
        System.out.println("使用 HashSet 操作元素: ");
        display(hashSet);                                   // 调用方法显示元素
    }
    public static void showTreeSet() {                        // 使用 TreeSet 操作元素
        Set treeSet = new TreeSet();
        initSet(treeSet);                                     // 调用方法初始化元素
        System.out.println("使用 TreeSet 操作元素: ");
        display(treeSet);                                   // 调用方法显示元素
    }
    public static void showLinkedHashSet() {                // 使用 LinkedHashSet 操作元素
        Set linkedHashSet = new LinkedHashSet();
        initSet(linkedHashSet);                             // 调用方法初始化元素
        System.out.println("使用 LinkedHashSet 操作元素: ");
        display(linkedHashSet);                             // 调用方法显示元素
    }
```

```
    public static void main(String[] args) {      // java 程序主入口处
        showHashSet();
        showTreeSet();
        showLinkedHashSet();
        Set hashSet = new HashSet();
        initSet(hashSet);
        hashSet.add("中央电视台");                    // Set 不允许元素重复
        hashSet.add("少儿节目");
        System.out.println("为 hashSet 加入中央电视台, 少儿节目元素后: ");
        display(hashSet);                             // 调用方法显示元素
        hashSet.remove("中央电视台");                 // 删除元素
        System.out.println("hashSet 删除 aaa 元素后: ");
        display(hashSet);                             // 调用方法显示元素
        List list = new ArrayList();                  // 创建一个列表集合
        list.add("少儿节目");
        list.add("少儿节目");
        list.add("中央电视台");
        hashSet.addAll(list);                         // 将列表集合添加到 Set 中
        System.out.println("hashSet 添加一个集合的所有元素后: ");
        display(hashSet);
        hashSet.retainAll(list);                  // 删除除列表集合中的元素之外的元素
        System.out.println("hashSet 删除除了列表集合之外的元素后: ");
        display(hashSet);                         // 调用方法显示元素
        hashSet.removeAll(list);                  // 删除集合中的元素
        System.out.println("hashSet 删除集合中的元素后: ");
        display(hashSet);                         // 调用方法显示元素
                                                  // 获取 Set 中元素的个数
        System.out.println("hashSet 中当前元素的个数: " + hashSet.size());
                                                  // 判断 Set 中的元素是否为空
        System.out.println("hashSet 中当前元素为 0?   " + hashSet.isEmpty());
    }
}
```

以上代码中，initSet()方法初始化一个集（Set），通过 add()方法往集中添加元素。

display()方法遍历一个集（Set），并循环输出集的元素。集的 iterator()方法获得迭代器 Iterator 运用循环依次迭代输出集中的每个元素。

showHashSet()方法、showTreeSet()方法和 showLinkedSet()方法依次实现 Set 接口并调用方法进行初始化再将元素输出。

在 main()主方法中调用方法输出集（Set）不同实现类的元素并创建一个集（Set）的实现类 hashSet 并初始化，其运用 remove()方法删除指定元素。创建一个列表集合并对其初始化，addAll()方法将列表集合中的元素全部添加到 hashSet 中，由于集（Set）不允许元素重复，在列表集合中的元素全部在 hashSet 中存在，则列表集合中的元素不能添加到 hashSet 中。retainAll(list)方法删除除 list 以外的 hashSet 中的全部元素，removeAll()方法删除 hashSet 中的全部元素。size()方法获得 hashSet 中元素的个数，isEmpty()方法判断 hashSet 中是否存在元素。

运行结果如下所示。

```
使用 HashSet 操作元素:
新闻频道 中央电视台 湖南卫视 少儿节目 电影频道
使用 TreeSet 操作元素:
中央电视台 少儿节目 新闻频道 湖南卫视 电影频道
使用 LinkedHashSet 操作元素:
中央电视台 湖南卫视 新闻频道 电影频道 少儿节目
为 hashSet 加入中央电视台, 少儿节目元素后:
新闻频道 中央电视台 湖南卫视 少儿节目 电影频道
hashSet 删除中央电视台元素后:
新闻频道 湖南卫视 少儿节目 电影频道
```

```
hashSet 添加一个集合的所有元素后:
新闻频道 中央电视台 湖南卫视 少儿节目 电影频道
hashSet 删除除了列表集合之外的元素后:
中央电视台 少儿节目
hashSet 删除集合中的元素后:
没有元素！
hashSet 中当前元素的个数: 0
hashSet 中当前元素为 0?    true
```

第三篇　Swing

第 10 章　第一个图形界面应用程序

图形用户界面简称 GUI（Graphical User Interface），通过 GUI 用户可以更好地与计算机进行交互。从本章开始我们就学习如何创建带图形界面的 Java 应用程序，编写第一个带图形界面的程序。本章主要讲解 Swing 工具包。

10.1　Swing 简介

从 JDK 1.2 版本后 Java 就引入了 javax.swing，实现了图形界面的跨平台。Swing 工具包提供了一系列丰富的 GUI 组件：表控件、列表控件、树控件、按钮和标签等，用来构建图形界面的应用程序，大大增加了程序的可交互性。

10.1.1　Swing

Swing 是一个用于开发 Java 应用程序用户界面的开发工具包。它以抽象窗口工具包（AWT）为基础，使跨平台应用程序可以使用任何可插拔的外观风格。开发人员只用很少的代码就可以利用 Swing 丰富、灵活的功能和模块化组件来创建优秀的用户界面。其包含很多与界面相关的类和接口，是 JFC 的重要组成部分。JFC 是 Java 基础类的简称，它包括一组用于构建图形用户界面（GUI）并添加丰富图形功能，以及交互性给 Java 应用程序的特性。

本节主要学习 Swing 组件及应用于 Swing 组件的 JFC 特性。Swing API 是很强大的。Swing API 一共有 18 个 public 类型包，如表 10.1 所示。

表 10.1　Swing API中的包

javax.accessibility	javax.swing.plaf	javax.swing.text
javax.swing	javax.swing.plaf.basic	javax.swing.text.html
javax.swing.border	javax.swing.plaf.metal	javax.swing.text.html.parser
javax.swing.colorchooser	javax.swing.plaf.multi	javax.swing.text.rtf
javax.swing.event	javax.swing.plaf.synth	javax.swing.text.tree
javax.swing.filechooser	javax.swing.table	javax.swing.text.undo

实际上，大多数程序只使用这些 API 中的 javax.swing 和 javax.swing.event 两个包。

10.1.2　Swing 特点

Swing 的特点如下：包含丰富的组件、程序外观支持、可数据传递、易访问性 API、部署支持灵活。

1. 丰富的组件

从基本的组件（如按钮和复选框）到丰富复杂的组件（如表和文本）。即使是看上去简单的组件（如文本字段），也能提供复杂的功能（如格式化的文本输入或密码字段行为）。Swing 还包含适合大多数需求的文件浏览器和对话框。如果 Swing 提供的组件不能完全满足要求，则可以利用基本的 Swing 组件功能创建自定义的组件。

2. 程序外观支持（look and feel）

任何使用 Swing 组件的程序都可以选择程序外观。在 Swing 中，有一个 Synth 包，允许用户创建自己的程序外观。

Java 程序可以指定使用其要运行的平台的程序外观，或者指定总是使用 Java 的程序外观。如果不指定，则由 UI 管理器负责选择合适的程序外观。

3. 可数据传递

在实际使用中，几乎所有的应用程序都可以通过剪切、复制、粘贴或拖放来传递数据。而 Swing 内置了对数据传递的支持，可以在一个应用程序的组件之间、Java 应用程序之间及 Java 程序和本地程序之间很好地进行数据传递工作。

4. 易访问性 API

残疾人在操作应用程序时，需要使用专门的辅助软件作为中介手段。这样的辅助软件需要获得正在运行的应用程序的大量信息，以便以可替代的媒介形式来表示，如使用屏幕阅读器合成语音读出屏幕内容，或者通过盲文显示表达内容；使用屏幕放大镜跟踪提示符和键盘焦点；屏幕上显示动态的键盘，用来控制菜单选项、工具栏项目和对话框控件；语音控制系统使用户可以通过声音控制操作。而 Java 的可访问性 API 使这些辅助软件能够获得所需的信息，并且通过程序操作构成图形用户界面的元素。

5. 部署支持灵活

使用 Java 编写的程序，既可以将其创建为 Applet 小应用程序并使用 Java 插件运行在浏览器窗口中（Java 插件支持各种类型的浏览器，如 IE 浏览器、Firefox 浏览器和 Safari 浏览器），也可以使用 Java Web Start 创建一个能在浏览器中启动的应用程序。

由 Swing 提供的组件几乎都是轻量级的。因为轻量级组件是绘制在包含它的容器中的，而不是绘制在自己的窗口中的，所以轻量级组件最终必须包含在一个重量级容器中。

10.2 创建第一个图形界面程序

本节通过使用 Swing 创建一个简单的图形界面程序，帮助读者快速了解 Java 桌面程序开发步骤，掌握简单的图形界面程序开发流程，轻松开发复杂的图形界面程序。

在 Swing 中，代表窗体的类是 javax.swing.JFrame，程序中的其他组件必须包含在 JFrame 窗体上才能被显示在屏幕上，因此也称 JFrame 类为容器类，它能像一个容器一样容纳别的组件。

要使用 JFrame 类创建窗体，首先要做的就是在程序中导入 javax.swing.JFrame 类。另外，在本示例中还需要用到一个标签（也是一个 Swing 组件，在后面的章节中有详细的讲解）。在 Swing 中，代表标签的组件类是 javax.swing.JLabel，因此也需要导入这个类。还用到 javax.swing.SwingUtilities，这是一个 Swing 工具类。

下面创建一个最简单的窗体界面程序——HelloWorldSwing，在标签上显示“HelloWorld”，代码如下：

```
import javax.swing.JFrame;
import javax.swing.JLabel;
import javax.swing.SwingUtilities;
public class HelloWorldSwing {
/* 创建一个 GUI 界面并显示 */
    private static void createAndShowGUI() {
        //创建并设置程序运行窗体
        JFrame frame = new JFrame("HelloWorldSwing"); //创建带有标题的窗体
        //设置当关闭窗体时自动关闭窗口
        frame.setDefaultCloseOperation(JFrame.EXIT ON CLOSE);
        //添加"Hello World"标签
        JLabel label = new JLabel("Hello World"); //创建带有文字内容的标签对象
        frame.getContentPane().add(label);    //将获得的标签对象添加到内容面板中
        //显示窗体
        frame.pack();                           //所有组件以首选大小显示
        frame.setVisible(true);                 //显示窗体
    }
    public static void main(String[] args) {
        //为事件分发线程预订一个工作
        //创建并显示本程序的 GUI
        javax.swing.SwingUtilities.invokeLater(new Runnable() {
            public void run() {
                createAndShowGUI();             //创建窗体并显示
        }
        });
    }
}
```

在这里不对程序中的代码做过多说明。其中各组件类的用法会在第 11 章中详细讲解。程序运行后在屏幕上会出现窗体，窗体大小自动以最适合组件大小的状态出现。将光标放在窗体边框上，当光标变为左右方向的箭头时，可以通过拖拉改变窗体的大小，如图 10.1 所示。

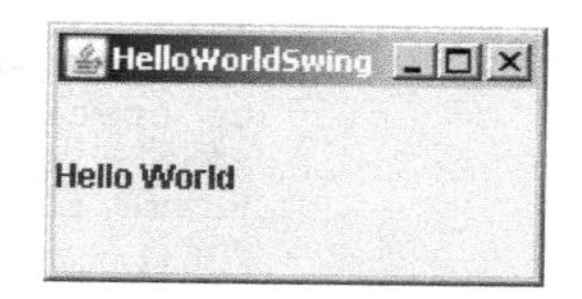

图10.1　HelloWorld程序界面

10.3 Swing 顶层容器

要理解 10.2 节中程序代码的含义，需要了解一些 Swing 的背景知识。其中首先需要了解的是 Swing 顶层容器。顶层容器指的是容纳其他容器的容器组件，包括 JFrame 类、JWindow 类、JDialog 类和 JApplet 等。本章主要对常用的 JFrame 类和 JDialog 类进行介绍。

10.3.1 Swing 中的顶层容器类

Swing 提供 3 个顶层容器类：JFrame、JDialog 和 JApplet。当使用这些顶层容器类时，应该谨记以下原则：

- 要在屏幕上显示，每个 GUI 组件必须是一个“容器层级”的一部分。
- 每个 GUI 组件只能属于一个容器。如果一个组件已经在一个容器当中，而又试图将它添加到另外一个容器中去，那么应先从第一个容器中移除该组件，然后添加到第二个容器中去。
- 各类可视化组件不直接放到顶层容器中，而是放在顶层容器的内容面板中。
- 可以选择添加一个菜单栏到顶层容器中。菜单栏按惯例应位于顶层容器中，但必须位于内容面板之外。

Swing 中还有一个名为 JInternalFrame 的内部窗体，它模仿 JFrame，但实际上内部窗体并不是真正的顶层容器。图 10.2 和图 10.3 是由一个应用程序所创建的窗体的截图。这个窗体包含一个绿色的菜单栏（没有菜单项）和窗体的内容面板，内容面板中有一个很大的空白的黄色标签。

图10.2　带有菜单栏和内容面板的窗体

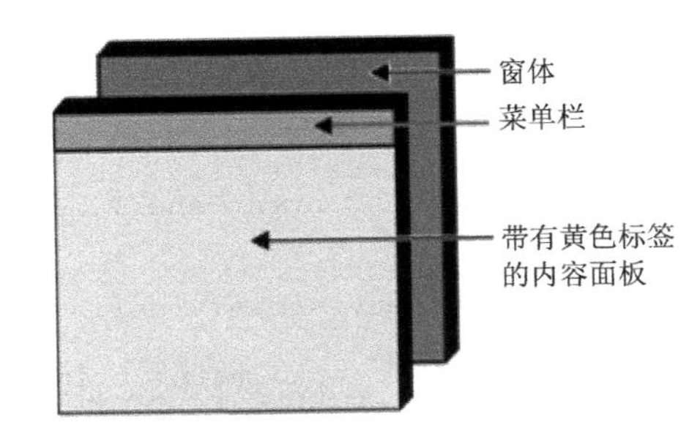

图10.3　窗体、菜单和内容面板的关系图

下面我们创建带有菜单栏和内容面板的窗体。代码如下：

```
import java.awt.*;
import java.awt.event.*;
import javax.swing.*;
/* TopLevelDemo.java 不需要其他文件. */
public class TopLevelDemo {
    //创建一个 GUI 界面并显示。出于线程安全的考虑，应该从事件分发线程调用此方法
    private static void createAndShowGUI() {
        //创建并设置窗体
        JFrame frame = new JFrame("TopLevelDemo");     //创建带有标题的窗体对象
        //设置当关闭窗体时自动退出程序
        frame.setDefaultCloseOperation(JFrame.EXIT_ON_CLOSE);
        //创建一个菜单栏，将其背景设为绿色
        JMenuBar greenMenuBar = new JMenuBar();
        greenMenuBar.setOpaque(true);                  //将菜单栏背景设为不透明
        //设置菜单栏背景色
        greenMenuBar.setBackground(new Color(154, 165, 107));
        //设置菜单栏的首选大小
        greenMenuBar.setPreferredSize(new Dimension(200, 20));
        //创建一个黄色的标签并将其放入内容面板中
        JLabel yellowLabel = new JLabel();             //创建一个标签对象
        yellowLabel.setOpaque(true);                   //将标签背景设为不透明的
        //设置标签的背景颜色
        yellowLabel.setBackground(new Color(248, 210, 101));
        //设置标签的首选大小
        yellowLabel.setPreferredSize(new Dimension(200, 180));
        //设置菜单栏并将标签添加到内容面板中
        frame.setJMenuBar(greenMenuBar);               //将菜单栏添加到窗体上
        //向窗体的内容面板添加标签
        frame.getContentPane().add(yellowLabel, BorderLayout.CENTER);
        //显示窗体
        frame.pack();
        frame.setVisible(true);
    }
    public static void main(String[] args) {
        //为事件分发线程预订一个工作：创建并显示本程序的 GUI
        javax.swing.SwingUtilities.invokeLater(new Runnable() {
            public void run() {
                createAndShowGUI();
            }
        });
```

```
        }
    }
```

虽然该示例程序在一个独立的应用程序中使用 JFrame，但是同样的原理也适用于 JApplet 和 JDialog。

10.3.2　容器层

每一个使用 Swing 组件的程序都至少有一个顶层容器。这个顶层容器是容器层级的根，而容器层级包含所有出现在顶层容器中的 Swing 组件。如图 10.4 所示为上面示例的 GUI 的容器层级。

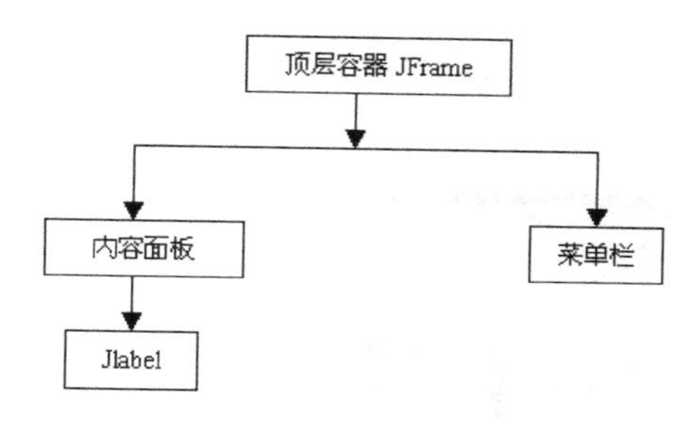

图10.4　容器层级

基于 Swing 的 GUI 应用程序，至少要有一个带有 JFrame 作为其根的容器层级。这个可以作为一个原则，例如，如果一个应用程序有一个主窗体和两个对话框，那么该应用程序有 3 个容器层级，因此有 3 个顶层容器。

10.3.3　组件使用

作为一个 Swing 程序的原则，每一个顶层容器都有一个内容面板（Content Pane），各类可视化组件不直接放到顶层容器中，而是放在顶层容器的内容面板中。下面这行代码是 10.3.2 节的示例中，用来获得一个窗体的内容面板并向其添加黄色的标签的代码：

```
frame.getContentPane( ).add(yellowLabel, BorderLayout.CENTER);
```

通过调用 getContentPane()方法来找到顶层容器的内容面板。默认的内容面板是一个从 JComponect 继承过来的简单的中间容器，并使用 BorderLayout 作为其布局管理器。要使一个组件成为内容面板，使用顶层容器的 setContentPane()方法。例如：

```
//创建一个面板并向其中添加一个组件
JPanel contentPane = new JPanel(new BorderLayout());  //创建一个 JPanel 实例对象
contentPane.setBorder(someBorder);                    //设置其边框
contentPane.add(someComponent, BorderLayout.CENTER);  //向面板中添加组件
contentPane.add(anotherComponent, BorderLayout.PAGE_END);
//将添加了组件的面板设为容器的内容面板
topLevelContainer.setContentPane(contentPane);
```

其中 topLevelContainer 为一个顶层容器的名字。也可以将一个组件添加到内容窗体的内容面板上，代码如下：

```
frame.add(child);
```

child 组件将会被添加到内容面板中。这是因为窗体的 add()方法及 remove()、setLayout()方法被重载了，以保证组件必须被添加到内容面板中。

10.3.4 添加菜单栏

所有的顶层容器都可以拥有一个菜单栏。然而在实际应用中，菜单栏通常只出现在窗体和 Applet 中。要添加一个菜单栏到一个顶层容器，需要创建一个 JMenuBar 对象，它由菜单组成，然后调用 setJMenuBar()方法将其添加到容器中。代码如下：

```
JMenuBar MenuBar1= new JMenuBar();
frame.setJMenuBar(MenuBar1);
```

10.3.5 根面板

每一个顶层容器都依赖于一个隐含的中间容器，称为“根面板”（Root Pane）。根面板管理着内容面板和菜单栏，连同另外两个容器。如果需要截取鼠标操作或在多个组件上绘制，就需要了解根面板。如图 10.5 所示为一个窗体（及每一个其他顶层容器）的一个根面板的组件列表。

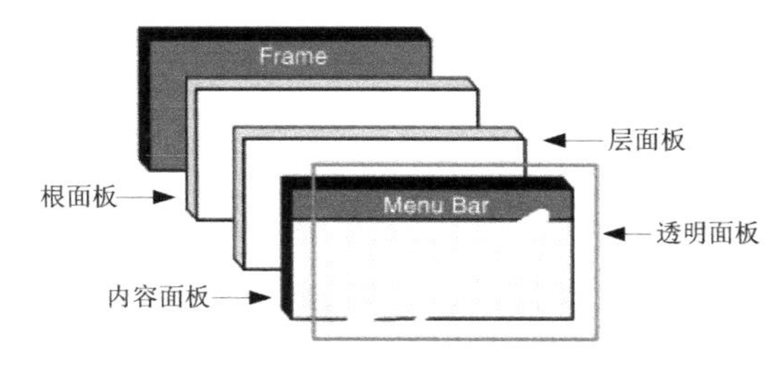

图10.5 根面板组件列表

内容面板添加的另外两个组件是一个分层的面板（JLayeredPane 对象）和一个透明的面板（GlassPane 对象）。分层的面板包含菜单栏和内容面板，以及 Z 轴方向上的其他组件。透明面板经常被用于截取发生在顶层容器上的输入事件，还可以被用于在多个容器上绘制。

10.4 JFrame 类创建图形界面窗体

JFrame 是最重要的顶层容器，显示效果是一个窗体，带有边框、标题并支持关闭和最小/最大化按钮组件的一个窗口，还可以向 JFrame 中添加其他组件。当用户试图关闭窗口时，它知道怎么进行响应，默认的行为是隐藏 JFrame。

10.4.1 创建窗体

使用 JFrame 类创建一个应用程序的窗体非常简单，只需要生成一个 JFrame 类的对象，或者从 JFrame 类派生出一个新的类，创建窗体一般分为以下几个步骤。

（1）创建窗体类 JFrame 的实例。

```
JFrame frame = new JFrame( );
```

或

```
JFrame frame = new JFrame("FrameDemo");
```

FrameDemo 参数是 Jframe 的构造方法，指新建的窗体名称。

（2）设置窗体的标题内容（可选）。

```
frame.setTitle("FrameDemo");
```

（3）设置当关闭窗体时，会发生什么（可选）。

```
frame.setDefaultCloseOperation(JFrame.EXIT_ON_CLOSE);
```

只有一个窗体的情况下，单击窗口标题栏的关闭图标，退出程序。

（4）创建一些组件并将它们放置到窗体内，将一个空白的标签添加到窗体的内容面板中。

```
//…创建空白标签 emptyLabel…
frame.getContentPane( ).add(emptyLabel, BorderLayout.CENTER);
```

其中，getComtentPane()是 JFrame 的一个方法，用来获得当前窗体的内容面板，它返回一个 JContentPane 对象。对于具有菜单的窗体，在这里需要使用 JFrame 的 setJMenuBar()方法将菜单栏添加到窗体上。

（5）调整窗体大小。

```
frame.pack( );
```

pack 方法调用窗体的大小，使窗体的内容以最合适的大小显示。可替代 pack()方法的另外的方法是，通过显式地调用 setSize()或 setBounds()（setBounds()方法设置窗体的位置）方法来建立一个窗体。一般来说，使用 pack()方法要优于调用 setSize()方法，因为 pack()方法让窗体的布局管理器来自主地决定窗体的大小，布局管理器可基于所依赖的平台和其他影响组件大小的因素来做最合适的调整。

（6）显示窗体。

```
frame.setVisible(true);
```

调用 setVisible(true)方法使窗体显示在屏幕上。默认情况下，窗体是不显示的。

10.4.2　创建窗体示例

创建并显示一个简单的应用程序窗体。代码如下：

```
import java.awt.*;
import javax.swing.*;
/* FrameDemo.java 不要求其他文件 */
public class FrameDemo1 {
    //创建一个 GUI 界面并显示。出于线程安全的考虑，应该从事件分发线程调用此方法
    private static void createAndShowGUI() {
        //创建并设置程序运行窗口
        JFrame frame = new JFrame("FrameDemo");   //创建带有标题的窗体对象
        //设置当关闭窗体时退出程序
        frame.setDefaultCloseOperation(JFrame.EXIT_ON_CLOSE);
        JLabel emptyLabel = new JLabel("");         //创建不带文本内容的标签对象
        //设置标签的首选大小
        emptyLabel.setPreferredSize(new Dimension(175, 100));
        //将标签添加到内容面板中间
        frame.getContentPane().add(emptyLabel, BorderLayout.CENTER);
    //显示窗口
    frame.pack();
    frame.setVisible(true);
    }
    public static void main(String[] args) {
    //为事件分发线程预订一个工作
    //创建并显示本程序的 GUI
    javax.swing.SwingUtilities.invokeLater(new Runnable() {
        public void run() {
        createAndShowGUI();
        }
    });
    }
}
```

运行程序会看到如图 10.6 所示的窗口。在这个窗口中，只有一个无文本文字的标签组件。窗体有一个边框，在窗口的上方有标题和最小化/最大化及关闭按钮。

图10.6　简单窗体

10.4.3　设置窗口

默认情况下，窗口设置由本地窗口系统提供。不过，可以请求程序外观（look-and-feel）为窗体提供设置。如图 10.7、图 10.8 和图 10.9 所示为 3 个相同的窗体，但是其窗口设置不同。从每个窗体中按钮的外观上可以看出，3 个窗体都使用了默认的 Java 程序外观（跨平台的 look-and-feel）。

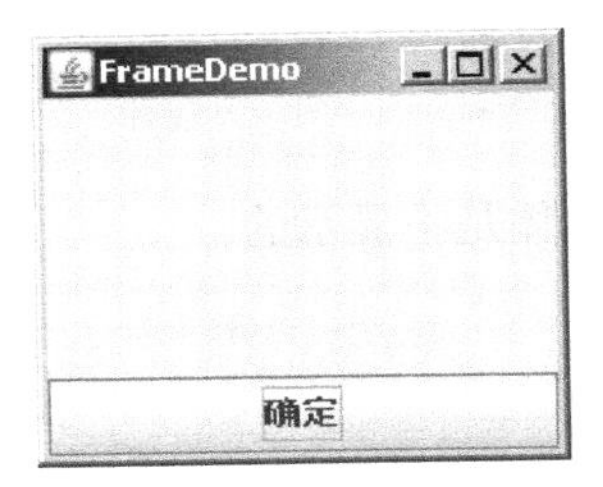

图10.7　默认的窗口设置

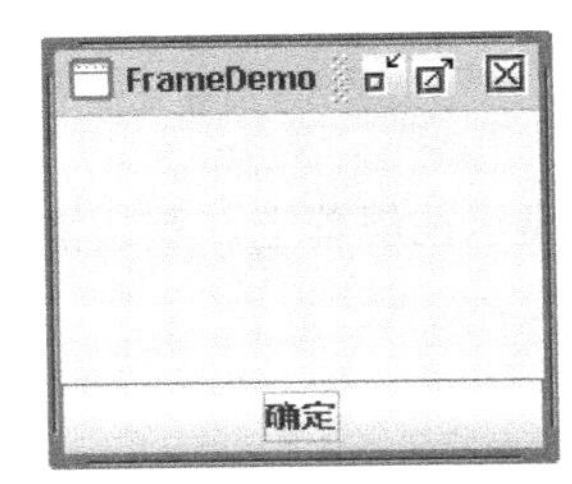

图10.8　由look-and-feel提供的窗口设置

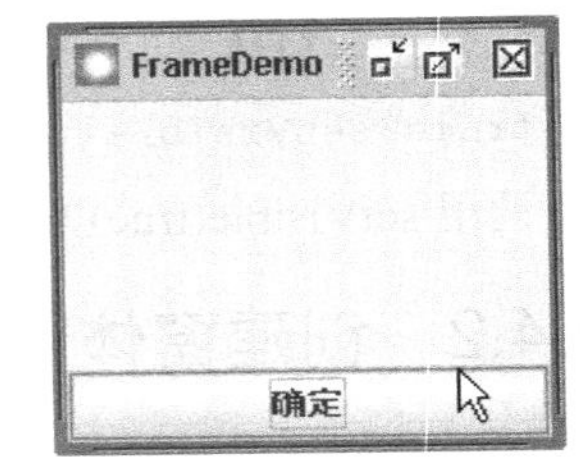

图10.9　带自定义图标的窗口设置

图 10.7 使用由窗口系统提供的设置，也是默认的窗体设置，可以看出图中显示的是微软 Windows 系统的窗体设置。图 10.8 和图 10.9 使用由默认的 Java 程序外观（跨平台的 look-and-feel）提供的窗口设置。如果希望上面的示例程序显示自定义图标并带有指定程序外观提供的窗口设置，那么需要在程序中添加如下代码：

```
//请求由程序外观提供的窗口设置
JFrame.setDefaultLookAndFeelDecorated(true);        //这是 JFrame 的一个静态方法
//创建窗体
JFrame frame = new JFrame("新的窗口");
//设置窗体图标。图标的图像加载自一个文件
frame.setIconImage(new ImageIcon(imgURL).getImage());
```

注意，一定要先调用 JFrame 类的 setDefaultLookAndFeelDecorated()方法设置窗口，然后再创建新的窗体，新窗体才显示指定的窗口设置。

如果想切换回窗口系统设置，可以通过调用方法 JFrame.setDefaultLookAndFeelDecorated(false)来切换。下面的代码用来设置窗口和自定义图标。

```
import java.awt.*;
import javax.swing.*;
/* FrameDemo.java 不要求其他文件 */
public class FrameDemo2 {
    //创建一个 GUI 界面并显示，出于线程安全的考虑，应该从事件分发线程调用此方法
    private static void createAndShowGUI() {
        //设置窗口设置
        JFrame.setDefaultLookAndFeelDecorated(true);
```

```
        //创建并设置程序运行窗口
        JFrame frame = new JFrame("FrameDemo");
        //设置窗体图标。getFDImage()为自定义的方法，用来加载小图标
        frame.setIconImage(getFDImage( ));
        //设置当关闭窗口时，自动退出程序
        frame.setDefaultCloseOperation(JFrame.EXIT_ON_CLOSE);
        JLabel emptyLabel = new JLabel("");          //创建一个不带文本的空标签
        //设置标签的首选大小
        emptyLabel.setPreferredSize(new Dimension(175, 100));
        //向内容面板添加标签
        frame.getContentPane().add(emptyLabel, BorderLayout.CENTER);
        //显示窗口
        frame.pack();
        frame.setVisible(true);
    }
    //加载图像
    protected static Image getFDImage() {
        java.net.URL imgURL = FrameDemo2.class.getResource("images/FD.jpg");
        //获取图像文件路径
        if (imgURL != null) {
            return new ImageIcon(imgURL).getImage();       //返回创建的图像对象
        } else {
            return null;
        }
    }
    public static void main(String[] args) {
        //为事件分发线程预订一个工作：创建并显示本程序的 GUI
        javax.swing.SwingUtilities.invokeLater(new Runnable() {
            public void run() {
                createAndShowGUI();
            }
        });
    }
}
```

编译并运行此程序，程序运行结果如图 10.10 所示。

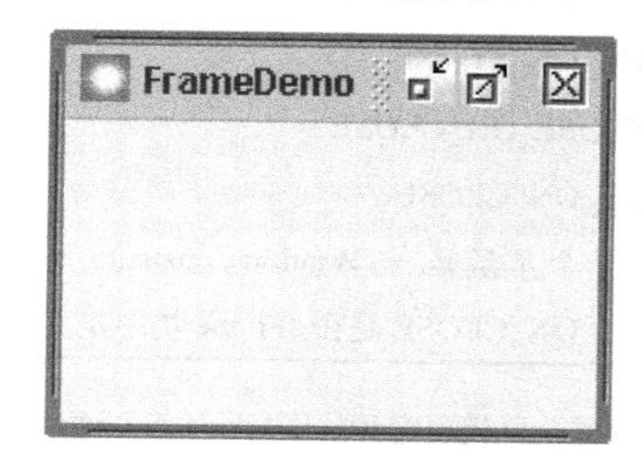

图10.10　窗口设置

在这个程序中，设置窗体标题栏要显示的图标为 FD.jpg。

10.4.4　窗口关闭事件

在默认情况下，用户关闭屏幕上的一个窗体时，窗体被隐藏。虽然不可见，但窗体仍然是存在的，并且程序可以再次使其可见。如果想改变这种默认的行为，需要注册一个窗口监听器来处理窗口关闭事件，或使用 setDefaultCloseOperation()方法指定默认的关闭行为。两个方法都可以用。

setDefaultCloseOperation()方法的参数必须是以下常量值中的一个。

- DO_NOTHING_ON_CLOSE：当用户关闭窗口时，什么也不做。
- HIDE_ON_CLOSE：当用户关闭窗口时，隐藏窗口。这时会从屏幕上移除窗口，但程

序并没有结束，仍然显示。

- DISPOSE_ON_CLOSE：当用户关闭窗口时，隐藏并释放窗口。这时会从屏幕上移除窗口并释放它所占用的资源。
- EXIT_ON_CLOSE：使用 System.exit(0)退出应用程序。如果用于小应用程序 Applet 的话，会抛出一个 SecurityException 异常。

当屏幕上只有一个窗口时，DISPOSE_ON_CLOSE 与 EXIT_ON_CLOSE 的结果是相同的，都是退出程序，释放资源。

在任何窗口监听器处理窗口关闭事件以后，默认的关闭操作会被执行。例如，假定指定默认的关闭操作是 DISPOSE_ON_CLOSE，并实现一个窗口监听器，窗口监听器会判断本窗体是否是最后一个可视的窗体，如果是，则保存一些数据并退出应用程序。在这些条件下，当用户关闭窗体时，窗口监听器将会首先被调用。如果它并不退出应用程序，那么接着执行默认的关闭操作：关闭并释放窗体。

10.4.5 窗体 API

用于窗体的 API 主要包括 3 类：创建并设置一个窗体、设置窗口的大小和位置、与根面板相关的方法。分别如表 10.2 至表 10.4 所示。

表 10.2 创建并设置窗体

方法或构造方法	用　途
JFrame() JFrame(String)	创建一个初始不可见的窗体。String 参数为窗体提供一个标题。要使窗体可见，调用其 setVisible(true)方法
void setDefaultCloseOperation(int) int getDefaultCloseOperation()	设置或获取当用户按下窗体上的关闭按钮时的操作。可能的选择如下： DO_NOTHING_ON_CLOSE HIDE_ON_CLOSE DISPOSE_ON_CLOSE EXIT_ON_CLOSE 前 3 个常量是在 WindowConstants 接口中定义而在 JFrame 中实现的。常量 EXIT_ON_CLOSE 是在 JFrame 类中定义的
void setIconImage(Image) Image getIconImage() （在 Frame 中定义的方法）	设置或获取代表窗体的图标。注意，这里的参数是一个 java.awt.Image 对象，而不是一个 javax.swing.ImageIcon（或任何其他的 javax.swing.Icon 实现）
void setTitle(String) String getTitle() （在 Frame 中定义的方法）	设置或获取窗体的标题
void setUndecorated(boolean) boolean isUndecorated() （在 Frame 中定义的方法）	设置或获取是否此窗体应该被设置。只有窗体还没有被显示时（还没有被 packed 或 shown）才有效。通常用于全屏独占模式，或使用自定义窗口
static void setDefaultLookAndFeel Decorated(boolean) static boolean isDefaultLookAndFeel Decorated()	决定后续创建的 JFrame 窗体应该拥有它们的由当前的程序外观所提供的窗口设置（如边框、用于关闭窗口的小部件等）。注意这只是一个提示，有些程序外观可能不支持这个功能

表 10.3　设置窗体大小和位置

方　法	用　途
void pack() （在 Window 中定义的方法）	调整此窗口的大小，以适合其子组件的首选大小和布局
void setSize(int, int) void setSize(Dimension) Dimension getSize() （在 Component 中定义的方法）	设置或获得窗口的全部大小。其中整数参数指定相应的宽和高
void setBounds(int, int, int, int) void setBounds(Rectangle) Rectangle getBounds() （在 Component 中定义的方法）	设置或获得窗口的大小和位置。对于 setBounds 的带有整数参数的版本，前两个参数代表窗口左上角的 x 和 y 坐标，后两个整数参数代表窗口的宽和高
void setLocation(int, int) Point getLocation() （在 Component 中定义的方法）	设置或获得窗口左上角的位置。参数相应地代表 x 和 y 坐标
void setLocationRelativeTo(Component) （在 Window 中定义的方法）	定位窗口于指定组件的正中位置。如果参数是 null，那么窗口位于屏幕中央。应该在设置窗口大小以后再调用此方法

表 10.4　与根面板相关的方法

方　法	用　途
void setContentPane(Container) Container getContentPane()	设置或获得窗体的内容面板。内容面板包含窗体中的可视的 GUI 组件
JRootPane createRootPane() void setRootPane(JRootPane) JRootPane getRootPane()	创建、设置或获得窗体的根面板。根面板管理窗体的内部，包括内容面板、透明面板等
void setJMenuBar(JMenuBar) JMenuBar getJMenuBar()	设置或获得窗体菜单栏来管理一系列窗体的菜单
void setGlassPane(Component) Component getGlassPane()	设置或获得窗体的透明面板。可以使用透明面板来中途截取鼠标事件或在程序的 GUI 顶部进行绘图
void setLayeredPane(JLayeredPane) JLayeredPane getLayeredPane()	设置或获得窗体的层面板。可以使用窗体的层面板来将组件放置于其他组件的上面或后面

10.5 典型实例

【实例 10-1】会动的七彩文字在网页上经常可以看到，现在我们采用 Java Applet 这个效果。可以想到文字的颜色是不停改变的，并产生波浪效果，这样就可以使页面中的文字更加美观，并且可以调动开发者的积极性，从而在开发中有一个轻松的心情。具体代码如下：

```
package com.java.ch101;
import java.awt.*;
import java.applet.*;
public class QC Text extends Applet implements Runnable { // 有线程运行接口
    String str = null;
    int d = 1;
    int h = 18;
    int v = 18;
    Thread thread = null;    // 设置一个线程
```

```
    char[] ch;
    int p = 0;
    Image image;
    Graphics gphics;
    Color[] color;
    private Font f;              // 字体
    private FontMetrics fm;      // 字模
    public void init() {
        str = "有志者事竟成";                           // 设置七彩文字内容
        this.setSize(500, 200);                        // 设置 Applet 的大小
        setBackground(Color.black);                    // 设置背景颜色
        ch = new char[str.length()];
        ch = str.toCharArray();                        // 将字符串中的各个字符保存到数组中
        image = createImage(getSize().width, getSize().height);
        gphics = image.getGraphics();
        f = new Font("", Font.BOLD, 30);
        fm = getFontMetrics(f);                        // 获得指定字体的字体规格
        gphics.setFont(f);                             // 设置组件的字体
        float hue;
        color = new Color[str.length()];               // 颜色的色元
        for (int i = 0; i < str.length(); i++) {
            hue = ((float) i) / ((float) str.length());
        color[i] = new Color(Color.HSBtoRGB(hue, 0.8f, 1.0f)); // 颜色分配
        }
    }
    public void start() {          // 线程开始的类
        if (thread == null) { // 如果线程为空
            thread = new Thread(this);// 开始新的线程
            thread.start();     // 开始
        }
    }
    public void stop() {          // 终止线程
        if (thread != null)  { // 如果线程不为空
            thread.stop();      // 终止线程，使它
            thread = null;      // 为空
        }
    }
    public void run() {// 运行线程
        while (thread != null) {
            try {
                thread.sleep(200); // 让线程沉睡 200 毫秒
            } catch (InterruptedException e) {
            }
            repaint(); // 重新绘制界面
        }
    }
    public void update(Graphics g) { // 重写 update 方法，解决闪烁问题
        int x, y;
        double a;
        gphics.setColor(Color.black);
        gphics.fillRect(0, 0, getSize().width, getSize().height);
        p += d;
        p %= 7; // 主要控制字的速度，被除数越小，速度越快
        // System.out.println(p+" p1");
        for (int i = 0; i < str.length(); i++) {
            a = ((p - i * d) % 7) / 4.0 * Math.PI;
            // 主要控制弧度的，被除数越小，弧度越大
            x = 30 + fm.getMaxAdvance() * i + (int) (Math.cos(a) * h);
            // 求 x 坐标值
            y = 80 + (int) (Math.sin(a) * v); // 求 y 坐标值
            gphics.setColor(color[(p + i) % str.length()]);
            gphics.drawChars(ch, i, 1, x, y);
        }
        paint(g);
    }
```

```
    public void paint(Graphics g) {
        g.drawImage(image, 0, 0, this);
    }
}
```

以上程序中，使用到了字体（Font 类），Font 类代表字体。通过类 Graphics 或组件的方法 getFont()或 setfont()可以获取或设置当前使用的字体（Font 类的对象）。在上面的实例中，可以看到 Font 类的使用

```
f = new Font("", Font.BOLD, 30);
fm = getFontMetrics(f);
```

类 Graphics2D 也继承了类 Graphics 的两个方法 getFont()和 setfont()。

字模（FontMetrics 类）：FontMetrics 类表示字模，这个类提供了一系列方法，通过调用它们可以得到用某种字体表示的一个字符串在屏幕上的特定尺寸。

```
fm = getFontMetrics(f);
gphics.setFont(f);
```

运行以上程序，可看到五彩文字呈波浪翻动，如图 10.11 所示。

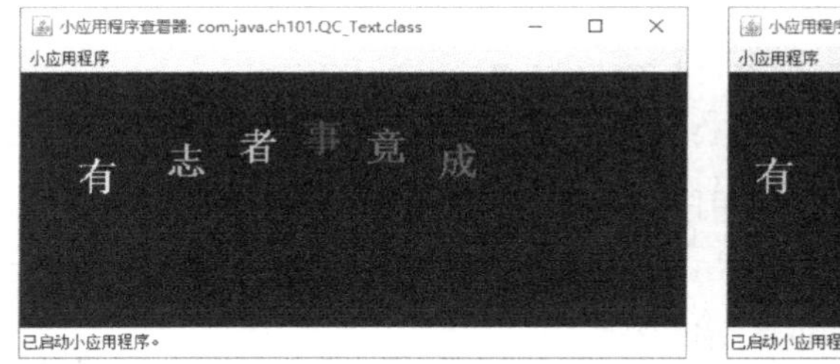

图 10.11　五彩文字

【实例 10-2】3D 渐层效果可以使读者更直观地看到文字或是图片的立体效果，本例主要采用 Java Applet 实现文字的 3D 效果，并随着时间的改变不停地改变字体的颜色。具体代码如下：

```
package com.java.ch102;
import java.awt.*;
import javax.swing.JApplet;
public class TextOf3D extends JApplet implements Runnable {
    private Image image; // 声明 Image 变量
    private Image image 1; // //声明 Image 变量
    private Graphics gp; // 声明绘图对象
    private Thread thread = null; // 声明线程
    private MediaTracker tracker; // 声明媒体跟踪器
    private int height, width; // 声明 int 变量
    private String text; // 声明 String 变量 text
    private Font font; // 声明 Font 对象
    public void init() { // Applet 初始化
        this.setSize(200, 100); // 设置初始大小
        width = this.getWidth(); // 得到容器的宽
        height = this.getHeight(); // 获取容器的高
        this.setBackground(Color.lightGray); // 设置容器的背景色
        image = createImage(width, height); // 根据当前的宽和高创建一个图像
        text = "welcome"; // String 变量 text 赋值
        String str = "中华儿女"; // 创建一个有初始值的 String 变量
        if (str != null)
            text = str; // 在 str 的值不为空的前提下，将 str 的值赋给 text
        font = new Font("仿宋 GB2312", Font.BOLD, 30); // 创建一个 Font 对象
        tracker = new MediaTracker(this); // 创建一个 MediaTracker 对象
        tracker.addImage(image, 0); // 将 image 加载到 tracker 中
        try {
            tracker.waitForID(0); // 等待加载 Id 为 0 的图像
```

```
        } catch (InterruptedException e) {
        }
        image 1 = createImage(width, height); // 根据当前的宽和高创建一个图像
        gp = image 1.getGraphics(); // 根据图像 image 1，获得 Graphics 对象
    }
    public void start() { // 启动线程
        if (thread == null) {
            thread = new Thread(this);
            thread.start();
        }
    }
    public void run() { // 运行线程
        int x = 20; // 设置绘制图像的 X 坐标
        int y = height / 2; // 设置绘制图像的 Y 坐标
        int R, G, B; // 设置 RGB 颜色值
        gp.setFont(font); // 设置绘图的字体
        while (thread != null) { // 在启动线程的前提下
            // 随机生成 Color 颜色值
            R = (int) (255 * Math.random());
            G = (int) (255 * Math.random());
            B = (int) (255 * Math.random());
            try {
                thread.sleep(2000); // 线程休眠 2000 毫秒
            } catch (InterruptedException ex) {
            }
            gp.setColor(Color.black); // 设置绘图的背景色为黑色
            gp.fillRect(0, 0, width, height); // 设置所绘矩形的大小和位置
            repaint(); // 重新绘制此组件
            for (int i = 0; i < 10; i++) {
                gp.setColor(new Color((255 - (0 + R) * i / 10), (255 - (0 + G)
                        * i / 10), (255 - (0 + B) * i / 10)));
                 // 根据 sRGB ，设置当前的绘图颜色
            gp.drawString(text, x - i, y - i); // 根据当前字体和颜色绘制由指定 string
                // 给定的文本
                repaint(); // 重新绘制此组件
                try {
                    thread.sleep(60); // 线程休眠 60 毫秒
                } catch (InterruptedException e) {
                }
            }
        }
    }
    public void paint(Graphics g) { // 绘图方法
        g.drawImage(image 1, 0, 0, this);
    }
}
```

以上程序中，3D 文字效果的实现，使文字颜色伴随时间改变。利用随机数定义颜色，public void init()，利用这个构造方法来初始化文字，得到容器的宽和高，同时也为下面的程序做了声明。

运行程序，可以看到文字从平面逐渐转为 3D 的效果，并且文字的颜色也在变化，如图 10.12 所示。

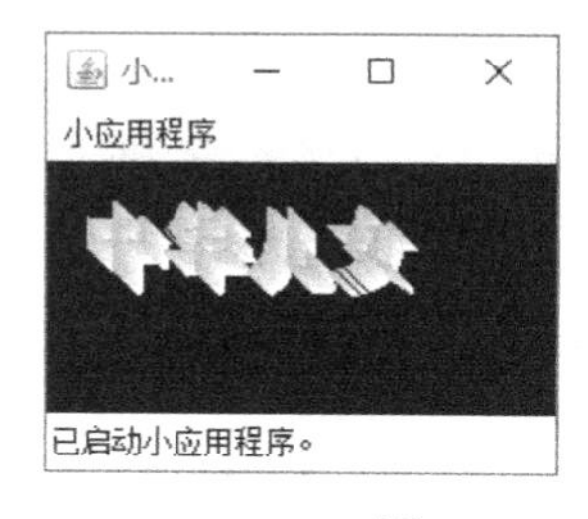

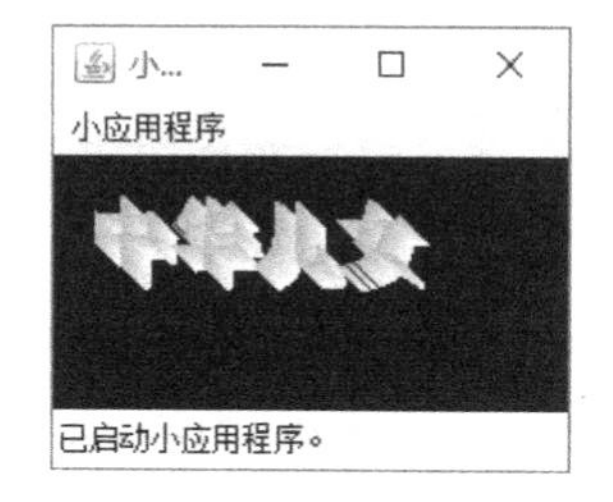

图 10.12　3D 渐层文字

第 11 章　Swing 组件

组件是 Java 中构成图形用户界面的各种元素，组件分为容方法类和非容方法类。所有的 Swing 组件在 javax.swing 包中，组件名称的首字母都是“J”。本章将学习一个很重要的类——JComponent 类（JComponent 类是所有 SwingGUI 的父类），并掌握 Swing 工具包中提供的基本组件和信息显示组件。

11.1 JComponent 类

JComponent 类是所有 Swing 轻量组件的基类，JComponent 提供了大量的基本功能。JFrame、Jdialog 和 JApplet 作为顶层容方法外，所有以“J”开头的 Swing 组件直接或间接地继承自 JComponent 类。例如，JPanel、JScrollPane、JButton 和 JTable 都是它的子类。了解 JComponent 类有助于理解大部分 Swing 组件所具有的方法和属性。

JComponent 提供布局线索到支持绘制和事件。支持添加组件到容方法并对它们进行布局。JComponent 类提供如下功能。

- 工具提示：通过使用 setToolTipText()方法指定一个字符串，可以为组件的使用者提供帮助。当鼠标停留在组件上时，会在组件附近的小窗口中显示指定的提示字符串。
- 绘制边框：使用 setBorder()方法，可以指定一个环绕组件边缘的边框（要绘制一个组件的内部，重载 paintComponent()方法）。
- 应用程序的插件式程序外观：在后台，每一个 JComponent 对象都有一个相对应的 ComponentUI 对象来执行所有的画图、事件处理、决定大小等用于 JComponent 的事务。准确地说，使用哪一个 ComponentUI 取决于当前的程序外观（look and feel），可以使用 UIManager.setLookAndFeel()方法来设置程序的外观。
- 自定义属性：可以将一个或多个属性（名称/对象对）与任何 JComponent 相关联。例如，布局管理方法可能使用属性来将一个约束对象与它所管理的每一个 JComponent 组件联系起来。可以使用 putClientProperty()和 getClientProperty()方法来读/写属性。
- 支持布局：在 JComponent 类中增加了许多在 Component 类中没有的方法，如 setMinimumSize()、setMaximumSize()、setAlignmentX()、setAlignmentY()，用来设置组件的大小和排列方式。
- 支持易访问性：JComponent 类提供 API 和基本功能来帮助辅助技术如屏幕阅读方法来从 Swing 组件获取信息。
- 支持拖放：JComponent 提供 API 来设置组件的传递处理，这是用于 Swing 拖放支持的基础。

- 双缓冲：可以平滑地进行屏幕绘制。
- 键盘绑定：当用户在键盘上按下一个键时，相应的组件可以做出响应。例如，当一个按钮获得焦点时，按空格键等同于在按钮上单击。程序外观自动在按下和松开空格键之间进行绑定。

11.2 常用基本组件

基本组件包括：按钮组件 JButton、复选框组件 JCheckBox、复选框组件 JCheckBox、单选按钮组件 JradioButton、文本框组件 JTextField、密码框组件 JPasswordField、组合框组件 JComboBox、滑块组件 JSlider、微调组制组件 JSpinner、菜单组件 JMenu。这些基本组件主要用于接受用户输入和显示。

11.2.1 按钮组件 JButton

按钮（JButton）：文本可以提示快捷键，相对于图标任意放置，使用 ActionListener。在 Swing 中，有很多种按钮，如普通按钮、复选框、单选按钮等，它们都是 AbstractButton 类的子孙类。根据程序需求选用相应的组件，实例化这些类对象即可。按钮组件如表 11.1 所示。

表 11.1 按钮组件

类 名	描 述
JButton	普通按钮
JCheckBox	复选框按钮
JRadioButton	一组单选按钮中的一个
JMenuItem	菜单中的一个菜单项
JCheckBoxMenuItem	带有复选框的菜单项
JRadioButtonMenuItem	带有一个单选按钮的菜单项
JToggleButton	实现由 JCheckBox 和 JRadioButton 所继承的 toggle 功能。可以被实例化或子类化以创建双状态按钮

使用按钮示例代码如下：

```
JButton button1                              //声明一个按钮
JButton button1 = new Jbutton                 //实例化按钮
JPanel.add(button1);                          //向内容面板中添加按钮
```

11.2.2 复选框组件 JCheckBox

复选框（JCheckBox）：可以选中或取消选中，使用 ItemListener。复选框和单选按钮都是开关按钮 JToggleButton 的子类。JCheckBox 类提供了对复选框按钮的支持。还可以使用 JCheckBoxMenuItem 类将复选框放入菜单中。

复选框与单选按钮相似，但是它们的选择模型不同。在一组复选框中可以选择任意数量的项：不选、选中一部分、选中所有的项。但是，在一组单选按钮中只能选择一项。

使用复选框示例代码如下：

```
JCheckBox checkBox1;                          //声明复选框对象
JCheckBox checkBox1= new JCheckBox("读书");   //实例化复选框
JPanel.add(checkBox1);                        //向内容面板中添加复选框
```

11.2.3　单选按钮组件 JRadioButton

单选按钮（JRadioButton）：通常用 ButtonGroup 组合起来（操作模型 ButtonModel），每组单选按钮只能选中一个，使用 ActionListener。单选按钮是一组在同一时刻只有一个按钮可以被选中的按钮。Swing 中支持单选按钮的是 JRadioButton 和 ButtonGroup 类。因为 JRadioButton 继承自 AbstractButton，所以单选按钮具有所有按钮的特性。

使用单选按钮示例代码如下：

```
JRadioButton radioButton1;                              //声明单选按钮对象
JRadioButton radioButton1 = new JRadioButton();         //创建单选按钮
JPanel.add(radioButton1);                               //向内容面板中添加单选按钮
```

11.2.4　文本框组件 JTextField

文本框（JTextField）：有初始串和列宽，用 getText 获得文本，使用 ActionListener。Swing 中支持文本框组件的是 JTextField 类，用来接受用户输入的单行文本信息。如果需要为文本框设置默认文本，可以通过构造方法 JTextField(String text)创建文本框对象。也可以通过方法 setText(String str)为文本框设置文本信息，通过方法 getText()获取文本框的信息。例如：

```
JTextField textField = new JTextField("请输入姓名");
或
JTextField textField = new JTextField( );
textField.setText("请输入姓名");
```

11.2.5　密码框组件 JPasswordField

密码框（JPasswordField）：用 setEchoChar 设置回显字符，用 getPassword 获得密码。Swing 中支持密码框组件的是 JPasswordField 类，它是 JTextField 的子类，为密码输入提供特殊的文本字符。出于安全的原因，密码框不能显示出用户输入的字符，要显示与用户输入不同的字符星号“*”。作为另外一种安全措施，密码框将它的值存储为一个字符数组，而不是字符串。例如：

```
JPasswordField passwordField = new JPasswordField (16);
或
JPasswordField passwordField = new JPasswordField (16);
passwordField.setEchoChar('@');
```

其中构造方法参数为一个整数，表明密码框的大小为 16 个字符。默认情况下，密码框为输入的每一个字符显示一个圆点。如果想改变回显的字符，调用 setEchoChar()方法。

11.2.6　组合框组件 JComboBox

组合框（JComboBox）：可以从多个选项中选择一个或自编辑，可用数组、集合或模型 ComboBoxModel 构造，通过 getSelected(Index|Item)判断选中项，使用 ItemListener，如果用户自己编辑内容，则索引会是-1，而元素是用户的输入；可用 ListCellRenderer 渲染选项（默认是 JLabel），用 ComboBoxEditor 编辑当前项（默认是 JTextField）。JComboBox 组件可以让用户在多个选择项中选择其中一个，它有两种形式：不可编辑的和可编辑的。默认的形式是不可编辑的组合框，它的特征是拥有一个按钮和一个选择值的下拉列表。更适用于当对空间有限制或有超过一个的可用选择项时。例如：

```
String[ ] petName = {"小狗","小猫","兔子"};
```

```
JComboBox comboBox = new JComboBox(petName);        //创建组合框
comboBox.setSelectedIndex(3);                        //赋值
```

11.2.7 滑块组件 JSlider

滑块（JSlider）：有水平或垂直样式，有大小标尺及标签，使用 ChangeListener（当 getValueIsAdjusting 为假时），用 setLabelTable(HashTable<Integer,JLabel>)自定义标签，或使用 createStandardLabels 创建等距标签，通常滑块和 JFormattedTextField 配对而精确定位数值（NumberFormatter(NumberFormat.getIntegerInstance())）。JSlider 是一个让用户以图形方式在有界区间内通过移动滑块来选择值的组件。滑块可以显示主刻度标记和次刻度标记。

```
JSlider slider1;                          //声明滑块按钮对象
JSlider slider= new JSlider();            //创建滑块按钮
JPanel.add(slider);                       //向内容面板中添加滑块按钮
```

11.2.8 微调组制组件 JSpinner

微调（JSpinner）：用 SpinnerModel 构造（数字范围 SpinnerNumberModel、日期跨度 SpinnerDateModel、数组集合 SpinnerListModel），各模型有对应的编辑器和组件，使用 ChangeListener。JSpinner 与组合框和列表相似，让用户从一个范围内选择一个值。与可编辑组合框一样，JSpinner 允许用户输入一个值，但是 JSpinner 没有下拉列表。因为 JSpinner 只显示当前值，不使用下拉列表显示可能的值，所以当选择项很多时，它经常被用于代替组合框或列表。需要注意的是，JSpinner 应该只被用于有明显顺序的值。JSpinner 是一个复合组件，由 3 个组件组成：两个按钮和一个编辑方法。

使用微调组制组件示例代码如下：

```
JSpinner spinner1;                              //声明微调组制对象
JSpinner spinner1 = new JSpinner ();            //创建微调组制
JPanel.add(spinner1);                           //向内容面板中添加微调组制
```

11.2.9 菜单组件 JMenu

菜单提供了另外一种节约空间的方式，让用户在多个选择项中选择一项。一般出现在窗口的顶部。弹出菜单是一个不可见的菜单，直到用户在能弹出的组件上做出相应平台的鼠标动作，如单击鼠标右键，然后弹出的快捷菜单出现在鼠标下面。

菜单位于菜单栏之上，因此首先要创建一个菜单栏。用 JMenuBar 类代表菜单栏。例如：

```
JMenuBar menuBar;
menuBar = new JMenuBar();
```

位于菜单栏上的是菜单。用 JMenu 类代表菜单。例如：

```
JMenu menu, submenu;
menu = new JMenu("菜单 A");
menu.setMnemonic(KeyEvent.VK_A);                      //设置快捷键
menu.getAccessibleContext().setAccessibleDescription("只有这个菜单有菜单项");
menuBar.add(menu);                                    //将菜单添加到菜单栏
```

菜单项与其他组件一样，只能位于一个容方法中。如果将第一个菜单中的菜单项添加到第二个菜单，那么该菜单项将会被从第一个菜单中移除，然后再添加到第二个菜单中。

不可编辑的信息显示组件

Swing 的不可编辑的信息显示组件只用于给用户提供信息，不能编辑。这些组件包括：标签组件 JLabel、进度条组件 JProgressBar 和工具提示组件 JToolTip。

11.3.1 标签组件 JLabel

标签（JLabel）：显示文本和图标，用 setDisplayedMnemonic 和 setLabelFor 为目标设置快捷键，用 set(Vertical|Horizontal)(Alignment|TextPosition)设置图标和文字位置，可以使用 HTML 显示多行超文本。在 Swing 中，最经常用来显示信息的就是标签（JLabel）。使用 JLabel 类，可以显示不能选择和修改的文本和图像。

使用标签组件示例代码如下：

```
JLabel label1                          //声明标签对象
JLabel label1 = new JLabel();          //创建只含有文本的标签对象
JPanel.add(label1);                    //向内容面板中添加微调组制
```

11.3.2 进度条组件 JProgressBar

进度条（JProgressBar）：可用值范围构建 JProgressBar，用 setValue 和 setString 更改进度和文字，用 setStringPainted 显示文字；进度条可能是不确定的，等到可以确定时用 setIndeterminate 变回来（适合于复杂控制、多进度条、重用的场合）；高级进度监视器 ProgressMonitor，用 parent、title、note 和 min、max 构建，用 setProgress 和 setNote 更新状态，isCanceled 判断是否取消，setMillisToPopup 显示延迟时间（适合于简单提示、易于取消的场合）；另外，还有 ProgressMonitorInputStream 包装流，如果读取费时超过延迟时间会显示进度框。有时，在一个程序中运行的任务可能会持续一段时间才能完成。用户友好的程序应该对用户有一些提示，以说明任务可能需要多长时间，Swing 提供了 JProgressBar 用来显示总任务已经完成了多少。

下面的代码显示了如何创建和设置进度条：

```
//声明成员变量
JProgressBar progressBar;
…
//构造方法中
progressBar = new JProgressBar(0, task.getLengthOfTask());
progressBar.setValue(0);
progressBar.setStringPainted(true);
```

11.3.3 工具提示组件 JToolTip

工具提示（JToolTip）：任何 JComponent 都可以 setTooltipText 设置工具提示；对于 JTabbedPane 可以对每个标签设置 setTooltipTextAt 或在 addTab 时提供对应参数；对于 JTable 和 JTree 可用 cell renderer 实现，渲染器是 JComponent，对其调用函数 setTooltipText 即可，或者覆盖 getTooltipText(MouseEvent)，定位到行列位置，返回生成的提示即可；对于自定义组件可继承 JComponent 并实现 getTooltipText 即可；JTooltip 组件由 JComponent.createTooltip 使用和创建。

在 Swing 中，很容易就能为任何 JComponent 对象创建一个工具提示。使用 setToolTipText

方法为组件设置工具提示。例如，向 3 个按钮添加工具提示，只需要使用以下 3 行代码即可：

```
b1.setToolTipText("单击这个按钮使中间按钮不可用。");
b2.setToolTipText("单击这个按钮时无响应。");
b3.setToolTipText("单击这个按钮使中间按钮可用。");
```

当用户将鼠标指针悬停在任意一个按钮上时，相应的提示就会出现，如图 11.1 所示。

图11.1　显示工具提示

要在程序中关闭工具提示，使用 setToolTipText(null)方法。

11.4　Swing 高级组件

除了基本组件之外，Swing 还提供了很多高级组件，以帮助程序员创建更加复杂但更加有表现力的应用程序。这些高级组件包括可以交互式显示高度格式化信息的组件，如颜色选择器、表和树等，也包括非顶层的容器组件和具有特殊用途的窗口组件。

11.4.1　颜色选择器 JColorChooser

颜色选择器（JColorChooser）：可以添加至容器控件中或调出颜色选择窗口 showDialog，使用 ColorSelectionModel 管理颜色并通知 ChangeListener，再通过 getColor 获得所选颜色（取消为 null）；通过 setPreviewPanel 和 setChooserPanels 更改预览和选择面板。JColorChooser 类代表一个颜色选择器（或称为调色板），用户可以从中选择颜色。创建一个颜色选择器可以使用下面的代码：

```
JColorChooser colorChooser = new JColorChooser( );
或
JColorChooser colorChooser = new JColorChooser( Color.green);
```

选择器默认显示（或选中）的颜色是 Color.white。也可以创建一个初始化为指定颜色的 JColorChooser 对象。这里指明创建的颜色选择器初始选定颜色为绿色。

要获取颜色选取器的当前颜色值，使用其 getColor()方法，返回一个 Color 对象。例如：

```
//获得在颜色选择器中选择的颜色对象
Color selectedColor = colorChooser.getColor( );
JLabel label = new JLabel("颜色");     //创建标签对象
label.setForeground(selectedColor);  //将标签的字体颜色设为从标签选择器中选择的颜色
```

还可以使用 showDialog 方法在对话框中显示颜色选择器。showDialog 方法的定义如下所示。

```
static Color showDialog(Component component, String title, Color initialColor)
```

其中第一个参数是对话框组件的父组件，第二个参数是对话框的标题，第三个参数是初始选择的颜色。该方法的返回值是一个代表所选择颜色的 Color 对象。

11.4.2　文件选择器 JFileChooser

文件选择器（JFileChooser）：可以添加至容器控件中或调出文件选择窗口

show(Open|Save)Dialog，用 getSelectedFile 获取所选文件，可以选择目录 setFileSelectionMode，是隐藏文件 setFileHiddenEnabled 或者过滤文件 setFileFilter 都可以。自定义文件视图 setFileView 提供图标和描述等信息，setAccessory 是附加缩略图组件，PropertyChangeListener 是监听文件。

文件选择器提供了一个用于文件系统导航的 GUI。在文件选择器中，用户既可以选择一个文件或目录，也可以输入一个文件或目录的名称。使用 JFileChooser 的 API 来显示一个包含文件选择器的模态对话框。也可以通过添加一个 JFileChooser 的实例到一个容器当中实现一个文件选择器。如图 11.2 和图 11.3 所示分别是打开文件对话框和保存文件对话框。

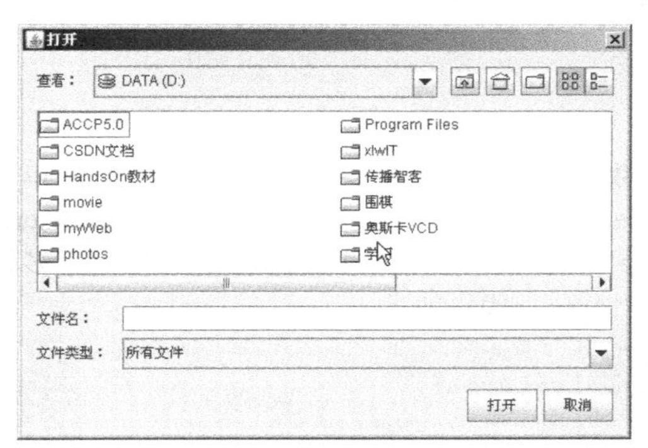

图11.2　打开文件对话框

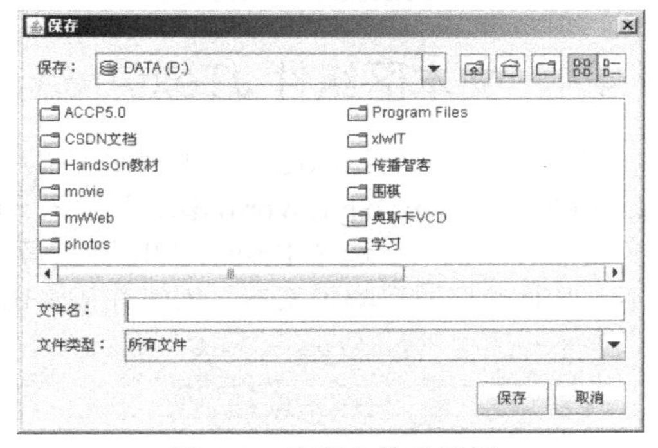

图11.3　保存文件对话框

创建一个标准的打开文件对话框只需要两行代码，如下所示：

```
//创建一个文件选择器
final JFileChooser fc = new JFileChooser( );
...
//调用 JFileChooser 的 API，打开文件对话框
int returnVal = fc.showOpenDialog(Component);
```

默认情况下，文件选择器显示的是主目录。传递给 showOpenDialog()方法的参数代表对话框的父组件。父组件影响文件打开对话框的位置，也影响对话框所依赖的窗体。如果父组件位于窗体内，那么该对话框依赖于窗体。当窗体被最小化时对话框消失，当窗体最大化时，对话框重新出现。

11.4.3　文本编辑组件 JEditorPane 和 JTextPane

Swing 中有两个类支持样式文本：JEditorPane（编辑器窗格）及其子类 JTextPane（文本窗格）。JEditorPane 类是 Swing 样式文本组件的基础，并提供一种机制为自定义文本格式提供支持。

JEditorPane 是.JTextComponent 类的子类，它是一个可以编辑各种内容的文本组件。创建一个编辑器窗格，代码如下：

```
JEditorPane editorPane = new JEditorPane( );
```

这时会创建一个空白的 JEditorPane 对象，默认情况下是可编辑的。如果只需要显示信息，而不需要编辑，可使用方法 setEditable(false)将其设为不可编辑的，代码如下：

```
editorPane.setEditable(false);
```

要获得用户在编辑器窗格中输入的文字，使用如下方法：

```
String input = editor.getText();
```

在实际使用时，通常会把一个 JEditorPane 对象添加到一个滚动面板中，这样当编辑的内

容超出可编辑的区域时，可以滚动查看。例如：

```
JScrollPane editorScrollPane = new JScrollPane(editorPane);
```

JTextPane 是 JEditorPane 的子类，它可以将组件和图像嵌入到文本中。JEditorPane 默认情况下可以读、写和编辑纯文本、HTML 文本和 RTF 文本。而 JTextPane 也继承了这种能力，但是加入了一定的限制，默认情况下，这两个组件都是可编辑的。创建和初始化一个 JTextPane 对象实例。代码如下：

```
JTextPane textPane = new JTextPane( );
```

11.4.4 文本区组件 JTextArea

文本区组件（JTextArea）：构建时提供行列数 set(Rows|Columns)，自动换行和截取单词 setLineWrap、setWrapStyleWord，滚动至末尾 setCaretPosition，添加文本 append，插入文本 insert，替换文本 replace，全选文本 selectAll，某行索引 getLineStartOffset。JTextArea 类可以显示多行文本，并且允许用户编辑文本。创建并初始化 JtextArea，代码如下：

```
JTextArea textArea = new JTextArea(3,20);
JScrollPane scrollPane = new JScrollPane(textArea);
textArea.setEditable(false);
```

在上面的代码中，第一行声明并创建一个 JTextArea 对象，构造器中的两个整型参数分别代表文本区的行数和列数（即文本区显示的大小）。第二行创建一个滚动面板，将文本区对象作为 JScrollPane 构造器的参数，可以将文本区放入滚动面板。否则，文本区不会自动滚动。第三行调用 JTextArea 对象的 setEditable 方法，通过参数 false 将其设为不可编辑的（即只能显示、选择和复制信息，但不能直接修改或输入信息）。默认情况下，文本区是可编辑的。

下面的代码用来向文本区中添加文本。

```
private final static String newline = "\n";//定义常量字符串 newline，它代表换行符
...
textArea.append(text + newline);       //将 text 所代表的文本和换行符添加到文本区中
```

插入文本后，文本区会自动滚动使新添加的文本可见。也可以在调用 append()方法后，通过移动插入点到文本区的结尾处来强制文本区滚动到文本区的底部。例如：

```
textArea.setCaretPosition(textArea.getDocument().getLength());
```

一个文本区只能显示一种字体和一种颜色，但是可以设置使用的字体和颜色。另外，在默认情况下，文本区中的文本不是自动换行的，所有文本都在一行内，如果有滚动窗格，会出现水平滚动条。可以通过 setLineWrap()方法指定文本区中的文本自动换行，并通过 setWrapStyleWord()方法指定在单词中间换行而不是在字符中间换行。

11.4.5 表组件 JTable

表组件（JTable）：表格可用 Object[][]data+Object[]column 或 Vector data+Vector column 构造，或扩展 AbstractTableModel 提供行数、列数及列名、单元可编辑性和单元数据。添加到 JScrollPane 后通过 setPreferredScrollableViewportSize 指定可视范围，对于其他容器要手动添加 table.getTableHeader 至 NORTH。

用 setSelectionModel 指定选择模式，用 ListSelectionListener 监听用户选择，当 evt.getValueIsAdjusting()为否时用 getMinSelectionIndex 获得所选，任意多选时可用 getMaxSelectionIndex 和 isSlectedIndex 综合判断找出所有选择行。

用 getColumnClass 返回单元具体类型以便 JTable 查找默认的渲染器和编辑器。

用 TabColumn.setCell(Renderer|Editor)指定列渲染器和编辑器（DefaultCellEditor 可包装 JCheckBox、JComboBox 和 JTextField）。

编辑器如用 JFormattedTextField 可有校验输入功能，若列数据类型可用字符串构造则默认的编辑器就够用了。

用 JTable.setDefault(Editor|Renderer)(class,editor)可为某数据类型指定默认编辑器或渲染器。

用 renderer.setTooltipText 可设置提示，自定义渲染器在 getTableCellRendererComponent 中可根据单元内容设置提示，扩展 JTable 覆盖 getTooltip(MouseEvent)定位单元后返回提示也可以。

用 TablerHeader.setTooltipText 可为表头设置提示，还可覆盖 JTable.createDefaultTable Header 中的 JTableHeader 的 getTooltipText(MouseEvent)定位列索引后返回提示。

用 TableMap+TableSorter 或 TableRowSorter+JTable.setRowSorter 可以排序表格，选择方式可以是行、列、单元。

使用 JTable 类，可以以表格的形式显示数据，也允许用户编辑数据。JTabel 本身并不包含或缓存数据，它只是简单地作为数据的显示视图。在程序中创建并初始化一个简单的表格。

```
JTable table=new JTable();          //使用列名和数据初始化一个表格对象
```

然后使用这些数据和表的列名构造一个 JTable 实例，代码如下：

```
String[ ] columnNames = "姓名","性别","年龄",
Object[ ][ ] data = {
               {"张小明","男",new Integer(18) },
               {"李浩","男",new Integer(28)},
               {"程小娜","女",new Integer(21)},
               {"王金柱","男",new Integer(38)}
          };
table = new JTable(date,columnName);
```

11.4.6　树组件 JTree

以 DefaultMutableTreeNode 为根节点层次构建，或 DefaultTreeModel 模型才能通知 TreeModelListener、JTree 等监听器更新显示。

TreeSelectionModel 的 setSelectionModel 和 addTreeSelectionListener 可设置选择方式和监听器，用 tree. getLastSelectedPathComponent 获得节点并 getUserObject，根据节点类型，isLeaf 就知道用户数据是什么类型。

使用 JTree 类，可以显示分层级的数据。一个 JTree 对象并不真正包含数据，而只简单地提供数据的一个视图。与任何高级 Swing 组件一样，树也是通过查询其数据模型来获得数据的。

每一行包含一个数据项，称为“节点（Node）”。每一个树有一个“根节点（Root Node）”，所有另外的节点都继承自根节点。一个节点既可以有子节点，也可以没有子节点。可以有子节点的节点称为枝节点（不论当前有没有子节点）。不能有子节点的节点称为叶子节点。

枝节点可以有任意数量的子节点。典型地，通过单击，用户可以展开和收缩枝节点，从而使其子节点可见或隐藏。默认情况下，除了根节点，所有的节点刚开始都是隐藏的。

树中一个指定的节点既可以通过一个 TreePath 标识，也可以通过显示的行标识。创建一个节点对象，代码如下：

```
DefaultMutableTreeNode top = new DefaultMutableTreeNode("我的好友");
```

上述代码创建了一个节点 top。DefaultMutableTreeNode 类位于 javax.swing.tree 包中，它的一个实例对象就代表一个节点。DefaultMutableTreeNode 类的构造器所带的参数字符串代表节

点的名称。使用 DefaultMutableTreeNode 创建子节点 second1，将 top 节点作为根节点，将 second1 作为 top 的子节点代码如下：

```
DefaultMutableTreeNode second1 = new DefaultMutableTreeNode("同学");
top.add(second1);             //将节点 second1 添加到 top 节点
```

每一个 DefaultMutableTreeNode 类的实例对象就代表一个节点。一棵树中所有的节点都是一个个的 DefaultMutableTreeNode 的实例对象。使用 DefaultMutableTreeNode 类的 add()方法，将一个子节点添加到另一个子节点上，从而两个节点形成父子关系。依次创建和添加节点，就形成了节点层级。要创建一个包含上面创建的节点层级的树，使用下面的代码：

```
JTree tree = new JTree(top);                    //创建含有 top 作为根节点的树
JScrollPane treeView = new JScrollPane(tree);  //将创建的 JTree 对象放入滚动窗格中
```

指定根节点作为 JTree 构造器的参数，从而创建一个包含所有节点的树。

11.4.7 面板组件 JPanel

面板默认不透明（setOpaque），可设边框（setBorder）；手动布局组件时配置合适的布局管理器，对于 FlowLayout、BoxLayout、GridLayout 和 SpringLayout 直接添加（add）即可，对于 BorderLayout 需提供方位参数，对于 GridBagLayout 需提供单元限制参数（GridBagConstraints）；对于 CardLayout 需提供 key 用于切换显示。JPanel 类为轻量级的组件提供通用目的的容器。默认情况下，JPanel 对象除了自己的背景色之外，不给任何组件添加颜色。不过可以自定义面板的边框及自定义面板。使用面板组件示例代码：

```
JPanel p = new JPanel();       //创建一个面板对象
p.add(其他组件);                //添加其他组件
```

默认情况下，面板是不透明的。不透明的面板可以作为内容面板，并能帮助用户有效地进行绘图。可以调用 setOpaque()方法改变一个面板的透明度。一个透明的面板不绘制背景，因此任何在它下面的组件都会透视出来。使用面板可以通过将边框围绕着一组组件，从而将相关的组件组织在一起。

和其他容器一样，面板使用布局管理器来设置组件的位置和大小。面板的布局管理器默认是流动布局。通过 setLayout()方法可以很容易地设置任何其他的布局管理器，或者创建面板时指定一个布局管理器。从性能上说，在创建面板对象时就应指定布局管理器更佳，因为这样避免了不必要的创建 FlowLayout 对象，推荐使用这种方法，代码如下：

```
JPanel p = new JPanel(new BorderLayout());          //首选这种方法
```

11.4.8 滚动面板 JScrollPane

滚动面板（JScrollPane）：构建时提供目标对象，或使用 getViewport().(set|get)View 客户对象；滚动栏 JScrollBar 通过 get(Horizontal|Vertical)ScrollBar 获取，包括滚动策略（按需、总有、总无）、滚动距离 set(Unit|Block)Increment、值域（范围和当前值），使用 AdjustmentListener 来添加调整监听器；滚动面板包括中心、4 条边、4 个角共 9 个区域，角需要两临边可见时才可见，可用 set(Column|Row)HeaderView 设置行列边头，用 setCorner 设置角组件；目标对象改变时调用 revalidate 即可。

JScrollPane 类为组件提供一个可滚动的视图。创建一个滚动面板的代码量是非常小的。因为随着文本的增加，文本区的大小相应地也会增长，所以要使用滚动视图来查看。使用滚动面板示例代码如下：

```
JScrollPane scrollPane;                          //声明一个滚动窗格
```

```
scrollPane = new JScrollPane(textArea);        //创建滚动窗格，包含文本区
Jpanel.add(scrollPane);                        //添加到面板
```

11.4.9　分割面板 JSplitPane

分割面板（JSplitPane）：使用分割策略 setOrientation 和两个子面板 set(Left|Right) Component 构建，可以嵌套或包含滚动面板，可以设置分割栏位置大小和靠边特性 setDivider(Location|Size)（如果仅添加了一个组件则分割栏会粘至边上），缩放比例 setResizeWeight 为 0.0 时表示左上组件的大小是固定的；组件大小改变后需要使用 resetToPreferedSizes 更新分割面板，调整时即时显示用 setContinuousLayout，用 PropertyChangeListener 监听属性 DIVIDER_LOCATION_PROPERTY。

JSplitPane 又称拆分窗格，它显示两个组件，水平排列或上下排列。通过拖动窗格之间的拆分线，可以调节两个窗格的大小。还可以通过在拆分窗格中嵌套拆分窗格的方式，将屏幕空间分为 3 个或更多的组件。

不能将组件直接添加到一个拆分窗格中，而要先将每一个组件添加到一个滚动窗格中，然后将滚动窗格添加到拆分窗格中，拆分面板示例代码如下：

```
    //创建带有两个滚动窗格的拆分窗格
    JSplitPane splitPane = new JSplitPane(JSplitPane.HORIZONTAL_SPLIT,scrollPane1,
scrollPane2);
    splitPane.setOneTouchExpandable(true);
    splitPane.setDividerLocation(110);
    //为拆分窗格中的两个滚动窗格提供最小的大小限制
    Dimension minimumSize = new Dimension(100,40) ;
    scrollPane1.setMinimumSize(minimumSize) ;
    scrollPane2.setMinimumSize(minimumSize) ;
```

在 JSplitPane 的构造器中需要 3 个参数。第一个参数代表拆分的方向：水平还是垂直拆分。另外两个参数是放入拆分窗格的滚动窗格。在上面的代码中，指定拆分窗格在水平方向上拆分。如果要指定在垂直方向上拆分，应使用参数 JSplitPane.VERTICAL_SPLIT。

11.4.10　选项卡面板 JTabbedPane

选项卡面板（JTabbedPane）：构建时可指定标签位置 setTabPlacement（四方）和摆放策略 setTabLayoutPolicy（多行回绕还是滚动延长）；使用 addTab 或 insertTab 添加标签，需提供 title、icon、component、tip、index，可通过 index（索引）配置标签的相关信息，indexOfTab 等可通过相关信息获取标签索引，tabComponent 是标签标题的渲染器；setSelected(Index|Component)设置当前标签，使用 ChangeListener 监听。

通过选择相应的选项卡标签，用户可以指定显示哪一个组件，要创建一个选项卡面板（JTabbedPane 的实例），首先创建希望在选项卡上显示的组件，然后使用 addTab()方法将组件添加到选项卡面板上。

一个选项面板上还可以有工具提示和快捷键，并且既可以显示文本也可以显示图像。默认情况下，选项卡标签位于顶部位置。使用选项卡面板示例代码如下：

```
JTabbedPane tabbedPane = new JTabbedPane( );
ImageIcon icon = ……;
JComponent panel1 = ……;
tabbedPane.addTab("Tab 1",icon,panel1, "工具提示");
```

在 addTab()方法中有 4 个参数，依次为选项卡标题（标签）、图标、添加的组件及工具提示。其中，标签文本和图标可以是 null；addTab()方法有多种形式，但都有标题和要添加的组

件这两个参数。

11.4.11 工具栏 JToolBar

工具栏（JToolBar）：容器为 BorderLayout 且仅有一个子组件时，再添加的工具栏可以随意拖动到四方（更改用 setFloatable），用 setRollover(true)设置当鼠标经过时才显示边框；添加分割栏用 addSeparator，也可以添加按钮之外的组件，方向设置用 setOrientation，组件方向用 setAlignment(X|Y)，如 TOP_ALIGNMENT。

JToolBar 是一个容器组件，用来将许多组件（通常是带图标的按钮）组织到一行或一列。一般来说，工具栏提供与菜单中相对应的便捷访问方式。一个工具栏上还可以有工具提示和快捷键，并且既可以显示文本也可以显示图像。使用工具栏组件示例代码如下：

```
JToolBar toolBar = new JToolBar("还可以拖动");        //创建工具栏对象
JButton button =                                     //创建工具栏上的快捷按钮
toolBar.add(button);                                 //向工具栏上添加快捷按钮
```

11.5 典型实例

【实例 11-1】本实例自定义一个对话框，在对话框中输入文本，按“确定”按钮后将输入的文本显示到主窗口中。当单击“保存”按钮时，会将主窗口中的内容保存到通过文件对话中选择的文件中。具体代码如下：

```
package com.java.ch111;

import java.awt.FlowLayout;
import java.awt.event.ActionEvent;
import java.awt.event.ActionListener;
import java.io.File;
import java.io.FileOutputStream;
import javax.swing.JButton;
import javax.swing.JDialog;
import javax.swing.JFileChooser;
import javax.swing.JFrame;
import javax.swing.JLabel;
import javax.swing.JMenuBar;
import javax.swing.JPanel;
import javax.swing.JScrollPane;
import javax.swing.JTextArea;
import javax.swing.JTextField;

/**
 * 使用对话框。 功能介绍：界面包括一个文本域，一个添加按钮和一个保存按扭，
 * 单击添加按钮弹出一个对话框， 在对话框中输入的字符串将在文本域中显示，
 * 单击保存按扭弹出一个保存对话框，将文本域保存在指定的文件中， 若该文件不存在，
 * 则自动创建文件并保存
 */
public class DialogDemo extends JFrame implements ActionListener {
    private Simple Dialog simple dialog; // 声明 Simple Dialog 类对象
    private JTextArea area; // 声明 JTextArea 变量
    String lineSeparator; // 文本域中行之间的分隔符

    public DialogDemo() {
        super("对话框示例"); // 调用父类的构造方法
        area = new JTextArea(5, 30); // 创建一个能显示 5 行 30 个字符的文本域。
                                              // area.setEditable(false); //
                                              // 文本域的状态为不可修改
        JMenuBar bar = new JMenuBar(); // 创建一个空的菜单栏
```

```
        getContentPane().add("North", bar); // 将菜单栏添加到容器中
        getContentPane().add("Center", new JScrollPane(area));
        // 将带滚动条的文本添加到容器中
     JButton button = new JButton("添加内容"); // 添加一个按钮，单击按钮弹出对话框
        button.setActionCommand("b1"); // 设置激发操作事件的命令名称为 b1
        button.addActionListener(this); // 添加单击侦听事件
        JButton saveButton = new JButton("保存"); // 同理
        saveButton.setActionCommand("save"); // 同理
        saveButton.addActionListener(this); // 同理
        JPanel panel = new JPanel(); // 创建一个 JPanel 对象
        panel.add(button); // 将按钮添加到面板中
        panel.add(saveButton);
        getContentPane().add("South", panel);
        // 获取文本域中行之间的分隔符。这里调用了系统的属性
        lineSeparator = System.getProperty("line.separator");
        this.pack(); // 调整窗体布局大小
    }
    public void actionPerformed(ActionEvent event) {
        // 单击按钮时根据不同的命令名称进行不同的操作
        File file; // 声明 File 对象
        if (event.getActionCommand().equals("b1")) { // 如果单击添加按钮
            if (simple dialog == null) { // 弹出一个对话框
                simple dialog = new Simple Dialog(this, "输入对话框");
            }
            simple dialog.setVisible(true); // 设置对话框可见
        }
        if (event.getActionCommand().equals("save")) { // 如果单击保存按钮
            JFileChooser fc = new JFileChooser(); // 创建一个文件选择器
            fc.setFileSelectionMode(JFileChooser.FILES AND DIRECTORIES);
             // 设置文件选择模式
            fc.setDialogType(JFileChooser.SAVE DIALOG); // 设置对话框类型
            fc.showSaveDialog(this); // 弹出一个 "Save File" 文件选择器对话框。
            try {
                file = fc.getSelectedFile(); // 返回选中的文件
                if (!file.exists()) { // 判断该文件是否存在
                    file.createNewFile(); // 若不存在则创建
                }
                String s = area.getText(); // 返回文本区域中的内容
    FileOutputStream fou = new FileOutputStream(file); // 创建一个文件输出流
                byte[] by = s.getBytes(); // 将子符串转换成字节数组
                fou.write(by); // 将字节数组中的内容写入指定的文件中
            } catch (Exception e) {
            }
        }
    }
    public void setText(String text) {
        area.append(text + lineSeparator);// 添加内容到文本域的后面，每次都新起一行。
    }

    public static void main(String args[]) {
        DialogDemo window = new DialogDemo();
        window.setVisible(true);
        window.setDefaultCloseOperation(JFrame.EXIT ON CLOSE);
    }
}

/**
 * 自定义对话框 对话框包括一个 label、一个文本框和 2 个按钮。
 */
class Simple Dialog extends JDialog implements ActionListener {
    JTextField text; // 文本框，用于输入字符串
    DialogDemo p; // 对话框的父窗体。
    JButton comfig; // "确定"按钮

    /** 构造函数，参数为父窗体和对话框的标题 */
```

```
    Simple Dialog(JFrame prent Frame, String title) {
 // 调用父类的构造函数，第三个参数用 false 表示允许激活其他窗体。为 true 表示不能够激活其他窗体
        super(prent Frame, title, false);
        p = (DialogDemo) prent Frame;
        // 添加 Label 和输入文本框
        JPanel pl = new JPanel();
        JLabel label = new JLabel("请输入要添加的文本:");
        pl.add(label);
        text = new JTextField(30);
        text.addActionListener(this);
        pl.add(text);
        getContentPane().add("Center", pl);
        // 添加确定和取消按钮
        JPanel pl1 = new JPanel();
        pl1.setLayout(new FlowLayout(FlowLayout.RIGHT));
        JButton cancelButton = new JButton("取 消");
        cancelButton.addActionListener(this);
        comfig = new JButton("确 定");
        comfig.addActionListener(this);
        pl1.add(comfig);
        pl1.add(cancelButton);
        getContentPane().add("South", pl1);
        pack(); // 调整对话框布局大小
    }

    /** 事件处理 */
    public void actionPerformed(ActionEvent event) {
        Object source = event.getSource();
        if ((source == comfig)) {
            // 如果确定按钮被按下，则将文本框的文本添加到父窗体的文本域中
            p.setText(text.getText());
        }
        text.selectAll();
        setVisible(false); // 隐藏对话框
    }
}
```

以上程序编写了两个类：

Simple_Dialog 类：Simple_Dialog 继承 JDialog，使得主窗口可以调用 Simple_Dialog 的 setVisible 方法控制何时显示、隐藏对话框。自定义组件的构造方法中必须先调用父类的构造方法。“super(prentFrame, title, false)”语句初始化了 JDialog 对象，其中第三个参数为 false 表示该对话框不是总在最前面，即当对话框被显示时，可以激活程序中的其他窗口；当第三个参数为 true 时，表示该对话框始终在最前面，不能够激活其他窗口。ActionEvent 的 getSource 方法可以获得事件发生的源对象。如果是“确定”按钮被单击，则调用主窗口的 setText 方法，传入对话框中文本框的文本，在父窗口的 setText 方法中通过 JTextArea 的 append 方法将传入的文本追加显示在文本域中。

DialogDemo 类：DialogDemo 类继承 JFrame 实现 ActionListener，在自身的构造方法中，可以调用父类的构造方法“super("对话框示例");”语句初始化了 JFrame 对象。在 actionPerformed 方法中，ActionEvent 的 getActionCommand()可以得到标识事件命令的字符串标志。如果是“保存”按钮被单击，则创建文件选择器，根据选择的路径创建文件对象，然后通过 FileOutputStream 写入文件对象中。

运行以上程序，首先出现 11.4 所示对话框，单击“添加内容”按钮，弹出如图 11.5 所示的输入对话框。

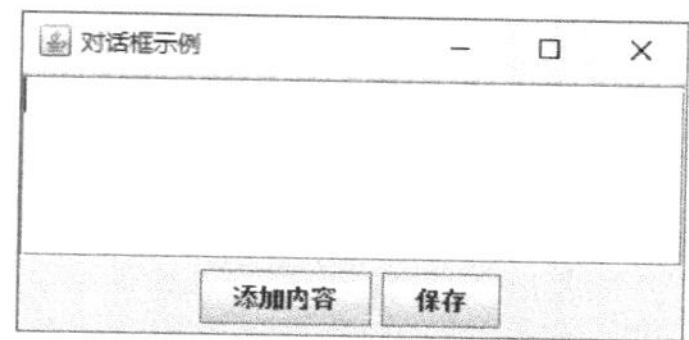

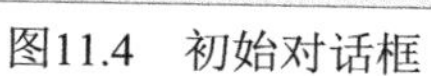
图11.4　初始对话框

图11.5　输入对话框

在图 11.5 所示对话框中输入一段文本，按“确定”按钮，在最初打开的对话框中可看到输入的文本，如图 11.6 所示。单击“保存”按钮，将打开如图 11.7 所示的“保存”对话框。

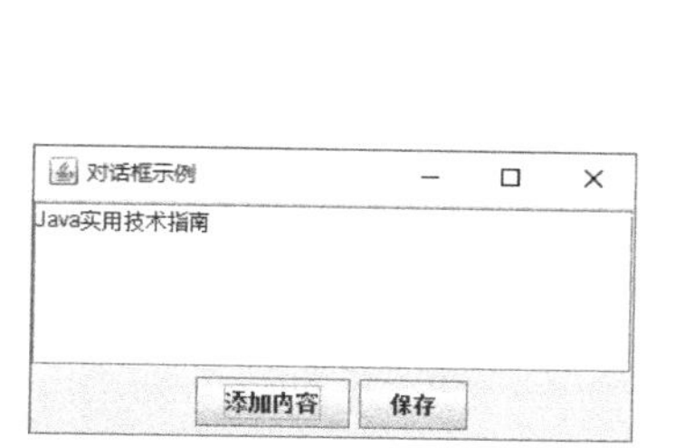

图11.6 输入的文本

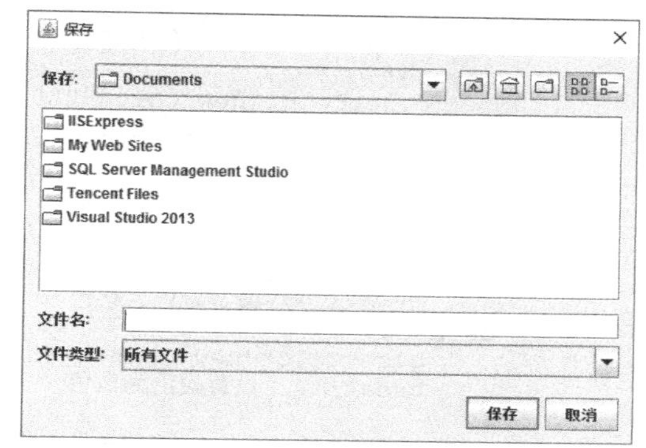

图11.7　保存对话框

【实例 11-2】本实例是一个 Java 小应用程序（Applet）的例子。使用线程技术，最终运行小程序就可以看到闪电效果，并且可以是多种颜色的，随时变化。具体代码如下：

```
package com.java.ch112;

import java.applet.Applet;
import java.awt.Color;
import java.awt.Graphics;
import java.awt.Image;

public class LightnING extends Applet implements Runnable {
        // 在 Applet 中支持线程，需要实现 Runnable 接口
    private Thread thread = null; // Applet 支持的线程
    private int no Light = 0; // 没有闪电的标志变量:0 表示没有闪电,
    private int Light = 1; // 有闪电的标志变量
    private int[] light; // 声明 int 型数组 light
    private int[] array 1; // 声明 int 型数组 array 1
    private int[] array 2; // 声明 int 型数组 array 2
    private Image T image, image; // 声明 Image 变量 T image, image
    private int delay = 3; // 延长的时间倍数

    public void init() {                        // 初始化 applet
        this.setSize(570, 450);
        String imageName = "pic1.gif";
        image = getImage(getCodeBase(), imageName);
        // 创建 int 型数组，定义其长度为 getSize().height
        light = new int[getSize().height];
        array 1 = new int[getSize().height];
        array 2 = new int[getSize().height];
        T image = this.createImage(getSize().width, getSize().height);
            // 根据指定的参数创建一幅图像
    }

    public void paint(Graphics g) {
        int i, t;
```

```
if (no Light == 0) // 没有闪电
{
    g.setColor(Color.black); // 设背景色为黑色
    g.fillRect(0, 0, getSize().width, getSize().height); // 填充背景色
    g.drawImage(image, 0, 0, this); // 输出 city.gif
} else // 有闪电
{
    switch (Light) {
    case 1:
        g.setColor(new Color(240, 255, 255));
        break; // 设背景色为蓝色
    case 2:
        g.setColor(new Color(176, 48, 96));
        break; // 设背景色为红色
    case 3:
        g.setColor(new Color(250, 255, 240));
        break; // 设背景色为黄色
    case 4:
        g.setColor(new Color(240, 255, 240));
        break; // 设背景色为绿色
    case 5:
        g.setColor(new Color(248, 248, 255));
        break; // 设背景色为紫色
    default:
        g.setColor(new Color(245, 245, 245));
        break; // 设背景色为白色
    }
    g.fillRect(0, 0, getSize().width, getSize().height); // 填充背景色
    t = (int) (0.6F * getSize().height); // 输出闪电图像
    for (i = 1; i < getSize().height; i++) {
        if (i < t) { // 输出闪电周围的灰色矩形
            g.setColor(Color.white);
            g.drawRect(light[i] - 4, i, 3, 1);
            g.drawRect(light[i] + 1, i, 3, 1);
            g.setColor(Color.orange);
            g.drawRect(light[i] - 1, i, 1, 1);
            g.drawRect(light[i] + 1, i, 1, 1);
        }
        switch (Light) {
        case 1:
            g.setColor(new Color(0, 0, 255));
            break; // 蓝色闪电
        case 2:
            g.setColor(new Color(255, 0, 0));
            break; // 红色闪电
        case 3:
            g.setColor(new Color(255, 215, 0));
            break; // 黄色闪电
        case 4:
            g.setColor(new Color(0, 255, 0));
            break; // 绿色闪电
        case 5:
            g.setColor(new Color(160, 32, 240));
            break; // 紫色闪电
        default:
            g.setColor(new Color(225, 225, 225));
            break; // 白色闪电
        }
        g.drawLine(light[i], i, light[i - 1], i - 1);
        if (array 1[i] >= 0) { // 输出闪电折线
            g.drawLine(array 1[i], i, array 1[i - 1], i - 1);
        }
        if (array 2[i] >= 0) { // 输出闪电折线
            g.drawLine(array 2[i], i, array 2[i - 1], i - 1);
        }
```

```
            }
            g.drawImage(image, 0, 0, this); // 输出图像
            Light = (int) ((Math.random() * 10) + 1);
        }
    }
    void drawT image() { // 调用paint()方法
        Graphics g;
        g = T image.getGraphics();
        paint(g);
    }
    public void start() { // 启动Applet，创建并启动线程
        if (thread == null) {
            thread = new Thread(this);
            thread.start();
        }
    }
    public void stop() { // 停止运行线程
        if (thread != null) {
            thread.stop();
            thread = null;
        }
    }
    void createLight() { // 生成闪电的坐标数组数据
        int i;
        int bs1, bs2; // 开始位置的坐标
        int be1, be2; // 结束位置的坐标
        light[0] = (int) (Math.random() * getSize().width);
        // 随机产生闪电出现的位置
        array 1[0] = light[0];
        array 2[0] = light[0];
        bs1 = (int) (Math.random() * getSize().height) + 1;
        bs2 = (int) (Math.random() * getSize().height) + 1;
        be1 = bs1 + (int) (0.5 * Math.random() * getSize().height) + 1;
        be2 = bs2 + (int) (0.5 * Math.random() * getSize().height) + 1;
        for (i = 1; i < getSize().height; i++) {
            light[i] = light[i - 1] + ((Math.random() > 0.5) ? 1 : -1);
            array 1[i] = light[i];
            array 2[i] = light[i];
        }
        for (i = bs1; i < getSize().height; i++) {
            array 1[i] = array 1[i - 1] + ((Math.random() > 0.5) ? 2 : -2);
        }
        for (i = bs2; i < getSize().height; i++) {
            array 2[i] = array 2[i - 1] + ((Math.random() > 0.5) ? 2 : -2);
        }
        for (i = be1; i < getSize().height; i++) {
            array 1[i] = -1;
        }
        for (i = be2; i < getSize().height; i++) {
            array 2[i] = -1;
        }
    }
    public void run() { // 启动进程
        Graphics g;
        while (true) {
            try {
                // 输出图像
                drawT image();
                g = this.getGraphics();
                g.drawImage(T image, 0, 0, this);
                Thread.sleep((int) (delay * 1000 * Math.random()));
                 // 线程休眠，时间随机产生
                no Light = 1; // 无闪电标记变量置位
                createLight(); // 创建闪电
                // 输出图像
```

```
                drawT image();
                g = this.getGraphics();
                g.drawImage(T image, 0, 0, this);
                Thread.sleep(1000); // 线程休眠 1 秒
                no Light = 0; // 无闪电标记变量置位
            } catch (InterruptedException e) {
                stop(); // 发生异常，停止线程
            }
        }
    }
}
```

以上程序中，使用以下语句加载图片：

```
Image=getImage(getCodeBase(),"pic1.gif");
```

其中的 getCodeBase()方法获取当前类的位置，后面就图片文件名称。表示将图片文件放置在 bin 文件夹下即可。另外，注意图片为 gif 格式，并且背景要有部分为透明色，才能看到闪电的效果。如果图片不具有透明效果，可在 Photoshop 中进行加工制作。

实现闪电的特效。线程休眠，时间随机产生，之后可确定闪电的坐标位置，并通过线程来运行，最后确定闪电的精确位置。

运行以上程序，可看到每隔 2 秒就会出现一个新的闪电，如果出现闪电的位置正好是图片的透明部分，则可看到闪电，不透明部分将闪电其余部分挡住了，如图 11.8 所示。

图11.8　闪电效果

第 12 章 标准布局

Java 中提供了多种预先定义好的界面布局管理器来完成界面布局任务，这些布局管理器使容器中的各种组件按照一定规律排列，从而让界面更美观合理，提高编程效率。

12.1 标准布局管理器简介

Swing 类都提供通用的布局管理器，包括以下几项。

- BorderLayout：边框布局。
- BoxLayout：盒状布局。
- CardLayout：卡片布局。
- FlowLayout：流动布局。
- GridBagLayout：网格包布局。
- GridLayout：网格布局。

12.1.1 BorderLayout 边框布局

每一个内容面板（在所有窗体、Applet 和对话框中，内容面板都是主容器）初始化时都是 BorderLayout 布局。在使用 BorderLayout 布局时，组件被放置在 5 个区域：上、下、左、右和中间，如图 12.1 所示。

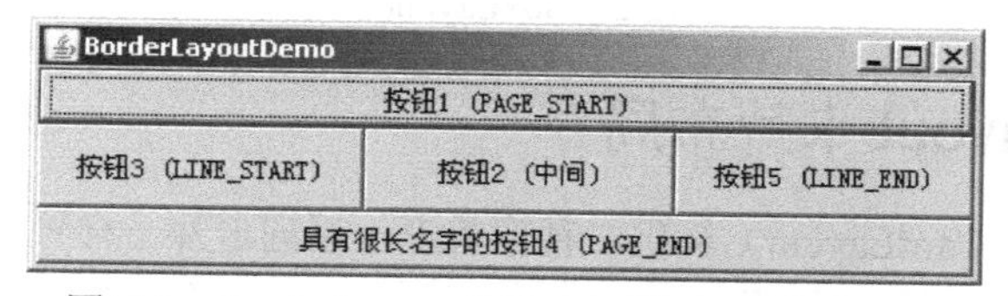

图12.1 BorderLayout布局（Windows程序外观）

它可以对容器组件进行安排，并调整其大小。每个区域最多只能包含一个组件，并通过相应的常量进行标识：NORTH、SOUTH、EAST、WEST、CENTER。当使用边框布局将一个组件添加到容器中时，要使用这 5 个常量之一。使用 JToolBar 创建的工具栏必须位于一个 BorderLayout 布局的容器中，这样才能将其从开始位置拖放。

根据其首选大小和容器大小的约束（Constraints）对组件进行布局。NORTH 和 SOUTH 组件可以在水平方向上拉伸；而 EAST 和 WEST 组件可以在垂直方向上拉伸；CENTER 组件可以同时在水平和垂直方向上拉伸，从而填充所有剩余空间。

12.1.2 BoxLayout 布局

BoxLayout 类将组件放在一个单独的行或列上。它会考虑到组件所要求的最大容积，还允许对组件进行排列，允许垂直或水平布置多个组件的布局管理器。这些组件将不包装、垂直排列的组件在重新调整框架的大小时仍然被垂直排列。用水平组件和垂直组件的不同组合嵌套多面板的作用类似于 GridBagLayout，但没那么复杂。BoxLayout 管理器是用 axis 参数构造的，该参数指定了将进行的布局类型，有以下 4 个选择。

- X_AXIS：从左到右水平布置组件。
- Y_AXIS：从上到下垂直布置组件。
- LINE_AXIS：根据容器的 ComponentOrientation 属性，按照文字在一行中的排列方式布置组件。如果容器的 ComponentOrientation 表示水平，则将组件水平放置；否则，将它们垂直放置。对于水平方向，如果容器的 ComponentOrientation 表示从左到右，则组件从左到右放置；否则，将它们从右到左放置。对于垂直方向，组件总是从上到下放置的。
- PAGE_AXIS：根据容器的 ComponentOrientation 属性，按照文本行在一页中的排列方式布置组件。如果容器的 ComponentOrientation 表示水平，则将组件垂直放置；否则，将它们水平放置。对于水平方向，如果容器的 ComponentOrientation 表示从左到右，则组件从左到右放置；否则，将它们从右到左放置。对于垂直方向，组件总是从上向下放置的。

如图 12.2 所示是将组件放在垂直列上的 BoxLayout 布局。

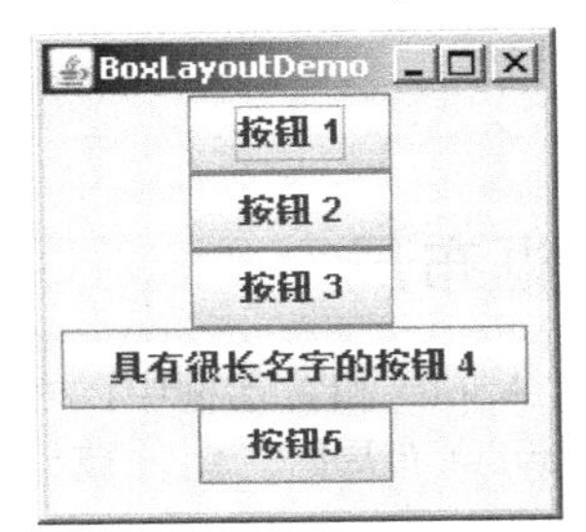

图12.2　BoxLayout布局

12.1.3　CardLayout 卡片布局

卡片布局管理器（CardLayout）提供一种像管理一系列卡片一样管理组件的功能，但是，一个时刻只能显示一个组件。CardLayout 类可以实现在一个区域中不同的时间包含不同的组件。经常通过一个组合框来控制 CardLayout，由组合框中的状态决定 CardLayout 显示哪一个组件，如图 12.3 所示。

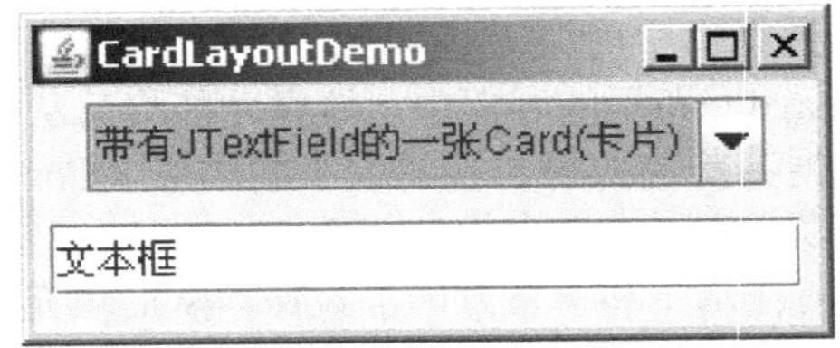

图12.3　CardLayout布局

可以替代使用 CardLayout 的是使用选项卡面板，它提供了相似的功能，但是带有一个预定义的 GUI。CardLayout 布局又称卡片布局。

12.1.4 FlowLayout 流动布局

FlowLayout（流动布局）是 JPanel 类默认的布局方式。将组件流水似地摆放在 Frame 或其他构件上，从左到右依次排放，遇到边界就另起行，顺序排放，整体放置在中央的位置。它简单地将组件布局在一行上，如果一行放不下，就另起一行放置，如图 12.4 所示。

图12.4 FlowLayout布局（Windows程序外观）

12.1.5 GridLayout 网格布局

GridLayout（网格布局）是将容器按照用户的设置平均划分成若干网格。表格布局管理器就是分几行几列将部件摆放到 Frame 中，几个部件也是贴边放置的，各个组件依次放入各个单元格中，具有相同的大小，如图 12.5 所示。

图12.5 GridLayout布局

12.1.6 GridBagLayout 网格包布局

GridBagLayout（网格包布局）是一个成熟的、具有弹性的布局管理器。它通过将组件放置在网格中的单元格内来排列组件，允许组件跨多个单元格。网格中的行可以有不同的宽度，网格中的列也可以有不同的宽度，如图 12.6 所示。

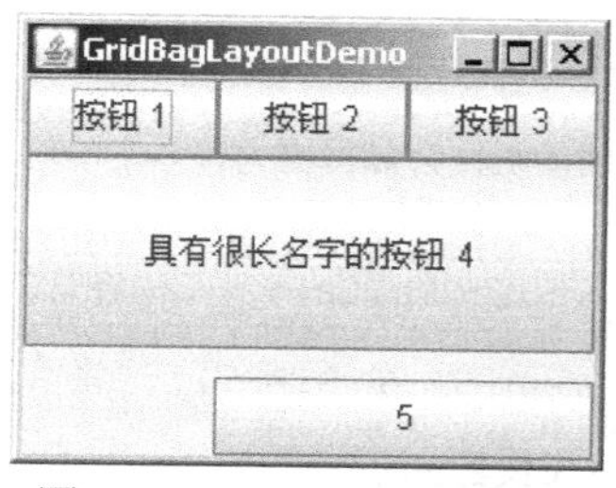

图12.6 GridBagLayout布局

GridBagLayout 是所有 AWT 布局管理器当中最复杂的，同时它的功能也是非常强大的。GridBagLayout 同 GridLayout 一样，在容器中以网格形式来管理组件。但 GridBagLayout 功能要强大得多。GridBagLayout 通常由一个专用类来对它的布局行为进行约束，该类称为 GridBagConstraints。其中有 11 个公有成员变量，GridBagConstraints 可以从这 11 个方面来进行控制和操纵。

- gridx：组件的横向坐标。
- girdy：组件的纵向坐标。
- gridwidth：组件的横向宽度，也就是组件占用的列数。
- gridheight：组件的纵向长度，也就是组件占用的行数。
- weightx：指行的权重，告诉布局管理器如何分配额外的水平空间。
- weighty：指列的权重，告诉布局管理器如何分配额外的垂直空间。
- anchor：当组件小于其显示区域时使用此字段。
- fill：当显示区域比组件的区域大时，可以用来控制组件的行为。控制组件是垂直填充，还是水平填充，或者两个方向一起填充。
- insets：指组件与表格空间四周边缘的空白区域的大小。
- ipadx：组件间的横向间距，组件的宽度就是这个组件的最小宽度加上 ipadx 值。
- ipady：组件间的纵向间距，组件的高度就是这个组件的最小高度加上 ipady 值。

12.2 布局管理器的使用

在简单了解了各种类型的布局管理器以后，下面详细介绍如何在程序界面设计中使用这些类型的布局管理器。需要提醒的是，在实际开发中，虽然各种 IDE 集成开发工具提供了很直观的布局管理方式，程序员不需要使用代码来管理布局，但了解各种布局管理器的详细用法和特点，对程序员使用调整界面布局还是有非常大的帮助的。

12.2.1 使用 BorderLayout

一个 BorderLayout 对象有 5 个区域，这 5 个区域由 BorderLayout 中的 PAGE_START、PAGE_END、LINE_START、LINE_END、CENTER 常量来指定。

在很多情况下，容器只会使用到 BorderLayout 对象中的一个或两个区域，如 CENTER，或 CENTER 和 PAGE_END。

在下面的代码中，将组件添加到窗体的内容面板中。

```
//创建并添加第一个按钮
//创建一个 JButton 按钮对象
JButton button = new JButton("按钮 1 (PAGE_START)");
pane.add(button, BorderLayout.PAGE_START);//将按钮 button 添加到容器 pane 的顶部
//在 BorderLayout 布局中,中间的组件会显得更大.
button = new JButton("按钮 2 (中间)");        //创建第二个 JButton 按钮对象
button.setPreferredSize(new Dimension(200, 100));        //设置 button 的首选大小
pane.add(button, BorderLayout.CENTER);    //将第二个按钮添加到容器 pane 的中间区域
button = new JButton("按钮 3 (LINE_START)");    //创建第三个 JButton 按钮对象
pane.add(button, BorderLayout.LINE_START);//将第三个按钮添加到容器 pane 的左区域
//创建第四个 JButton 按钮对象
button = new JButton("具有很长名字的按钮 4 (PAGE_END)");
pane.add(button, BorderLayout.PAGE_END); //将第四个按钮添加到容器 pane 的底部
button = new JButton("按钮 5 (LINE_END)"); //创建第五个 JButton 按钮对象
pane.add(button, BorderLayout.LINE_END);  //将第三个按钮添加到容器 pane 的右区域
```

默认情况下，内容面板使用 BorderLayout 布局，所以没必要再设置布局管理器。在使用 add 方法向 BorderLayout 布局的容器中添加组件时，第一个参数为要添加的组件，第二个参数（使用 BorderLayout 常量）指定将组件添加到的区域。另外，在有的程序中可能会看到 add 方法以前的用法，将组件作为第二个参数，如下所示：

```
add(BorderLayout.CENTER,button);                 //方法有效，但是旧的用法
或者
add("Center",button);                            //方法有效，但是不提倡的用法
```

12.2.2 使用 BoxLayout

BoxLayout 是一个通用目的的布局管理器。既可以将组件垂直叠放在一起，也可以将组件排列在一行，BoxLayout 的构造器有两个参数，其中第一个参数为它要管理的容器，第二个参数是一个 BoxLayout 类的常量，代表组件布局的方式。如果是 PAGE_AXIS 常量，指定自上向下的组件布局，如果是 LINE_AXIS 常量，指定水平的组件布局（根据容器的 ComponentOrientation 属性确定是自左向右还是自右向左）。例如：

```
JPanel listPane = new JPanel();
//设置 listPane 容器的布局管理器
listPane.setLayout(new BoxLayout(listPane, BoxLayout.PAGE_AXIS));
JLabel label = new JLabel("标签:");...
listPane.add(label);
listPane.add(Box.createRigidArea(new Dimension(0,5)));//添加一个不可见的空白组件
...
//自左向右布局按钮
JPanel buttonPane = new JPanel();
//设置 listPane 容器的布局管理器
buttonPane.setLayout(new BoxLayout(buttonPane, BoxLayout.LINE_AXIS));
buttonPane.setBorder(BorderFactory.createEmptyBorder(0, 10, 10, 10));
//设置容器的边框
buttonPane.add(Box.createHorizontalGlue());          //添加一个可自动增长的空白组件
buttonPane.add(cancelButton);
buttonPane.add(Box.createRigidArea(new Dimension(10, 0)));
buttonPane.add(setButton);
```

Box 类的静态方法 createRigidArea()用来创建一个不可见的组件，这个不可见的组件通常放在其他组件之间，用来使用空白区域分隔组件。Box 类的静态方法 createHorizontalGlue()创建一个可自动缩放的空白组件，当容器改变时，它会自动增长以占据额外的空间。

在垂直方向上布局组件时，BoxLayout 会调整组件的大小（放大或收缩），以使各个组件的高度之和与容器的高度相匹配。但不会超过各个组件的最小或最大的高度。超出部分的空白区域会出现在容器的底部。容器的宽度自动为其中最宽的组件的宽度。在水平方向上布局组件时，与垂直方向上相似。

12.2.3 使用 CardLayout

CardLayout 类管理共享同一显示区域的多个组件（通常是 JPanel 对象实例）。CardLayout 布局管理器所管理的组件就像一副扑克牌或一叠卡片，在任何时候只有最顶上的卡片才可见。

使用 CardLayout 示例代码如下：

```
JPanel cards = new JPanel(new CardLayout());
JPanel card1 = new JPanel();
JPanel card2 = new JPanel();
…
cards.add(card1, "卡片 1");
cards.add(card2. "卡片 2");
```

CardLayout 类的构造器非常简单，不带参数。将两个面板对象添加到 CardLayout 布局管理器管理的 cards 中，使用 Add()方法。Add()方法中的第二个参数代表添加到容器中的卡片组件的名称，它是用来标识该卡片的。当布局管理器要显示某一个卡片组件时，可以使用此名称，代码如下所示：

```
CardLayout cl = (CardLayout)(cards.getLayout());
cl.show(cards, "卡片 1");
```

CardLayout 布局管理器调用其 show 显示其所管理的 cards 容器中指定名称（第二个参数）的卡片组件。

12.2.4 使用 FlowLayout

FlowLayout 布局管理器将组件按首选大小排列在一行上。如果一行上放不下，FlowLayout 会自动换行，在多行上排列。如果一行的宽度大小是组件所需的宽度，则默认情况下组件都居中显示的。可以在使用 FlowLayout 构造器构造布局对象时，使用常量参数指定组件对齐方式（靠左、靠右还是居中对齐等）。FlowLayout 共定义了以下 5 个常量用来指明组件对齐方式。

- FlowLayout.LEADING：与开始一边对齐。
- FlowLayout.TRAILING：与结束一边对齐。
- FlowLayout.CENTER：居中对齐。
- FlowLayout.LEFT：左对齐。
- FlowLayout.RIGHT：右对齐。

12.2.5 使用 GridLayout

由 GridLayout 类实现的布局管理器称为网格布局管理器。GridLayout 的布局方式是将容器按用户的设置平均划分成若干个网格，其中的每一格称为一个“单元格”，如图 12.7 所示。

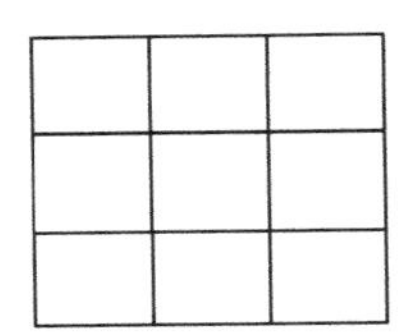

图12.7 GridLayout布局方式

在通过构造方法 GridLayout(int row,int cols)创建网格布局管理器对象时，参数 rows 用来设置网格的行数，参数 cols 用来设置网格的列数。在设置时分为以下 4 种情况：

- 只设置了网格的行数，即 rows 大于 0，cols 等于 0。在这种情况下，容器将先按行排列组件，当组件个数大于 rows 时，则再增加一列，依此类推。
- 只设置了网格的列数，即 rows 等于 0，cols 大于 0。在这种情况下，容器将先按列排列组件，当组件个数大于 colss 时，则再增加一行，依此类推。
- 同时设置了网格的行数和列数，即 rows 大于 0，cols 大于 0。在这种情况下，容器将先按行排列组件，当组件个数大于 rows 时，则再增加一列，依此类推。
- 同时设置了网格的行数和列数，但是容器中的组件个数大于网格数（rows*cols）。在这种情况下，容器将先按行排列组件，当组件个数大于 rows 时，则再增加一列，依此类推。

12.2.6 使用 GridbagLayout

GridbagLayout 又称网格包布局管理器，它是网格布局管理器的一个扩展，是最灵活又是最复杂的布局管理器之一。在网格包布局中，组件在网格中可以占据多个单元，而且不同的行和列的比例也不必相等。在网格单元内的组件可以用不同的方式进行摆放。

本质上，GridBagLayout 将组件放在单元格中，然后使用组件的自然大小来决定单元格应该有多大，在网格包布局方式中，指定组件的大小和位置的方式是为每一个组件指定“约束”。给组件设置约束的首选途径是使用容器的 add 方法的变体，并传递给它一个 GridBagConstraints 对象参数。

为了创建一个网格包布局，要使用类 GridBagLayout 和一个称为 GridBagConstraints 的辅助类。GridBagLayout 是布局管理器，GridBagConstraints 是用来定义放置到单元中的每个组件的属性的（包括位置、大小和对齐方式等）。网格包、约束限制和每个组件之间的关系定义了整个布局的具体情况。一般情况下，创建一个网格包的步骤如下：

（1）创建一个 GridBagLayout 对象并将它定义成当前的布局管理器。

（2）创建 GridBagconstraints 的一个新实例。

（3）为某个组件设置该约束限制。

（4）将组件加入到容器中，并应用已设置的约束条件。

在使用 GridBagLayout 时，必须为每一个要加入到容器内的组件设置所有约束信息。在使用 add 方法将组件添加到 GridBagLayout 布局管理器所管理的容器中时，指定组件要应用的约束限制。例如：

```
JPanel pane = new JPanel(new GridBagLayout());
GridBagConstraints c = new GridBagConstraints();
//对于要添加到容器中的每一个组件：
//...创建该组件...
//...设置 GridBagConstraints 对象中的各个实例变量...
pane.add(theComponent, c);//将组件 theComponent 添加到容器 pane 中，并应用约束限制 c
```

另外，如上述代码所示，一旦创建并设置了约束 GridBagConstraints 的实例，就可以将该约束应用于多个组件。但是建议不要重用约束对象 GridBagConstraints，因为如果重置每一个新的实例对象时，很容易导致不易察觉的 bug。

12.3 使用布局管理器技巧

布局管理器是一个实现了 LayoutManager 接口的对象，它决定一个容器中组件的大小和位置。虽然组件自身可以提供大小和排列方面的设置，但容器的布局管理器有最终决定权。

12.3.1 设置布局管理器

每个 JPanel 对象初始化时都使用 FlowLayout，除非在创建 JPanel 对象时指明不同的布局管理器。内容面板默认情况下使用 BorderLayout 布局。可以任意改变它们的布局管理器。使用 JPanel 的构造器设置面板对象的布局管理器。例如：

```
JPanel panel = new JPanel(new BorderLayout());
```

在创建容器以后，可以使用 setLayout 方法设置其布局管理器。例如：

```
Container contentPane = frame.getContentPane();
contentPane.setLayout(new FlowLayout());
```

虽然在大多数情况下，都应该使用布局管理器，但实际上也可以不使用。将容器的布局属性设为 null，就可以不使用布局管理器了。这种情况下，称为“绝对定位”，必须指定容器中每一个组件的大小和位置。缺点是，当调整顶层容器的大小时，布局会变得混乱。绝对定位还不能根据用户和系统的不同而调整。

12.3.2 向容器中添加组件

当向一个 JPanel 对象或内容面板中添加组件时，使用 add()方法。指定给 add()方法的参数依赖于面板或内容面板正在使用的布局管理器。例如，BorderLayout 使用如下代码指定组件应该被添加到容器的哪个区域。

```
pane.add(aComponent,BorderLayout.PAGE_START);
```

其中，第一个参数是要添加的组件名称，第二个参数是在 BorderLayout 中定义的常量，代表将组件添加到容器的最上边部分。在第 11 章的许多示例中，已经用到了各种各样的布局管理器及 add 方法中指定的参数。

除 JPanel 和内容面板之外的容器，一般提供有 API 而不使用 add()方法。例如，对于滚动窗格，并不直接将组件添加到 JScrollPane 中，而是在 JScrollPane 的构造器中指定组件，或使用 setViewportView()方法。因为这些专用的 API 不需要程序员了解很多 Swing 容器使用哪一种布局管理器。

> 说明　滚动窗格恰好使用一个名为 ScrollPaneLayout 的布局管理器。

12.3.3 提供组件大小和排列策略

通过指定组件的一个或多个最小、首选和最大尺寸参数，为布局管理器提供自定义的组件大小策略。在第 11 章讲过，这可以通过调用 setMinimumSize()、setPreferredSize()和 setMaximumSize()方法来设置。也可以创建组件的子类并覆盖合适的 get 方法：getMinimumSize()、getPreferredSize()和 getMaximumSize()。例如，下面的代码将组件的最大容积设置为无限大小：

```
component.setMaximumSize(new Dimension(Integer.MAX_VALUE,Integer.MAX_VALUE);
```

许多布局管理器忽略组件所要求的最大容积设置，除了 BoxLayout 和 SpringLayout。除了提供组件大小容积方面的策略，还可以提供排列的策略。例如，可以指定两个组件的顶端对齐。这可以通过调用组件的 setAlignmentX()和 setAlignmentY()方法，或通过覆盖组件的 getAlignmentX()和 getAlignmentY()方法来设置排列策略。

12.3.4 设置组件之间的间隙

有以下 3 个因素影响到容器中可视组件之间的间隙：

- 布局管理器。有的布局管理器自动设置组件之间的间隙，有些则不是。
- 不可视组件。一般在 BoxLayout 布局中使用一些不可视的组件，但它们能占用 GUI 中的空间。
- 空边框。不管什么布局管理器，都可以通过给组件添加空的边框来影响组件之间的空隙的显现。最适合使用空白边框的是没有默认边框的组件，如面板和标签。

12.3.5 设置容器的语言方向

有的国家和地区，书写语言的顺序是自左向右、自上向下，而有些国家和地区是自右向左，如阿拉伯的一些国家。

使用容器的 componentOrientation 属性，可以设置这种语言的方向性。要设置容器语言的方向性，既可以使用 Component 定义的 setComponentOrientation()方法，也可以使用 applyComponentOrientation()在容器的子组件上设置。这两个方法的参数都可以是一个常量，如 ComponentOrientation.RIGHT_TO_LEFT 或 ComponentOrientation.LEFT_TO_RIGHT。例如，下面的代码将容器的语言方向设置为自右向左。

```
Container contentPane = frame.getContentPane();   //获得窗体对象的内容面板
//设置内容面板上的组件方向为自右向左
contentPane. setComponentOrientation(ComponentOrientation.RIGHT_TO_LEFT);
```

也可以调用 ComponentOrientation 的 getOrientation(Location)方法来设置所在地区的语言方向。例如，下面的代码将 JComponent 初始化为阿拉伯语言地区，然后设置内容面板及它里面所有组件的语言方向。

```
JComponent.setDefaultLocale(new Locale("ar"));    //设置组件默认的地区
JFrame frame = new JFrame();
...
Container contentPane = frame.getContentPane();   //获得窗体对象的内容面板
//对内容面板应用组件排列方向为组件本地排列方向
contentPane.applyComponentOrientation(ComponentOrientation.getOrientation(c
ontentPane.getLocale()));
```

图 12.7 和图 12.8 中，两个程序中的容器的布局管理器都是 FlowLayout，但是设置的语言方向不同，因此组件布局的方向也不同。

图12.7　默认方向（自左向右）

图12.8　自右向左的方向

在标准的布局管理器中，支持组件方向的有 FlowLayout、BorderLayout、BoxLayout、GridBagLayout 和 GridLayout。

12.3.6　选择布局管理器

要正确地使用各种布局，首先要了解各布局管理器各自的优缺点。

- 对于 GridLayout 和 BorderLayout 布局，组件会填满它所在的空间。在使用 BorderLayout 时，对空间要求最大的组件放在中间区域。
- 当要求在一行上按自然大小紧密排列组件时，使用 JPanel 来组织这些组件，并使用 JPanel 的默认布局（FlowLayout）管理器或 BoxLayout 布局管理器。用 SpringLayout 也很好。
- 如果要在行和列上显示同样大小的很多组件，使用 GridLayout 最合适。
- 如果要在一行上或一列上显示一些组件，并且所占的空间大小不同，使用 BoxLayout。
- 如果需要复杂的布局，使用 GridBagLayout 或使用多个 JPanel 面板分别布局，再组合在一起。

- 另外还有一些由 Swing 社区开发的第三方的布局管理器，其中最流行的有：TableLayout、MiGLayout 和 Karsten Lentzsch 的 FormLayout。

12.4 典型实例

【实例 12-1】本实例将综合运用本章所学的界面布局知识，手工设计一个常见的用户登录界面，如图 12.9 所示。

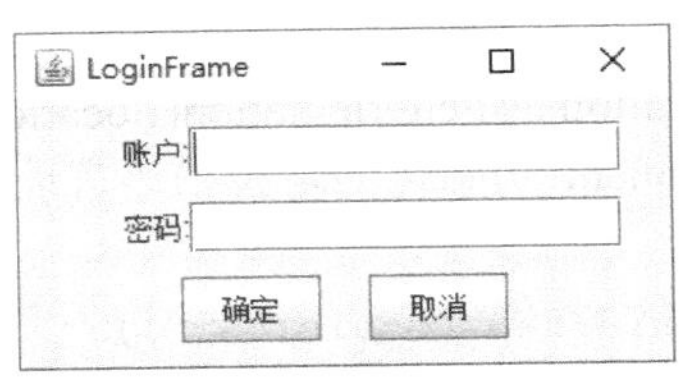

图12.9　用户登录界面

在实际设计应用程序界面时，往往多种布局管理器组合使用，以达到最佳的布局效果。本实例也不例外，用户登录界面由两个面板（JPanel 对象）组成，上面的为 topPane 面板，下面的为 bottomPane 面板，这两个面板位于内容面板（内容窗格）中，内容面板默认为 BorderLayout 布局。其中，topPane 位于内容面板的 CENTER 位置，而 bottomPane 位于内容面板的 PAGE_END 位置。

其中，“账户”标签所在的单元格坐标为（0,0），账户文本框所在的单元格坐标为（1,0），“密码”标签所在的单元格坐标为（0,1），密码文本框所在的单元格坐标为（1,1）。需要注意的是，这里的单元格坐标与像素坐标不同，这里的坐标值是由（gridx,gridy）组成的，其中最左边的单元的 gridx 值为 0，最上边的单元格的 gridy 为 0。所以账户文本框的单元坐标是（1,0）而不是（0,1）。了解了用户登录界面的布局以后，下面用代码来实现。

首先，为 topPane 和 bottomPane 面板设置布局管理器。topPane 为 GridBagLayout 布局，bottomPane 为 FlowLayout 布局。代码如下：

```
JPanel topPane = new JPanel();           //放置标签和文本框的面板
//将 topPane 面板布局设为网格包布局(GridBagLayout)
topPane.setLayout(new GridBagLayout());
JPanel bottomPane = new JPanel();        //放置“确定”和“取消”按钮的面板
FlowLayout flowLayout = new FlowLayout();//创建 FlowLayout 布局管理器对象
flowLayout.setHgap(20);                  //设置流动布局中组件之间的水平间距
flowLayout.setVgap(10);                  //设置流动布局中组件之间的垂直间距
bottomPane.setLayout(flowLayout);        //将 flowLayout 设为 bottomPane 的布局管理器
```

在 topPane 面板中共有 4 个组件，分别为“账户”标签、用户输入账户的文本框、“密码”标签和用户输入密码的密码框。分别为这 4 个组件创建布局约束对象（即 GridBagConstraints 实例），并分别设置相应的约束对象变量。对于“账户”标签，位于网格布局的单元格（0,0）位置处，靠右对齐，布局代码如下：

```
//“账户”标签
GridBagConstraints conLabelName = new GridBagConstraints();    //创建约束对象
conLabelName.fill = GridBagConstraints.NONE;                //组件保持自然大小
labelName = new JLabel("账户:");                    //创建“账户”标签
conLabelName.weightx = 0.2;                         //设置“账户”标签的水平方向上权重
conLabelName.gridx = 0;                             //标签所在列为第 1 列
conLabelName.gridy = 0;                             //标签所在行为第 1 行
conLabelName.anchor = GridBagConstraints.LINE_END;  //标签在单元格内靠右对齐
topPane.add(labelName, conLabelName);               //将标签加入 topPane 面板中，并应用约束
```

用户输入账户的文本框位于网格布局的单元格（1,0）位置处，布局代码如下：

```
//账户文本框
//创建约束对象
GridBagConstraints conTextFieldName = new GridBagConstraints();
//文本框水平扩展整个单元格
conTextFieldName.fill = GridBagConstraints.HORIZONTAL;
textFieldName = new JTextField();
conTextFieldName.weightx = 0.8;            //设置文本框的水平方向上的权重
conTextFieldName.weighty = 0.5;
conTextFieldName.gridx = 1;
conTextFieldName.gridy = 0;
//设置组件四周的间距（上、左、下、右）
conTextFieldName.insets = new Insets(10,0,10,20);
topPane.add(textFieldName, conTextFieldName);
```

在上面的代码中，Insets 对象是容器边界的表示形式。它指定容器必须在其各个边缘留出的空间。这个空间可以是边界、空白空间或标题。类似地，对于“密码”标签和密码文本框，布局代码如下：

```
//“密码”标签
GridBagConstraints conLabelPassword = new GridBagConstraints();
conLabelPassword.fill = GridBagConstraints.NONE;
labelPassword = new JLabel("密码:");
conLabelPassword.gridx = 0;
conLabelPassword.gridy = 1;
conLabelPassword.anchor = GridBagConstraints.LINE_END;
topPane.add(labelPassword, conLabelPassword);
//密码框
GridBagConstraints conTextFieldPwd = new GridBagConstraints();
conTextFieldPwd.fill = GridBagConstraints.HORIZONTAL;
textFieldPwd = new JPasswordField();
conTextFieldPwd.weighty = 0.5;
conTextFieldPwd.gridx = 1;
conTextFieldPwd.gridy = 1;
conTextFieldPwd.insets = new Insets(0,0,0,20);
topPane.add(textFieldPwd, conTextFieldPwd);
```

至此，topPane 面板布局已基本完成。对于 bottomPane 面板，布局比较简单，只有两个按钮组件，布局代码如下：

```
buttonOk = new JButton("确定");        //创建“确定”按钮
buttonCancel = new JButton("取消");    //创建“取消”按钮
bottomPane.add(buttonOk);              //将“确定”按钮添加到 bottomPane 面板
bottomPane.add(buttonCancel);          //将“取消”按钮添加到 bottomPane 面板
```

topPane 和 bottomPane 面板布局完成以后，需要将它们添加到内容面板中。内容面板默认的布局管理器为 BorderLayout，将 topPane 添加到内容面板的中间区域，将 bottomPane 添加到内容面板的底部，代码如下：

```
pane.add(topPane,BorderLayout.CENTER);
pane.add(bottomPane,BorderLayout.PAGE_END);
```

完整的程序代码如下：

```
package test;
import java.awt.*;
import javax.swing.JButton;
import javax.swing.JLabel;
import javax.swing.JTextField;
import javax.swing.JPasswordField;
import javax.swing.JFrame;
import javax.swing.JPanel;
import javax.swing.UIManager;
public class LoginFrame{
```

```
//添加组件的方法
public void addComponentsToPane(Container pane) {
    JButton buttonOk,buttonCancel;                    //创建按钮对象
    JLabel labelName,labelPassword;                   //创建标签对象
    JTextField textFieldName;                         //创建文本框对象
    JPasswordField textFieldPwd;                      //创建密码框对象
    JPanel topPane = new JPanel();                    //放置标签和文本框的面板
    //设为网格包布局（GridBagLayout）
    topPane.setLayout(new GridBagLayout());
    JPanel bottomPane = new JPanel();          //放置“确定”和“取消”按钮的面板
    FlowLayout flowLayout = new FlowLayout(); //创建流动布局管理器对象
    flowLayout.setHgap(20);                   //设置流动布局中组件间水平间距
    flowLayout.setVgap(10);                   //设置流动布局中组件间垂直间距
    bottomPane.setLayout(flowLayout);
    //“账户”标签
    GridBagConstraints conLabelName = new GridBagConstraints();
    conLabelName.fill = GridBagConstraints.NONE;
    labelName = new JLabel("账户:");
    conLabelName.weightx = 0.2;
    conLabelName.gridx = 0;
    conLabelName.gridy = 0;
    conLabelName.anchor = GridBagConstraints.LINE_END;
    topPane.add(labelName, conLabelName);
    //账户文本框
    GridBagConstraints conTextFieldName = new GridBagConstraints();
    conTextFieldName.fill = GridBagConstraints.HORIZONTAL;
    textFieldName = new JTextField();
    conTextFieldName.weightx = 0.8;
    conTextFieldName.weighty = 0.5;
    conTextFieldName.gridx = 1;
    conTextFieldName.gridy = 0;
    conTextFieldName.insets = new Insets(10,0,10,20);
    topPane.add(textFieldName, conTextFieldName);
    //“密码”标签
    GridBagConstraints conLabelPassword = new GridBagConstraints();
    conLabelPassword.fill = GridBagConstraints.NONE;
    labelPassword = new JLabel("密码:");
    conLabelPassword.gridx = 0;
    conLabelPassword.gridy = 1;
    conLabelPassword.anchor = GridBagConstraints.LINE_END;
    topPane.add(labelPassword, conLabelPassword);
    //密码框
    GridBagConstraints conTextFieldPwd = new GridBagConstraints();
    conTextFieldPwd.fill = GridBagConstraints.HORIZONTAL;
    textFieldPwd = new JPasswordField();
    conTextFieldPwd.weighty = 0.5;
    conTextFieldPwd.gridx = 1;
    conTextFieldPwd.gridy = 1;
    conTextFieldPwd.insets = new Insets(0,0,0,20);
    topPane.add(textFieldPwd, conTextFieldPwd);
    buttonOk = new JButton("确定");
    buttonCancel = new JButton("取消");
    bottomPane.add(buttonOk);
    bottomPane.add(buttonCancel);
    pane.add(topPane,BorderLayout.CENTER);
    pane.add(bottomPane,BorderLayout.PAGE_END);
}
//创建 GUI 界面并显示
private void createAndShowGUI() {
    //创建并设置窗口
    JFrame frame = new JFrame("LoginFrame");
    frame.setDefaultCloseOperation(JFrame.EXIT_ON_CLOSE);
    //设置内容面板
    addComponentsToPane(frame.getContentPane());
    //显示窗口
```

```
            frame.pack();
            frame.setVisible(true);
        }
        public static void main(String[] args) {
            javax.swing.SwingUtilities.invokeLater(new Runnable() {
                public void run() {
                        //关闭粗体字显示
                        UIManager.put("swing.boldMetal", Boolean.FALSE);
                        new LoginFrame().createAndShowGUI();
                }
            });
        }
    }
```

在这个程序中，采用的是 GridBagLayout（网格包布局）布局方式。本示例相对比较简单，因此进行界面设计比较容易。如果要设计较为复杂的界面，一般情况下，建议使用成熟的集成开发工具，这样可以提高开发速度和设计质量。

【实例 12-2】百叶窗效果是一种渐变的效果，让图片逐渐单映入眼帘，本例是利用 Java Applet 动态改变显示的图片，并产生百叶窗的效果。希望通过这个实例能带给读者一点启发，由于百叶窗效果可以是多种，读者可以根据自己的需要，举一反三。本例的代码如下：

```
    package com.java.ch122;

    import java.awt.*;
    import java.applet.*;
    import java.net.MalformedURLException;
    import java.net.URL;
    import java.awt.image.*;

    public class Blinds extends Applet implements Runnable {
        private Image IMG[], image;              // 声明 Image 数组和变量
        private MediaTracker tracker;            // 声明 MediaTracker 变量
        private int width, height, image count = 8, image2, image3;
          // 声明 int 类型的变量
        private Thread thread;                   // 声明 Thread 变量
        private int delay = 3000;                // 定义 int 变量，初始值为 3000
        private int p, p 1[], p 2[], p 3[], p 4[], p 5[], p 6[],
            p 7[], p 8[],p A[], p B[];           // 声明 int 型数组，用于接收生成图像的像素

        public void init() {
            this.setBackground(Color.black);// 设置背景颜色为黑色
            this.setSize(320, 250);              // 设置边框的宽和高
            IMG = new Image[image count];// 创建数组长度为 image count 的 Image 数组
            tracker = new MediaTracker(this);// 创建 MediaTracker 对象
            String s = "";
            for (int i = 0; i < image count; i++) {
                s = "D://wfl//" + (i + 1) + ".jpg";
                URL url;
                try {
                    url = new URL("file:" + s);  // 创建 URL 对象
                    IMG[i] = getImage(url);      // 创建 Image 对象
            tracker.addImage(IMG[i], 0);// 将 Image 对象添加到 tracker 中的指定位置中
                } catch (MalformedURLException e) {
                    e.printStackTrace();
                }
            }
            try {
                tracker.waitForID(0);                // 等待加载 ID 为 0 的所有图像
            } catch (InterruptedException e) {
            }
            width = IMG[0].getWidth(this);           // 得到此图片的宽
            height = IMG[0].getHeight(this); // 得到此图片的高
            p = width * height;                      // 宽和高的乘积
```

```
        p 1 = new int[p];                        // 创建长度为 p 的 int 数组
        // 创建一个 PixelGrabber 对象，以便从指定的图像中将
        //像素矩形部分 (x, y, w,h) 抓取到给定的数组中。
    PixelGrabber PG1 = new PixelGrabber(IMG[0], 0, 0, width, height, p 1,0, width);

        try {
        /请求 Image 开始传递像素，并等待传递完相关矩形中的所有像素，或者等待到超时期已过。
            PG1.grabPixels();
        } catch (InterruptedException ex) {
        }
        p 2 = new int[p];
    PixelGrabber PG2 = new PixelGrabber(IMG[1], 0, 0, width, height, p 2,0, width);
        try {
            PG2.grabPixels();
        } catch (InterruptedException ex) {
        }
        p 3 = new int[p];
    PixelGrabber PG3 = new PixelGrabber(IMG[2], 0, 0, width, height, p 3,0, width);
        try {
            PG3.grabPixels();
        } catch (InterruptedException ex) {
        }
        p 4 = new int[p];
        PixelGrabber PG4 = new PixelGrabber(IMG[3], 0, 0, width, height, p 4,0,
width);
        try {
            PG4.grabPixels();
        } catch (InterruptedException ex) {
        }
        p 5 = new int[p];
    PixelGrabber PG5 = new PixelGrabber(IMG[4], 0, 0, width, height, p 5,0, width);
        try {
            PG5.grabPixels();
        } catch (Exception ex) {
        }
        p 6 = new int[p];
    PixelGrabber PG6 = new PixelGrabber(IMG[5], 0, 0, width, height, p 6,0, width);
        try {
            PG6.grabPixels();
        } catch (InterruptedException ex) {
        }
        p 7 = new int[p];
    PixelGrabber PG7 = new PixelGrabber(IMG[6], 0, 0, width, height, p 7,0, width);
        try {
            PG7.grabPixels();
        } catch (InterruptedException ex) {
        }
        p 8 = new int[p];
    PixelGrabber PG8 = new PixelGrabber(IMG[7], 0, 0, width, height, p 8,0, width);
        try {
            PG8.grabPixels();
        } catch (Exception ex) {
        }
        image2 = 0;
        p A = new int[p];
        p B = new int[p];
        image = IMG[0];
        thread = new Thread(this);          // 创建线程
        thread.start();                     // 启动线程
    }

    public void paint(Graphics g)           // 绘制组件
    {
        g.drawImage(image, 0, 0, this);
    }
```

```
    public void update(Graphics g)         // 更新组件
    {
        paint(g);
    }

    public void run()                      // 运行线程
    {
        if (thread == null) {
            thread = new Thread(this);
            thread.start();
        }
        while (true)                       // 控制图片和图片之间的过渡
        {
            try {
                thread.sleep(delay);       // 线程休眠 delay 毫秒
                image3 = ((image2 + 1) % image count);
                // 指向当前图片的下一张图片
                if (image2 == 0) {
                    System.arraycopy(p 1, 0, p A, 0, p);
                  // 从下标为 0 的 p 1 数组中复制一个数组，
                  //存放到 p A 数组中下标为 0 的位置中，其数组长度为 p
                    System.arraycopy(p 2, 0, p B, 0, p); // 同上
                    image = createImage(new MemoryImageSource(width, height,
                            p A, 0, width)); // 根据指定的图像生成器创建一幅图像。
                    repaint();
                }
                if (image2 == 1) {
                    System.arraycopy(p 2, 0, p A, 0, p);
                    System.arraycopy(p 3, 0, p B, 0, p);
                    image = createImage(new MemoryImageSource(width, height,
                            p A, 0, width));
                    repaint();
                }
                if (image2 == 2) {
                    System.arraycopy(p 3, 0, p A, 0, p);
                    System.arraycopy(p 4, 0, p B, 0, p);
                    image = createImage(new MemoryImageSource(width, height,
                            p A, 0, width));
                    repaint();
                }
                if (image2 == 3) {
                    System.arraycopy(p 4, 0, p A, 0, p);
                    System.arraycopy(p 5, 0, p B, 0, p);
                    image = createImage(new MemoryImageSource(width, height,
                            p A, 0, width));
                    repaint();
                }
                if (image2 == 4) {
                    System.arraycopy(p 5, 0, p A, 0, p);
                    System.arraycopy(p 6, 0, p B, 0, p);
                    image = createImage(new MemoryImageSource(width, height,
                            p A, 0, width));
                    repaint();
                }
                if (image2 == 5) {
                    System.arraycopy(p 6, 0, p A, 0, p);
                    System.arraycopy(p 7, 0, p B, 0, p);
                    image = createImage(new MemoryImageSource(width, height,
                            p A, 0, width));
                    repaint();
                }
                if (image2 == 6) {
                    System.arraycopy(p 7, 0, p A, 0, p);
                    System.arraycopy(p 8, 0, p B, 0, p);
                    image = createImage(new MemoryImageSource(width, height,
```

```
                p A, 0, width));
            repaint();
        }
        if (image2 == 7) {
            System.arraycopy(p 8, 0, p A, 0, p);
            System.arraycopy(p 1, 0, p B, 0, p);
            image = createImage(new MemoryImageSource(width, height,
                    p A, 0, width));
            repaint();
        }
        while (true)                          // 控制叶宽
        {
            for (int i = 0; i < (int) (height / 10); i++) {
                try {
                    thread.sleep(30); // 线程休眠 30 毫秒
            for (int j = 0; j < height; j += (int) (height / 10)) {
                        for (int k = 0; k < width; k++) {
                            p A[width * (j + i) + k] = p B[width
                                * (j + i) + k]; // 进行数组间的复制
                        }
                    }
                } catch (InterruptedException e) {
                }
                image = createImage(new MemoryImageSource(width,
                        height, p A, 0, width));
                repaint();
            }
            break;
        }
        image2 = image3;
        repaint();
    } catch (InterruptedException e) {
    }
    }
  }
}
```

类 PixelGrabber 的使用：当我们获得了图像后，可以通过 java.awt.image.PixelGrabber 包中的 PixelGrabber 方法来将图像中的像素信息完全读取出来，用法如下：

```
PixelGrabber PG1 = new PixelGrabber(IMG[0], 0, 0, width, height, p_1,0, width);
```

MediaTracker 对象的使用：tracker = new MediaTracker(this);之后就将 Image 对象添加到 MediaTracker 中，并对其操作。

通过启动线程来将图片进行获取及制作，最终运行出百叶窗效果。

运行结果的初始页面如图 12.10 平左图所示，等几秒钟后百叶窗效果出现，切换到右图所示图形。

图12.10　百叶窗效果

第 13 章　事件处理

Java Swing 控件可以自动产生各种事件来响应用户行为。例如，当用户输入用户名和密码以后，单击“登录”按钮，则程序要对这个单击操作做出响应，对用户名和密码进行验证并实现登录。这个过程称为“事件处理”。

13.1 事件处理原理

事件是指鼠标、键盘或其他输入设备的各种操作。如果用户在用户界面上执行了一个操作（如单击某个按钮或按键盘上的某个键），将导致一个事件的发生。

当事件发生后，图形用户界面的程序需要对这种操作进行响应，即对发生的事件进行处理，称为事件处理。在应用事件处理机制的应用程序中，当某个事件产生后，程序会调用事先写好的程序代码进行事件响应。

13.1.1 事件处理模型

Java 中的事件处理模型称为授权事件模型，由 3 个基本要素组成：事件源、事件对象及事件监听器。

- ❑ 事件源指产生事件的组件或容器，即事件的产生者。当用户执行某一个动作时，如单击“确定”按钮，就导致一个单击事件，“确定”按钮就是一个事件源。
- ❑ 事件指的是在事件源上所执行的动作。
- ❑ 事件监听器是 Java 中实现了特定接口的类，专门用来对事件进行处理。

事件源、事件和事件监听器之间的关系如图 13.1 所示。

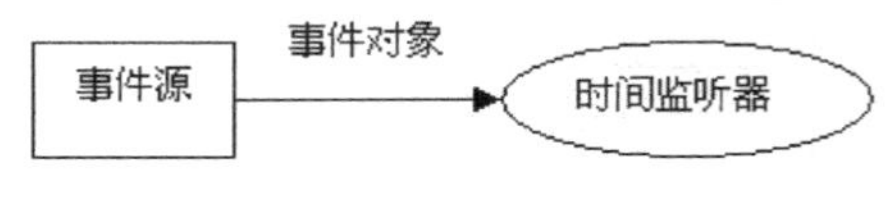

图13.1　事件处理模型

在 Java 程序中实现事件模型，需要执行以下步骤：

（1）创建相关事件的事件监听器。事件监听器所对应的接口一般位于包 java.awt.event 和 javax.swing.event 中，而且类名通常以 Listener 结尾。

（2）注册监听器。在需要被监听的事件源中登记注册事件监听器，这样即在事件源和事件监听器中建立了监听与被监听的联系。

当有事件发生时，Java 虚拟机会产生一个事件对象，在事件对象中记录着处理该事件所需要的各种信息。当事件源接收到事件对象时，就会依次启动在该事件源中注册的事件监听器，并将事件对象传递给相应的事件监听器。这些事件监听器接收到该事件对象，获取事件对象中封装的信息，并对事件进行处理。事件源可能不止产生一种事件，如对于一个按钮，可能产生 3 种事件：按钮被按下、按钮被释放、按钮被单击。所以，在一个事件源上可以注册多个监听器，分别监听不同的事件，如图 13.2 所示。

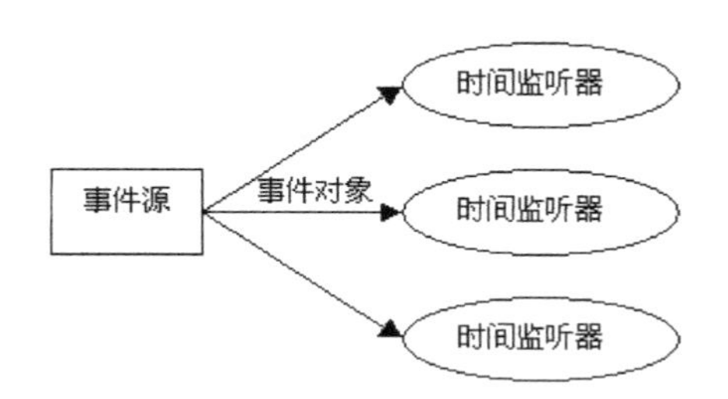

图 13.2　处理多个事件模型

13.1.2　事件类型

Java 中所有的事件对象都是从 java.util.EventObject 派生而来的，对应不同的事件，有不同类型的事件对象。Java 中事件类的继承关系如图 13.3 所示。

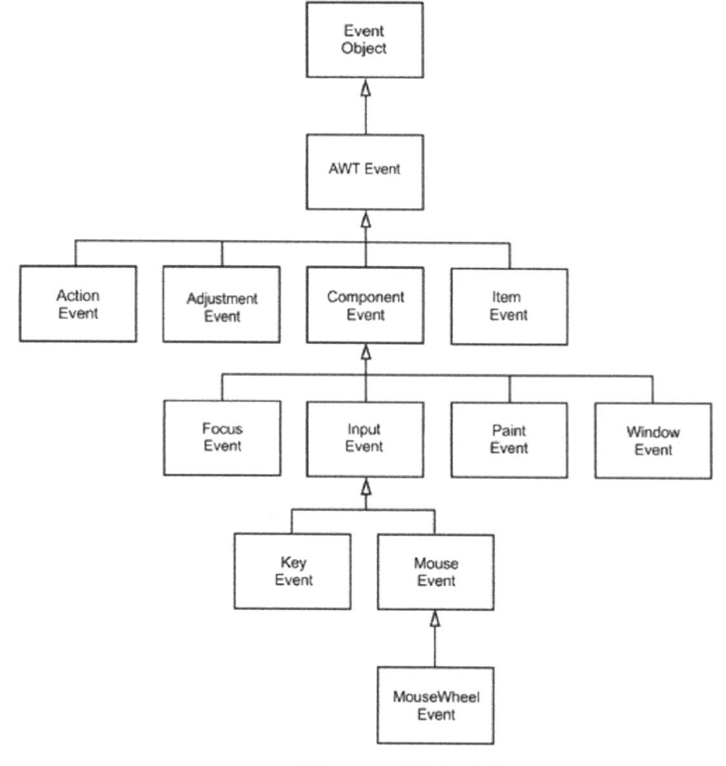

图13.3　事件继承关系

Java 中的事件类都位于 java.awt.event 包和 javax.swing.event 包中。事件分为两类：语义事件和低级事件。语义事件指的是用于表达用户动作的事件。例如，“单击按钮”、“移动滚动条”。低级事件是语义事件的基础，如对于“单击按钮”事件，它的低级事件包括一次鼠标键的按下、一系列鼠标的移动及一次鼠标键的释放。所以，鼠标被按下、释放、拖动都是低级事件。语义事件类，如表 13.1 所示。

表 13.1　Java语义事件类

事　件	事件对象	含　义
动作事件	java.awt.event.ActionEvent	对应按钮单击、菜单选择、在文本框中按回车键等
调整事件	java.awt.event.AdjustmentEvent	用户调整滚动条的滑块位置
选项事件	java.awt.event.ItemEvent	复选框的选中状态发生变化
文本事件	java.awt.event.TextEvent	文本域或文本框中的内容发生改变
列表选择事件	javax.swing.event.ListSelectionEvent	列表框选项发生变化

低级事件类，如表 13.2 所示。

表 13.2　Java低级事件类

事　件	事件对象	含　义
组件事件	java.awt.event.ComponentEvent	移动组件、改变组件的大小、显示或隐藏组件。它是所有低级事件类的基类
键盘事件	java.awt.event.KeyEvent	键盘上的一个键被按下或释放，如通过键盘输入字符
鼠标事件	java.awt.event.MouseEvent	按下、释放鼠标，移动或拖动鼠标
焦点事件	java.awt.event.FocusEvent	组件获得或失去焦点
窗口事件	java.awt.event.WindowEvent	窗口被激活、屏蔽、最小化、最大化或关闭

13.1.3　监听器类型

在 java.awt.event 和 javax.swing.event 包中定义的事件监听器接口的命名一般以 Listener 结尾。这些接口规定了处理相应事件必须实现的基本方法。Java 中常见的事件监听器类型如表 13.3 所示。

表 13.3　Java常见事件监听器类型

事件监听器名称	事件监听器接口	事件处理方法	对应的事件
动作事件监听器	java.awt.event.ActionListener	actionPerformed	ActionEvent
调整事件监听器	java.awt.event.AdjustmentListener	adjustmentValueChanged	AdjustmentEvent
选项事件监听器	java.awt.event.ItemListener	itemStateChanged	ItemEvent
文本事件监听器	java.awt.event.TextListener	textValueChanged	TextEvent
列表选择事件监听器	javax.swing.event.ListSelectionListener	valueChanged	ListSelectionEvent
组件事件监听器	java.awt.event.ComponentListener	componentMoved componentHidden componentResized componentShown	ComponentEvent
键盘事件监听器	java.awt.event.KeyListener	keyPressed keyReleased keyTyped	KeyEvent
鼠标事件监听器	java.awt.event.MouseListener	mousePressed mouseReleased mouseEntered mouseExited mouseClicked	MouseEvent

续表

事件监听器名称	事件监听器接口	事件处理方法	对应的事件
鼠标移动事件监听器	java.awt.event.MouseMotionListener	mouseDragged mouseMoved	MouseEvent
焦点事件监听器	java.awt.event.FocusListener	focusGained focusLost	FocusEvent
窗口事件监听器	java.awt.event.WindowListener	windowClosing windowOpened windowIconified windowDeiconified windowClosed windowActivated windowDeactivated	windowEvent

13.2 动作事件

下面学习如何在程序中具体地处理常见的事件，以实现软件与用户的交互。常用的事件有动作事件、焦点事件、鼠标事件和键盘事件。

13.2.1 动作事件步骤

要使程序能够处理用户界面所触发的动作事件，必须在程序中完成以下 3 个步骤：

（1）创建一个动作事件监听器类。动作事件监听器类为实现了 ActionListener 接口的 Java 普通类。

（2）实现动作事件监听器接口中的一个或一组事件处理方法。ActionListener 接口中，只有一个事件处理方法 actionPerformed()。所以实现了 ActionListener 接口的事件监听器类，只需实现事件处理方法 actionPerformed()即可。

（3）为产生动作事件的组件注册这个事件监听器。通过调用组件的事件监听器添加方法：addActionListener（ActionListener），向一个事件源组件注册动作事件监听器。

13.2.2 动作事件过程

动作事件由 ActionEvent 类捕获并封装事件的详细信息。当动作事件被触发时，封装的事件信息（ActionEvent 对象）会传递给已经注册的动作事件监听器，在监听器中就可以使用 ActionEvent 对象的方法来获得事件源的相关信息。ActionEvent 类有两个比较常用的方法。

- getSource()：返回触发此次事件的事件源组件对象，返回值类型为 Object。
- getActionCommand()：返回与当前动作相关的命令字符串，返回值类型为 String。

动作事件的监听器类必须实现 ActionListener 接口。在 ActionListener 接口中只有一个抽象方法 actionPerformed()，用来处理事件。所以，实现了 ActionListener 接口的监听器类，必须实现 actionPerformed()方法。ActionListener 接口的定义如下：

```
public interface ActionListener extends EventListener{
    public void actionPerformed(ActionEvent e);
}
```

为产生事件的组件注册动作事件监听器，需要用到组件的 addActionListener(ActionListener listener)方法。

13.2.3　按钮触发动作事件

单击按钮时，会触发相应的动作事件。下面通过一个实例程序演示动作事件的触发及事件处理过程。

程序功能要求如下：

- 程序启动后，用户单击“登录”按钮，弹出成功登录信息提示框，同时按钮上的文本由“登录”变为“退出登录”。
- 当用户单击“退出登录”按钮时，弹出退出登录信息提示框。

当用户单击“是”确定退出后，按钮上的文字由“退出登录”变为“登录”。代码如下：

```
import java.awt.*;
import java.awt.event.*;
import javax.swing.*;
//实现监听器类 ButtonActionListener
class ButtonActionListener implements ActionListener{
    public void actionPerformed(ActionEvent e){
        JButton button=(JButton)e.getSource();//获得触发此次事件的事件源组件对象
        //获得触发此次事件的按钮的命令字符串
        String buttonName=e.getActionCommand();
        //显示单击信息
        if(buttonName.equals("登录")){          //如果按钮上的文本为“登录”
            button.setText("退出登录");         //首先将按钮上的文本更改为“退出登录”
            JOptionPane.showMessageDialog(null, "您已经成功登录!", "消息",
                        JOptionPane.INFORMATION_MESSAGE);
        }else{
            int answer=JOptionPane.showConfirmDialog(null, "您确定要退出吗?",
"消息",
                                            JOptionPane.YES_NO_OPTION);
            //如果用户单击"确定"退出,更改按钮上的文字
            if(answer==0)
                button.setText("登录");
        }
    }
}
```

在上面的代码中，注意按钮上文字的改变：单击“登录”按钮后，按钮上的文字变为“退出登录”；单击“确定”按钮退出后，按钮上的文字变为“登录”。

编写程序窗体界面类 ActionEventFrame，该类继承自 JFrame 类。在该类中添加了一个按钮 OKButton，并为此按钮添加一个动作事件监听器。代码如下：

```
//编写应用程序 ActionEventFrame
class ActionEventFrame extends JFrame{
    //构造函数
    ActionEventFrame(){
        super();                                  //首先执行超类的构造器
        setTitle("动作事件示例");                 //设置标题
        setBounds(100,100,300,200);               //设置窗体大小
        //设置关闭窗体时退出程序
        setDefaultCloseOperation(JFrame.EXIT_ON_CLOSE);
        JButton OKButton=new JButton();           //创建一个按钮
        OKButton.setText("登录");                 //设置按钮表面文本
        //为“登录”按钮添加动作监听器
        OKButton.addActionListener(new ButtonActionListener());
        //向面板中添加按钮组件
        getContentPane().add(OKButton,BorderLayout.SOUTH);
        this.setVisible(true);                    //显示窗体
```

```
    }
}
```

创建主程序 ActionEventDemo，代码如下：

```
//编写主程序
public class ButtonActionEventDemo{
    public static void main(String[] args){
        ActionEventFrame actionEventFrame=new ActionEventFrame(); //启动窗体
    }
}
```

运行结果如图 13.4 至图 13.7 所示。

图13.4　登录界面

图13.5　单击“登录”按钮后

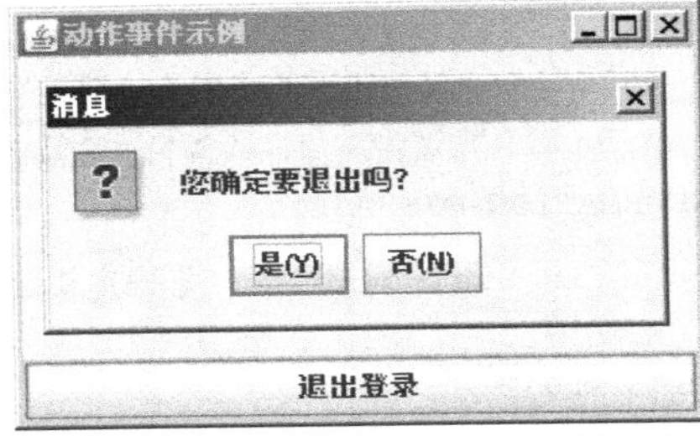

图13.6　单击“退出登录”按钮后

图13.7　退出登录后界面

13.2.4　文本框触发事件

在文本框中输入内容后，按回车键时，会触发相应的动作事件。下面通过一个实例程序演示使用文本框时动作事件的触发及事件处理过程。程序功能要求如下。

- 程序启动后，在第一个文本框中输入“大家好”，然后按回车键。
- 程序会检测到文本框中的事件，在第二个文本框中将第一个文本框中输入的内容显示出来。实现此程序的代码如下：

```
import java.awt.*;
import java.awt.event.*;
import javax.swing.*;
//自定义文本框，并将其实现为监听器
class TargetTextField extends JTextField implements ActionListener{
        TargetTextField(){                          //不带参数的构造器
            super();
        }
        TargetTextField(int length){                //带有一个 int 型参数的构造器
            super(length);
        }
        public void actionPerformed(ActionEvent e){
            //获得触发此次事件的事件源组件对象
```

```
            JTextField txtField =(JTextField)e.getSource();
            this.setText(txtField.getText()); //将源文本框中的文本写入当前文本框
        }
    }
```

编写程序窗体界面类 TextFieldActionEventFrame，该类继承自 JFrame 类。在该类中添加了两个文本框 sourceTextField 和 targetTextField，其中，targetTextField 为上一步定义的 TargetTextField 对象，所以将它注册为 sourceTextField 的动作事件监听器。具体代码如下：

```
    //编写程序窗体界面类 TextFieldActionEventFrame
    class TextFieldActionEventFrame extends JFrame{
        TextFieldActionEventFrame(){
            super();
            setTitle("文本框动作事件示例");
            setDefaultCloseOperation(JFrame.EXIT_ON_CLOSE);
            JTextField sourceTextField = new JTextField(10);        //源文本框
            //目标文本框
            TargetTextField targetTextField = new TargetTextField(10);
            sourceTextField.addActionListener(targetTextField);    //注册动作监听器
            JLabel label = new JLabel("=>");                   //创建一个标签对象
            JPanel panel = new JPanel();                       //创建容器面板
            panel.add(sourceTextField);                        //向面板中添加源文本框
            panel.add(label);                                  //向面板中添加标签
            panel.add(targetTextField);                        //向面板中添加目标文本框
            //将面板组件添加到内容窗格中
            this.getContentPane().add(panel,BorderLayout.CENTER);
            this.pack();
            this.setVisible(true);                                          //显示窗体
        }
    }
```

在程序界面类中实现组件的初始化和布局。

创建主程序 TextFieldActionEventDemo，具体代码如下：

```
    //编写主程序
    public class TextFieldActionEventDemo {
        public static void main(String[] args){
            TextFieldActionEventFrame textFieldActionEventFrame =
                                     new TextFieldActionEventFrame(); //启动窗体
        }
    }
```

运行结果如图 13.8 和图 13.9 所示。

图13.8　在第一个文本框中输入内容

图13.9　在第二个文本框中响应事件

13.3　选项事件

选项事件指的是当多个单选或复选按钮的状态发生变化时触发的事件。选项事件通常发生在用户改变复选框、单选按钮或组合框的选择项时。

13.3.1　选项事件步骤

要使程序能够处理用户界面所触发的选项事件，必须在程序中完成以下 3 个步骤：

（1）创建一个选项事件监听器类。选项事件监听器类为实现了 java.awt.event.ItemListener

接口的 Java 普通类。

（2）实现选项事件监听器接口中的一个或一组事件处理方法。ItemListener 接口中，只有一个事件处理方法 itemStateChanged()。

（3）为产生选项事件的组件注册这个事件监听器。通过调用组件的事件监听器添加方法：addItemListener（ItemListener），向一个事件源组件注册选项事件监听器。

13.3.2 选项事件过程

选项事件指的是当用户改变复选框、按钮等选择项的状态时所触发的事件。选项事件由 java.awt.event.ItemEvent 类捕获并封装事件的详细信息。当选项事件被触发时，封装的事件信息（ItemEvent 对象）会传递给已经注册的选项事件监听器，在监听器中就可以使用 ItemEvent 对象的方法来获得事件源的相关信息。ItemEvent 类有以下两个比较常用的方法。

- getItemSelectable()：返回触发此次事件的事件源组件对象，返回值类型为 Object。
- getStateChange()：返回值为 ItemEvent.DESELECTED 常量或 ItemEvent.SELECTED 常量。

选项事件的监听器类必须实现 ItemListener 接口。在 ItemListener 接口中只有一个抽象方法 itemStateChanged 用来处理事件。所以，实现了 ItemListener 接口的监听器类，必须实现 itemStateChanged 方法。ItemListener 接口的定义如下：

```
public interface ItemListener extends EventListener{
    public void itemStateChanged (ItemEvente);
}
```

为产生事件的组件注册选项事件监听器，需要用到组件的 addItemListener (ItemListener listener)方法。

13.4 列表选择事件

列表选择事件指的是当在 JList 列表框中选择时触发的事件。

13.4.1 列表事件步骤

要使程序能够处理用户界面所触发的列表选择事件，必须在程序中完成以下 3 个步骤：

（1）创建一个列表选择事件监听器类。列表选择事件监听器类是实现了 ListSelectionListener 接口的 Java 普通类。

（2）实现列表选择事件监听器接口中的一个或一组事件处理方法。ListSelectionListener 接口中，只有一个事件处理方法：valueChanged()。所以，实现了 ListSelectionListener 接口的事件监听器类，只需实现事件处理方法 valueChanged()即可。

（3）为产生列表选择事件的列表组件注册这个事件监听器。通过调用列表组件的事件监听器添加方法：addListSelectionListener(ListSelectionListener)，向一个事件源组件注册列表选择事件监听器。

13.4.2 列表事件过程

列表选择事件指的是当用户在列表中选择一项或多项时所触发的事件。列表选择事件由 javax.swing.event.ListSelectionEvent 类捕获并封装事件的详细信息。当列表选择事件被触发时，封装的事件信息（ListSelectionEvent 对象）会传递给已经注册的选项事件监听器，在监听器中

就可以使用 ListSelectionEvent 对象的方法来获得事件源的相关信息。ListSelectionEvent 类有以下 3 种比较常用的方法。

- getSource()：返回触发此次事件的事件源组件对象，返回值类型为 Object。
- getFirstIndex()：返回多项选择中的第一项的索引值。
- getLastIndex()：返回多项选择中的最后一项的索引值。

选项事件的监听器类必须实现 ListSelectionListener 接口。在 ListSelectionListener 接口中只有一个抽象方法 valueChanged()，用来处理事件。所以，实现了 ListSelectionListener 接口的监听器类，必须实现 valueChanged()方法。ListSelectionListener 接口的定义如下：

```
public interface ListSelectionListener extends EventListener{
    public void valueChanged (ListSelectionEvent e);
}
```

为产生事件的组件注册列表选择事件监听器，需要用到组件的 addListSelectionListener (ListSelectionListener listener)方法。

13.5 焦点事件

焦点事件指的是当在组件获得或失去焦点时触发的事件。组件只有获得焦点时，才能响应操作。Swing 中所有的组件都能产生焦点事件。

13.5.1 焦点事件步骤

要使程序能够处理用户界面所触发的焦点事件，必须在程序中完成以下 3 个步骤。

（1）创建一个焦点事件监听器类。焦点事件监听器类为实现了 FocusListener 接口的 Java 普通类。

（2）实现焦点事件监听器接口中的一个或一组事件处理方法。FocusListener 接口中，有两个事件处理方法：focusGained()和 focusLost()。它们分别在组件获得和失去焦点时被触发。所以实现了 FocusListener 接口的事件监听器类，必须实现这两个事件处理方法。

（3）为产生焦点事件的组件注册这个事件监听器。通过调用组件的事件监听器添加方法：addFocusListener（FocusListener），向一个事件源组件注册焦点事件监听器。

13.5.2 焦点事件过程

焦点事件指的是当在组件获得或失去焦点时触发的事件。焦点事件由 java.awt.event.FocusEvent 类捕获并封装事件的详细信息。当焦点事件被触发时，封装的事件信息（FocusEvent 对象）会传递给已经注册的选项事件监听器，在监听器中就可以使用 FocusEvent 对象的方法来获得事件源的相关信息。FocusEvent 类有一个比较常用的方法。

getSource()：返回触发此次事件的事件源组件对象，返回值类型为 Object。

焦点事件的监听器类必须实现 FocusListener 接口。在 FocusListener 接口中有两个事件处理方法：focusGained 和 focusLost，分别用来处理组件获得焦点事件和失去焦点事件。所以，实现了 FocusListener 接口的监听器类，必须实现 focusGained 方法和 focusLost 方法。FocusListener 接口的定义如下：

```
public interface FocusListener extends EventListener{
    public void focusGained (FocusEvent e);   //当组件获得焦点时将触发该事件
    publid void focusLost(FocusEvent e); //当组件失去焦点时将触发该事件
}
```

为产生事件的组件注册列表选择事件监听器，需要用到组件的 addFocusListener (FocusListener listener)方法。

13.6 键盘事件

键盘事件指的是当在键盘上按键时触发的事件，例如，在文本框中输入文本时，或者在键盘上按功能键时。在很多应用程序中，如文本编辑器、游戏等，经常需要处理很多键盘事件。

13.6.1 键盘事件步骤

KeyListener 监听器有 3 个方法：keyPressed、keyTyped、keyReleased。

按下一个键时，会先后触发 3 个事件。其中，keyTyped 会报告用户按键盘产生的字符。

虚拟键码：VK_...

对应于键盘上的物理键（所以无所谓大小写），KeyEvent 的常量包含所有的虚拟键码。获得虚拟键码代码如下：

```
public void keyPressed(KeyEvent event){
    int keyCode = event.getKeyCode();
}
```

判断 Shift、Ctrl、Alt 键的状态代码如下：

```
boolean isShiftDown()
boolean isControlDown()
boolean isAltDown()
```

keyTyped：只有那些产生 Unicode 字符的按键才会产生 keyTyped 调用，如上、下方向键就不会产生 keyTyped 调用。char getKeyChar()可以得到键入的字符。

默认情况下，面板不接受任何键盘事件，通过 setFocusale 可以使其接受键盘事件。要使程序能够处理键盘事件，必须在程序中完成以下 3 个步骤：

（1）创建一个键盘事件监听器类。键盘事件监听器类为实现了 KeyListener 接口的 Java 普通类。

（2）实现键盘事件监听器接口中的一个或一组事件处理方法。KeyListener 接口中有 3 个事件处理方法：keyTyped、keyPressed 和 keyReleased。它们分别用来处理击键事件、键被按下和释放事件。所以实现了 KeyListener 接口的事件监听器类，必须实现这 3 个事件处理方法。

（3）为产生键盘事件的组件注册这个事件监听器。通过调用组件的事件监听器添加方法：addKeyListener（KeyListener），向一个事件源组件注册键盘事件监听器。

13.6.2 处理键盘过程

键盘事件由 java.awt.event. KeyEvent 类捕获并封装事件的详细信息。当键盘事件被触发时，封装的事件信息（KeyEvent 对象）会传递给已经注册的键盘事件监听器，在监听器中就可以使用 KeyEvent 对象的方法来获得事件源的相关信息。KeyEvent 类有许多比较常用的方法。

- getSource()：返回触发此事件的事件源组件对象，返回值类型为 Object。
- getKeyChar()：用来获得与此事件中的键相关联的字符。
- getKeyCode()：用来获得与此事件中的键相关联的整数 keyCode。
- getKeyText(int keyCode)：用来获得描述 keyCode 的文本，如“A”、“F1”、“HOME”等。
- isActionKey()：用来查看此事件中的键是否为“动作”键。

- isControlDown()：用来查看 Ctrl 键在此次事件中是否被按下，如果被按下，返回 true。
- isAltDown()：用来查看 Alt 键在此次事件中是否被按下，如果被按下，返回 true。
- isShiftDown()：用来查看 Shift 键在此次事件中是否被按下，如果被按下，返回 true。

在 KeyEvent 类中以“VK_”开头的静态常量代表各个按键的 keyCode，可以通过这些静态常量判断事件中的按键，以及获得按键的标签。

键盘事件的监听器类必须实现 KeyListener 接口。在 KeyListener 接口中有两个事件处理方法：focusGained()和 focusLost()，分别用来处理组件获得焦点事件和失去焦点事件。所以，实现了 KeyListener 接口的监听器类，必须实现 focusGained()方法和 focusLost()方法。KeyListener 接口的定义如下：

```
public interface KeyListener extends EventListener{
    public void keyTyped(KeyEvent e);     //当按键时将触发该方法
    publid void keyPressed(KeyEvent e);   //当键被按下时将触发该方法
    public void keyReleased(KeyEvent e);  //当释放按下的键时将触发该方法
}
```

为产生事件的组件注册键盘事件监听器，需要用到组件的 addFocusListener(KeyListener listener)方法。

13.7 鼠标事件

鼠标事件指的是当用户单击鼠标、鼠标进入某个组件区域、鼠标离开某个组件区域时，所触发的事件。任何组件都可以产生这些事件。

13.7.1 鼠标事件步骤

要使程序能够处理鼠标事件，必须在程序中完成以下 3 个步骤：

（1）创建一个鼠标事件监听器类。鼠标事件监听器类为实现了 MouseListener 接口的 Java 普通类。

（2）实现鼠标事件监听器接口中的一个或一组事件处理方法。MouseListener 接口中有 5 个事件处理方法：mouseEntered()、mousePressed()、mouseReleased()、mouseClicked()和 mouseExited()。它们分别用来处理鼠标进入组件事件、鼠标被按下、鼠标被释放事件、单击鼠标事件和鼠标离开组件事件。所以，实现了 MouseListener 接口的事件监听器类，必须实现这几个事件处理方法。当然，一般情况下，只需要其中一个或几个方法，这时可以将其他方法实现为空代码即可。

（3）为产生鼠标事件的组件注册这个事件监听器。通过调用组件的事件监听器添加方法：addMouseListener（MouseListener），向一个事件源组件注册鼠标事件监听器。

13.7.2 鼠标事件过程

鼠标事件由 java.awt.event.MouseEvent 类捕获并封装事件的详细信息。当鼠标事件被触发时，封装的事件信息（MouseEvent 对象）会传递给已经注册的鼠标事件监听器，在监听器中就可以使用 MouseEvent 对象的方法来获得事件源的相关信息。MouseEvent 类有以下几种比较常用的方法。

- getSource()：返回触发此次事件的事件源组件对象，返回值类型为 Object。
- getButton()：用来获得触发此事件的鼠标按键，其返回值为 int 类型，对应 MouseEvent

类中定义的 3 个静态常量：MouseEvent.BUTTON1（代表鼠标左键）、MouseEvent.BUTTON2（代表鼠标滚轮）和 MouseEvent.BUTTON3（代表鼠标右键）。

- getClickCount()：用来获得鼠标被单击的次数，其返回值为一个整数。
- getPoint()：用来获得在该组件内鼠标被单击处的 x 和 y 坐标，其返回值为一个 Point 对象。
- getX()：返回鼠标单击时的 x 位置。
- getY()：返回鼠标单击时的 y 位置。

鼠标事件的监听器类必须实现 MouseListener 接口。在 MouseListener 接口中有 5 种事件处理方法，分别用来处理相应原鼠标事件。所以，实现了 MouseListener 接口的监听器类，必须实现这 5 种方法。MouseListener 接口的定义如下：

```
public interface MouseListener extends EventListener{
    public void mouseEntered (MouseEvent e);  //当鼠标移入组件时将触发该方法
    public void mousePressed (MouseEvent e);  //当鼠标按键被按下时将触发该方法
    public void mouseReleased (MouseEvent e);//当鼠标按键被释放时将触发该方法
    public void mouseClicked (MouseEvent e);  //当发生鼠标单击事件时将触发该方法
    public void mouseExited (MouseEvent e);   //当鼠标移出组件时将触发该方法
}
```

为产生事件的组件注册鼠标事件监听器，需要用到组件的 addMouseListener(MouseListener listener)方法。

13.8 鼠标移动事件

鼠标移动事件发生在鼠标移过某个组件时。与鼠标事件一样，任何组件都可以产生鼠标移动事件。处理鼠标移动事件需要使用 MouseMotionListeer 接口。

13.8.1 鼠标移动事件步骤

要使程序能够处理鼠标移动事件，必须在程序中完成以下 3 个步骤：

（1）创建一个鼠标移动事件监听器类。鼠标移动事件监听器类为实现了 MouseMotionListener 接口的 Java 普通类。

（2）实现鼠标移动事件监听器接口中的一个或一组事件处理方法。MouseMotionListener 接口中有两个事件处理方法：mouseDragged()和 mouseMoved()。它们分别用来处理鼠标拖动和鼠标移动事件。所以，实现了 MouseMotionListener 接口的事件监听器类，必须实现这两个事件处理方法。

（3）为产生鼠标移动事件的组件注册这个事件监听器。通过调用组件的事件监听器添加方法：addMouseMotionListener（MouseMotionListener listener），向一个事件源组件注册鼠标移动事件监听器。

13.8.2 鼠标移动事件过程

鼠标移动事件由 java.awt.event. MouseEvent 类捕获并封装事件的详细信息。当鼠标移动事件被触发时，封装的事件信息（MouseEvent 对象）会传递给已经注册的鼠标移动事件监听器，在监听器中就可以使用 MouseEvent 对象的方法来获得事件源的相关信息。MouseEvent 类有以下几种比较常用的方法。

- getSource()：返回触发此次事件的事件源组件对象，返回值类型为 Object。
- getButton()：用来获得触发此事件的鼠标按键，其返回值为 int 类型，对应 MouseEvent 类中定义的 3 个静态常量：MouseEvent.BUTTON1（代表鼠标左键）、MouseEvent.BUTTON2（代表鼠标滚轮）和 MouseEvent.BUTTON3（代表鼠标右键）。
- getClickCount()：用来获得鼠标被单击的次数，其返回值为一个整数。
- getPoint()：用来获得在该组件内鼠标被单击处的 x 和 y 坐标，其返回值为一个 Point 对象。
- getX()：返回鼠标单击时的 x 位置。
- getY()：返回鼠标单击时的 y 位置。

鼠标移动事件的监听器类必须实现 MouseMotionListener 接口。在 MouseMotionListener 接口中有 5 种事件处理方法：分别用来处理相应原鼠标移动事件。所以，实现了 MouseMotionListener 接口的监听器类，必须实现这 5 种方法。MouseMotionListener 接口的定义如下：

```
public interface MouseMotionListener extends EventListener{
    public void mouseDragged (MouseEvent e); //当在组件中拖动鼠标时将触发该方法
    public void mouseMoved (MouseEvent e);   //当在组件中移动鼠标时将触发该方法
}
```

为产生事件的组件注册鼠标移动事件监听器，需要用到组件的 addMouseMotionListener (MouseMotionListener listener)方法。

13.9 典型实例

【实例 13-1】在第 12 章已经学习布局了一个简单的用户登录验证程序。本节继续完善此程序，补充完整功能代码，使其能够具有登录验证功能。程序运行初始界面如图 13.10 所示。

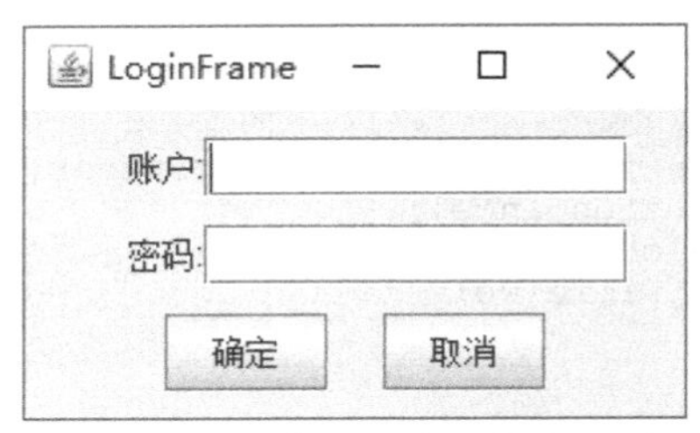

图13.10 用户登录验证程序界面

用户登录验证是大多数商业程序都会具有的一个功能模块。通过对登录用户的账户和密码进行验证，可以有效地控制对相关信息的访问，或者限定访问权限。在登录验证时，会响应许多用户事件。

实现一个简单的用户登录验证程序的示例。程序功能要求如下。

- 程序启动后，不输入账户和密码，直接单击“确定”按钮，弹出“警告”对话框，如图 13.11 所示。
- 单击对话框中的“确定”按钮，光标自动定位于“账户”文本框。
- 输入账户但不输入密码，单击“确定”按钮，弹出“警告”对话框，如图 13.12 所示。

图13.11　账户为空，单击“确定”按钮

图13.12　密码为空，单击“确定”按钮

- 单击对话框中的“确定”按钮，光标自动定位于“密码”文本框内。
- 输入账户和错误密码，单击“确定”按钮，弹出“警告”对话框，显示密码不正确，要求重新输入密码，如图 13.13 所示。
- 单击对话框中的“确定”按钮，光标自动定位于“密码”文本框内，并清空密码框。
- 输入账户和正确密码“123456”，单击“确定”按钮，弹出“成功登录”提示对话框，如图 13.14 所示。

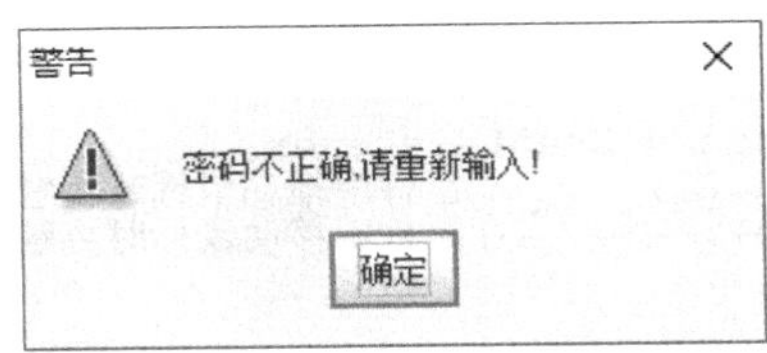

图13.13　密码不正确，单击“确定”按钮

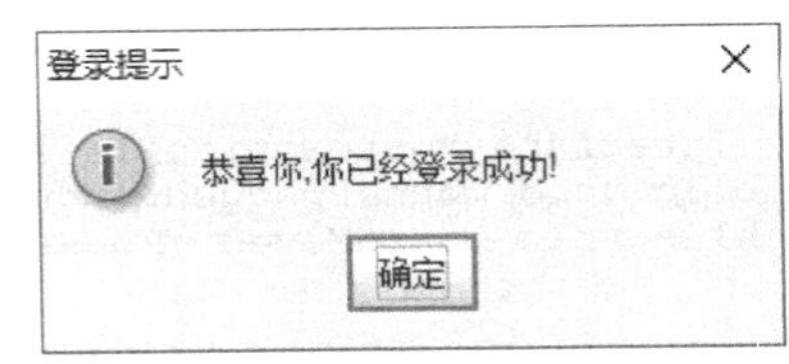

图13.14　密码正确，单击“确定”按钮

- 单击“成功登录”提示对话框中的“确定”按钮，结束并退出程序。

在这里，只对用户输入的密码正确与否做了验证，而账户可以任意输入内容，但不能为空。

（1）为程序实现动作事件监听器

将原来的代码进行如下更改，在类 LoginFrame 的声明中增加“implements ActionListener”声明，实现 ActionListener 监听器，代码如下：

```
import java.awt.*;
import java.awt.event.*;
import javax.swing.*;
//声明类 LoginFrame 为实现了 ActionListener 的监听器
public class LoginFrame implements ActionListener{
    JButton buttonOk,buttonCancel;                  //创建按钮对象
    JTextField textFieldName;                       //创建文本框对象
    JPasswordField textFieldPwd;                    //创建密码框对象
    ...
}
```

其中，导入 java.awt.event.*包，因为动作事件监听器类及动作事件类在此包中定义。并且因为要在事件处理方法中设置按钮的状态，所以，将按钮 buttonOk 和 buttonCancel、文本框 textFieldName 和密码框 textFieldPwd 设为实例变量。将类 LoginFrame 实现为动作监听器，实现 ActionListener 接口。

（2）为按钮注册监听器

在方法 addComponentsToPane 中，当创建按钮 buttonOk 和 buttonCancel 的实例以后，分别为它们注册监听器，代码如下：

```
public void addComponentsToPane(Container pane) {
    …
    buttonOk = new JButton("确定");
    //将 LoginFrame 注册为“确定”按钮的动作事件监听器
    buttonOk.addActionListener(this);
    buttonCancel = new JButton("取消");
    //将 LoginFrame 注册为“取消”按钮的动作事件监听器
```

```
    buttonCancel.addActionListener(this);
    …
}
```

（3）实现 ActionListener 接口中的 actionPerformed 方法

接下来，实现 ActionListener 接口中的 actionPerformed 方法，代码如下：

```
//实现 ActionListener 接口中的动作事件处理方法
public void actionPerformed(ActionEvent e){
    JButton button = (JButton)e.getSource(); //获得事件源按钮
    if(button == buttonOk){                  //如果是“确定”按钮
        checkAccount();                      //调用检查登录账户和密码的方法对账户进行检查
    }else{
        resetAccount();                      //调用重置登录账户和密码的方法
    }
}
```

其中，checkAccount 和 resetAccount 是完成相应功能的自定义方法，其定义如下：

```
//检查用户账户是否为空。如果为空，则将光标定位在账户文本框中
public void checkAccount(){
    String userName = textFieldName.getText().trim(); //获取用户输入的账户
    char[] pwdChars = textFieldPwd.getPassword(); //获取用户输入的密码，为字符数组
    String password = new String(pwdChars).trim();//将用户密码构建为字符串
    if(userName.length() == 0){                         //如果用户输入的账户为空
        //弹出警告信息对话框
        JOptionPane.showMessageDialog(null,"账户不能为空,请重新输入!", "警告",
JOptionPane.WARNING_MESSAGE);
        textFieldName.requestFocusInWindow();      //强制账户文本框获得焦点
    }else if(password.length() == 0){               //如果用户输入的密码为空
        //弹出警告信息对话框
        JOptionPane.showMessageDialog(null,"密码不能为空,请重新输入!", "警告",
JOptionPane.WARNING_MESSAGE);
        textFieldPwd.requestFocusInWindow();       //强制密码框获得焦点
    }else if(!password.equals("123456")){          //如果用户输入的密码不是
“123456”
        //弹出警告信息对话框
        JOptionPane.showMessageDialog(null,"密码不正确,请重新输入!", "警告",
JOptionPane.WARNING_MESSAGE);
        textFieldPwd.setText("");                //清空旧密码
        textFieldPwd.requestFocusInWindow(); //重新获得输入焦点
    }else{
        //弹出成功登录信息对话框
        JOptionPane.showMessageDialog(null,"恭喜你,你已经登录成功!",
                         "登录提示",JOptionPane.INFORMATION_MESSAGE);
        System.exit(0);                          //结束程序
    }
}
//重置用户账户文本框和密码框
public void resetAccount(){
    textFieldName.setText("");                   //清空用户账户文本框
    textFieldPwd.setText("");                    //清空密码框
    textFieldName.requestFocusInWindow();        //强制用户账户文本框获得输入焦点
}
```

在上述代码注释中，自定义了检查用户账户是否为空的 checkAccount()方法，以及重置用户账户文本框和密码框的 resetAccount()方法。当程序响应按钮单击操作时，会在事件处理方法 actionPerformed()中，根据用户单击的按钮类型，分别调用这两个方法进行相应的事件处理。

（4）编译并运行程序

至此，已经成功地编写了一个简单的用户登录验证程序。当然，作为一个示例，这个程序还相当简单。在实际开发中，账户和密码一般是不能硬编码在代码中的。用户输入的账户和密码往往需要和数据库中已注册的账户和密码进行比较判断。在这里，主要是用来给读者演示事件处理代码的编写过程，所以进行了简化。

【实例 13-2】QQ 空间的电子相册大家都不陌生，看到那动态的画面十分的吸引人，如果可以自己做出来，成就感可想而知。本案例就是通过使用 Java Applet 实现的电子相册效果。首先建立一个下拉框，改变下拉框的内容，页面上就会显示不同的图片。具体代码如下：

```
package com.java.ch132;

import java.awt.*;
import java.awt.event.ActionEvent;
import java.awt.event.ActionListener;
import java.awt.event.MouseAdapter;
import java.awt.event.MouseEvent;
import java.util.ArrayList;
import javax.swing.*;

public class Picture extends JApplet implements ActionListener {
    private JLabel[] lab = new JLabel[6];      // 定义一个 JLabel 数组，其长度为 6
    private ImageIcon imic;                    // 声明 ImageIcon 变量
    private ImageIcon[] icn = new ImageIcon[6]; // 创建一个 ImageIcon 数组，其长
度为 6
    private JPanel pl, pl1;                    // 定义 JPanel 变量
    ArrayList list;                            // 声明 ArrayList 变量
    private JButton btn[] = new JButton[3];    // 定义一个 JButton 数组，其长度为 3
    private Image image;                           // 声明 Image 变量
    private int key = 0;                           // 定义 int 类型变量
    private Graphics grapcs;                       // 定义 Graphics 变量

    public void init() {                           // Applet 初始化
        F init();                                  // 调用自定义 F init()方法
        this.setSize(450, 450);                // 设置 Applet 的大小
        this.setVisible(true);                     // 设置组件可见性
                                                   // 确定画图像的位置
        image = createImage(getSize().width - 105, getSize().height - 140);
        grapcs = image.getGraphics();              // 返回一个 Graphics 对象
        image = icn[0].getImage();                 // 返回此图标的 Image
        grapcs.drawImage(image, 100, 100, this); // 确定绘制 image 的起点
        repaint();                                 // 重新调用 paint 方法
    }
    public void actionPerformed(ActionEvent e) { // 处进单击的侦听事件
        if (e.getActionCommand().equals("b1")) { // 如果单击“上一张”按扭
            int k = getKey();                      // 得到一个 k 值
            if (k != 0) {                          // 如果 k 不等于 0
                imic = (ImageIcon) list.get(k - 1); // 通过 k 值到 ArrayList 中
取出相应的 ImageIcon
                setKey(k - 1);                     // 将 k-1 重新赋给 k
                image = imic.getImage();           // 返回此图标的 Image
                repaint();                         // 重新调用 paint 方法
            }
        }
        if (e.getActionCommand().equals("b2")) { // 如果单击“下一张”按扭
            // 其余的代码可以参考上面的
            int k = getKey();
            if (k != 5) {
                imic = (ImageIcon) list.get(k + 1);
                setKey(k + 1);
                image = imic.getImage();
                repaint();
            }
        }
        if (e.getActionCommand().equals("b3")) { // 如果单击返回按扭
            imic = (ImageIcon) list.get(0);
            setKey(0);
            image = imic.getImage();
            repaint();
        }
```

```
        }
        public void paint(Graphics g) {                         // 绘制图像
            F init();
            g.drawImage(image, 120, 220, this);
        }
        public void F init() {                        // 主要是对各组件进行布局和初始化的作用
            pl = new JPanel(new GridLayout(1, 6));    // 创建一个网格布局的面板
            pl1 = new JPanel();                       // 创建面板 pl1
            list = new ArrayList();                   // 创建 ArrayList 对象
            for (int i = 0; i < lab.length; i++) {
                icn[i] = new ImageIcon("D:\\abc\\" + (i + 1) + ".jpg"); // 创建ImageIcon 对象
                lab[i] = new JLabel(icn[i]);          // 创建带图标的标签
                pl.add(lab[i], i);                    // 将标签组件添加到面板中
                list.add(i, icn[i]);                  // 将图标对象添加到 ArrayList 中
            }
            // 对每个标签进行鼠标单击事件侦听
            lab[0].addMouseListener(new MouseAdapter() {
                public void mouseClicked(MouseEvent e) {
                    if (e.getButton() == 1) {             // 如果鼠标左键被按下
                        imic = (ImageIcon) list.get(0); // 取出 ArrayList 中 0 位置上的图标
                        image = imic.getImage();      // 返回此图标的图像
                        repaint();
                        setKey(0);
                    }
                }
            });
            lab[1].addMouseListener(new MouseAdapter() { // 同上
                public void mouseClicked(MouseEvent e) {
                    if (e.getButton() == 1) {
                        imic = (ImageIcon) list.get(1);
                        image = imic.getImage();
                        repaint();
                        setKey(1);
                    }
                }
            });
            lab[2].addMouseListener(new MouseAdapter() {
                public void mouseClicked(MouseEvent e) {
                    if (e.getButton() == 1) {
                        imic = (ImageIcon) list.get(2);
                        image = imic.getImage();
                        repaint();
                        setKey(2);
                    }
                }
            });
            lab[3].addMouseListener(new MouseAdapter() {
                public void mouseClicked(MouseEvent e) {
                    if (e.getButton() == 1) {
                        imic = (ImageIcon) list.get(3);
                        image = imic.getImage();
                        repaint();
                        setKey(3);
                    }
                }
            });
            lab[4].addMouseListener(new MouseAdapter() {
                public void mouseClicked(MouseEvent e) {
                    if (e.getButton() == 1) {
                        imic = (ImageIcon) list.get(4);
                        image = imic.getImage();
                        repaint();
                        setKey(4);
```

```
                }
            }
        });
        lab[5].addMouseListener(new MouseAdapter() {
            public void mouseClicked(MouseEvent e) {
                if (e.getButton() == 1) {
                    imic = (ImageIcon) list.get(5);
                    image = imic.getImage();
                    repaint();
                    setKey(5);
                }
            }
        });
        // 定义按扭
        btn[0] = new JButton("前一张");
        btn[0].setActionCommand("b1");
        btn[0].addActionListener(this);
        btn[1] = new JButton("下一张");
        btn[1].setActionCommand("b2");
        btn[1].addActionListener(this);
        btn[2] = new JButton("返回");
        btn[2].setActionCommand("b3");
        btn[2].addActionListener(this);
        pl1.add(btn[0], 0);
        pl1.add(btn[1], 1);
        pl1.add(btn[2], 2);
        this.add(pl, BorderLayout.NORTH);
        this.add(pl1, BorderLayout.SOUTH);
    }
    public int getKey() {
        return key;
    }
    public void setKey(int key) {
        this.key = key;
    }
}
```

运行结果的初始界面，如图 13.15 所示。单击“下一张”按钮就会跳到下一张图片中，如图 13.16 所示。

图13.15 初始界面

图13.16 下一张的界面

第四篇　Java 编程技术

第 14 章　异常处理

对程序而言，发生各种各样的异常是很正常的，在编程过程中，首先应当尽可能地避免错误和异常的发生，对于不可避免、不可预测的情况再考虑异常发生时如何处理，从而使得程序更健壮。对异常的处理包括捕获异常和抛出异常。

14.1　Java 异常

在 Java 中，当程序执行中发生错误时，错误事件对象可能导致的程序运行错误称为异常（Exception），异常是程序中的一些错误，但并不是所有的错误都是异常，并且错误有时是可以避免的。例如，代码中少了一个分号，那么运行出来结果提示是错误“java.lang.Error”。如果用System.out.println(11/0)，那么是因为用 0 做了除数，会抛出“java.lang.ArithmeticException”异常。异常会输出错误消息，使其知道该如何正确地处理遇到的问题。异常可以分为 3 类：编译错误、运行错误和逻辑错误。

14.1.1　编译错误

编译错误是由于编写的程序存在语法问题，未能通过由源代码到字节码的编译而产生的，它由语言的编译系统负责检测和报告。此类错误在编译时会被检查出来，并不会生成运行代码，只有更正程序中的语法问题后才可以运行程序。例如，大小写混淆、数据类型与变量类型不符和使用未声明的变量。

1．大小写混淆

Java 语言是严格区分大小写的计算机编程语言。类、方法、变量的名称必须前后完全一致，否则将出现无法解析符号的错误。

2．数据类型与变量类型不符

Java 语言可以自行转换数据类型，但当数据类型与变量类型不符并且不能自行转换时，则会显示错误。

3．使用未声明的变量

Java 语言规定在使用任何变量前必须要先声明该变量的类型。如果使用未声明的变量，编译程序时会出现无法解析符号的错误。

14.1.2　运行错误

程序运行错误是指程序在执行过程中发生的错误，它会中断程序。例如，计算时除数为零、数组下标越界、文件没找到等。

1．数组下标越界

数组下标越界是初学者常犯的一个错误。数组规定下标从 0 开始到数组元素个数减 1 为止。例如，下面的程序中数组 numbers 共有 10 个元素，给这 10 个元素赋值的循环语句如下：

```
class Test1{
    public static void main(String [] args){
        int[ ] numbers = new int[10];               //声明数组 numbers，大小为 10
        for(int i=0;i<=10;i++)                      //从 1 开始循环
            numbers[i] = 100;
    }
}
```

运行结果如下：

```
Exception in thread "main" java.lang.ArrayIndexOutOfBoundsException: 10
at test.main(test.java:6)
```

实际上，数组 numbers 的下标范围是 0~9，所以当执行最后一次循环 i=10 时，numbers[10] 已经超出了数组下标范围，会显示数组下标溢出范围的错误信息。

2．除数为零

如果出现除数为零的情况，则程序会被中断并显示除数为零的错误信息。例如，下面的程序段中给变量 i 赋初值为零，然后进行除运算。

```
class Test2{
    public static void main(String [] args) {
        int i=0;
        i=3/i;
    }
}
```

运行结果如下：

```
Exception in thread "main" java.lang.ArithmeticException: / by zero
at test.main(test.java:5)
```

Java 语言中不允许计算过程中出现除数为零的情况，因此，在编写程序时一定要注意计算过程中的中间值。运行错误通常都比较隐蔽，而且会造成程序中断，甚至系统死机等现象。

14.1.3 逻辑错误

逻辑运行错误是指程序不能实现编程人员的设计意图和设计功能而产生的错误，该类错误从语法上来说是有效的，只是程序在逻辑上存在着缺陷。通常，逻辑错误不会产生错误提示信息，所以错误较难排除。例如，超出数据类型的取值范围和语句体忘记加大括号。

1．超出数据类型的取值范围

每种数据类型都有其取值范围，一旦数值超出了数据类型的取值范围，就会造成计算结果的错误。例如，下面的循环语句用来求 20！。

```
int sum=1;
for(int i=1;i<=20;i++)
  sum=sum*i;
```

变量 sum 的计算结果为-2102132736，计算的结果为负数显然时不合常理的。这是因为在运算过程中，数值超出数据类型的取值范围，Java 语言会按照一定的方法将数据处理为范围之内的一个数值。在该例中，如果将变量 sum 的类型改为 long 型，则会输出正确的答案。

2．语句体忘记加花括号

花括号在 Java 程序中具有非常重要的位置，当语句体的语句不止一条时，必须使用大括号，否则很容易出现错误。例如，下面的语句本意是要计算 1+2+3+…+99+100 的和，但是因为忘记使用花括号将语句体括起来，程序实际上只是重复执行了“sum=sum+i;”语句，从而进入了死循环状态。

```
int sum=0;
int i=1;
while(i<=100)
    sum=sum+i;
    i++;
```

为了避免这类错误的发生，最好在任何情况下都使用花括号将语句体括起来。

14.1.4 异常处理机制

程序运行所导致的异常发生后，怎么处理异常呢？Java 语言提供的异常处理机制，由捕获异常和处理异常两部分组成。

在 Java 程序的执行过程中，如果出现了异常事件，就会生成一个异常对象。生成的异常对象将传递给 Java 运行时系统，这一异常的产生和提交过程称为抛弃（Throw）异常。当 Java 运行时系统得到一个异常对象时，它将会寻找处理这一异常的代码。找到能够处理这种类型的异常的方法后，运行时系统把当前异常对象交给这个方法进行处理，这一过程称为捕获（Catch）异常。如果 Java 运行时系统找不到可以捕获异的方法，则运行时系统将终止，相应的 Java 程序也将退出。

14.1.5 异常处理类

Java 中所有的异常都由类来表示。所有的异常类都是从一个名为 Throwable 的类派生出来的。因此，当程序中发生一个异常时，就会生成一个异常类的某种类型的对象。Throwable 有两个直接子类：Error 类和 Exception 类。

Error 类一般是指与虚拟机相关的问题，如系统崩溃、虚拟机出错、动态链接失败等，这一类错误无法恢复且不可捕获，这将导致应用程序中断。

异常 Exception 类则是指一些可以被捕获且可能恢复的异常情况，如数组下标越界产生异常 ArrayIndexOutOfBoundsExcepton、数值被零除产生异常 ArithmeticException、输入/输出异常 IOException 等。Exception 类和 Error 类都继承于 java.lang.Object 中的 java.lang.Throwable 类，如图 14.1 所示。

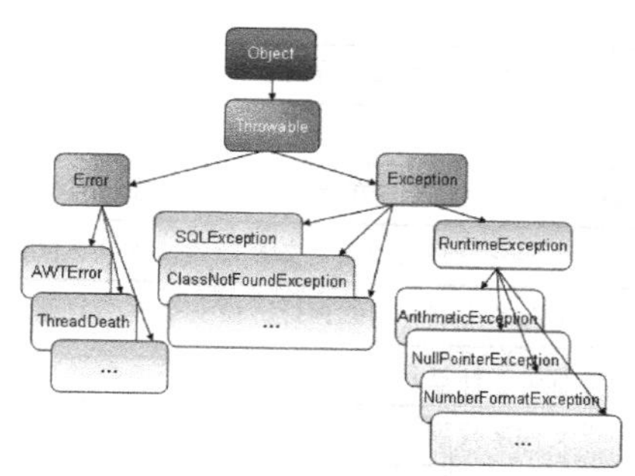

图14.1 异常类的继承结构

下面主要介绍一下 Throwable、Error、ThreadDeath、Exception 和 RuntimeException 异常类。

1. Throwable 类

Throwable 是 java.lang 包中一个专门用来处理异常的类。只有当对象是此类（或其子类之一）的实例时，才能通过 Java 虚拟机或 Java throw 语句抛出。类似地，只有此类或其子类之一才可以是 catch 子句中的参数类型。它有两个子类，即 Error 和 Exception，它们分别用来处理两组异常。

2. Error 类

Error 是 Throwable 的子类，表示仅靠程序本身无法恢复的严重错误，也可以理解为 Error 用来处理程序运行环境方面的异常，例如，虚拟机错误、装载错误和连接错误，这类异常主要是和硬件有关的，而不是由程序本身抛出的。

3. ThreadDeath 类

调用 Thread 类中带有零参数的 stop 方法时，受害线程将抛出一个 ThreadDeath 实例。仅当应用程序在被异步终止后必须清除时才应该捕获这个类的实例。如果 ThreadDeath 被一个方法捕获，那么将它重新抛出非常重要，因为这样才能让该线程真正终止。如果没有捕获 ThreadDeath，则顶级错误处理程序不会输出消息。

虽然 ThreadDeath 类是“正常出现”的，但它只能是 Error 的子类而不是 Exception 的子类，因为许多应用程序捕获所有出现的 Exception，然后又将其放弃。

4. Exception 类

Exception 也是 Throwable 的一个主要子类。Exception 下面还有子类，其中一部分子类分别对应于 Java 程序运行时常常遇到的各种异常的处理，其中包括隐式异常。例如，程序中除数为 0 引起的错误、数组下标越界错误等，这类异常也称为运行时异常，因为它们虽然是由程序本身引起的异常，但不是程序主动抛出的，而是在程序运行中产生的。

Exception 子类下面的另一部分子类对应于 Java 程序中的非运行时异常的处理，这些异常也称为显式异常。它们都是在程序中用语句抛出，并且也是用语句进行捕获的，例如，文件没找到引起的异常、类没找到引起的常等。常见子类对应的处理异常如表 14.1 所示。

表 14.1　Exception子类对应处理异常方法

子　类	对 应 异 常
ArithmeticException	由于除数为 0 引起的异常
ArrayStoreException	由于数组存储空间不够引起的异常
ClassCastException	当把一个对象归为某个类,但实际上此对象并不是由这个类创建的,也不是其子类创建的，则会引起异常
IllegalMonitorStateException	监控器状态出错引起的异常
NegativeArraySizeException	数组长度是负数，则产生异常
NullPointerException	程序试图访问一个空的数组中的元素或访问空的对象中的方法或变量时产生异常
OutofMemoryException	用 new 语句创建对象时，如系统无法为其分配内存空间，则产生异常
SecurityException	由于访问了不应访问的指针，使安全性出问题而引起异常
IndexOutOfBoundsExcention	由于数组下标越界或字符串访问越界引起异常
IOException	由于文件未找到、未打开或 I/O 操作不能进行而引起异常
ClassNotFoundException	未找到指定名字的类或接口引起异常
CloneNotSupportedException	程序中的一个对象引用 Object 类的 clone 方法，但此对象并没有连接 Cloneable 接口，从而引起异常
InterruptedException	当一个线程处于等待状态时，另一个线程中断此线程，从而引起异常

续表

子　类	对 应 异 常
NoSuchMethodException	所调用的方法未找到，引起异常
Illega1AccessExcePtion	试图访问一个非 public 方法异常
StringIndexOutOfBoundsException	访问字符串序号越界，引起异常
ArrayIdexOutOfBoundsException	访问数组元素下标越界，引起异常
NumberFormatException	字符的 UTF 代码数据格式有错引起异常
IllegalThreadException	线程调用某个方法而所处状态不适当，引起异常
FileNotFoundException	未找到指定文件引起异常
EOFException	未完成输入操作即遇文件结束引起异常

5. RuntimeException 类

RuntimeException 是那些可能在 Java 虚拟机正常运行期间抛出的异常的超类。Java 编译器不去检查它，也就是说，当程序中可能出现这类异常时，即使没有用 try...catch 语句捕获它，也没有用 throws 字句声明抛出它，还是会编译通过，这种异常可以通过改进代码实现来避免。

14.1.6　异常处理原则

处理异常原则有以下几项。

- 异常处理只能用于非正常情况。
- 为异常提供说明文档。通过 JavaDoc 的@throws 标签来描述产生异常的条件。
- 尽可能地避免异常。
- 保持异常的原子性。异常的原子性是指当异常发生后，各个对象的状态能够恢复到异常发生前的初始状态，而不至于停留在某个不合理的中间状态。保持原子性有以下几种方法。
  - 最常见的方法是先检查方法的参数是否有效，确保当异常发生时还没有改变对象的初始状态。
  - 编写一段恢复代码，由它来解释操作过程中发生的失败，并且使对象状态回滚到初始状态。这种方法不是很常用，主要用于永久性的数据结构，如数据库系统的回滚机制就采用了这种方法。
  - 在对象的临时副本上进行操作，当操作成功后，把临时副本中的内容复制到原来的对象中。
- 避免过于庞大的 try 代码块。
- 在 catch 子句中指定具体的异常类型
- 不要在 catch 代码块中忽略被捕获的异常。

14.2　处理异常

Java 的异常处理是通过 5 个关键词来实现的：try、catch、throw、throws 和 finally。一般情况下是用 try 来执行一段程序，如果出现异常，系统会抛出（throws）一个异常，这时可以通过其类型来捕获（catch）它，或最后（finally）由默认处理器来处理。下面是 Java 异常处理程序的基本形式。

14.2.1 try-catch 语句

异常处理的核心是 try 和 catch，这两个关键字要一起使用。下面是 try-catch 异常处理代码块的基本形式：

```
try{                                        //监视
    //可能发生异常的代码块
} catch（异常类型异常对象名）{              //捕获并处理异常
    //异常处理代码块
}
```

当 try 代码块发生异常并抛出一个异常时，异常会由相应的 catch 语句捕获并处理。如果没有抛出异常，那么 try 代码块就会结束，并且跳过 catch 异常处理代码块。因此，只有在有异常抛出时，才会执行 catch 语句。下面通过一个简单的使用 try-catch 进行异常处理的情况，以及如何监视并捕获一个异常。代码如下：

```
public class Test3{
    public static void main(String[] args){
        int  i,a;
        try {                                       //监视一代码块
            i=0;
            a=36/i;
        }catch (ArithmeticException e) {            //捕获一个被零除异常
            System.out.println("除数为零");
        }
    }
}
```

运行结果如下：

```
除数为零
```

上例进行了一个除法运算，除数为零。这属性运行时异常，在程序编译时没有什么异常信息，但在运行时会发生 ArithmeticException 异常，因此在程序中要捕获它。

14.2.2 多个 catch 子句

由于单个代码段可能引起多个异常，处理这种情况时就需要定义两个或更多的 catch 子句，每个子句捕获一种类型的异常。当异常被引发时，每个 catch 子句依次被检查，第一个匹配异常类型的子句被执行，其他的子句将被忽略。如果没有抛出异常，那么 try 代码块就会结束，并且会跳过它的所有 catch 语句，从最后一个 catch 后面的第一个语句继续执行。语法格式如下：

```
try{
    //可能发生异常的代码块
} catch（异常类型 1 异常对象名 1）{
    //异常处理代码块 1
}
catch（异常类型 2 异常对象名 2）{
    //异常处理代码块 2
}
…
catch（异常类型 n 异常对象名 n）{
    //异常处理代码块 n
}
```

示例代码如下：

```
public class Test4{
    public static void main(String[] args){
        try {                                       //监视异常的发生
```

```
            int i = args.length;
            System.out.println("i ="+i);
            int j=5/i;
            int k[]={ 1,2,3 };
            k[5]=0;
        //try 块中若发生被 0 除则捕获并处理
        }catch(ArithmeticException e) {
            System.out.println("被零除: " + e);
        //try 块中若发生数组越界则捕获并处理
        }catch(ArrayIndexOutOfBoundsException e) {
            System.out.println("数组越界异常: " + e);
        }
        System.out.println("执行 catch 块后的语句块");
    }
}
```

运行结果如下：

```
i =0
被零除: java.lang.ArithmeticException: / by zero
执行 catch 块后的语句块
```

14.2.3 finally 子句

有时为了确保一段代码不管发生什么异常都要被执行，可以使用关键词 finally 来标出这样一段代码。try/catch/finally 的语法格式如下：

```
try{
    //可能发生异常的代码块
} catch (异常类型异常对象名) {
    //异常处理代码块
}
…
finally{
    //无论是否抛出异常都要执行的代码
}
```

示例代码如下：

```
public class Test5{
    public static void main(String[] args){
        int i,a;
        try {                                            //监视一代码块
            i=0;
            a=36/i;
        }catch (ArithmeticException e) {                 //捕获一个被零除异常
            System.out.println("除数为零");
        }
        finally{
        //不管 try 中的代码怎样执行, finally 子句中的代码总要执行一次
        System.out.println("最后执行的语句!");
        }
    }
}
```

运行结果如下：

```
除数为零
最后执行的语句!
```

14.2.4 可嵌入的 try 块

一个 try 代码块可以嵌入到另一个 try 代码块当中。由于内部 try 代码块产生的异常如果没有被与该内部 try 代码块相关的 catch 捕获，就会传到外部 try 代码块。语法格式如下：

```
try{                                                    //外部 try 代码块
    try{                                                //内部 try 代码块
        //可能发生异常的代码块
        } catch（异常类型 1 异常对象名 1）{
        //异常处理代码块 1
        }
    //可能发生异常的代码块
} catch（异常类型 2 异常对象名 2）{
    //异常处理代码块 2
}
```

示例代码如下：

```
public class Test6{
    public static void main(String args[]){
        int data1[]={2,4,6,8,10,12};
        int data2[]={1,0,2,4,3};
        try{                                            //外部 try 代码块
            for(int i=0;i<data1.length;i++) {
                try{                                    //内部 try 代码块
                    System.out.println(data1[i]+  "/"+data2[i]+  "is"+data1
[i]/data2[i]);
                //捕获并处理内部 try 代码块产生的异常
                }catch(ArithmeticException e){
                    System.out.println("不能被零除！");
                }
            }
        //捕获并处理内部 try 代码块产生的异常
        }catch(ArrayIndexOutOfBoundsException e){
            System.out.println("程序被终止！");
        }
    }
}
```

运行结果如下：

```
2/1 is 2
不能被零除!
6/2 is 3
8/4 is 2
10/3 is 3
程序被终止!
```

14.3 抛出异常

对于处理不了的异常或要转型的异常，在方法的声明处通过 throws 语句声明抛出异常，而 throw 语句是用于在方法体内抛出一个异常。

14.3.1 使用 throws 抛出异常

对于方法中可能出现的异常，如果不想在方法中进行捕获，可以在声明时利用 throws 语句抛出异常。声明抛出异常是在一个方法声明中的 throws 子句中指明的。语法格式如下：

```
[修饰符] 返回类型 方法名（参数 1,参数 2,…）throws 异常列表{
    …
}
```

例如，下面的代码声明了一个 read()方法，该方法可能会抛出 IOException 异常。

```
public int read () throws IOException{
    …
}
```

throws 子句中同时可以指明多个异常，说明该方法将不对这些异常进行处理，只是声明抛出它们，由调用此方法的其他方法负责捕获和处理。例如，下面的方法声明抛出 IOException 异常和 IndexOutOfBoundsException 异常，而不是在方法内部处理这些异常。

```
    public static void main(String args[]) throws IOException, IndexOutOfBounds
Exception{
        …
    }
```

示例如下：

```
public class Test7{
    //声明抛出 IllegalAccessException 类异常
    public static void throwOne() throws IllegalAccessException{
        System.out.println("在 throwOne 中.");
        //抛出 IllegalAccessException 类异常
        throw new IllegalAccessException("非法访问异常");
    }
    public static void main(String args[ ]){
        try{                                            //监视异常的发生
            throwOne();
        }catch(IllegalAccessException e){               //捕获并处理异常
        System.out.println("捕获"+e);
        }
    }
}
```

运行结果如下：

```
在 throwOne 中.
捕获 java.lang.IllegalAccessException: 非法访问异常
```

本例中定义了一个静态的方法 throwOne()，在方法的头部声明中，使用关键字 throws 声明该方法有可能抛出 IllegalAccessException 类异常，因此，任何调用 throwOne()方法的对象都要处理这个异常。

14.3.2　使用 throw 抛出异常

throw 语句是用于在方法体中手动抛出异常。语法格式如下：

```
throw 异常名;
```

throw 关键字主要是用在 try 块中，用来说明已经发生的异常情况。throw 关键字后面跟随一个从类 Throwable 中派生的异常对象，用来说明抛出的异常类型。使用 throw 关键字抛出 IOException 异常。例如：

```
import java.io.IOException;
public class Test8{
    public static void main(String [] args) {
        try{
            System.out.println("…正在运行程序…");
            throw new IOException("用户自行产生异常");  //抛出 IOException 类异常
        }catch(IOException e){                          //捕获并处理异常
            System.out.println("已捕获了该异常！");
        }
    }
```

运行结果如下：

```
...正在运行程序...
已捕获了该异常!
```

在这个示例程序中，使用 throw 抛出一个 IOException 类型的异常。只有使用 throw 才会真正抛出异常，而前面讲的关键字 throws 仅是用于方法声明，说明“可能”会产生异常。在 throw 语句中是如何使用 new 创建 IOException 的。这里 throw 抛出一个对象，所以必须为类型创建一个对象来抛出。

14.3.3 异常类常用方法

Exception 类自己没有定义任何方法，它继承了 Throwable 提供的一些方法。因此，所有异常，包括自己创建的自定义异常，都可以获得 Throwable 定义的方法。同时还可以在创建的自定义异常类中覆盖一个或多个这样的方法。表 14.2 列出了 3 种常用的方法。

表 14.2 异常类常用方法

方法声明	方法作用
public String getMessage()	getMessage()方法返回描述当前异常类的消息字符串
public String toString()	toString()方法返回描述当前异常类的消息的字符串，一般由三部分组成：此对象实际类的名称、冒号和空格、此对象 getMessage()方法的结果
public void printStackTrace()	printStackTrace()方法没有返回值，它的功能是完成一个打印操作，在当前的标准输出上打印输出当前异常对象的堆栈使用轨迹，即程序先后调用执行了哪些对象或类的哪些方法，使得运行过程中产生了这个异常对象

14.4 自定义异常

尽管 Java 的内置异常能够处理大多数常见错误，但有时还可能出现系统没有考虑到的异常，因此我们仍然希望建立自己的异常类型，来处理所遇到的特殊情况：通过继承 Exception 类或它的子类，实现自定义异常类。对于自定义异常，必须采用 throw 语句抛出异常，这种类型的异常不会自行产生。

14.4.1 创建自定义异常类

用户还可以自定义异常。所有的用户自定义异常类都必须由 Exception 类或 Exception 类的子类派生，所以必须显示指明异常类的基类。自定义异常的基本形式如下所示：

```
class 自定义异常 extends 父异常类名{
    类体;
}
```

使用自定义异常可以归纳以下几点：

- 自定义异常类必须是 Throwable 的直接或间接子类。
- 一个方法所声明抛出的异常是作为这个方法与外界交互的一部分而存在的。方法的调用者必须了解这些异常，并确定如何正确地处理它们。
- 用异常代表错误，而不要再使用方法返回值。

14.4.2 处理自定义异常

在程序中使用自定义异常类，大体可分为以下几个步骤：

（1）创建自定义异常类。

（2）在方法中通过 throw 关键字抛出异常对象。

（3）如果在当前抛出异常的方法中处理异常，可以使用 try-catch 语句捕获并处理；否则在方法的声明处通过 throws 关键字指明要抛出给方法调用者的异常，继续进行下一步操作。

（4）在出现异常方法的调用者中捕获并处理异常。

下面是使用自定义异常示例，代码如下：

```
import java.util.*;
public class Test9 {
    //声明抛出自定义异常
    static int avg(int number1, int number2) throws MyException {
        if (number1< 0 || number2< 0) {
            throw new MyException("不可以使用负数");//抛出自定义异常
        }
        if (number1> 100 || number2> 100) {
            throw new MyException("数值太大了");    //抛出自定义异常
        }
        return (number1+ number2)/ 2;               //返回语句
    }
    public static void main(String[ ] args) {
        System.out.println("求 2 个数的平均数！" +"请输入两个数，要求是都小于 100 的数：");
        Scanner in=new Scanner(System.in);          //创建一个对象，用于读取用户输入
        int number1=in.nextInt();                   //从键盘获得输入
        int number2=in.nextInt();                   //从键盘获得输入
        try {
            int result = avg(number1, number2);     //调用方法 avg()
            System.out.println(result);
        }catch (MyException e) {                    //捕获自定义异常
            System.out.println(e) ;                 //打印自定义异常信息
        }
    }
}
class MyException extends Exception {               //自定义异常继承 Exception 类
    MyException(String ErrorMessage) {
        super(ErrorMessage);
    }
}
```

在上面的程序中，自定义了一个异常类 MyException，它是 Exception 的子类。在方法 avg()的定义中，使用关键字 throws 声明该方法可能会抛出 MyException 类型的异常，并且在 avg()方法内部当一定的条件满足时（“number1<0||number2<0”或“number1>100||number2>100”），使用关键字 throw 创建一个 MyException 类型的异常对象并抛出。在 main()方法中调用了 avg()方法，所以必须处理 avg()方法可能抛出的异常。在这里为使用 catch 语句捕获它并输出异常信息。

14.5 典型实例

【实例 14-1】声明异常是指一个方法不处理它产生的异常，而是向上传递，谁调用这个方法，这个异常就由谁处理。本实例将演示如何利用 throws 声明异常。具体代码如下：

```
package com.java.ch141;

public class AbnormalTest {
    // 声明异常
    // 声明 catchThows 方法的同时指出要可以出现的异常类型
    public void catchThows(int str) throws ArrayIndexOutOfBoundsException,
            ArithmeticException, NullPointerException {
        System.out.println(str);
        if (str == 1) {
            int[] a = new int[3];
            a[5] = 5;
```

```
        } else if (str == 2) {
            int i = 0;
            int j = 5 / i;
        } else if (str == 3) {
            String s[] = new String[5];
            s[0].toLowerCase();
        } else {
            System.out.println("正常运行,没有发现异常");
        }
    }

    public static void main(String args[]) {
        AbnormalTest yc = new AbnormalTest();
        try {
            yc.catchThows(0);
        } catch (Exception e) {
            // 捕获 Exception 异常，并打印出相应的异常信息
            System.out.println("异常:" + e);
        }
        try {
            yc.catchThows(1);
        } catch (ArrayIndexOutOfBoundsException e) {
            // 捕获 ArrayIndexOutOfBoundsException 异常，并打印出相应的异常信息
            System.out.println("异常:" + e);
        }
        try {
            yc.catchThows(2);
        } catch (ArithmeticException e) {
            // 捕获 ArithmeticException 异常，并打印出相应的异常信息
            System.out.println("异常:" + e);
        }
        try {
            yc.catchThows(3);
        } catch (Exception e) {
            // 捕获 Exception 异常，并打印出相应的异常信息
            System.out.println("异常:" + e);
        }
    }
}
```

在本程序中，需要注意的是在方法中必须要声明可能发生的所有异常，同时在调用该方法的 main 方法中定义 try/catch 语句来捕获该异常。

运行结果如下所示。

```
0
正常运行,没有发现异常
1
异常:java.lang.ArrayIndexOutOfBoundsException: 5
2
异常:java.lang.ArithmeticException: / by zero
3
异常:java.lang.NullPointerException
```

第 15 章　输入与输出

Java 程序是通过“流”的形式进行数据的输入和输出。输入/输出是指应用程序与外部设备及其他计算机进行数据交流的操作。Java 提供了大量的类来对流进行操作，从而实现输入/输出功能。

15.1　流

流是一种抽象的概念，可以理解为输入/输出的途径。在 Java 类库中，I/O 部分的内容是很庞大的，有标准输入/输出、文件的操作、网络上的数据流、字符串流、对象流等。当程序需要读取数据时，就会开启一个通向数据源的流，这个数据源可以是文件、内存或网络连接。类似的，当程序需要写入数据时，就会开启一个通向目的地的流。这时就可以想象数据好像在其中“流”动一样。

15.1.1　流的概念

“流”是指同一台计算机或网络中不同计算机之间有序运动着的数据序列，Java 把这些不同来源和目标的数据都统一抽象为数据流。流序列中的数据可以是没有进行加工的原始数据（二进制字节数据），也可以是经过编码的符合某种规定格式的数据。Java 中的流分为两种，一种是字节流，另一种是字符流，分别由 4 个抽象类来表示（每种流包括输入和输出两种，所以一共 4 个）：InputStream、OutputStream、Reader 和 Writer。Java 中其他多种多样变化的流均是由它们派生出来的，如图 15.1 至图 15.4 所示。

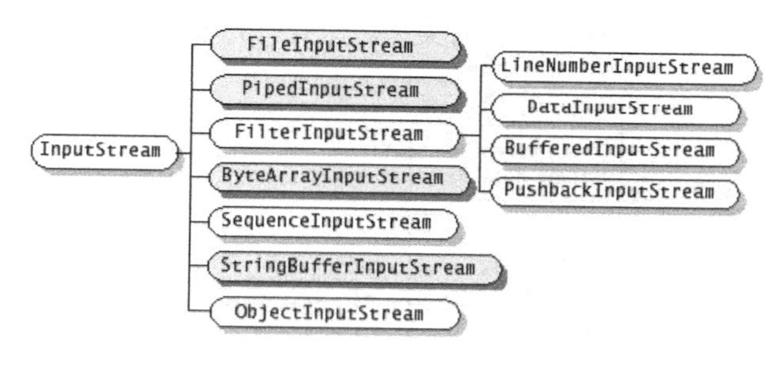

图15.1　InputStream继承图

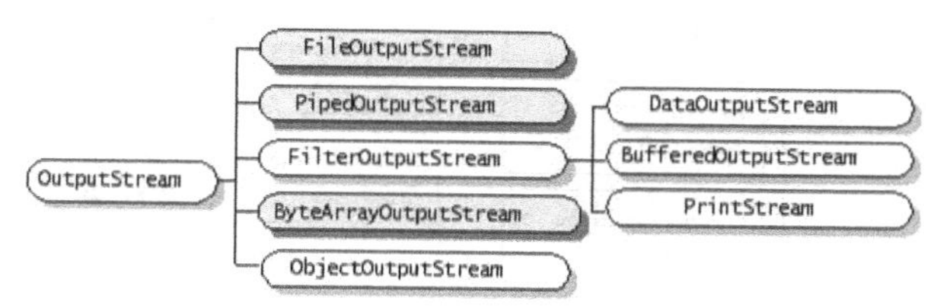

图15.2　OutputStream继承图

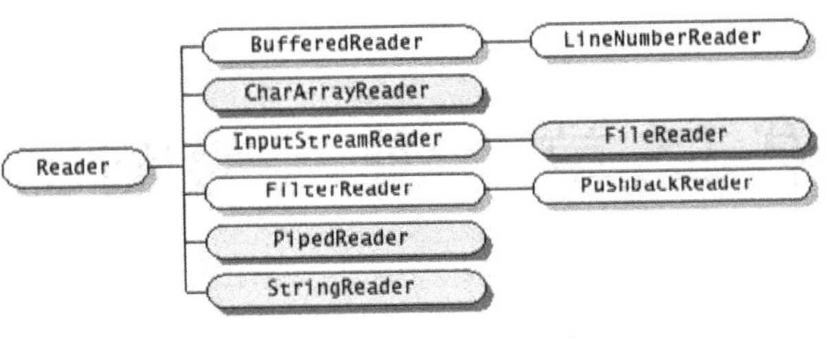

图15.3　Reader继承图

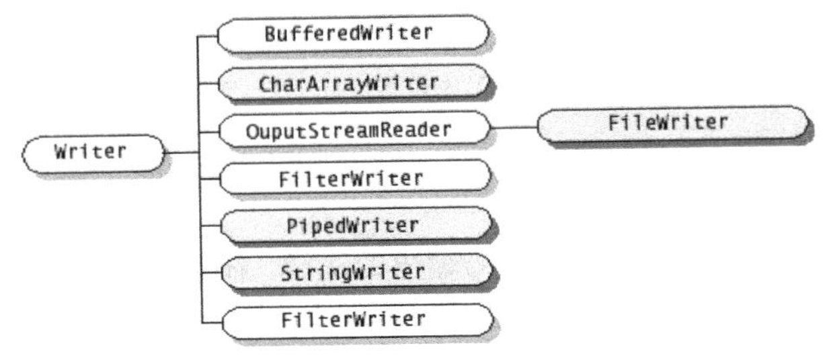

图15.4　Writer继承图

其中，InputStream 和 OutputStream 在早期的 Java 版本中就已经存在了，它们是基于字节流的，而基于字符流的 Reader 和 Writer 是后来加入作为补充的。以上层次图是 Java 类库中的一个基本的层次体系。

15.1.2　输入流与输出流

流可分为两类：输入流和输出流。用户可以从输入流中读取信息，但不能写它。相反，对于输出流，只能往其中写，而不能读它。

1. 输入流

输入流的信息源可以位于文件、内存或网络套接字（Socket）等地方，信息源的类型可以是包括对象、字符、图像、声音在内的任何类型。一旦打开输入流后，程序就可以从输入流串行地读数据，如图 15.5 所示。

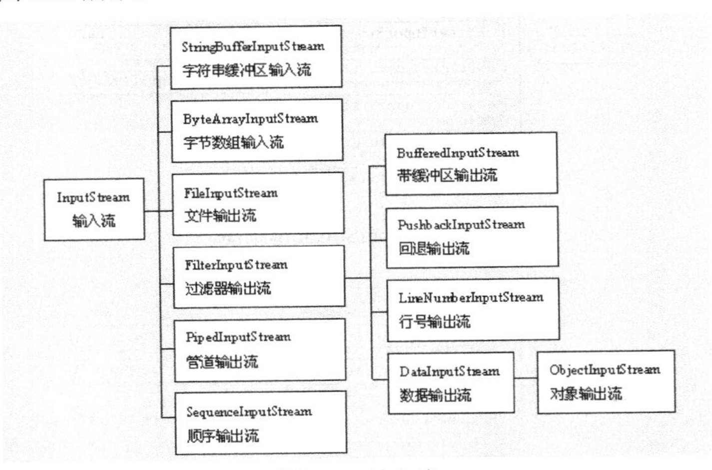

图15.5　输入流

2．输出流

输出流和输入流相似，程序也能通过打开一个输出流并顺序地写入数据来将信息送至目的端，如图 15.6 所示。

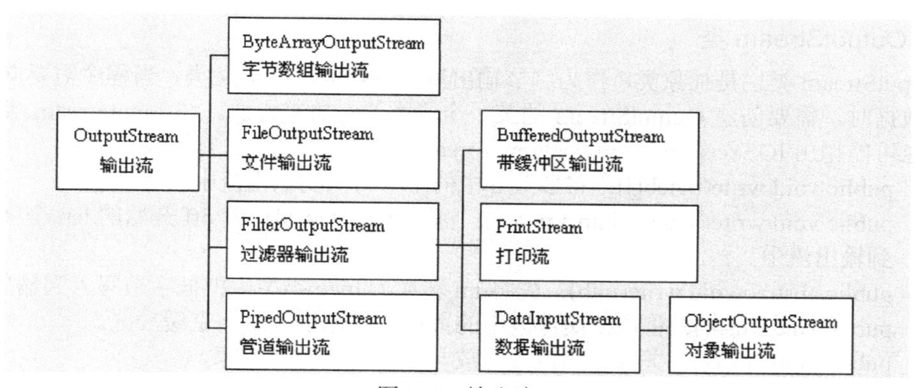

图15.6　输出流

15.1.3　字节流与字符流

Java 流包括字节流和字符流，字节流通过 I/O 设备以字节数据的方式读入，而字符流则是通过字节流读入数据转换成字符“流”的形式由用户驱使。

15.2　字节流

对于字节流，其流类的层次结构已在 15.1.1 节的图 15.1 和图 15.2 中进行了介绍，从图中可以看出，InputStream 是所有字节输入流的父类，而 OutputStream 是所有字节输出流的父类。

15.2.1　InputStream 类与 OutputStream 类

在 Java 的 I/O 流中，所有对字节流进行处理的类，都继承自 InputStream 类和 OutputStream 类，这是两个抽象类。

1．InputStream 类

InputStream 类是一个抽象类，作为字节输入流的直接或间接的父类，它定义了许多有用的、所有子类必需的方法，包括读取、移动指针、标记、复位、关闭等方法。Inputstream 类中的常用方法有以下几种。

- Public abstractintread()：读取一个 byte 的数据，返回值是高位补 0 的 int 类型值。
- Public int read(byteb[])：读取 b.length 个字节的数据放到 b 数组中。返回值是读取的字节数。该方法实际上是调用下一个方法实现的。
- public int read(byteb[],intoff,intlen)：从输入流中最多读取 len 个字节的数据，存放到偏移量为 off 的 b 数组中。
- public int available()：返回输入流中可以读取的字节数。注意，若输入阻塞，当前线程将被挂起，如果 InputStream 对象调用这个方法的话，它只会返回 0，这个方法必须由继承 InputStream 类的子类对象调用才有用。

- public long skip(longn)：忽略输入流中的 n 个字节，返回值是实际忽略的字节数，跳过一些字节来读取。
- public int close()：在使用完后，必须对打开的流进行关闭。

2．OutputStream 类

OutputStream 类也是抽象类，作为字节输出流的直接或间接的父类，当程序需要向外部设备输出数据时，需要创建 OutputStream 的某一个子类的对象来完成。与 InputStream 类似，这些方法也可能抛出 IOException 异常。OutputStream 类中的常用方法有以下几种。

- public void write(byteb[])：将参数 b 中的字节写入到输出流中。
- public void write(byteb[],intoff,intlen)：将参数 b 的从偏移量 off 开始的 len 个字节写入到输出流中。
- public abstractvoid write(intb)：先将 int 转换为 byte 类型，把低字节写入到输出流中。
- public void flush()：将数据缓冲区中的数据全部输出，并清空缓冲区。
- public void close()：关闭输出流并释放与流相关的系统资源。

15.2.2　FileInputStream 类与 FileOutputStream 类

FileInputStream 类和 FileOutputStream 类中，第一个类的源端和第二个类的目的端都是磁盘文件，它们的构造方法允许通过文件的路径名来构造相应的流。例如：

```
FileInputStream  infile = new  FileInputStream("myfile.dat");
FileOutputStream  outfile= new  FileOutputStream("results.dat");
```

构造 FileInputStream 对象时，对应的文件必须存在并且是可读的，而构造 FileOutputStream 对象时，如输出文件已存在，则必须是可覆盖的。

1．FileInputStream 类

如果用户的文件读取需求比较简单，那么用户可以使用 FileInputStream 类，该类是从 InputStream 中派生出来的简单输入类，该类的所有方法都是从 InputStream 类继承来的。使用文件输入流读取文件。

示例代码如下：

```
importjava.io.FileInputStream;
importjava.io.IOException;
publicclassReadFileDemo{
    public static void main(String[]args){
        try{
        //创建文件输入流对象
        FileInputStream in = new  FileInputStream("TestFile.txt");
        Int n=512;                      //设定读取的字节数
        Byte buffer[]=new  byte[n];     //读取输入流
        //读取 n 个字节，放置到以下标 0 开始字节数组 buffer 中，返回值为实际读取的字节的数量
        while((in.read(buffer,0,n)!=-1)&&(n>0)){
            System.out.print(new String(buffer));
        }
        System.out.println();
        in.close();                     //关闭输入流
        }catch(IOExceptionioe){
        System.out.println(ioe);
        }catch(Exceptione){
        System.out.println(e);
        }
    }
}
```

本例以 FileInputStream 的 read(buffer)方法，每次从源程序文件 TestFile.txt 中读取 512B，存储在缓冲区 buffer 中，再将以 buffer 中的值构造的字符串 newString(buffer)显示在屏幕上。使用文件输入流构造器建立通往文件的输入流时，可能会出现错误（也被称为异常，如要打开的文件可能不存在）。当出现 I/O 错误时，Java 生成一个出错信号，它使用一个 IOException 对象来表示这个出错信号。程序必须使用一个 try-catch 块检测并处理这个异常。

2. FileOutputStrearm 类

FileOutputStream 提供了基本的文件写入能力。除了从 OutputStream 类继承来的方法以外，FileOutputStream 类还有以下两个构造器：

```
FileOutputStream(Stringname)。
FileOutputStream(Filefile)。
```

第一个构造器使用给定的文件名 name 创建一个 FileOutputStream 对象。第二个构造器使用 File 对象创建 FileOutputStream 对象。该类可以使用 write 方法把字节发送给输出流。使用文件输出流写入文件。

示例代码如下：

```
import java.io.FileOutputStream;
import java.io.IOException;
public class WriteFileDemo{
    public static void main(String[]args){
        try{
        System.out.print("输入要保存文件的内容：");
        Int count,n=512;
        byte[ ]  buffer = new  byte[n];              //定义存放读入信息的字节数组
        count = System.in.read(buffer);              //读取标准输入流
        //创建文件输出流对象
        FileOutputStream  os = new  FileOutputStream("WriteFile.txt");
        //把字节数组 buffer 中从下标 0 开始，长度为 count 的字节写入流中
        os.write(buffer,0,count);
        os.close();                                  //关闭输出流
        System.out.println("已保存到 WriteFile.txt!");
        }catch(IOExceptionioe){                      //捕获 IOException 异常
        System.out.println(ioe);                     //输出异常信息
        }catch(Exceptione){                          //捕获其他异常
            System.out.println(e);                   //输出其他异常信息
        }
    }
}
```

用 System.in.read(buffer)从键盘输入一行字符，存储在缓冲区 buffer 中，再以 FileOutputStream 的 write(buffer)方法，将 buffer 中的内容写入文件 WriteFile.txt 中。在这个程序中使用“System.on.read(buffer);”语句时，程序会暂停，等待用户输入内容。用户输入的内容会保存在字节数组 buffer 中，并返回读入的内容的长度保存到变量 count 中。因为对文件的读/写有可能发生 I/O 异常，所以在程序中要处理 IOException 异常。编译并运行此程序，在同一目录下会提示输入要保存文件的内容。输入一段话，按回车键确认，这时会在目录下生成一个名为 WriteFile.txt 的文本文件。打开这个文本文件，会看到刚刚输入的这段话。

15.2.3　BufferedInputStream 类与 BufferedOutputStream 类

从图 15.1 中可以看出，BufferedInputStream 类为 FilterInputStream 的子类，而 FilterInput Stream 又是 InputStream 的子类。从类名中可以了解，这个类主要在流的输入过程中提供了缓存的功能。也可以从其构造函数中进一步了解到，它是跟其他流类一起搭配使用的。BufferedOutputStream 类与 BufferedInputStream 类一样，不同的是，一个用于读数据而另一个是用于写数据而已。

java.io.BufferedInputStream 与 java.io.BufferedOutputStream 可以为 InputStream、OutputStream 类的对象增加缓冲区功能，构建 BufferedInputStream 实例时，需要给定一个 InputStream 类型的实例，实现 BufferedInputStream 时，实际上最后是实现 InputStream 实例。同样，在构建 BufferedOutputStream 时，也需要给定一个 OutputStream 实例，实现 BufferedOutputStream 时，实际上最后是实现 OutputStream 实例。

15.3 字符流

字符流主要用于支持 Unicode 的文字内容，绝大多数在字节流中所提供的类，都可在此找到对应的类。其中，输入流 Reader 抽象类帮助用户在 Unicode 流内获得字符数据；而 Writer 类则是实现了输出。可以利用 Reader 类来读取由 Writer 写入的流。层次结构见 15.1.1 节的图 15.3 和图 15.4。从图中可以看出，Reader 类是所有字符输入流的父类，而 Writer 类是所有字符输出流的父类。

15.3.1 Reader 类和 Writer 类

以 Reader 和 Writer 为基础派生的一系列类。如图 15.7 和图 15.8 所示。同 InputStream 和 OutputStream 类一样，Reader 和 Writer 也是抽象类，只提供了一系列用于字符流处理的接口。

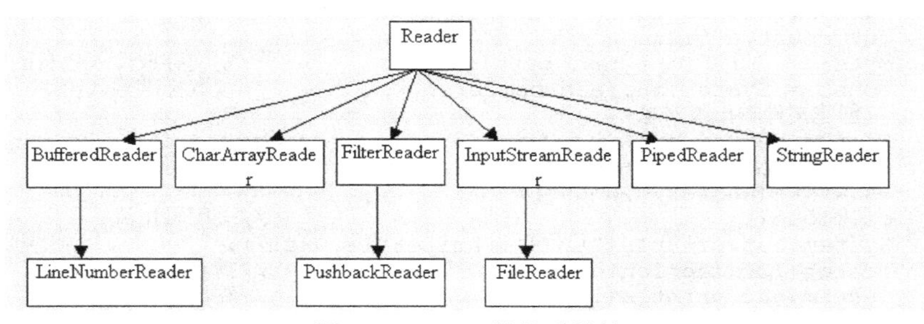

图15.7 Reader的体系结构

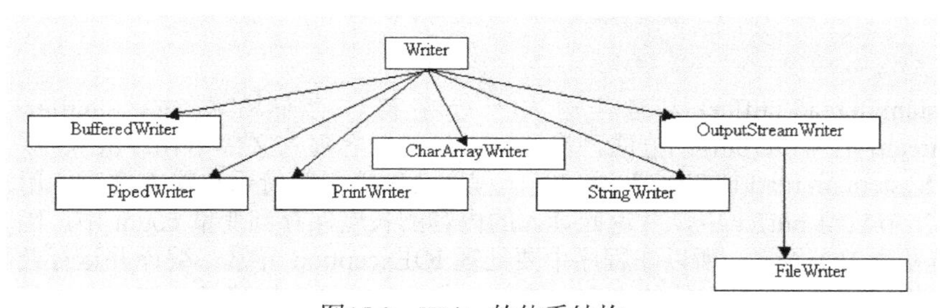

图15.8 Writer的体系结构

15.3.2 FileReader 类和 FileWriter 类

前面的 FileInputStream 使用字节读取文件，字节流不能直接操作 Unicode 字符，所以 Java 提供了字符流。

1. FileReader 类

FileReader 类用于读取文件，每次读取文件中第一个未读取过的字符，并以 ASCII 码或

UTF-8 码的形式输入到程序中。语法格式如下：

```
FileReader fr = new FileReader(filename);
```

其中，文件名必须是文件的完整路径和文件名，如果程序和该文件保存在同一目录下，则可以只用文件名而不需要其路径。FileReader 类中的 read()方法用来读取字符并返回一个相应的 int 类型数据。当读到文件的结尾处时，则返回数值-1。在完成文件数据的读取后需要使用 close()方法关闭打开的文件。

示例代码如下：

```
import java.io.*;
public class FileReadDemo{
    public static void main (String[]args) throws IOException{
        //创建一个 FileReader 类型的对象
        FileReader  fr = new  FileReader("student.txt");
        Int  c = fr.read();                          //从文件中读取字符并存入 c 变量中
        while(c!=-1){                                //判断文件内容是否结束
            System.out.print((char)c);               //输出读取的字符到控制台
            c=fr.read();                             //读取下一个字符
        }
        fr.close();                                  //关闭文件阅读器
    }
}
```

在这个程序中，构建了一个文件阅读器 FileReader 的对象实例 fr，通过 while 循环语句调用其 read()方法依次读取一个字符，并判断是否到了文件结束处。如果没有到文件结尾，则将读取的整数强制转换为 char 类型，并输出到控制台中。在程序最后，要关闭流。在声明 main()方法时，添加了 throwsIOException 用来处理输入和输出文件时发生的异常。当然，也可以使用 try 和 catch 语句来处理异常。但是如果不需要异常的具体处理办法，则可以只用 throws 关键字。

2．FileWriter 类

FileWriter 类用于将数据写入文件，语法格式如下：

```
FileWriter fr = new  FileWriter(filename);
```

其中，文件名必须是文件的完整路径和文件名，如果程序和该文件保存在同一目录下，则可以只用文件名而不需要其路径。如果该文件名不存在，则系统会自动创建该文件。FileWriter 类中的 write()方法可以将字符或字符串写入文件中。当完成数据写入操作后，使用 close()方法关闭文件。示例代码如下：

```
import java.io.*;
public class FileWriteDemo{
    public static void main(String[]args) throws IOException{
        //创建一个 FileWriter 类型的对象
        FileWriter fw = new  FileWriter("student.txt");
        fw.write("Thisismy");                    //向文件中写入字符串
        fw.write("stu");
        fw.write("dent");
        fw.write('.');                           //向文件中写入字符
        fw.write("txt");
        fw.write("这是我的文件。");
        fw.close();                              //关闭流
    }
}
```

在这个程序中，构建了一个文件写入器 FileWriter 的对象实例 fw，调用其 write()方法向文本文件 student.txt 中写入各种文本。在这个程序中，没有在代码中捕获异常，而是在 main()方法头部使用 throws 关键字抛出 IOException 异常，将异常交给虚拟机来处理。

15.3.3 BufferedReader 类和 BufferedWriter 类

一般情况下，为了提高字符文件读/写效率，通常需要为文件读/写器添加一个缓冲读/写器，分别为 BufferedReader 类和 BufferedWriter 类。

1. BufferedReader 类

假如上面例子使用的文件 Student.txt 是一个学生名单，每个姓名占一行。如果我们想读取名字，那么每次必须读取一行，但 FileReader 类没有提供这种方法，所以必须把这个流（对象）再接到另外一个流上，从后一个流中读取名单。Java 提供了名为 BufferedReader 的类，主要是用来实现读取文件中的一个段落，其格式如下：

```
BufferedReader br = new  BufferedReader(newFileReader(filename));
```

也可以分开写如下形式：

```
FileReaderto file = new  FileWriter(filename);
BufferedReader br = new  BufferedWriter(tofile);
```

在声明了 BufferedReader 类的对象后，就可以调用其 readLine()方法来读取文件中的数据。当读取到回车符（\n）时，表示本次读取结束，将所读取到的内容以字符串数据的形式输入到程序中，下次读取从回车符后面的数据开始。当所有的内容都读取完后，返回值为 null。在完成文件数据的读取后，需要使用 close()方法关闭打开的文件。示例代码如下：

```
import java.io.*;
public class BufferedReaderDemo{
    public static void main(String[]args)throws IOException{
        FileReader fr = new FileReader("student.txt");
        BufferedReader br=new  BufferedReader(newFileReader("student.txt"));
        Strings=br.readLine();    //创建变量 s 用于存储从文件中读取的第一行数据
        while(s!=null){           //判断 s 变量是否接收到数据
            System.out.print(s+"\n");
            S=br.readLine();      //读取下一行数据并存储到 s 中
        }
        br.close();               //关闭流
    }
}
```

因为使用 BufferedReader 类读取文件时，回车符号（\n）不会作为数据输入到程序中，所以需要打印添加该符号来保持输出内容与文件中的内容完全一样。

2. BufferedWriter 类

类似地，可以将 BufferedWriter 流和 FileWriter 流连接在一起，然后使用 BufferedWriter 流将数据写入到目的地，创建 BufferedWriter 类对象的格式如下：

```
BufferedWriter  br = new  BufferedWriter(newFileWriter(filename));
```

也可像下面这样分开写：

```
FileWriterfrom  file = new  FileWriter(filename);
BufferedWriter  bw = new  BufferedWriter(fromfile);
```

在声明 BufferedWriter 类的对象后，调用其 newLine()方法来写入一个回车符。因为不同的操作系统平台，其回车符的表达方式不同，所以，可以使用 newLine()方法来直接产生系统声明的回车符，而不必在意其具体的表达方式。例如，下面的程序创建一个文件 student.txt 并写入字符串和回车符。

示例代码如下：

```
import java.io.*;
```

```
public class BufferedWriterDemo{
    public static void main(String[]args)throws IOException{
        BufferedWriter bw = new BufferedWriter(newFileWriter("student.txt"));
        bw.write("This is my student.txt");  //向文件中写入字符串
        bw.newLine();                          //换行
        bw.write("这是我的文件。");            //向文件中写入内容
        bw.close();                            //关闭流
    }
}
```

15.3.4　PrintStream 类和 PrintWriter 类

要想输入和输出各种数值类型，通常使用打印输入流 PrintStream 和 PrintWriter。其中，PrintStream 操纵的是字节，而 PrintWriter 操纵的是字符。

1．PrintStream 类

PrintStream 为其他输出流添加了功能，使它们能够方便地打印各种形式的数据值。与其他输出流不同，PrintStream 永远不会抛出 IOException；另外，为了自动刷新，可以创建一个 PrintStream；这意味着可在写入 byte 数组之后自动调用 flush()方法，可调用其中一个 println()方法，或写入一个换行符或字节（'\n'）。PrintStream 是向标准输出设备的输出流，可直接输出各种类型的数据。其构造函数如下：

```
Public PrintStream(OutputStreamout)        //创建一无 flush 的标准输出流。
Public PrintStream(OutputStreamout,booleanautoFlush)  //创建标准输出流
```

2．PrintWriter 类

标准输出设备的输出流，可直接用来输出各种类型的数据。BufferedReader 类的 readLine()方法能一次从流中读入一行，但对于 BufferedWriter 类，就没有一次写入一行的方法，所以，若要向流中一次写入一行，可用 PrintWriter 类将原来的流改造成新的打印流，PrintWriter 类有一个 println()方法，能一次输出一行。例如：

```
    PrintWriter out = new PrintWriter(newBufferedWriter(newFileWriter("D:\javacode\
test.txt")));
    out.println("HelloWorld!");
    out.close();
```

向文本输出流中打印对象的表示形式。此类实现在 PrintStream 中的所有 print 方法。此类中的方法不会抛出 I/O 异常。

15.4　实现用户输入

Java 中大多是通过定义输入/输出流对象来实现数据的输入和输出的，但是有时也需要通过键盘获得用户的输入。Java 提供了 java.util.Scanner 类，可以直接接收控制台命令行的输入。

15.4.1　使用 System.in 获取用户输入

Java 提供了 Syetem.in、System.out 及 System.err 类。System.out 是一个已经预先处理过的、被包装成 PrintStream 的对象。和 System.out 一样，System.err 也是一个 PrintStream，但是 System.in 就不是了，它是一个未经处理的 InputStream。下例使用 System.in 获取用户从键盘上的输入。代码如下：

```
Import java.io.*;
```

```
Public class ReadKeyboardDemo{
    Public static void main(Stringargs[])throwsIOException{
        inta;
        System.out.print("请输入一个字符：");
        a=(char)System.in.read();        //获取键盘输入并存入变量 a 中
        System.out.println("你输入的字符是："+a);
    }
}
```

说明 read()方法被定义为抽象方法，主要是为了让继承 InputStream 类的子类可以针对不同的外部设备定义不同的 read()方法。另外，Java 规定 read()必须配合异常处理机制来使用。

15.4.2 使用 Scanner 类获取用户输入

java.util.Scanner 类是 JDK 新增的一个类，可使用该类创建一个从命令行读取数据的对象，而不必再进行流的转换。Scanner 类的使用方法如下：

```
Scanner reader = new  Scanner(System.in);
```

然后 reader 对象调用下列方法，读取用户在命令行输入的各种数据类型：next.Byte()、nextDouble()、nextFloat()、nextInt()、nextLine()、nextLong()、nextShort()。这些方法执行时都要等待用户在命令行输入数据按回车键确认。写一个程序，使用 Scanner 类获取用户输入，并计算输入值的和。代码如下：

```
import java.util.*;
public class ReadKeyboardDemo2{
    public static void main(Stringargs[]){
        System.out.println("请输入若干个数，每输入一个数按回车键确认");
        System.out.println("最后输入一个非数字结束输入操作");
        //创建读取命令行内容的 Scanner 对象
        Scanner reader = new  Scanner(System.in);
        Double sum=0;
        Int m=0;
        while(reader.hasNextDouble()){              //如果持续读入数据
            double x = reader.nextDouble();         //将读入的字符串转换为小数
            m=m+1;
            sum=sum+x;
        }
        System.out.println(m+"个数的和为:"+sum);
        System.out.println(m+"个数的平均值是:"+sum/m);
    }
}
```

在这个程序中，创建了一个 Scanner 类的对象 reader，用来读取命令行输入的内容。通过 reader 对象的 hasNextDouble()方法，判断是否还有后续的 double 类型的输入内容。如果有，通过其 nextDouble()方法，将读入的字符串转换为小数，并累加到变量 sum 上。程序最后输出 sum 的值和平均值。

15.5 典型实例

【实例 15-1】本实例介绍如何在文件系统中创建文件和目录，以及在指定的目录下创建文件时目录不存在则新建目录，还可以生成临时文件。具体代码如下：

```
package com.java.ch151;

import java.io.File;
import java.io.IOException; //引入类

public class TextCreateFileAndDir { // 创建新文件和目录
    public static boolean createFile(String filePath) { // 创建单个文件
        File file = new File(filePath);
        if (file.exists()) { // 判断文件是否存在
            System.out.println("目标文件已存在" + filePath);
            return false;
        }
        if (filePath.endsWith(File.separator)) { // 判断文件是否为目录
            System.out.println("目标文件不能为目录！");
            return false;
        }
        // 判断目标文件所在的目录是否存在
        if (!file.getParentFile().exists()) {
            // 如果目标文件所在的文件夹不存在，则创建父文件夹
            System.out.println("目标文件所在目录不存在，准备创建它！");
            if (!file.getParentFile().mkdirs()) { // 判断创建目录是否成功
                System.out.println("创建目标文件所在的目录失败！");
                return false;
            }
        }
        try {
            if (file.createNewFile()) { // 创建目标文件
                System.out.println("创建文件成功:" + filePath);
                return true;
            } else {
                System.out.println("创建文件失败！");
                return false;
            }
        } catch (IOException e) { // 捕获异常
            e.printStackTrace();
            System.out.println("创建文件失败！" + e.getMessage());
            return false;
        }
    }

    public static boolean createDir(String destDirName) {// 创建目录
        File dir = new File(destDirName);
        if (dir.exists()) { // 判断目录是否存在
            System.out.println("创建目录失败，目标目录已存在！");
            return false;
        }
        if (!destDirName.endsWith(File.separator)) { // 结尾是否以"/"结束
            destDirName = destDirName + File.separator;
        }
        if (dir.mkdirs()) { // 创建目标目录
            System.out.println("创建目录成功！" + destDirName);
            return true;
        } else {
            System.out.println("创建目录失败！");
            return false;
        }
    }

    public static String createTempFile(String prefix, String suffix,
            String dirName) { // 创建临时文件
        File tempFile = null;
        if (dirName == null) { // 目录如果为空
            try {
                // 在默认文件夹下创建临时文件
                tempFile = File.createTempFile(prefix, suffix);
```

```
                return tempFile.getCanonicalPath(); // 返回临时文件的路径
            } catch (IOException e) { // 捕获异常
                e.printStackTrace();
                System.out.println("创建临时文件失败: " + e.getMessage());
                return null;
            }
        } else { // 指定目录存在
            File dir = new File(dirName); // 创建目录
            if (!dir.exists()) { // 如果目录不存在则创建目录
                if (TextCreateFileAndDir.createDir(dirName)) {
            System.out.println("创建临时文件失败，不能创建临时文件所在的目录！");
                    return null;
                }
            }
            try {
                // 在目录下创建临时文件
                tempFile = File.createTempFile(prefix, suffix, dir);
                return tempFile.getCanonicalPath(); // 返回临时文件的路径
            } catch (IOException e) { // 捕获异常
                e.printStackTrace();
                System.out.println("创建临时文件失败！" + e.getMessage());
                return null;
            }
        }
    }

    public static void main(String[] args) {            // java 程序的主入口处
        String dirName = "E:/createFile/";                  // 创建目录
        TextCreateFileAndDir.createDir(dirName); // 调用方法创建目录
        String fileName = dirName + "/file1.txt";           // 创建文件
        TextCreateFileAndDir.createFile(fileName);          // 调用方法创建文件
        String prefix = "temp";                         // 创建临时文件
        String surfix = ".txt";                         // 后缀
        for (int i = 0; i < 10; i++) {                      // 循环创建多个文件
            System.out.println("创建临时文件: "             // 调用方法创建临时文件
            + TextCreateFileAndDir.createTempFile(prefix, surfix,dirName));
        }
    }
}
```

以上程序，createFile 方法创建一个新的文件。首先通过 File 的 exists 方法和 isDirectory 方法判断目标文件是否存在，对于文件存在，则返回 false，新建文件失败。如果目标文件不存在，通过 File 的 getParentFile 方法获得目标文件的父目录，如果父目录不存在，调用 File 的 mkdirs 方法创建父目录（如果父目录的父目录也不存在，都会一起创建），此时能确定目标文件不存在，而且父目录已经存在，使用 File 的 createNewFile 方法便能成功地创建一个新的空文件了。

createDir 方法创建一个新目录。当目标文件夹不存在时，直接调用 File 的 mkdirs 创建目录即可。

createTempFile 方法创建新的临时文件。用户可以指定临时文件的文件名前缀和后缀，以及临时文件所在的目录。当指定的文件名后缀为 null 时，将使用默认的文件名后缀”.tmp”；当指定的目录为 null 时，临时文件存放在系统的默认临时文件夹下。首先通过 createDir 方法创建临时文件所在的目录，然后使用 File 的 createTempFile 方法创建临时文件。

运行结果如下所示。

```
创建目录成功！E:/createFile/\
创建文件成功:E:/createFile//file1.txt
创建临时文件: E:\createFile\temp18113.txt
创建临时文件: E:\createFile\temp18114.txt
创建临时文件: E:\createFile\temp18115.txt
```

```
创建临时文件: E:\createFile\temp18116.txt
创建临时文件: E:\createFile\temp18117.txt
创建临时文件: E:\createFile\temp18118.txt
创建临时文件: E:\createFile\temp18119.txt
创建临时文件: E:\createFile\temp18120.txt
创建临时文件: E:\createFile\temp18121.txt
创建临时文件: E:\createFile\temp18122.txt
```

【实例 15-2】本实例介绍文件和目录的复制与移动。包括单个文件的移动复制、复制目录到指定目录连同目录下的子目录一起复制、将目录以及目录下的文件和子目录全部复制。具体代码如下：

```
package com.java.ch152;

import java.io.File; //引入类
import java.io.FileInputStream;
import java.io.FileNotFoundException;
import java.io.FileOutputStream;
import java.io.IOException;
import java.io.InputStream;

//实现文件的简单处理,复制和移动文件、目录等
public class TextCopyFileAndMove {
    // 移动指定文件夹内的全部文件
    public static void fileMove(String from, String to) throws Exception {
        try {
            File dir = new File(from);
            File[] files = dir.listFiles();  // 将文件或文件夹放入文件集
            if (files == null)                       // 判断文件集是否为空
                return;
            File moveDir = new File(to);             // 创建目标目录
            if (!moveDir.exists()) {                 // 判断目标目录是否存在
                moveDir.mkdirs();                    // 不存在则创建
            }
            for (int i = 0; i < files.length; i++) {// 遍历文件集
                // 如果是文件夹或目录,则递归调用 fileMove 方法，直到获得目录下的文件
                if (files[i].isDirectory()) {
                    // 递归移动文件
                    fileMove(files[i].getPath(),to+"\\"+files[i].getName());
                    files[i].delete();               // 删除文件所在原目录
                }
                // 将文件目录放入移动后的目录
                File moveFile = new File(moveDir.getPath() + "\\"
                        + files[i].getName());
                if (moveFile.exists()) {             // 目标文件夹下存在的话，删除
                    moveFile.delete();
                }
                files[i].renameTo(moveFile); // 移动文件
                System.out.println(files[i] + " 移动成功");
            }
        } catch (Exception e) {
            throw e;
        }
    }
    // 复制目录下的文件（不包括该目录）到指定目录，会连同子目录一起复制过去。
    public static void copyFileFromDir(String toPath, String fromPath) {
        File file = new File(fromPath);
        createFile(toPath, false);            // true:创建文件 false 创建目录
        if (file.isDirectory()) {                  // 如果是目录
            copyFileToDir(toPath, listFile(file));
        }
    }
```

```
// 复制目录到指定目录,将目录以及目录下的文件和子目录全部复制到目标目录
public static void copyDir(String toPath, String fromPath) {
    File targetFile = new File(toPath);   // 创建文件
    createFile(targetFile, false);          // 创建目录
    File file = new File(fromPath);       // 创建文件
    if (targetFile.isDirectory() && file.isDirectory()) { // 如果传入是目录
        copyFileToDir(targetFile.getAbsolutePath() + "/" + file.getName(),
                listFile(file));              // 复制文件到指定目录
    }
}
// 复制一组文件到指定目录。targetDir 是目标目录，filePath 是需要复制的文件路径
public static void copyFileToDir(String toDir, String[] filePath) {
    if (toDir == null || "".equals(toDir)) { // 目录路径为空
        System.out.println("参数错误，目标路径不能为空");
        return;
    }
    File targetFile = new File(toDir);
    if (!targetFile.exists()) {              // 如果指定目录不存在
        targetFile.mkdir();                  // 新建目录
    } else {
        if (!targetFile.isDirectory()) { // 如果不是目录
            System.out.println("参数错误，目标路径指向的不是一个目录！");
            return;
        }
    }
    for (int i = 0; i < filePath.length; i++) { // 遍历需要复制的文件路径
        File file = new File(filePath[i]);   // 创建文件
        if (file.isDirectory()) {            // 判断是否是目录
            // 递归调用方法获得目录下的文件
            copyFileToDir(toDir + "/" + file.getName(), listFile(file));
            System.out.println("复制文件 " + file);
        } else {
            copyFileToDir(toDir, file, ""); // 文件到指定目录
        }
    }
}
// 复制文件到指定目录
public static void copyFileToDir(String toDir, File file, String newName) {
    String newFile = "";
    if (newName != null && !"".equals(newName)) {
        newFile = toDir + "/" + newName;
    } else {
        newFile = toDir + "/" + file.getName();
    }
    File tFile = new File(newFile);
    copyFile(tFile, file);                          // 调用方法复制文件
}
public static void copyFile(File toFile, File fromFile) { // 复制文件
    if (toFile.exists()) {                          // 判断目标目录中文件是否存在
        System.out.println("文件" + toFile.getAbsolutePath() + "已经存在，
跳过该文件！");
        return;
    } else {
        createFile(toFile, true);                   // 创建文件
    }
    System.out.println("复制文件" + fromFile.getAbsolutePath() + "到"
            + toFile.getAbsolutePath());
    try {                                           // 创建文件输入流
        InputStream is = new FileInputStream(fromFile);
        FileOutputStream fos = new FileOutputStream(toFile);// 文件输出流
        byte[] buffer = new byte[1024];  // 字节数组
        while (is.read(buffer) != -1) {  // 将文件内容写到文件中
            fos.write(buffer);
        }
        is.close();                         // 输入流关闭
```

```
            fos.close();                                // 输出流关闭
        } catch (FileNotFoundException e) {   // 捕获文件不存在异常
            e.printStackTrace();
        } catch (IOException e) {                       // 捕获异常
            e.printStackTrace();
        }
    }
    public static String[] listFile(File dir) { // 获取文件绝对路径
        String absolutPath = dir.getAbsolutePath(); // 获取传入文件的路径
        String[] paths = dir.list();                   // 文件名数组
        String[] files = new String[paths.length]; // 声明字符串数组,长为传入文件
的个数
        for (int i = 0; i < paths.length; i++) { // 遍历显示文件绝对路径
            files[i] = absolutPath + "/" + paths[i];
        }
        return files;
    }
    public static void createFile(String path, boolean isFile) {// 创建文件或
目录
        createFile(new File(path), isFile);  // 调用方法创建新文件或目录
    }
    public static void createFile(File file, boolean isFile) { // 创建文件
        if (!file.exists()) {                          // 如果文件不存在
            if (!file.getParentFile().exists()) { // 如果文件父目录不存在
                createFile(file.getParentFile(), false);
            } else {                                   // 存在文件父目录
                if (isFile) {                          // 创建文件
                    try {
                        file.createNewFile();     // 创建新文件
                    } catch (IOException e) {
                        e.printStackTrace();
                    }
                } else {
                    file.mkdir();                      // 创建目录
                }
            }
        }
    }
    public static void main(String[] args) { // java 程序主入口处
        String fromPath = "E:/createFile";        // 目录路径
        String toPath = "F:/createFile";     // 源路径
        System.out.println("1.移动文件：从路径 " + fromPath + " 移动到路径 " +
toPath);
        try {
            fileMove(fromPath, toPath);      // 调用方法实现文件的移动
        } catch (Exception e) {
            System.out.println("移动文件出现问题" + e.getMessage());
        }
        System.out.println("2.复制目录 " + toPath + " 下的文件（不包括该目录）到指
定目录" + fromPath
                + " ，会连同子目录一起复制过去。");
        copyFileFromDir(fromPath, toPath);      // 调用方法实现目录复制
        System.out.println("3.复制目录 " + fromPath + "到指定目录 " + toPath
                + " ,将目录以及目录下的文件和子目录全部复制到目标目录");
        // 调用方法实现目录以用目录下的文件和子目录全部复制
        copyDir(toPath, fromPath);
    }
}
```

以上程序中，TextCopyFileAndMove 类的 fileMove()方法移动指定文件夹内的全部文件。根据传入的路径创建文件目录，根据 listFiles()方法获得目录中的文件与子文件夹。创建目标目录并判断目标是否存在。利用循环将目录中的文件移动到指定的目录，如果循环得到的是文件夹运用递归获得该文件夹中的文件，再删除文件所在的原目录，将获得的文件放入指定的目录。如果目标文件夹存在则删除该文件夹。将获得的文件根据 renameTo()方法移动到指定的文件夹。

copyFileFromDir()方法复制目录下的文件到指定的目录,会连同子目录一起复制过去,其中不包括该目录。根据指定目录创建文件对象，调用 createFile()方法创建文件对象，由于传递的第二个参数为 false 则是创建目录，如果参数为 true，则是创建文件。根据目标路径创建文件对象。如果创建的都是目录时，则调用 copyFileToDir()方法将指定目录中的文件复制到目标目录中。

copyFileToDir()方法复制一组文件到指定目录。判断指定目录是否为空，如果为空则返回。根据目标路径创建文件对象，如果该文件对象不存在，则新建该目录对象，否则判断文件对象是否是目录，如果不是目录则返回。运用循环遍历需要复制的文件路径，根据路径创建相应的文件对象，如果该文件对象是目录，则调用 copyFileDir()方法通过 listFile()方法获得目录中的文件并将文件复制到指定目录中，如果是文件则直接将文件复制到目录中。

copyFile()方法是复制文件到指定的目录中。File 类的 exists()方法判断指定文件是否存在，如果存在则返回，否则调用 createFile()方法创建文件。根据传入的目标文件创建输入流，再根据流对象创建文件输出流，创建字节数组用来存储流读取的数据。根据读取的数据不为空进行循环，利用文件输出流的 write()方法将目标文件的内容写入到指定文件中，读取完毕后释放相关的流资源。

listFile()方法获得指定目录下的文件，并将文件的绝对路径放入字符串数组中返回。文件对象 list()方法是获得目录中的文件，运用循环将目录中的文件的绝对路径放字符串数组中返回。

createFile()方法判断文件是否存在，如果不存在则判断该文件的上级目录是否存在，如果不存在则调用 createFile()方法创建该目录，否则判断上级目录是否是文件，如果是文件则创建新文件否则创建目录。

运行结果如下所示。

```
1.移动文件：从路径 E:/createFile 移动到路径 F:/createFile
E:\createFile\file1.txt 移动成功
E:\createFile\temp1\file1.txt 移动成功
E:\createFile\temp1 移动成功
E:\createFile\temp26661.txt 移动成功
E:\createFile\temp26662.txt 移动成功
……
2.复制目录 F:/createFile 下的文件（不包括该目录）到指定目录 E:/createFile ，会连同子目录一起复制过去。
复制文件 F:\createFile\createFile\file1.txt 到 E:\createFile\createFile\file1.txt
复制文件 F:\createFile\createFile\temp1\file1.txt 到 E:\createFile\createFile\temp1\file1.txt
复制文件 F:\createFile\createFile\temp1
复制文件 F:\createFile\createFile\temp26661.txt 到 E:\createFile\createFile\temp26661.txt
……
3.复制目录 E:/createFile 到指定目录 F:/createFile ,将目录以及目录下的文件和子目录全部复制到目标目录
复制文件 E:\createFile\createFile\file1.txt 到 F:\createFile\createFile\createFile\file1.txt
复制文件 E:\createFile\createFile\temp1
复制文件 E:\createFile\createFile
文件 F:\createFile\createFile\file1.txt 已经存在，跳过该文件！
文件 F:\createFile\createFile\temp1\file1.txt 已经存在，跳过该文件！
文件 F:\createFile\createFile\temp26661.txt 已经存在，跳过该文件！
……
```

第 16 章　线程

在 Java 程序设计语言中，并发程序主要集中于线程。随着越来越多的计算机系统拥有多个处理器或带有多个执行内核，线程的系统能力也得到了极大的增强。多线程编程是提高应用程序性能的重要手段。

 16.1 线程概念

线程有时被称为轻量级进程（Light Weight Process，LWP），是程序执行流的最小单元。一个标准的线程由线程 ID、当前指令指针（PC）、寄存器集合和堆栈组成。另外，线程是进程中的一个实体，是被系统独立调度和分派的基本单位，线程自己不拥有系统资源，只拥有一点在运行中必不可少的资源，但它可与同属一个进程的其他线程共享进程所拥有的全部资源。一个线程可以创建和撤销另一个线程，同一进程中的多个线程之间可以并发执行。由于线程之间的相互制约，致使线程在运行中呈现出间断性。线程也有就绪、阻塞和运行 3 种基本状态。每一个程序都至少有一个线程，那就是程序本身。

线程是程序中一个单一的顺序控制流程。在单个程序中同时运行多个线程完成不同的工作，称为多线程。引入线程的好处如下：

- 创建一个新线程花费的时间少。
- 两个线程（在同一进程中的）的切换时间少。
- 由于同一个进程内的线程共享内存和文件，所以线程之间互相通信不必调用内核。

线程能独立执行，能充分利用和发挥处理机与外围设备并行工作的能力。

16.1.1 线程的属性

通常是在一个进程中包括多个线程，每个线程都是作为利用 CPU 的基本单位，是花费最小开销的实体。线程具有以下属性。

1. 轻型实体

线程中的实体基本上不拥有系统资源，只是有一点必不可少的、能保证独立运行的资源，例如，在每个线程中都应具有一个用于控制线程运行的线程控制块（TCB），用于指示被执行指令序列的程序计数器、保留局部变量、少数状态参数和返回地址等的一组寄存器和堆栈。

2. 独立调度和分派的基本单位

在多线程 OS 中，线程是能独立运行的基本单位，因而也是独立调度和分派的基本单位。由于线程很“轻”，故线程的切换非常迅速且开销小。

3. 可并发执行

在一个进程中的多个线程之间，可以并发执行，甚至允许在一个进程中所有线程都能并发执行；同样，不同进程中的线程也能并发执行。

4．共享进程资源

在同一进程中的各个线程，都可以共享该进程所拥有的资源，首先表现在：所有线程都具有相同的地址空间（进程的地址空间），这意味着线程可以访问该地址空间的每一个虚地址；此外，还可以访问进程所拥有的已打开文件、定时器、信号量机构等。

16.1.2 线程的组成

线程由以下几部分组成。

- 一组代表处理器状态的 CPU 寄存器中的内容。
- 两个栈，一个用于当线程在内核模式下执行时，另一个用于线程在用户模式下执行时。
- 一个被称为线程局部存储器（Thread-Local Storage，TLS）的私有存储区域，各个子系统、运行库和 DLL 都会用到该存储区域。
- 一个被称为线程 ID（Thread ID，线程标识符）的唯一标识符（在内部也被称为客户 ID——进程 ID 和线程 ID 是在同一个名字空间中生产的，所以它们永远不会重叠）。
- 有时线程也有自己的安全环境，如果多线程服务器应用程序要模仿其客户的安全环境，则往往可以利用线程的安全环境。

16.1.3 线程的工作原理

线程有如下两个基本类型。

- 用户级线程：管理过程全部由用户程序完成，操作系统内核只对进程进行管理。
- 系统级线程（核心级线程）：由操作系统内核进行管理。操作系统内核给应用程序提供相应的系统调用和应用程序接口（API），以使用户程序可以创建、执行、撤销线程。

线程是进程中的实体，一个进程可以拥有多个线程，一个线程必须有一个父进程。线程不拥有系统资源，只有运行必需的一些数据结构；它与父进程的其他线程共享该进程所拥有的全部资源。线程可以创建和撤销线程，从而实现程序的并发执行。一般，线程具有就绪、阻塞和运行 3 种基本状态。

在多中央处理器的系统中，不同线程可以同时在不同的中央处理器上运行，甚至当它们属于同一个进程时也是如此。大多数支持多处理器的操作系统都提供编程接口来让进程可以控制自己的线程与各处理器之间的关联度（Affinity）。

有时，线程也称为轻量级进程。就像进程一样，线程在程序中是独立的、并发的执行路径，每个线程有它自己的堆栈、自己的程序计数器和自己的局部变量。但是，与分隔的进程相比，进程中的线程之间的隔离程度要小。它们共享内存、文件句柄和其他每个进程应有的状态。

进程可以支持多个线程，它们看似同时执行，但互相之间并不同步。一个进程中的多个线程共享相同的内存地址空间，这就意味着它们可以访问相同的变量和对象，而且它们从同一堆中分配对象。尽管这让线程之间共享信息变得更容易，但必须小心，确保它们不会妨碍同一进程中的其他线程。

Java 线程工具和 API 看似简单。但是，编写有效使用线程的复杂程序并不十分容易。因为有多个线程共存在相同的内存空间中并共享相同的变量，所以必须小心，确保线程不会互相干扰。线程有以下 5 种基本操作。

- 派生：线程在进程内派生出来，它既可由进程派生，也可由线程派生。
- 阻塞（Block）：如果一个线程在执行过程中需要等待某个事件发生，则被阻塞。

- 激活（Unblock）：如果阻塞线程的事件发生，则该线程被激活并进入就绪队列。
- 调度（Schedule）：选择一个就绪线程进入执行状态。
- 结束（Finish）：如果一个线程执行结束，它的寄存器上下文及堆栈内容等将被释放。

16.1.4 线程的状态

线程在它的生命周期内的任何时刻所能处的状态有以下几种：新线程态、可运行态、非运行态和死亡态。下面对这些状态进行一一介绍。

1. 新线程态（New Thread）

产生一个 Thread 对象就生成一个新线程。当线程处于“新线程”状态时，仅仅是一个空线程对象，它还没有分配到系统资源。因此只能启动或终止它。任何其他操作都会引发异常。

2. 可运行态（Runnable）

start()方法产生运行线程所必需的资源，调度线程执行，并且调用线程的 run()方法。这时线程处于可运行态。之所以该状态不称为运行态，是因为这时的线程并不总是一直占用处理机。特别是对于只有一个处理机的 PC 而言，任何时刻只能有一个处于可运行态的线程占用处理机。Java 通过调度来实现多线程对处理机的共享。

3. 非运行态（Not Runnable）

当 suspend()方法被调用、sleep()方法被调用、线程使用 wait()来等待条件变量和线程处于 I/O 等待事件发生时，线程进入非运行态。

4. 死亡态（Dead）

当 run()方法返回或别的线程调用 stop()方法时，线程进入死亡态。通常，Applet 使用它的 stop()方法来终止它产生的所有线程。

16.1.5 线程的优先级

虽然我们说线程是并发运行的，但事实并非如此。正如前面讲到的，当系统中只有一个 CPU 时，以某种顺序在单 CPU 情况下执行多线程被称为调度（Scheduling）。Java 采用的是一种简单、固定的调度法，即固定优先级调度。这种算法是根据处于可运行态线程的相对优先级来进行调度的。当线程产生时，它继承原线程的优先级。在需要时可对优先级进行修改。在任何时刻，如果有多条线程等待运行，系统将选择优先级最高的可运行线程运行。只有当它停止、自动放弃或由于某种原因成为非运行态时，低优先级的线程才能运行。如果两个线程具有相同的优先级，它们将被交替运行。

Java 实时系统的线程调度算法还是强制性的，在任何时刻，如果一个比其他线程优先级都高的线程的状态变为可运行态，实时系统将选择该线程来运行。

16.1.6 进程的概念

进程是一个具有一定独立功能的程序关于某个数据集合的一次运行活动。它是操作系统动态执行的基本单元，在传统的操作系统中，进程既是基本的分配单元，也是基本的执行单元。进程的概念主要有以下两点。

- 进程是一个实体。每个进程都有它自己的地址空间，一般情况下，包括文本区域（Text Region）、数据区域（Data Region）和堆栈（Stack Region）。文本区域存储处理器执行的代码；数据区域存储变量和进程执行期间使用的动态分配的内存；堆栈区域存储着活动过程调用的指令和本地变量。

- 进程是一个“执行中的程序”。程序是一个没有生命的实体，只有当处理器赋予程序生命时，它才能成为一个活动的实体，我们称其为进程。

进程是操作系统中最基本、重要的概念。在多道程序系统出现后，为了刻画系统内部出现的动态情况，描述系统内部各道程序的活动规律引进的一个概念，所有多道程序设计操作系统都建立在进程的基础上。

16.1.7　线程和进程的区别

最初在 UNIX 等多用户、多任务操作系统环境下，为了提高操作系统的并行性和资源利用率，提出了进程的概念。进程首先是一个动态过程，是程序首次执行。进程是表示应用程序在内存环境中执行的基本单元。通常有以下特点：

- 进程是操作系统环境中的基本成分、是系统资源分配的基本单位。
- 进程在执行过程中有内存单元的初始入口点，并且进程存活过程中始终拥有独立的内存地址空间。
- 进程的生存期状态包括创建、就绪、运行、阻塞和死亡等类型。

从用户角度来看，进程是应用程序的一个执行过程。从操作系统核心角度来看，进程代表的是操作系统分配的内存、CPU 时间片等资源的基本单位，是为正在运行的程序提供的运行环境。

随着对计算机能力需求的不断增长，频繁的进程状态切换会消耗大量的系统资源，为解决此问题，提出了线程的概念。线程仍然是处理器调度的基本单位，但不是计算资源分配的单位。线程的状态切换的负担要小得多。

线程与进程的区别可以归纳为以下几点。

- 地址空间和其他资源（如打开文件）：进程间相互独立，同一进程的各线程间共享。某进程内的线程在其他进程不可见。
- 通信：进程间通信 IPC，线程间可以直接读/写进程数据段（如全局变量）来进行通信——需要进程同步和互斥手段的辅助，以保证数据的一致性。
- 调度和切换：线程上下文切换比进程上下文切换要快得多。
- 在多线程 OS 中，进程不是一个可执行的实体。

16.2　线程对象

每个线程都与 Thread 类的一个实例相关联。使用 Thread 对象来创建一个并发应用程序有以下两种基本类型：

- 直接控制线程的创建和管理，每当应用程序需要开始一个异步任务时，简单地实例化 Thread 类。
- 从应用程序的其他部分抽象出线程管理，传递应用程序的任务给一个执行器（Executor）。

16.2.1　线程对象和线程的区别

线程对象是指可以产生线程的对象，如在 Java 中的 Thread 对象、Runnable 对象。线程是指正在执行的一个指令序列。在 Java 中是指从一个线程对象的 start()方法执行开始，运行 run()方法体中的那一段相对独立的过程。

16.2.2 定义并启动一个线程

创建一个 Thread 类的实例的应用程序，必须提供将要在那个线程中运行的代码。提供一个 Runnable 对象或使用 Thread 的子类都可以。

1. 提供一个 Runnable 对象

Runnable 接口定义了一个单一的方法 run()，在 run()方法中包含要在线程中执行的代码。Runnable 对象被传递给 Thread 的构造器中，使用 Runnable 接口创建线程。代码如下：

```
public class RunnableDemo implements Runnable {
    public void run() {          //实现 Runnable 接口，则必须实现该接口中的 run 方法
        System.out.println("这是一个线程!");
    }
    public static void main(String[] args) {
        (new Thread(new RunnableDemo())).start();
    }
}
```

2. Thread 的子类

Thread 类已经实现了 Runable 接口，不过其 run()方法什么也不做。应用程序可以通过子类化 Thread，实现其自身的 run()方法，使用 Thread 的子类创建线程。代码如下：

```
public class ThreadDemo extends Thread {
    public void run() {          //重写从 Thread 继承过来的 run 方法
        System.out.println("这是一个线程!");
    }
    public static void main(String[] args) {
        (new Thread(new ThreadDemo())).start();
    }
}
```

这两个示例程序都通过调用 Thread.start()方法来启动新的线程。对于第一种用法，使用了一个 Runnable 对象，是比较常用的一种，因为 Runnable 对象可以子类化一个非 Thread 类。第二种方法在简单的应用程序中更容易使用，但是它限制了完成异步任务的类只能从 Thread 类继承。推荐使用第一种方法，它可以将 Runnable 的任务与执行此任务的线程对象（Thread 对象）分开。不仅是这种方式更加灵活，而且这也是稍后要讲到的高级线程管理 API 所用的方式。

Thread 类定义了许多用于线程管理的方法。这些方法包括静态方法，用来提供调用此方法的线程的信息，或影响调用此方法的线程的状态。还有其他的方法，可以从其他的线程调用，用于管理线程和 Thread 对象。

16.2.3 使用 Sleep 暂停线程执行

Thread.sleep()方法可以引起当前线程挂起执行一个指定的时期。这意味着处理时间可用于程序其他线程，或者运行在计算机系统内的其他应用程序。sleep()方法还被用于控制步调、等待另外的线程完成有时间要求的任务。

有两个重载的 sleep()方法。一个指定休眠的时间毫秒，另一个指定休眠的时间为微秒（一百万分之一秒）。不过，这些休眠时间并不保证精确，这由后台的操作系统所提供的工具所限制。另外，休眠期也可以被中断信号所终结。使用 Thread.sleep 方法，每隔 3 秒打印输出一个消息。代码如下：

```
public class Test1{
    public static void main(String[] args) throws InterruptedException {
        String messages[] = {
            "消息 1",
            "消息 2",
            "消息 3",
            "消息 4"
        };
        for (int i = 0; i < messages.length; i++) {
            Thread.sleep(3000);                   //执行到此暂停 3 秒
            System.out.println(messages[i]);      //输出一个消息
        }
    }
}
```

main()方法声明其抛出 InterruptedException 异常。当另一个线程中断了当前线程的 sleep 状态时，sleep()方法会抛出此异常。因为这个应用程序并没有定义另外的线程，所以不必担心会引起中断和捕获 InterruptedException 异常。

16.2.4 中断线程

中断是指示一个线程停止当前正在做的事情，转而去做一些其他事情。由程序员来决定一个线程如何响应一个中断。不过通常用到的是结束线程。

一个线程通过调用 Thread 对象的 interrupt()方法发出一个中断信号给要中断的线程。要使中断机制正确地工作，被中断的线程必须支持自身的中断。代码如下：

```
public class Test2{
    public static void main(String[] args) throws InterruptedException {
        String messages[] = {
            "消息 1",
            "消息 2",
            "消息 3",
            "消息 4"
        };
for (int i = 0; i < messages.length; i++) {
    try{
        Thread.sleep(3000);                   //执行到此暂停 3 秒
    }catch(InterruptedException e){
        return;                               //没有更多的消息了，中断线程
    }
    System.out.println(messages[i]);          //输出一个消息
}
```

许多抛出 InterruptedException 的方法（如 sleep()），被设计用于取消它们当前的操作，并且当中断信号到达时，立即返回。

16.2.5 join 方法

线程对象的 join()方法允许一个线程等待另外一个线程的完成。例如，一个当前正在执行的线程 t，它是 Thread 对象，如果调用其 join()方法，语法格式如下：

```
t.join();
```

这时会引起当前的线程暂停执行，直到 t 的线程终结为止。重载 join()方法允许程序员来指定一个等待的周期。不过与 sleep()一样，join 指定的这个时间也依赖于操作系统，所以不应该假设 join()方法会精确地等待指定的时间。与 sleep()方法一样，join()方法响应中断时，会抛出一个 InterruptedException 并退出。

当调用 join()方法时，当前的 main 线程会阻塞执行，直到调用该方法的线程执行完毕 main

线程才会继续执行。下面是使用 join()方法以后的代码示例。

```
public class ThreadTest implements Runnable {
    public static int a = 0;                    //声明静态变量 a
    public void run() {
        for (int k = 0; k < 5; k++) {
            a = a + 1;
        }
    }
    public static void main(String[] args) throws Exception {
        Runnable r = new ThreadTest();
        Thread t = new Thread(r);               //创建另一个线程 t
        t.start();                              //启动线程 t
        t.join();                               //当前线程阻塞执行，等待线程 t 执行完毕
        System.out.println(a);
    }
}
```

在调用线程 t 的 start()方法启动线程 t 以后，先调用 t.join()方法，等待线程 t 结束，main 线程才继续执行后续的“System.out.println(a);”方法，输出 a 的值。

16.2.6　死锁

如果程序中有几个竞争资源的并发线程，那么保证均衡是很重要的。系统均衡是指每个线程在执行过程中都能充分访问有限的资源。系统中没有饿死和死锁的线程。Java 并不提供对死锁的检测机制。对大多数的 Java 程序员来说，防止死锁是一种较好的选择。最简单的防止死锁的方法是对竞争的资源引入序号，如果一个线程需要几个资源，那么它必须先得到小序号的资源，再申请大序号的资源。

16.3　线程同步

所谓同步，是当发出一个功能调用时，在没有得到结果之前，该调用就不返回，同时其他线程也不能调用这个方法。按照这个定义，其实绝大多数函数都是同步调用（如 sin、isdigit 等）。但是一般而言，我们在说同步、异步时，特指那些需要其他部件协作或需要一定时间完成的任务。

16.3.1　同步方法

Java 语言提供两个基本的同步用法：同步方法和同步语句。其中，同步语句相对比较复杂，将在下一节讨论。本节主要介绍同步方法。

把修改数据的方法用关键字 synchronized 来修饰。一个方法使用关键字 synchronized 修饰后，当一个线程 A 使用这个方法时，如果其他线程想使用这个方法就必须等待，直到线程 A 使用完该方法。

要创建同步方法，只需要简单地在方法声明前加上关键字 synchronized 即可。例如，将 Counter 类中的方法改写为同步方法，如下代码所示。

```
public class SynchronizedCounter {
    private int c = 0;
    public synchronized void increment() {      //方法的同步声明
        c++;
    }
    public synchronized void decrement() {      //方法的同步声明
        c--;
    }
```

```
    public synchronized int value() {          //方法的同步声明
        return c;
    }
}
```

当方法被声明为同步后，可以保证在同一对象上对同步方法的两次交错调用这种情况不发生。当一个线程执行对象上的同步方法时，所有其他调用同一对象同步方法的线程会阻塞（挂起执行），直到第一个线程完成对该对象同步方法的调用。

当同步方法退出时，它会自动与任何对同一对象同步方法的后续调用建立 happens-before 关系。这保证对象状态的改变对所有的线程都是可见的。

另外，不能将构造器方法声明为同步的，这没有意义，而且是一个语法错误。同步方法为防止线程冲突和内存一致性错误提供了简单而有用的策略：如果一个对象可以被多个线程使用，那么对该对象的变量的所有读/写都要通过同步方法来实现。只有一个例外：当变量被定义为 final 时，这时是不能修改 final 类型的变量的，所以可以通过非同步方法安全地访问这一类型的变量。

16.3.2 固定锁和同步

同步是构建在一个称为"固定锁"或"监视锁"的内部实体上的。固定锁在同步的各个方面都扮演着重要的角色：增强对一个对象状态的排他性访问（互斥）和建立 happens-before 关系。

每个对象都有一个相关联的固定锁。按惯例，一个需要对一个对象的字段进行排他性和持续性访问的线程，在访问之前要获得对象的固定锁，然后在访问以后释放固定锁。在获得和释放固定锁期间称一个线程拥有固定锁。只要一个线程拥有一个固定锁，其他线程就不能获得同一固定锁。如果其他线程试图获得锁，将会阻塞。

当一个线程释放一个固定锁时，就会在此动作和任何后续的获得同一锁的动作之间建立 happens-before 关系。

当一个线程调用一个同步方法时，它自动获得该方法所属对象的固定锁，并且当方法返回时，线程会释放这个锁。即使方法的返回是由一个未捕获的异常引起的，该固定锁也会被释放。

当一个静态同步方法被调用时，因为静态方法是与类相关联的，而不是与对象相关联，因此线程会获得与该类所关联的 Class 对象的固定锁。所以，控制对类的静态字段的访问的锁与用于该类的任何实例对象的锁不同。

除了同步方法之外，另外一个创建同步代码的方式是同步语句。与同步方法不同，同步语句必须指定提供固定锁的对象。例如，下面的代码：

```
public void addName(String name) {
    synchronized(this) {
        lastName = name;
        nameCount++;
    }
    nameList.add(name);
}
```

在上面这个程序代码中，addName()方法需要同步地改变 lastName 和 nameCount，但也需要避免其他对象的方法的同步调用。如果没有同步语句，为了达到与调用 nameList.add()的相同目的，将不得不设计很多分开的、非同步的方法。

同步语句还有助于提高细粒度的同步并发。例如，假设一个类 Lunch 有两个实例字段，m1 和 m2，这两个字段永远不会一起使用。所有对于这些字段的更新必须被同步，但是没有理由禁止对 m1 和 m2 的交错更新，否则将会创建不必要的阻塞，从而降低并发性。代替使用同步方法或其他使用与 this 相关联的锁，这里创建两个单一的对象来提供锁。

```
public classLunch {
    private long m1 = 0;
    private long m2 = 0;
    private Object lock1 = new Object();  //创建对象 lock1 作为一个锁
    private Object lock2 = new Object();  //创建对象 lock2 作为一个锁
    public void addm1() {                 //更新 m1 的方法
        synchronized(lock1) {             //使用同步锁 lock1，同步对 m1 的更新
            m1++;
        }
    }
    public void addm2() {                 //更新 m2 的方法
        synchronized(lock2) {             //使用同步锁 lock2，同步对 m2 的更新
            m2++;
        }
    }
}
```

一个线程不能获得属于另外一个线程的锁。但是一个线程可以获得它已经拥有的锁。允许一个线程获得同一把锁多次可以再次进入同步。如果存在同步的代码，在同步代码中，直接或间接地调用也包含有同步代码的方法，并且两批代码使用同一个锁。没有再次进入同步，同步代码将不得不采取许多额外的预防措施来避免一个线程引起它自身的阻塞。

16.4 典型实例

【实例 16-1】下面的程序实例应用了本节介绍的线程的几个概念。在主线程中创建一个新的实现了 Runnable 接口的 MessageLoop 线程，并等待它结束。如果 MessageLoop 线程的时间太长，主线程会中断它。MessageLoop 线程输出一系列消息。如果在它输出所有的消息之前被中断，MessageLoop 线程输出信息并退出。代码如下：

```
package com.java.ch161;


public class SimpleThreadsDemo{
    //显示消息，消息前是当前线程的名字
    static void printThreadMessage(String message) {
        String threadName = Thread.currentThread().getName();
        //格式化输出线程信息
        System.out.format("%s: %s%n", threadName, message);
    }
    //私有静态内部类，实现了 Runnable 接口
    private static class MessageLoop implements Runnable {
        public void run() {
            String info[] = {"消息 1", "消息 2", "消息 3", "消息 4"};
            try {
                for (int i = 0; i < info.length; i++) {
                    Thread.sleep(4000);                  //暂停 4 秒
                    printThreadMessage(info[i]);         //输出消息
                }
            } catch (InterruptedException e) {
                printThreadMessage("不能正常工作。");
            }
        }
    }
    public static void main(String args[]) throws InterruptedException {
        //在中断 MessageLoop 线程之前延迟的毫秒数（默认是一个小时）
        long delay = 1000 * 60 * 60;
        //如果有命令行参数，那么在命令行参数中给出延迟的时间
        if (args.length > 0) {
            try {
                //将命令行中的第一个参数解析为整数（秒）
```

```
                delay = Long.parseLong(args[0]) * 1000;
            } catch (NumberFormatException e) {
                System.err.println("参数必须是整数.");
                System.exit(1);
            }
        }
        printThreadMessage("启动 MessageLoop 线程...");
        long startTime = System.currentTimeMillis();        //获得当前系统时间
        Thread t = new Thread(new MessageLoop());            //创建线程 t
        t.start();                          //启动线程 t
        printThreadMessage("等待 MessageLoop 线程结束...");
        //循环直到 MessageLoop 线程退出
        while (t.isAlive()) {
            printThreadMessage("继续等待...");
            //最多等待 1 秒钟等待 MessageLoop 线程结束
            t.join(1000);                   //main 线程暂停执行 1 秒，等待线程 t 结束
            //如果线程 t 运行的时间超过了 delay 指定的时间
            if (((System.currentTimeMillis()  -  startTime)  >  delay)  &&
t.isAlive()) {
                printThreadMessage("时间太久了，不再等待!");
                t.interrupt();              //中断线程 t
                t.join();                   //main 线程暂停执行，直到线程 t 结束为止
            }
        }
        printThreadMessage("MessageLoop 线程结束!");
    }
}
```

代码说明：

（1）在 SimpleThreadsDemo 类中，首先定义了一个方法 printThreadMessage，如下所示：

```
static void printThreadMessage(String message) {
        String threadName = Thread.currentThread().getName();
        //格式化输出线程信息
        System.out.format("%s: %s%n", threadName, message);
}
```

printThreadMessage()方法用来格式化输出线程的信息。其中要输出的消息以参数的形式传入。在方法内，通过调用 Thread 类的 currentThread()方法，获得对当前正在执行的线程对象的引用，然后调用当前线程对象的 getName()方法，获得当前线程的名字。方法的最后一行，使用 System.out.format()方法，格式化输出参数信息。其中，%s 代表此处输出的是一个字符串变量，实际输出值为后续相对应的参数值；%n 代表输出以后换行。在程序的任何位置就可以调用此方法显示当前线程的信息。

（2）接着创建一个实现 Runnable 接口的类 MessageLoop，并实现 Runnable 接口中定义的方法 run()，在 run()方法中定义线程每输出一个消息字符串，就休眠 4 秒。在休眠期间，有可能会发生 InterruptedException 异常，因此要予以捕获。

（3）最后，定义主线程方法 main()。在 main()方法中，通过将 Runnable 对象传递给 Thread 的构造器中，创建一个线程对象 t，并调用 t.start()方法启动线程 t。然后使用 while 循环，在 while 循环中对线程 t 进行判断，通过调用 t.isAlive()方法判断线程 t 是否仍然处于活动状态。如果仍然处于活动状态，就调用线程对象 t 的 join 方法，并传入参数 1000，表示当前线程暂停执行 1 秒，等待线程 t 的运行结束。如果等待 1 秒以后，再次判断发现线程 t 仍然处于活动状态，并且总等待时间超过了 delay 指定的时间，那么就在主线程 main 中调用线程 t 的 interrupt()方法，中断线程 t 的执行。

需要注意的是，调用线程 t 的 interrupt()方法并不能保证线程 t 就会立即中断。所以最后调用 t 的不带参数的 join()方法，停止当前主线程的执行，直到 t 运行结束为止。

（4）总延迟时间，需要在运行此程序时，在命令行参数中传入，然后使用

Long.parseLong(args[0])方法将其解析为整数，并转换为毫秒。如果不从命令行中指定，默认为延迟一个小时，即 main()方法中第一行代码所示：

```
long delay = 1000 * 60 * 60;
```

运行和输出结果如下：

```
main: 启动 MessageLoop 线程...
main: 等待 MessageLoop 线程结束...
main: 继续等待...
main: 继续等待...
main: 继续等待...
main: 继续等待...
Thread-0: 消息 1
main: 继续等待...
main: 继续等待...
main: 继续等待...
main: 继续等待...
Thread-0: 消息 2
main: 继续等待...
main: 继续等待...
main: 继续等待...
main: 继续等待...
Thread-0: 消息 3
main: 继续等待...
main: 继续等待...
main: 继续等待...
main: 继续等待...
main: 继续等待...
Thread-0: 消息 4
main: MessageLoop 线程结束!
```

如上面的输出结果所示，每个线程都有一个标识名，多个线程可以同名。

第 17 章　网络编程

Java 语言提供了强大的网络编程功能，能够处理各种各样的网络资源和网络通信，使用户可以用流畅和完善的方式实现网络编程，完成各种复杂的网络应用开发。网络编程最主要的工作就是在发送端把信息通过规定好的协议进行组装包，在接收端按照规定好的协议把包进行解析，从而提取出对应的信息，达到通信的目的。其中最主要的就是数据包的组装、数据包的过滤、数据包的捕获、数据包的分析，当然最后还要再做一些处理。

17.1　网络编程基础

Java 的网络通信可以使用 TCP、IP 和 UDP 等协议。在进行 Java 网络编程之前，对这些协议进行简单介绍。

17.1.1　什么是 TCP 协议

TCP（Transmission Control Protocol）即传输控制协议，它是网络传输层的协议，主要负责数据的分组和重组。TCP 协议提供了一种可靠的数据传输服务，它是面向连接的。大多数的网络应用程序都使用 TCP 协议来实现传输层。使用 TCP 协议创建一个网络应用程序非常容易，它可以保证数据传送的时间、顺序和内容的正确无误。但是使用 TCP 需要大量的网络开销，所以，如果希望实现更高效的传输，使用 TCP 就不适合了。TCP 所提供服务的主要特点如下：

- 面向连接的传输。
- 端到端的通信。
- 高可靠性，确保传输数据的正确性，不出现丢失或乱序。
- 全双工方式传输。
- 采用字节流方式，即以字节为单位传输字节序列。
- 紧急数据传送功能。

17.1.2　什么是 IP 协议

IP 是 Internet Protocol（网络之间互连的协议）的缩写，中文简称为“网协”，也就是为计算机网络相互连接进行通信而设计的协议。在因特网中，它是能使连接到网上的所有计算机网络实现相互通信的一套规则，规定了计算机在因特网上进行通信时应当遵守的规则。任何厂家生产的计算机系统，只要遵守 IP 协议就可以与因特网互连互通。

IP 代表每个计算机在网络中的唯一标识，是比 TCP 低级的协议。IP 地址具有唯一性，根据用户性质的不同，可以分为 5 类。另外，IP 还有进入防护、知识产权、指针寄存器等含义。

IP 地址是一个 32 位（IPv4）或 128 位（IPv6）的无符号数字，使用 4 组数字表示一个固定的编号，组与组数字之间用一个点号隔开，如“172.168.1.52”就代表网络中一个计算机唯一的地址编号。

17.1.3　什么是 TCP/IP

TCP/IP（Transmission Control Protocol/Internet Protocol）即传输控制协议/网际协议，是一个工业标准的协议集，它是为广域网（WAN）设计的。它是由 ARPANET 网的研究机构发展起来的。

有时我们将 TCP/IP 描述为互联网协议集（Internet Protocol Suite），TCP 和 IP 是其中的两个协议（后面将会介绍）。由于 TCP 和 IP 是大家熟悉的协议，以至于用 TCP/IP 或 IP/TCP 这个词代替了整个协议集。这尽管有点奇怪，但没有必要去争论这个习惯。例如，有时我们讨论 NFS 是基于 TCP/IP 时，尽管它根本没用到 TCP（只用到 IP 和另一种交互式协议 UDP 而不是 TCP）。

17.1.4　什么是 UDP 协议

UDP（User Datagram Protocol）指的是用户数据包协议。它和 TCP 协议一样，都是网络传输层上的协议，但是它与 TCP 有着本质的区别。使用 UDP 协议传输时，不保证数据一定能到达目的地，也不保证到达的顺序性。但是 UDP 协议占用资源比较少，所以一般用在一些可靠性要求比较低的网络应用上，如网络视频会议、在线影视和聊天室等音频、视频数据传送。

17.1.5　什么是端口

端口（Port）可以理解成计算机与外界通信交流的窗户。网络上的一台计算机可以提供多个服务，如 Web 服务、FTP 服务和 Telnet 服务。那么，如何区分这些服务呢？单纯依靠 IP 地址是不行的，因为同一台计算机的 IP 地址是同一个。实际上，可以通过“IP 地址+端口号”的形式来区分不同的服务。当一个信息到达时，根据其请求的端口号不同，就可以知道应该提供哪个服务。表 17.1 列举了一些常见服务的端口。

表 17.1　常见服务的端口

服　务	端　口
HTTP	80
FTP	21
Telnet	23
SMTP	25

17.1.6　什么是套接字

套接字（Socket）是支持 TCP/IP 的网络通信的基本操作单元，可以看做是不同主机之间的进程进行双向通信的端面点，简单来说就是通信两方的一种约定，用套接字中的相关函数来完成通信过程。某个程序将一段信息写入套接字中，该套接字就会将这段信息发送给另外一个套接字，就像电话线的两端一样，这样另一端的程序就通过另一端的套接字收到了这段信息。所以，使用套接字编程有时也称为 Socket 编程。

17.1.7　java.net 包

在 Java 的 API 中，java.net 包是被用来提供网络服务的。java.net 包中含有各种专门用于开发网络应用程序的类，程序开发人员使用该包中的类可以很容易地建立基于 TCP 可靠连接的网络程序，以及基于 UDP 不可靠连接的网络程序。java.net 包大致分为以下两个部分。

- 低级 API：用于处理网络地址（也就是网络标识符，如 IP 地址）、套接字（也就是基本双向数据通信机制）和接口（用于描述网络接口）。
- 高级 API：用于处理 URI（表示统一资源标识符）、URL（表示统一资源定位符）、URLConnection 连接（表示到 URL 所指向资源的连接）等。

17.2 InetAddress 类

任何一台运行在 Internet 上的主机都有 IP 地址和当地 DNS 能够解析的域名。在 java.net 包中相应提供了 IP 地址的封装类 InetAddress。

InetAddress 类用于描述和包装一个 Internet IP 地址，并提供了相关的常用方法，例如，解析 IP 地址的主机名称、获取本机 IP 地址的封闭、测试指定 IP 地址是否可达等。InetAddress 实现了 java.io. Serializable 接口，不允许继承。它通过以下 3 个方法返回 InetAddress 实例。

- getLocalhost()：返回封装本地地址的实例。
- getAllByName(String host)：返回封装 Host 地址的 InetAddress 实例数组。
- getByName(String host)：返回一个封装 Host 地址的实例。其中，Host 可以是域名或一个合法的 IP 地址。

表 17.2 列出了 InetAddress 类的常用方法。

表 17.2 InetAddress类的常用方法

方法名称	方法说明	返回类型
getLocalHost()	返回本地主机的 InetAddress 对象	InetAddress
getByName(String host)	返回指定主机名称的 IP 地址	InetAddress
getAllByName(String host)	返回指定主机名称数组	InetAddress 数组
getHostName()	获取本地主机名称	String
getHostAddress()	获取本地主机 IP 地址	String
isReachable(int timeout)	在指定的时间（毫秒）内，测试 IP 地址是否可到达	boolean

在这些静态方法中，最为常用的应该是 getByName(String host)方法，只需要传入目标主机的名字，InetAddress 会尝试连接 DNS 服务器，并且获取 IP 地址的操作。代码片段如下，假设以下代码都是默认导入了 java.net 中的包，在程序的开头加上 import java.net.*，否则，需要指定类的全名 java.net.InetAddress。

```
InetAddress address=InetAddress.getByName("www.baidu.com");
```

注意，这些方法可能会抛出的异常。如果安全管理器不允许访问 DNS 服务器或禁止网络连接，SecurityException 会抛出，如果找不到对应主机的 IP 地址或发生其他网络 I/O 错误，这些方法会抛出 UnknowHostException。所以需要写如下代码：

```
try
{
    InetAddress address=InetAddress.getByName("www.baidu.com");
    System.out.println(address);
}
catch(UnknownHostException e)
{
    e.printStackTrace();
}
```

```
    }
```

下面通过示例使用 InetAddress 类获取相关网络信息，代码如下：

```
import java.net.*;
public class Test1{
public static void main(String[] args)throws Exception{
        InetAddress ia = null;              //定义变量 ia
            try {
                ia = InetAddress.getLocalHost();
            } catch (UnknownHostException e) {
                // TODO Auto-generated catch block
                e.printStackTrace();
            }       //获得本地主机的 InetAddress 对象
            System.out.println("本机的主机名为: " + ia.getHostName());
            System.out.println("本机的 IP 为: " + ia.getHostAddress());
        }
    }
```

运行结果如下：

```
本机的主机名为: guoxianjie
本机的 IP 为: 192.168.3.112
```

17.3 URL 网络编程

Java 类库中提供了许多高级别的网络类。其中，URL（统一资源定位符）类就是这样的高级网络类。

17.3.1 URL

URL 是统一资源定位符，表示 Internet 上某一资源的地址，又称网页地址。通过 URL，开发人员可以访问 Internet 上的各种资源，如最常见的 WWW 服务或 FTP 服务。浏览器通过解析 URL，就可以找到相对应的资源。例如，下面是 Google 的地址：

```
http:// www.google.com
```

这个 URL 由两部分组成：协议标识和资源名称。其中，“http”为使用的协议，它指的是超文本传输协议（HTTP）。其他常用的协议还包括文件传输协议（FTP）、Gopher、File 和 News。

URL 提供了多个方法，可以获取 URL 对象的协议、主机名、端口号、路径、查询字符串、文件名及资源引用。URL 的常用方法如表 17.3 所示。

表 17.3 URL的常用方法

方法名称	方法说明
getProtocol()	获得该 URL 的协议名
getAuthority()	获得该 URL 的主机名和端口号
getFile()	获得该 URL 的文件名
getHost()	获得该 URL 的主机名
getPath()	获得该 URL 的路径
getPort()	获得该 URL 的端口号
getQuery()	获得该 URL 的查询字符串
getRef()	获得该 URL 的引用锚记名

17.3.2 标识符语法

授权部分一般是服务器的名称或 IP 地址，有时后面还跟一个冒号和一个端口号。它也可以包含接触服务器必需的用户名称和密码。路径部分包含等级结构的路径定义，一般来说，不同部分之间以斜线（/）分隔。询问部分一般用来传送对服务器上的数据库进行动态询问时所需要的参数。完整的、带有授权部分的普通统一资源标识符语法如下：

```
协议://用户名@密码:子域名.域名.顶级域名:端口号/目录/文件名.文件后缀?参数=值#标志
```

统一资源标识符参考指的是单个的（如超文本传输协议文件中的）统一资源标识符。统一资源标识符参考分绝对参考和相对参考。上述都是绝对的统一资源标识符参考，相对参考只包括体制特殊的部分，它参考的对象位于包含这个参考的文件的一个相对位置上。统一资源标识符参考还可以由一个统一资源标识符加上一个#符再加上上述的统一资源标识符内的一个标志点。这个标志点不是统一资源标识符的一部分，而是让用户浏览器在获得了文件后来导航用的，因此它实际上不被传送到服务器。下面通过示例来使用 URL 的各种方法，代码如下：

```
import java.net.*;
import java.io.*;
public class Test2 {
    public static void main(String[] args) throws Exception {
        URL aURL = null;
            try {
                aURL = new URL("http://www.googel.com:80");
            } catch (MalformedURLException e) {
                //TODO Auto-generated catch block
                e.printStackTrace();
            }
            //输出 URL 对象的协议
            System.out.println("protocol = " + aURL.getProtocol());
            //输出 URL 对象的主机名和端口号
            System.out.println("authority = " + aURL.getAuthority());
            //输出 URL 的主机名
            System.out.println("host = " + aURL.getHost());
            //获得该 URL 的端口号
            System.out.println("port = " + aURL.getPort());
        }
    }
```

运行结果如下：

```
protocol = http
authority = www.googel.com:80
host = www.googel.com
port = 80
```

对比输出结果和程序代码，体会各个方法的作用。需要注意的是，在 ParseURLDemo 类的 main()方法声明中抛出异常，由系统处理，所以在代码中没有使用 try/catch 语句处理异常。

17.3.3 URLConnection 类

URLConnection 类用来表示与 URL 建立的通信连接。位于 java.net 包中，调用 URL 类的 openConnection()方法可以获得 URLConnection 对象。获得对象后，开发人员可以调用该对象的 connect()方法来连接远程资源，代码如下：

```
try {
    URL wy = new URL("http://www.163.com/");
    URLConnection wyConnection = wy.openConnection(); //获得 URLConnection 对象
    wyConnection.connect();                    //连接远程资源
```

```
    } catch (MalformedURLException e) {   //创建 URL 失败时，会产生此异常
        . . .
    } catch (IOException e) {              //openConnection() 方法失败时，产生此异常
        . . .
    }
```

和远程资源建立连接以后，就可以执行相关操作，包括查询 HTTP 请求头信息、访问资源数据，以及写入相关内容等。在 main 方法声明中抛出异常，由系统处理，所以在代码中没有使用 try/catch 语句处理异常。

虽然读取内容时与 URL 的 openStream()方法相同，但是使用 URLConnection 类的 getOutputStream()方法获得输出流，还可以向输出流中写入数据，在 URL 另一端的服务器程序可以接受输入的数据。

17.4 TCP 的网络编程

TCP（传输控制协议）是一种基于连接的协议，可以在计算机之间提供可靠的数据传输。连接通道的两端通常称为套接字（Socket），基于 TCP 的网络通信也是如此，先建立起连接，再通过套接字（Socket）发送和接收数据。

17.4.1 Socket

通过 TCP 进行通信的双方通常称为服务器端和客户端。服务器端和客户端可以是两台不同的计算机，也可以是同一台计算机。服务器端运行的是服务器端程序，和运行在客户端的客户端程序有所不同。

根据连接启动的方式及本地套接字要连接的目标，套接字之间的连接过程可以分为 3 个步骤：服务器监听、客户端请求、连接确认。

- 服务器监听：是指服务器端套接字，并不定位具体的客户端套接字，而是处于等待连接的状态，实时监控网络状态。
- 客户端请求：是指由客户端的套接字提出连接请求，要连接的目标是服务器端的套接字。为此，客户端的套接字必须首先描述它要连接的服务器的套接字，指出服务器端套接字的地址和端口号，然后就向服务器端套接字提出连接请求。
- 连接确认：是指当服务器端套接字监听到或接收到客户端套接字的连接请求，它就响应客户端套接字的请求，建立一个新的线程，把服务器端套接字的描述发给客户端。一旦客户端确认了此描述，连接就建立好了，而服务器端套接字继续处于监听状态，继续接收其他客户端套接字的连接请求。

在 java.net 包中，有一个 Socket 类，用来建立 Socket 套接字。java.net 包中还有一个 ServerSocket 类用在服务器端，其有一个 accept 方法，用来监听和接收客户端的连接请求。

java.net.Socket 类是开发网络应用程序的服务器端和客户端程序都要用到的套接字类。它提供了许多方法用来获得相关的信息，如表 17.4 所示。

表 17.4　Socket类的常用方法

方 法 名 称	方 法 说 明
getInputStream()	从套接字中获得输入流
getInetAddress()	从套接字中获得网络地址
getLocalAddress()	获得本机的网络地址
getPort()	获得套接字中的端口

续表

方法名称	方法说明
getLocalPort()	获得本机端口
getOutputStream()	从套接字中获得输出流
close()	关闭套接字

17.4.2 重要的 Socket API

java.net.Socket 继承于 java.lang.Object，有 8 个构造器，其方法并不多。下面介绍使用最频繁的 3 个方法，其他方法大家可以参阅 JDK-1.3 文档。

- Accept()方法：用于产生“阻塞”，直到接受到一个连接，并且返回一个客户端的 Socket 对象实例。“阻塞”是一个术语，它使程序运行暂时“停留”在这个地方，直到一个会话产生，然后程序继续；通常“阻塞”是由循环产生的。
- GetInputStream()方法：获得网络连接输入，同时返回一个 InputStream 对象实例。
- GetOutputStream()方法：连接的另一端将得到输入，同时返回一个 OutputStream 对象实例。注意，GetInputStream 和 GetOutputStream 方法均可能会产生一个 IOException，它必须被捕获，因为它们返回的流对象通常都会被另一个流对象使用。

17.4.3 服务器端程序设计

服务器端程序需要用到 java.net.Socket 类和 java.net.ServerSocket 类。服务器端程序的建立通常需要以下 5 个步骤。

（1）在服务器端程序中，首先创建类 java.net.ServerSocket 的实例对象，注册在服务器端进行连接的端口号及允许连接的最大客户数目。

（2）调用 ServerSocket 的成员方法 accept()，等待并监听来自客户端的连接。当有客户端与该服务器端建立连接时，accept()方法将返回 Socket 连接通道在服务器端的套接字（Socket）。通过该套接字可以与客户端进行数据通信。

（3）调用服务器端套接字 Socket 的方法 GetInputStream()和 GetOutputStream()，获得该套接字所对应的输入流（InputStream）和输出流（OutputStream）。

（4）通过获得的输入流和输出流与客户端进行数据通信，并处理从客户端获得的数据及需要向客户端发送的数据。

（5）在数据传输结束以后，关闭输入流、输出流和套接字。

在服务器端创建 ServerSocket 的实例对象，并调用其 accept()方法之后，服务器端开始一直等待客户端与其连接。ServerSocket 类的常用方法如表 17.5 所示。

表 17.5 ServerSocket类的常用方法

方法名称	方法说明
accept()	阻塞程序等待客户端连接请求。一旦接收到连接请求，则返回一个表示连接已经建立的 Socket 对象
close()	关闭当前的 Socket
getInetAddress()	获得本机网络地址
getLocalPort()	获得监听端口

下面介绍一个简单网络应用程序的服务器端程序示例。程序的功能为读取监听客户端的连接请求，并向客户端发送问候信息。当客户发送过来“end”时，结束连接。代码如下：

```
import java.io.*;
import java.net.*;
public class Test3 {
    public static void main(String[] args) throws IOException{
        import java.net.*;
public class Test3 {
    public static void main(String[] args) throws IOException{
            ServerSocket server = null;
            try {
                server = new ServerSocket(5678);
            } catch (IOException e) {
                // TODO Auto-generated catch block
                e.printStackTrace();
            }       //创建 ServerSocket 实例，参数为监听的端口号
            System.out.println("服务器已启动，正在等待连接……");
            Socket client = null;
            try {
                client = server.accept();
            } catch (IOException e) {
                // TODO Auto-generated catch block
                e.printStackTrace();
            }                       //阻塞，等待客户端连接
            System.out.println("客户端建立连接。");
            //获得 Socket 连接的字节输入流并转换为缓冲字符流
            BufferedReader in = new BufferedReader(new InputStreamReader
(client.getInputStream()));
            //获得 Socket 连接的打印输出流
            PrintWriter out = null;
            try {
                out = new PrintWriter(client.getOutputStream());
            } catch (IOException e) {
                // TODO Auto-generated catch block
                e.printStackTrace();
            }
            while(true){                            //循环读取输入流中的内容
                String str=in.readLine();           //读取输入流中的一行内容
                System.out.println(str);            //将内容输出到控制台
                out.println("已接收....");          //向输出流中输出信息
                out.flush();                        //刷新输出流
                if(str.equals("end"))   //如果客户端发过来"end"，说明结束连接
                    break;
            }
            in.close();                             //按顺序关闭输入输出流
            out.close();
            client.close();                         //关闭 Socket 连接
            server.close();                         //关闭 ServerSocket
        }
    }
```

运行结果如下：

```
服务器已启动，正在等待连接......
```

如上面的代码所示，首先要在服务器端使用 ServerSocket(int port)构造器构造一个 ServerSocket 的服务器端套接字实例。其中，参数 port 为 ServerSocket 类要监听的端口。创建 ServerSocket 可以使用 4 种构造器，如下所示：

```
ServerSocket server1 = new ServerSocket();
ServerSocket server2 = new ServerSocket(5678);
ServerSocket server1 = new ServerSocket(5678,100);
ServerSocket server1 = new ServerSocket(int port,int backlog,InetAddress
bindAddr);
```

其中，不带参数的构造器为默认构造方法，可以创建未绑定端口号的服务器套接字。带一个参数的构造器，将创建绑定到参数指定端口的服务器套接字对象，并且默认的最大连接队列

长度为 50。如果连接数量超出 50 个，将不会再接收新的连接请求。带两个参数的构造器使用参数指定的端口号和最大连接队列长度创建服务器端套接字对象。而最后一个构造方法，当服务器有多个 IP 地址时，使用 bindAddr 参数指定创建服务器套接字的 IP 地址。

17.4.4 客户端程序设计

服务器端程序需要用到 java.net.Socket 类。在服务器/客户端的网络应用程序中，每次 TCP 连接请求都会由客户端向服务器端发起。客户端程序的建立通常需要以下 4 个步骤：

（1）在客户端程序中创建类 java.net.Socket 的实例对象，与服务器端建立起连接。在创建 Socket 的实例对象时需要指定服务器端的主机名及进行连接的端口号（此端口号一定要与服务器端的 ServerSocket 构造实例对象时所监听的端口号一致）。

（2）调用客户端套接字 Socket 的方法 GetInputStream()和 GetOutputStream()，获得该套接字所对应的输入流（InputStream）和输出流（OutputStream）。

（3）通过获得的输入流和输出流与服务器端进行数据通信，并处理从服务器端获得的数据及需要向服务器端发送的数据。

（4）在数据传输结束以后，关闭输入流、输出流和套接字。

下面编写一个简单的 Socket 客户端程序示例。程序的功能为连接到新浪服务器的 80 端口，并输出了服务器和客户机的信息。代码如下：

```
import java.io.*;
import java.net.*;
public class WebClientDemo {
    public static void main(String[] args) throws IOException{
        //创建 Socket 实例，连接到新浪网的 80 端口
        Socket client = new Socket("www.sina.com.cn",80);
        //输出服务器端信息
        System.out.println("服务器 IP 是： " + client.getInetAddress());
            System.out.println("服务器端口号是： " + client.getPort());
            //输出客户机信息
            System.out.println("客户机 IP 是： " + client.getLocalAddress());
            System.out.println("客户机端口号是： " + client.getLocalPort());
        client.close();                                 //关闭 Socket 连接
    }
}
```

运行结果如下：

```
服务器 IP 是：www.sina.com.cn/202.108.33.60
服务器端口号是：80
客户机 IP 是：/192.168.3.112
客户机端口号是：4208
```

17.5 UDP 网络编程

相对 TCP 而言，UDP 的应用并不那么广泛，几个主要的应用层协议如 HTTP、FTP 和 SMTP 等使用的都是 TCP 协议。但是随着计算机网络的发展，UDP 协议正逐渐显示它的优点。在信息可以被分割成一些无关联的消息进行传输的情况下，UDP 是一个非常好的选择，特别是在需要很强的实时交互性的场合，如网络游戏、视频会议、股票信息等。下面就介绍如何用 Java 来实现 UDP 网络编程。

17.5.1 UDP 通信概念

UDP 通信又称数据包通信。UDP 协议采用的是基于数据包的网络通信。数据包是一种分

组交换的形式，就是把所有要传送的数据分段打成包，再传送出去。它属于无连接型，是把打成的每个包（分组）都作为一个独立的报文传送出去，所以称为数据包。

UDP 通信与通过邮局寄信和取信的过程相似，在寄信之前，不需要和另一方建立专门的连接，只需要知道对方的地址和门牌号（相当于服务器地址和端口号），就可以把信寄出去。由于没有专门建立连接，所以不能保证数据包包会顺利到达指定的主机，也不能保证数据包包会按照发送的顺序到达指定的主机。

在选择使用协议时，选择 UDP 必须要谨慎。在网络质量令人不十分满意的环境下，UDP 协议数据包丢失会比较严重。但是由于 UDP 的特性：它不属于连接型协议，因而具有资源消耗小，处理速度快的优点，所以通常音频、视频和普通数据在传送时使用 UDP 较多，因为它们即使偶尔丢失一两个数据包，也不会对接收结果产生太大影响。比如我们聊天用的 ICQ 和 QQ 就是使用的 UDP 协议。

在 Java 的 UDP 网络程序中，主要用到两个类：java.net.DatagramSocket 和 java.net.DatagramPacket 类。其中，DatagramSocket 类是用于发送和接收数据的数据包套接字，而 DatagramPacket 类是 UDP 所传递的数据包，即打包后的数据。DatagramSocket 类常见的方法如表 17.6 所示。

表 17.6　DatagramSocket类的常用方法

方法名称	方法说明
send(DatagramPacket p)	发送一个数据包
receive(DatagramPacket p)	接收一个数据包
disconnect()	断开这个 Socket
close()	关闭这个 Socket

17.5.2　UDP 的特性

虽然 UDP 是一个不可靠的协议，但它是分发信息的一个理想协议。例如，在屏幕上报告股票市场、在屏幕上显示航空信息等。UDP 也用在路由信息协议（Routing Information Protocol，RIP）中修改路由表。在这些应用场合下，如果有一个消息丢失，在几秒之后另一个新的消息就会替换它。UDP 广泛用在多媒体应用中，例如，Progressive Networks 公司开发的 RealAudio 软件，它是在因特网上把预先录制的或现场音乐实时传送给客户机的一种软件。该软件使用的 RealAudio audio-on-demand Protocol 协议就是运行在 UDP 之上的协议，大多数因特网电话软件产品也都运行在 UDP 之上。UDP 协议有以下几个特性：

- UDP 是一个无连接协议，传输数据之前源端和终端不建立连接，当它想传送时就简单地去抓取来自应用程序的数据，并尽可能快地把它放到网络上。在发送端，UDP 传送数据的速度仅仅是受应用程序生成数据的速度、计算机的能力和传输带宽的限制；在接收端，UDP 把每个消息段放在队列中，应用程序每次从队列中读一个消息段。
- 由于传输数据不建立连接，因此也就不需要维护连接状态，包括收发状态等，因此一台服务机可同时向多个客户机传输相同的消息。
- UDP 信息包的标题很短，只有 8 个字节，相对于 TCP 的 20 个字节信息包的额外开销很小。
- 吞吐量不受拥挤控制算法的调节，只受应用软件生成数据的速率、传输带宽、源端和终端主机性能的限制。
- UDP 使用尽最大努力交付，即不保证可靠交付，因此主机不需要维持复杂的连接状态表（这里面有许多参数）。

- UDP 是面向报文的。发送方的 UDP 对应用程序交下来的报文，在添加首部后就向下交付给 IP 层。既不拆分，也不合并，而是保留这些报文的边界，因此，应用程序需要选择合适的报文大小。

17.5.3 UDP 的应用

UDP 是不可靠的网络协议，那么还有什么使用价值或必要呢？其实不然，在有些情况下 UDP 协议可能会变得非常有用。因为 UDP 具有 TCP 望尘莫及的速度优势。虽然 TCP 协议中植入了各种安全保障功能，但是在实际执行的过程中会占用大量的系统开销，无疑使速度受到严重的影响。反观 UDP 由于排除了信息可靠传递机制，将安全和排序等功能移交给上层应用来完成，极大减少了执行时间，使速度得到了保证。

关于 UDP 协议的最早规范是 RFC 768，该规范是 1980 年发布的。尽管发布时间已经很长，但是 UDP 协议仍然继续在主流应用中发挥着作用，包括视频电话会议系统在内的许多应用都证明了 UDP 协议的存在价值。因为相对于可靠性来说，这些应用更加注重实际性能，所以为了获得更好的使用效果（如更高的画面帧刷新速率）往往可以牺牲一定的可靠性（如画面质量）。这就是 UDP 和 TCP 两种协议的权衡之处。根据不同的环境和特点，两种传输协议都将在今后的网络世界中发挥更加重要的作用。

17.5.4 UDP 与 TCP 的区别

UDP 和 TCP 协议的主要区别是两者在如何实现信息的可靠传递方面不同。TCP 协议中包含了专门的传递保证机制，当数据接收方收到发送方传来的信息时，会自动向发送方发出确认消息；发送方只有在接收到该确认消息之后才继续传送其他信息，否则将一直等待直到收到确认信息为止。与 TCP 不同，UDP 协议并不提供数据传送的保证机制。如果在从发送方到接收方的传递过程中出现数据包的丢失，协议本身并不能做出任何检测或提示。因此，通常人们把 UDP 协议称为不可靠的传输协议。

相对于 TCP 协议，UDP 协议的另外一个不同之处在于如何接收突发性的多个数据包。不同于 TCP，UDP 并不能确保数据的发送和接收顺序。例如，一个位于客户端的应用程序向服务器发出了以下 4 个数据包：

```
D1
D22
D333
D4444
```

但是 UDP 有可能按照以下顺序将所接收的数据提交到服务端的应用：

```
D333
D1
D4444
D22
```

事实上，UDP 协议的这种乱序性基本上很少出现，通常只会在网络非常拥挤的情况下才有可能发生。

17.6 典型实例

【实例 17-1】IP 地址在计算机内部的表现形式是一个 32 位的二进制数，实际表现为一个四组格式的数据，由点号(.)将数据分为 4 组数字，比如：202.106.0.20，每组数字代表一个 8 位的二进制数。32 位的二进制数的 IP 地址对用户来说不方便记忆和使用，为此引进了字符形式的

IP 地址，即域名。它用来惟一标识因特网上的主机或路由器，域名只是一个逻辑概念，并不反映出计算机所在的物理地点。本实例介绍如何获取 IP 地址和域名，以及远程服务器的 IP 地址。具体代码如下：

```
package com.java.ch171;

import java.net.InetAddress; //引入类
import java.net.UnknownHostException;

public class TextGetIPAndDomain { // 操作获取 IP 地址和域名的类
    public static void getLocalIP() { // 获取本机的 IP 地址
        try {
            InetAddress addr = InetAddress.getLocalHost();// 创建本地主机 IP 地
址对象

            String hostAddr = addr.getHostAddress(); // 获取 IP 地址
            String hostName = addr.getHostName(); // 获取本地机器名
            System.out.println("本地 IP 地址：" + hostAddr);
            System.out.println("本地机器名：" + hostName);
        } catch (UnknownHostException e) { // 捕获未知主机异常
            System.out.println("不能获得主机 IP 地址：" + e.getMessage());
            System.exit(1);
        }

    }
    public static void getIPByName(String hostName) { // 根据域名获得主机的 IP 地址
        InetAddress addr;
        try {
            addr = InetAddress.getByName(hostName); // 根据域名创建主机地址对象
            String hostAddr = addr.getHostAddress(); // 获取主机 IP 地址
            System.out.println("域名为:"+hostName+"的主机 IP 地址:"+hostAddr);
        } catch (UnknownHostException e) { // 捕获未知主机异常
            System.out.println("不能根据域名获取主机 IP 地址：" + e.getMessage());
            System.exit(1);
        }
    }
    public static void getAllIPByName(String hostName) { // 根据域名获得主机所有
的 IP 地址
        InetAddress[] addrs;
        try {
            addrs = InetAddress.getAllByName(hostName);// 根据域名创建主机地址对象
            String[] ips = new String[addrs.length];
            System.out.println("域名为" + hostName + "的主机所有的 IP 地址为：");
            for (int i = 0; i < addrs.length; i++) {
                ips[i] = addrs[i].getHostAddress(); // 获取主机 IP 地址
                System.out.println(ips[i]);
            }
        } catch (UnknownHostException e) { // 捕获未知主机异常
            System.out.println("不能根据域名获取主机所有 IP 地址："+e.getMessage());
            System.exit(1);
        }

    }
    public static void main(String[] args) { // java 程序主入口处
        getLocalIP(); // 调用方法获得本机的 IP 地址
        String hostName = "www.sohu.com"; // 搜狐域名
        getIPByName(hostName); // 获取搜狐的主机 IP 地址
        getAllIPByName(hostName); // 获取搜狐域名主机所有的 IP 地址
    }
}
```

以上程序中，getLocalIP()方法获得本机的 IP 地址，通过 InetAddress 类的静态方法 getLocalHost()获得本机的网络地址信息，getHostAddress()方法获得该网络地址信息的 IP 地址；getHostName ()方法获得本机的机器名。

getIPByName()方法根据域名获得主机的 IP 地址，使用了 InetAddress 的静态方法 getByName()，getAllIPByName()方法根据域名获得主机的所有 IP 地址，使用了 InetAddress 类的 getAllByName()方法获得 IP 网络地址数组，运用循环遍历将所有 IP 地址输出。

运行结果如下所示。

```
本地 IP 地址：192.168.2.103
本地机器名：zf
域名为：www.sohu.com 的主机 IP 地址：61.135.179.155
域名为 www.sohu.com 的主机所有的 IP 地址为：
61.135.179.155
61.135.179.160
61.135.179.184
61.135.179.190
61.135.133.37
61.135.133.38
61.135.133.88
61.135.133.89
```

【实例 17-2】URL（Uniform Resource Locator）是统一资源定位器的简称，一般表现为字符串形式，表示 Internet 上的某一资源的地址。URL 是 Internet 中对网络资源进行统一定位和管理的标识，利用 URL 就可以获取网络上的资源。本实例介绍从 URL 中提取资源信息，其中包括 URL 的主机地址、端口、协议，以及它所引用的资源信息。具体代码如下：

```
package com.java.ch172;

import java.io.IOException; //引入类
import java.io.*;
import java.net.URL;
import java.net.URLConnection;

public class TextURL { // 操作从 URL 中获取网络资源的类
    // 获取 URL 指定的资源
    public static void getImageResourcByURL(String imagesFile)
            throws IOException {
        URL url = new URL(imagesFile);
        Object obj = url.getContent(); // 获得此 URL 的内容
        System.out.println(obj.getClass().getName()); // 显示名称
    }
    // 获取 URL 指定的资源
    public static void getHtmlResourceByURL(String htmlFile) throws IOException {
        URL url = new URL(htmlFile);
        URLConnection uc = url.openConnection(); // 创建远程对象连接对象
        InputStream in = uc.getInputStream(); // 打开的连接读取的输入流
        int c;
        while ((c = in.read()) != -1) { // 循环读取资源信息
            System.out.print((char) c);
        }
        System.out.println();
        in.close();
    }
    // 读取 URL 指定的网页内容
    public static void getHTMLResource(String htmlFile) throws IOException {
        URL url = new URL(htmlFile); // 创建 URL 对象
        Reader reader = new InputStreamReader(new BufferedInputStream(
                url.openStream())); // 打开 URL 连接创建一个读对象
        int c;
        while ((c = reader.read()) != -1) { // 循环读取资源信息
            System.out.print((char) c);
```

```
        }
        System.out.println();
        reader.close();
    }
    // 读取 URL 指定的网页内容
    public static void getResourceOfHTML(String htmlFile) throws IOException {
        URL url = new URL(htmlFile);
        InputStream in = url.openStream(); // 打开 URL 连接创建输入流
        int c;
        while ((c = in.read()) != -1) { // 循环读取资源信息
            System.out.print((char) c);
        }
        System.out.println();
        in.close();
    }
    // Java 所支持的 URL 类型
    public static void supportURLType(String host, String file) {
        String[] schemes = { "http", "https", "ftp", "mailto", "telnet",
                "file", "ldap", "gopher", "jdbc", "rmi", "jndi", "jar", "doc",
                "netdoc", "nfs", "verbatim", "finger", "daytime",
                "systemresource" }; // 创建 URL 类型数组
        for (int i = 0; i < schemes.length; i++) { // 遍历数组判断是否是 java 支
持的 URL 类型
            try {
                URL u = new URL(schemes[i], host, file);
                System.out.println(schemes[i] + "是 java 所支持的 URL 类型\r\n");
            } catch (Exception ex) {
                System.out.println(schemes[i] + "不是 java 所支持的 URL 类型
\r\n");
            }
        }
    }
    public static void main(String[] args) throws IOException { // java 程序主
入口处
        String imageFile = "http://localhost:8080/Demo/001.jpg";
        String htmlFile = "http://localhost:8080/Demo/index.jsp";
        String host = "http://localhost:8080/Demo";
        String file = "/index.html";
        System.out.println("1.获取 URL 指定的图像资源信息");
        getImageResourcByURL(imageFile);
        System.out.println("2.获取 URL 指定的 HTML 网页资源信息");
        getHtmlResourceByURL(htmlFile);
        System.out.println("3.根据 URL 创建读对象读取网页内容");
        getHTMLResource(htmlFile);
        System.out.println("4.根据 URL 创建输入流读取网页内容");
        getResourceOfHTML(htmlFile);
        System.out.println("5.判断 Java 所支持的 URL 类型 ");
        supportURLType(host, file);
    }
}
```

以上程序中，getImageResourcByURL()方法创建 URL 对象来获取网络上的资源。getContent()方法获取网络资源内容，getName()方法获取资源内容类的名称。

getHtmlResourceByURL()方法创建 URL 对象，getConnection()方法创建远程对象连接，getInputStream()方法打开连接读取输入流，循环读取输入流中的资源信息，读完后释放资源。

getHTMLResource()方法创建 URL 对象，创建读对象封装 URL 对象通过方法 openStream()打开的流，循环输出读取的流信息。

getResourceOfHTML()方法根据 URL 对象的 openStream()方法打开 URL 连接的流信息创建输入流。循环输出读取的流信息。

supportURLType()方法创建一个一维数组包含需要判断的 URL 类型。循环根据 URL 对象的参数判断哪种是 Java 支持的 URL 类型。

运行结果如下所示。

```
1.获取 URL 指定的图像资源信息
sun.awt.image.URLImageSource
2.获取 URL 指定的 HTML 网页资源信息
<!DOCTYPE HTML PUBLIC "-//W3C//DTD HTML 4.01 Transitional//EN">
<html>
    <head>
        <title>HTML File TO XML File</title>
    </head>
    <body>
……
3.根据 URL 创建读对象读取网页内容
<!DOCTYPE HTML PUBLIC "-//W3C//DTD HTML 4.01 Transitional//EN">
<html>
    <head>
        <title>HTML File TO XML File</title>
    </head>
    <body>
……
4.根据 URL 创建输入流读取网页内容
<!DOCTYPE HTML PUBLIC "-//W3C//DTD HTML 4.01 Transitional//EN">
<html>
    <head>
        <title>HTML File TO XML File</title>
    </head>
……
5.判断 java 所支持的 URL 类型
http 是 java 所支持的 URL 类型
https 是 java 所支持的 URL 类型
ftp 是 java 所支持的 URL 类型
mailto 是 java 所支持的 URL 类型
telnet 不是 java 所支持的 URL 类型
file 是 java 所支持的 URL 类型
ldap 不是 java 所支持的 URL 类型
gopher 是 java 所支持的 URL 类型
jdbc 不是 java 所支持的 URL 类型
rmi 不是 java 所支持的 URL 类型
jndi 不是 java 所支持的 URL 类型
jar 是 java 所支持的 URL 类型
doc 不是 java 所支持的 URL 类型
netdoc 是 java 所支持的 URL 类型
nfs 不是 java 所支持的 URL 类型
verbatim 不是 java 所支持的 URL 类型
finger 不是 java 所支持的 URL 类型
daytime 不是 java 所支持的 URL 类型
systemresource 不是 java 所支持的 URL 类型
```

第18章　数据库应用程序开发基础

目前，程序对数据库的应用是很普遍的，Java中的JDBC也提供了强大的数据库开发功能，对数据库进行增、删、改、查等一系列的操作。JDBC的出现使Java程序对各种数据库的访问能力大大增强，进一步增加了开发效率。

18.1　数据库

数据库（Database）是按照数据结构来组织、存储和管理数据的仓库，它产生于距今50年前，随着信息技术和市场的发展，特别是20世纪90年代以后，数据管理不再仅仅是存储和管理数据，而转变成用户所需要的各种数据管理的方式。数据库有很多种类型，从最简单的存储各种数据的表格到能够进行海量数据存储的大型数据库系统，在各个方面都得到了广泛的应用。

18.1.1　数据库简介

我们理解的数据库是“按照数据结构来组织、存储和管理数据的仓库”。在经济管理的日常工作中，常常需要把某些相关的数据放进这样的“仓库”，并根据管理的需要进行相应的处理。例如，企业或事业单位的人事部门常常要把本单位职工的基本情况（职工号、姓名、年龄、性别、籍贯、工资、简历等）存放在表中，这张表就可以看成是一个数据库。有了这个“数据仓库”，我们就可以根据需要随时查询某职工的基本情况，也可以查询工资及某个范围内的职工人数等。

J.Martin给数据库下了一个比较完整的定义：数据库是存储在一起的相关数据的集合，这些数据是结构化的，无有害的或不必要的冗余，并为多种应用服务；数据的存储独立于使用它的程序；对数据库插入新数据，修改和检索原有数据均能按一种公用的和可控制的方式进行。当某个系统中存在结构上完全分开的若干个数据库时，则该系统包含一个“数据库集合”。

18.1.2　数据库中数据的性质

1. 数据整体性

数据库是一个单位或一个应用领域的通用数据处理系统，它存储的是属于企业和事业部门、团体和个人的有关数据的集合。数据库中的数据是从全局观点出发建立的，它按一定的数据模型进行组织、描述和存储。其结构基于数据间的自然联系，从而可提供一切必要的存取路径，且数据不再针对某一应用，而是面向全组织，具有整体的结构化特征。

2. 数据共享性

数据库中的数据是为众多用户所共享其信息而建立的，已经摆脱了具体程序的限制和制约。不同用户可以按各自的用法使用数据库中的数据；多个用户可以同时共享数据库中的数据资源，即不同用户可以同时存取数据库中的同一个数据。数据共享性不仅满足了各用户对信息内容的要求，同时也满足了各用户之间信息通信的要求。

18.1.3 数据库的特点

1. 实现数据共享

数据共享包含所有用户可同时存取数据库中的数据，也包括用户可以用各种方式通过接口使用数据库，并提供数据共享。

2. 减少数据的冗余度

同文件系统相比，由于数据库实现了数据共享，从而避免了用户各自建立应用文件，减少了大量重复数据，减少了数据冗余，维护了数据的一致性。

3. 数据的独立性

数据的独立性包括数据库中数据库的逻辑结构和应用程序相互独立，也包括数据物理结构的变化不影响数据的逻辑结构。

4. 数据实现集中控制

文件管理方式中，数据处于一种分散的状态，不同的用户或同一用户在不同处理中其文件之间毫无关系。利用数据库可对数据进行集中控制和管理，并通过数据模型表示各种数据的组织及数据间的联系。

5. 数据一致性和可维护性，以确保数据的安全性和可靠性

- 安全性控制：以防止数据丢失、错误更新和越权使用。
- 完整性控制：保证数据的正确性、有效性和相容性。
- 并发控制：使在同一时间周期内，允许对数据实现多路存取，又能防止用户之间的不正常交互作用。
- 故障的发现和恢复：由数据库管理系统提供一套方法，可及时发现故障和修复故障，从而防止数据被破坏。

6. 故障恢复

由数据库管理系统提供一套方法，可及时发现故障和修复故障，从而防止数据被破坏。数据库系统能尽快恢复数据库系统运行时出现的故障，可能是物理上或逻辑上的错误。例如，对系统的误操作造成的数据错误等。

18.2 JDBC 概述

JDBC（Java Data Base Connectivity，Java 数据库连接）是一种用于执行 SQL 语句的 Java API，可以为多种关系数据库提供统一访问，它由一组用 Java 语言编写的类和接口组成。JDBC 为工具/数据库开发人员提供了一个标准的 API，据此可以构建更高级的工具和接口，使数据库开发人员能够用纯 Java API 编写数据库应用程序。

有了 JDBC，向各种关系数据发送 SQL 语句就是一件很容易的事。换而言之，有了 JDBC API，就不必为访问 MySQL 数据库专门写一个程序，为访问 Oracle 数据库又专门写一个程序，或为访问 SQLServer 数据库又编写另一个程序，等等。程序员只需用 JDBC API 写一个程序就够了，它可向相应数据库发送 SQL 调用。同时，将 Java 语言和 JDBC 结合起来使程序员不必为不同的平台编写不同的应用程序，只需写一遍程序就可以让它在任何平台上运行，这也是

Java 语言“编写一次，处处运行”的优势。为 Java 应用程序与各种不同数据库之间进行对话提供了一种便捷的方法，使得开发人员能够用纯 Java API 来编写具有跨平台性的数据库应用程序。

18.2.1　JDBC 介绍

Java 数据库连接体系结构是用于 Java 应用程序连接数据库的标准方法。JDBC 对 Java 程序员而言是 API，对实现与数据库连接的服务提供商而言是接口模型。作为 API，JDBC 为程序开发提供标准的接口，并为数据库厂商及第三方中间件厂商实现与数据库的连接提供了标准方法。JDBC 使用已有的 SQL 标准并支持与其他数据库连接标准，如 ODBC 之间的桥接。JDBC 实现了所有这些面向标准的目标并且具有简单、严格类型定义且高性能实现的接口。

Java 具有坚固、安全、易于使用、易于理解和可从网络上自动下载等特性，是编写数据库应用程序的杰出语言。它所需要的只是 Java 应用程序与各种不同数据库之间进行对话的方法，而 JDBC 正是作为此种用途的机制。

JDBC 扩展了 Java 的功能。例如，用 Java 和 JDBC API 可以发布含有 Applet 的网页，而该 Applet 使用的信息可能来自远程数据库。企业也可以用 JDBC 通过 Intranet 将所有职员连到一个或多个内部数据库中（即使这些职员所用的计算机有 Windows、Macintosh 和 UNIX 等各种不同的操作系统）。随着越来越多的程序员开始使用 Java 编程语言，对从 Java 中便捷地访问数据库的要求也在日益增加。

应用程序可以通过数据库厂商提供的 API 及 SQL 语句对数据库进行操作，如图 18.1 所示。

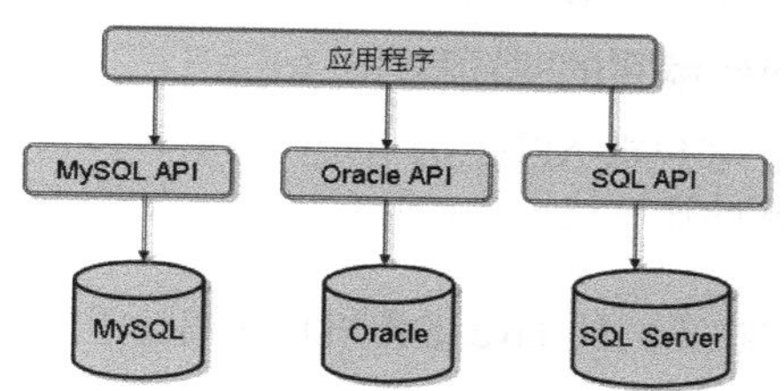

图18.1　应用程序访问数据库

在此模式下，看到不同的数据库有不同的 API 操作界面。对于实现同样功能的应用程序，针对不同的数据库，开发人员需要编写不同的代码，这样对 Java 设计人员是很不方便的。于是 JDBC 应运而生，如图 18.2 所示。

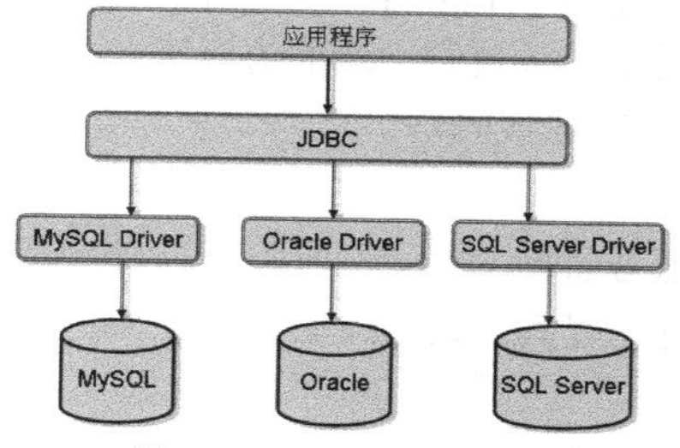

图18.2　JDBC工作模式

通过使用 JDBC，开发人员可以很方便地将 SQL 语句传送给几乎任何一种数据库。从图中可以看到，应用程序通过调用 JDBC 来操作数据库的过程，其实是由数据库厂商提供的 JDBC 驱动程序来负责的。如果要更换数据库，只要更换驱动程序，并在 JDBC 中载入新的驱动程序来源，即可完成数据库系统的变更。JDBC 的主要功能如下：

- 建立与数据库或其他数据源的连接。

- 向数据库发送 SQL 命令。
- 处理数据库的返回结果。

18.2.2 JDBC 的 4 种驱动程序

为了与某个数据库连接，必须具有适合该数据库的驱动程序。JDBC 驱动程序主要有以下 4 种基本类型。

1. JDBC-ODBC 桥加 ODBC 驱动程序

JDBC-ODBC 桥产品经由 ODBC 驱动程序供 JDBC 访问数据库，广泛地应用于连接各种环境中的数据库。JDBC-ODBC 桥加 ODBC 驱动程序实际是把所有 JDBC 的调用传递给 ODBC，再由 ODBC 调用本地数据库驱动代码。注意，必须将 ODBC 二进制代码（许多情况下还包括数据库客户机代码）加载到使用该驱动程序的每个客户机上。因此，这种类型的驱动程序最适合于企业网（这种网络上客户机的安装不是主要问题），或者是用 Java 编写的三层结构的应用程序服务器代码。它主要有以下优点：

- 提供了连接几乎所有平台上的所有数据库的能力。
- 可能是访问低端桌面数据库（如 Access）和应用的程序的唯一方式。
- 操作简单，适合初学者练习。

缺点为：ODBC 驱动程序需要安装并加载到目标机器上。

2. 本地 API 和部分 Java 编写的驱动程序

这种类型的驱动程序是把客户机 API 上的 JDBC 调用转换为对数据库的调用。这种类型的驱动程序要比采用类型 1 方式的速度快很多，但它仍然存在着一些缺点：需要在目标机器上安装本地代码。

JDBC 所依赖的本地接口在不同的 Java 虚拟机供应商及不同的操作系统上是不同的。

3. JDBC 网络纯 Java 驱动程序

这种驱动程序将 JDBC 转换为与 DBMS 无关的网络协议，之后这种协议又被某个服务器转换为一种 DBMS 协议。这种网络服务器中间件能够将它的纯 Java 客户机连接到多种不同的数据库上，所用的具体协议取决于提供者。通常，这是最为灵活的 JDBC 驱动程序，有可能所有这种解决方案的提供者都提供适合于 Intranet 用的产品。为了使这些产品也支持 Internet 访问，它们必须处理 Web 所提出的安全性、通过防火墙的访问等方面的额外要求。它主要有以下优点：

- 不需要客户机上有任何本地代码。
- 不需要客户安装任何程序。
- 大部分功能实现都在服务器端，所以这种驱动可以设计得很小，可以快速加载到内存中。

缺点为：中间层仍然需要有配置其他数据库驱动程序，并且由于多了一个中间层传递数据，它的执行效率还不是最好。

4. 本地协议纯 Java 驱动程序

该类型的驱动程序中包含了特定数据库的访问协议，使得客户端可以直接和数据库进行通信。这种方式的驱动程序有以下优点：

- 效率高，速度快。
- 驱动程序可以动态地被下载。

缺点为：对于不同的数据库需要下载不同的驱动程序。

18.2.3 JDBC 对 B/S 和 C/S 模式的支持

JDBC API 既支持数据库访问的两层模型（C/S），同时也支持三层模型（B/S）。在两层模型中，Java applet 或应用程序将直接与数据库进行对话。这将需要一个 JDBC 驱动程序来与所访问的特定数据库管理系统进行通信。用户的 SQL 语句被送往数据库中，而其结果将被送回给用户。数据库可以位于另一台计算机上，用户通过网络连接到上面。这就叫做客户机/服务器配置，其中用户的计算机为客户机，提供数据库的计算机为服务器。网络可以是 Intranet（它可将公司职员连接起来），也可以是 Internet。

在三层模型中，命令先是被发送到服务的“中间层”，然后由它将 SQL 语句发送给数据库。数据库对 SQL 语句进行处理并将结果送回到中间层，中间层再将结果送回给用户。MIS 主管们都发现三层模型很吸引人，因为可用中间层来控制对公司数据的访问和可进行更新的种类。中间层的另一个好处是，用户可以利用易于使用的高级 API，而中间层将把它转换为相应的低级调用。最后，许多情况下三层结构可提供一些性能上的好处。

到目前为止，中间层通常都用 C 或 C++ 这类语言来编写，这些语言执行速度较快。然而，随着最优化编译器（它把 Java 字节代码转换为高效的特定机器的代码）的引入，用 Java 来实现中间层将变得越来越实际。这将是一个很大的进步，它使人们可以充分利用 Java 的诸多优点（如坚固、多线程和安全等特征）。JDBC 对于从 Java 的中间层来访问数据库非常重要。

18.3 java.sql 包

java.sql 包中定义了很多接口和类，但是经常使用的却不是很多。在这里介绍几个常用的接口和类。

1. 加载驱动程序接口：Driver

java.sql.Driver 是所有 JDBC 驱动程序必须实现的接口。

2. 管理驱动程序类：DriverManager

DriverManager 类是 JDBC 的管理层，作用于用户和驱动程序之间。它跟踪可用的驱动程序，并在数据库和驱动程序之间建立连接。当 DriverManager 激发 getConnection()方法时，DriverManager 类首先从它已加载的驱动池中找到一个可以接受该数据 URL 的驱动程序，然后请求该驱动程序使用相关的数据库 URL 连接到数据库中。getConnection()方法建立了与数据库的连接。

3. 数据库连接接口：Connection

Connecton 对象代表与数据库的连接，也就是在已经加载的 Driver 和数据库之间建立连接，必须创建一个 Connection class 的实例，其中包括数据库的信息。

连接过程包括所执行的 SQL 语句和在该连接上所返回的结果。一个应用程序可与单个数据库有一个或多个连接，或者可与许多数据库有连接。DriverManager 的 getConnection()方法将建立在 JDBC URL 中定义的数据库的 Connection 连接上，代码如下：

```
Connection con = DriverManager.getConnection(url, login,password);
```

4. SQL 声明接口：Statement

java.sql.Statement 提供在基层连接上运行 SQL 语句，并且访问结果。Connection 接口提供了生成 Statement 的方法。在一般情况下，我们通过 connection.createStatement()方法就可以得到 Statement 的实例。Statement 提供了许多方法，最常用的方法如下。

- execute() 运行语句，返回是否有结果集。
- executeQuery() 运行查询语句，返回 ReaultSet 对象。
- executeUpdate() 运行更新操作，返回更新的行数。
- addBatch() 增加批处理语句。
- executeBatch() 执行批处理语句。
- clearBatch() 清除批处理语句。

18.4 SQL 语句

SQL 语句全称是结构化查询语言（Structure Query Language），对数据库中的数据进行各种操作是很方便的，SQL 语言主要为各种数据库建立连接，并进行数据库之间的通信。SQL 语言被定为关系数据库管理系统的标准语言。

18.4.1 SQL 语句的分类

SQL 语句用来执行数据库中的各种操作，例如，对数据库的增加、删除、修改和更新等。在一个数据库中可以包含很多表，每个表都由行和列组成，并通过这些行和列来存储具体的数据信息。一行代表一条数据记录。SQL 语言主要由数据定义语言、数据操作语言、数据控制语言和其他语言要素这几个部分组成。

在数据库中使用最多的就是数据库操作语言，包含常用的 SQL 语句，其中包括了 SELECT、INSERT、UPDATE、DELETE、CREATE 和 DROP 语句基本操作。

18.4.2 SELECT 语句

SELECT 是查询语句，作用是从表中查找符合条件的数据记录。语法格式如下：

```
SELECT 列名 FROM 数据库表名
或
SELECT 列名 FROM 数据库表名 WHERE 条件表达式
```

列名表示要查找和显示的字段，FROM 表示这个字段从哪里来，查的是哪个数据表。WHERE 后面跟具体查找信息的相关条件表达式。例如，数据表为 User，列名有 id（编号）、name（姓名）、age（年龄）和 sex（性别）。要查找 User 表中年龄为 20 的所有用户的数据记录，那么 SQL 语句如下：

```
SELECT name FROM User WHERE age=20
```

18.4.3 INSERT 语句

INSERT 是插入数据语句，作用是在表中添加新的数据记录。语法格式如下：

```
INSERT INTO 表名(字段 1 字段 2 字段 3...字段 n)VALUES(字段 1 字段 2 字段 3...字段 n)
```

相关字段是表示数据表中的列，插入数据字段要与数据表中字段的数据类型相符。例如，数据表为 User，列名有 id（编号）、name（姓名）、age（年龄）和 sex（性别）。在 User 表中添加一条新记录，SQL 语句如下：

```
INSERT INTO User(id,name,age,sex)VALUES(001,'张三', '20', '男')
```

18.4.4　UPDATE 语句

UPDATE 是修改语句，作用是将数据表中符合条件表达式的某些字段修改。语法格式如下：

```
UPDATE 数据表名 SET 列名 = 表达式 WHERE 条件表达式
```

SET 表示要修改的字段，WHERE 后面跟着需要修改字段的条件表达式。例如，数据表为 User，列名有 id（编号）、name（姓名）、age（年龄）和 sex（性别）。在 User 表中进行修改，将用户名“张三”的 name 字段的值改为“李四”。SQL 语句如下：

```
UPDATE User SET name='李四' WHERE name='张三'
```

18.4.5　DELETE 语句

DELETE 是删除语句，作用是删除表中符合条件的一行或多行数据记录。语法格式如下：

```
DELETE FROM 数据表名 WHERE 条件表达式
```

根据相关条件表达式来找到相关表中的数据进行删除。例如，数据表为 User，列名有 id（编号）、name（姓名）、age（年龄）和 sex（性别）。在 User 表中删除 name 值为“李四”的数据记录，SQL 语句如下：

```
DELETE FROM User WHERE name='李四'
```

18.4.6　CREATE 语句

CREATE Table 是创建一个新的数据表，语法格式如下：

```
CREATE TABLE 表名(列名 1 数据类型, 列名 2 数据类型,列名 3 数据类型……)
```

使用上面的语句新建数据表 People，字段有 id（编号）、name（姓名）和 age（年龄）。SQL 语句如下：

```
CREATE TABLE People
(
id int,
name varchar(10),
age int
)
```

18.4.7　DROP 语句

DROP 是删除语句，作用是删除已经存在的表。语法格式如下：

```
DROP TABLE 表名
```

例如我们把刚才使用的 User 表删除掉。SQL 语句如下：

```
DROP TABLE User
```

18.5　典型实例

【实例 18-1】下面通过一个例子来演示 Java 数据库应用程序访问数据库的全过程。

（1）创建数据库连接

通过 JDBC 对数据库进行访问，首先需要在 Java 数据库应用程序中导入 java.sql 包。代码如下：

```
import java.sql.*;                    //导入包
```

这样，在程序中就可以进行数据库连接了。编写连接数据库 TestDB()方法，代码如下：

```
import java.sql.Connection;
import java.sql.DriverManager;
public class TestDB {
    private Connection con = null;                    //数据库的连接
    public TestDB() {
        //桥连接
         try {
             //声明驱动程序
             String driver=" com.microsoft.sqlserver.jdbc.SQLServerDriver";
             //users 就是数据源的名称
             String ds = " jdbc:sqlserver://localhost:1433;databaseName=users";
             String user = "login";                     //login 就是数据源的登录名
             String password= "login";                  //login 就是数据源的密码
             //连接数据库
             Class.forName(driver);                     //加载数据库的驱动程序
             con = DriverManager.getConnection(ds, user, password);
             if (con != null) {
                 System.out.println("数据库连接成功！");
             }
        } catch(Exception e) {
             System.out.println("数据库连接失败！"+e.toString());
        }
    }
}
```

通过“Class.forName(driver);”语句加载了数据的驱动程序，通过“private Connection con=null;”与“con=DriverManager.getConnection(ds, user,login);”语句，可以连接上 users 数据库。

下面测试一下，看数据库是否连接上。代码如下：

```
public static void main(String[] args) {
    TestDB td = new TestDB();
}
```

若输出结果为“数据库连接成功”，则表明可以对 student 数据库进行操作了。若为“数据库连接失败！+错误提示信息”，则表明连接有错误。

（2）对数据库进行查询

和数据库建立连接以后，就可以对数据库进行各种操作了。在使用 SQL 语句对数据库进行操作之前，需要创建 SQL 声明对象与结果集对象。在“private Connection con=null;”语句后加上如下代码：

```
private Statement st = null;        //执行 SQL 语句的对象
private ResultSet rs = null;        //结果集对象
```

通过 Connection 对象的 createStatement()方法可以得到 Statement 的实例，然后通过 Statement 的 executeQuery()方法进行查询，将查询的结果放到 ResultSet 结果集中，最后输出查出的数据。代码如下：

```
    //普通查询
    public void query(String sql) {
        try {
            Connection con = null;
            Statement st = con.createStatement();      //得到 Statement 的实例
            ResultSet rs = st.executeQuery(sql);       //执行 SQL 语句,返回结果集
            //当返回的结果集不为空，并且还有记录时
        while (rs != null && rs.next()) {
                int stu_num=rs.getInt(1);      //获得当前记录的第 1 个字段的值
                //获得当前记录中“name”字段的值
```

```
                String name = rs.getString("name");
                int age=rs. getInt ("age");  //获得当前记录中“age”字段的值
                int math = rs.getInt("math");//获得当前记录中“math”字段的值
                //获得当前记录中“english”字段的值
                int english = rs.getInt("english");
                System.out.println("学号="+stu_num+ "\t 姓名="
                                + name+"\t 年龄="+age
                                +"\t 数学成绩="+math+"\t 英语成绩="+english);
            }
        } catch (Exception e) {
            System.out.println("查询数据时出错" + e.toString());
        }
    }
}
```

下面进行测试。在 main()方法中输入如下代码：

```
String name = "李四";
String sql = "select * from stu_info where name = '"+name+"'";
td.query(sql);
```

（3）增加、修改、删除数据库中的数据

若要对数据库进行增加、修改或删除数据的操作，可以通过 Statement 的 executeUpdate()方法，如果在 executeUpdate()方法中的 SQL 语句为 INSERT 语句，即可向数据库中增加数据；如果在 executeUpdate()方法中的 SQL 语句为 UPDATE 语句，则更改数据库中的数据。代码如下所示：

```
    //添加、删除、更新
public void add_update_Del(String sql) {
        try {
            Connection con = null;
            Statement st = con.createStatement();      //生成 Statement 对象
            int x = st.executeUpdate(sql);             //执行操作
            System.out.println("操作成功" + x);
        } catch (Exception e) {
            System.out.println("数据修改时有误" + e.toString());
        }
    }
}
```

下面向数据库添加一条记录，代码如下：

```
String sql = "insert into stu_info values(7,'张三',17,89,84)";
td.add_update_Del(sql);
```

这时使用 SQL 语句进行查询，代码如下：

```
String name = "张三";
String sql = "select * from stu_info where name = '"+name+"'";
td.query(sql);
```

若想更改表中数据，可以使用如下语句：

```
String sql = "update stu_info set math = 95 where name = '张三'";
td.add_update_Del(sql);
```

这时就将张三的数学成绩更改为 95。若要删除一条记录，可以使用如下语句：

```
String sql = "delete from  stu_info where name = '张三'";
td.add_update_Del(sql);
```

第 19 章 使用 Swing 组件创建数据库应用程序

本章主要讲解如何使用 Swing 组件来创建数据库应用程序，显示数据库中的各种数据信息。主要内容包括 3 种最常用的添加数据控件：如何使用 JComboBox 组件创建数据库应用程序、如何使用 JList 组件创建数据库应用程序和如何使用 JTable 组件创建数据库应用程序。

19.1 JComboBox 组件创建数据库应用程序

组合框控件（JComboBox）是桌面应用程序中经常使用到的一个控件。在实际应用中，经常使用 JComboBox 控件来显示从数据库中查询的批量数据。

19.1.1 创建 JComboBox

使用下拉式列表组件（JcomboBox）可以制作一个弹出式的数据项选择列表，让用户在一系列的选项中选出需要的值。表 19.1 列出了该类常用的方法。

表 19.1 JComboBox类常用方法

方 法	方 法 说 明
JComboBox()	构造方法，以系统默认的 ComboBox Model 模型创建一个新的下拉式列表组件对象
JComboBox(ListModel dateModel)	构造方法，使用指定的模型（ComboBox Model）构造一个下拉式列表
addActionListerner(ActionEvent I)	将动作监听器对象 I 加入本组件的监听对象中
addItem(Object obj)	为下拉列表增加数据项
getItemAt(int index)	返回指定索引位置的列表项
getItemCount()	返回列表中的列表项个数
getSelectedItem()	返回当前选择的项
getSelectedIndex()	返回当前选择项的索引位置

下面通过一个实例来具体讲解 JcomboBox 如何使用。创建一个组合框，组合框中的数据项的值为学生的姓名，学生的姓名是通过 JDBC 从数据库中查询出来的。编写一个 TestDB 类，在该类中定义了 query()方法，用来进行姓名查询，并返回查询的结果集对象。代码如下：

```
import java.sql.*;
public class TestDB {
    private Connection con = null;                    //声明数据库连接对象
    private Statement st = null;                      //声明 SQL 语句对象
    private ResultSet rs = null;                      //声明结果集对象
    public TestDB() {
```

```
        //桥连接
        try {
            //声明桥驱动程序
            String driver = " com.microsoft.sqlserver.jdbc.SQLServerDriver ";
            //连接数据库 users
            String ds = " jdbc:sqlserver://localhost:1433;databaseName=users ";
            String user = "login";                    //设置用户名
            String password = "login";                //设置密码
            Class.forName(driver);                    //加载数据库的驱动程序
            //获得与数据库的连接
            con = DriverManager.getConnection(ds, user, login);
            if (con != null) {                        //如果数据库连接成功，输出信息
                System.out.println("数据库连接成功！");
            }
        } catch (Exception e) {
            System.out.println("数据库连接失败！" + e.toString());
        }
    }
    //普通查询
    public ResultSet query(String sql) {
        try {
            //结果集类型设为 TYPE_SCROLL_SENSITIVE 并发类型设为 CONCUR_READ_ONLY
            st = con.createStatement(ResultSet.TYPE_SCROLL_SENSITIVE,
                                     ResultSet.CONCUR_READ_ONLY);
            rs = st.executeQuery(sql);                //执行 SQL 语句，返回结果集
        } catch (Exception e) {
            System.out.println("查询数据时出错" + e.toString());
        }
        return rs;
    }                                                 //返回查询结果集
    //关闭数据库连接
    public void close() {
        try {
            if (con != null) {
                con.close();
            }
        } catch (Exception e) {
            System.out.println("关闭数据库时出现异常");
        }
    }
}
```

将查询方法的返回值类型设为 ResultSet，结果集类型设为 TYPE_SCROLL_SENSITIVE，表明结果集可滚动，并且受 ResultSet 底层数据的更改而影响 ResultSet 对象的类型。并发类型设为 CONCUR_READ_ONLY，代表这是不可以更新的 ResultSet 对象的并发模式。创建一个组合框（JComboBox）来将 userinfo 表中的姓名显示出来。代码如下：

```
import java.awt.*;
import java.awt.event.*;
import javax.swing.*;
import java.sql.*;
import java.util.Vector;
public class TestJComboBox{
    public static void main(String[] args){
        JFrame f=new JFrame("姓名");                     //创建底层容器 JFrame
        //通过 getgetContentPane 创建内容面板
        Container contentPane=f.getContentPane();
        //设置内容面板的布局方式为流式布局
        contentPane.setLayout(new FlowLayout());
        String str="select name from userinfo";        //查询语句
        TestDB db=new TestDB();                         //创建 TesbDB 实例，连接数据库
        ResultSet rs=db.query(str);                     //调用 query 方法进行查询
        //以下代码为将结果集写入数组 name 中
        try {
```

```
            rs.last();                              //移动到结果集的最后一行
            int I = rs.getRow();                    //得到行数，赋给变量 i
            rs.beforeFirst();                       //移回结果集首行
            String name[] = new String[i];          //创建数组 name，长度为 i
            int m = 0;
            while(rs.next()){                       //循环取出数据，赋给数组 name
                name[m] = rs.getString(1);
                m++;
            }
            //创建下拉列表实例，列表项的值为数组 name
            JComboBox combo1 = new JComboBox(name);
            contentPane.add(combo1);                //将下拉列表放入内容面板中
        }catch (SQLException e) {
            e.printStackTrace();
        }
        f.setSize(100,150);                         //设置容器宽为 100，高为 150
        f.setVisible(true);                         //设置容器可见
        f.addWindowListener(new WindowAdapter() {
            //设置监听器，关闭窗口后，程序结束
            public void windowClosing(WindowEvent e) {
                System.exit(0);
            }
        });
    }
}
```

循环取出得到的数据，并将其放入数组中，然后创建组合框，组合框列表项的值为数组 name，这时再通过内容面板的 add()方法加入下拉列表。

19.1.2 DefaultComboBoxModel 创建 JComboBox

DefaultComboBoxModel 类继承了 AbstractListModel 抽象类，利用这个类可以很方便地做到动态更改 JComboBox 的项目值。下面通过 DefaultComboBoxModel 来添加一个列表，创建一个组合框。组合框中的数据项的值为用户姓名，姓名是通过 JDBC 从数据库查询出来的，并使用 DefaultComboBoxModel 动态填充组合框信息。

```
import java.awt.*;
import java.awt.event.*;
import java.sql.ResultSet;
import java.sql.SQLException;
import javax.swing.*;
public class TestDefaultComboBoxModel {
    public static void main(String[] args){
        JFrame f = new JFrame("姓名");                      //创建窗体对象 f
        Container contentPane = f.getContentPane();  //获得窗体 f 的内容面板
        //设置内容面板的布局方式为流式布局
        contentPane.setLayout(new FlowLayout());
        String str="select name from userinfo";       //查询语句
        TestDB db=new TestDB();                       //创建 TesbDB 实例，连接数据库
        ResultSet rs=db.query(str);                   //调用 query 方法进行查询
        //以下代码为将结果集写入数组 name 中
        try {
            rs.last();                                //移动到结果集的最后一行
            int i = rs.getRow();                      //得到行数，赋给变量 i
            rs.beforeFirst();                         //移回结果集首行
            String name[] = new String[i];            //创建数组 name，长度为 i
            int m = 0;
            while(rs.next()){                         //循环取出数据，赋给数组 name
                name[m] = rs.getString(1);
                m++;
            }
            //创建下拉列表模型
```

```
            DefaultComboBoxModel mode=new DefaultComboBoxModel();
            for (int k=0;k<name.length;k++){
                mode.addElement(name[k]);                        //添加列表项
            }
            JComboBox combo=new JComboBox(mode);                 //创建下拉列表
            contentPane.add(combo);                              //添加下拉列表
        }catch (SQLException e) {
            e.printStackTrace();
        }
        f.setSize(150,200);                                      //设置窗体的大小
        f.setVisible(true);                                      //设置窗体可见
        f.addWindowListener(new WindowAdapter() {
            //设置监听器，关闭窗口后，程序结束
            public void windowClosing(WindowEvent e) {
                System.exit(0);
            }
        });
    }
}
```

在此例中，首先创建一个组合框模型对象，然后通过 addElement()方法加入列表项。使用这个方法可以动态更改 JComboBox 的项目值，最后使用组合框模型对象创建下拉列表。

19.2 JList 组件创建数据库应用程序

列表控件（JList）支持单选和多选，还支持带图标的选择项。在编程过程中，我们也经常使用 JList 控件来显示从数据库中查询的批量数据。

19.2.1 DefaultListModel 创建 JList

我们也可以使用 DefaultComboBoxModel 来创建 Jlist 列表。列表和组合框很相似，可以使用同样的方法给 Jlist 添加数据。下面使用 DefaultListModel 创建一个列表（JList），也是将 userinfo 表中的 name 取出来，使用 JList 进行显示。代码如下：

```
import java.awt.*;
import java.awt.event.*;
import java.sql.ResultSet;
import java.sql.SQLException;
import javax.swing.*;
public class TestDefaultListModel {
    public static void main(String[] args){
        JFrame f=new JFrame("姓名");                         //创建窗体对象
        Container contentPane=f.getContentPane(); //获得窗体对象的内容面板
        String str="select name from stu_info";   //查询语句
        TestDB db=new TestDB();                   //创建 TesbDB 实例，连接数据库
        ResultSet rs=db.query(str);               //调用 query 方法进行查询
        //以下代码为将结果集写入数组 name 中
        try {
            rs.last();                            //移动到结果集的最后一行
            int I = rs.getRow();                  //得到行数，赋给变量 i
            rs.beforeFirst();                     //移回结果集首行
            String name[] = new String[i];        //创建数组 name，长度为 i
            int m = 0;
            while(rs.next()){                     //循环取出数据，赋给数组 name
                name[m] = rs.getString(1);
                m++;
            }
            DefaultListModel mode = new DefaultListModel();    //创建列表模型
            for (int k = 0;k<name.length;k++){    //循环获取名字
                mode.addElement(name[k]);         //添加列表项
```

```
            }
            JList  list = new JList (mode);              //创建列表
            list.setVisibleRowCount(3);                  //设置列表首选大小为 3
            contentPane.add(new JScrollPane(list));      //添加列表至可滚动的视图中
        }catch (SQLException e) {
            e.printStackTrace();
        }
        f.pack();              //pack()方法用来调整窗口的大小，以适合 list 的首选大小
        f.setVisible(true);
        f.addWindowListener(new WindowAdapter() {
            //设置监听器，关闭窗口后，程序结束
            public void windowClosing(WindowEvent e) {
                System.exit(0);
            }
        });
        }
    }
```

首先使用 DefaultListModel 创建列表模型，然后通过 addElement()方法添加列表项，接着通过列表模型创建列表。

19.2.2 ListModel 创建 JList

ListModel 是一个接口，表 19.3 列出了 ListModel 所定义的方法。

表 19.3　ListModel定义的方法

void addListDataListener(ListDataListener l)	当 data model 的长度或内容值有任何改变时，利用此方法就可以处理 ListDataListener 的事件。data model 是 vector 或 array 的数据类型，里面存放 List 中的值。
Object getElementAt(int index)	返回在 index 位置的 Item 值
int getSize()	返回 List 的长度
void removeListDataListener(ListDataListener l)	删除 ListDataListener

下面通过一个例子来利用 ListModel 创建 JList。创建一个列表。列表中的数据项的值为用户姓名，姓名是通过 JDBC 从数据库查询出来的。代码如下：

```
    public String[] getData()    {
        ResultSet rs = query("select name  from userinfo");
        try {
            rs.last();                                //移动到结果集的最后一行
            int i = rs.getRow();                      //得到行数，赋给变量 i
            rs.beforeFirst();                         //移回结果集首行
            String name[] = new String[i];            //创建数组 name，长度为 i
            int m=0;
            while(rs.next()){                         //循环取出数据，赋给数组 name
                name[m] = rs.getString(1);
                m++;
            }
            return name;
        }catch (Exception e) {}
        return null;
    }
```

然后编写一个 TestAbstractListModel 来进行姓名显示。

```
import java.awt.*;
import java.awt.event.*;
import java.sql.ResultSet;
import java.sql.SQLException;
import javax.swing.*;
```

```
public class TestAbstractListModel {
    public TestAbstractListModel() {
        JFrame f = new JFrame("JList");
        Container contentPane = f.getContentPane();
        ListModel mode = new DataModel();        //创建 ListModel 对象
        JList list = new JList(mode);            //利用 ListModel 建立一个 JList
        list.setVisibleRowCount(5);         //设置程序一打开时所能看到的数据项个数
        contentPane.add(new JScrollPane(list));   //向内容面板中添加 JList 组件
        f.pack();
        f.setVisible(true);
        f.addWindowListener(new WindowAdapter() {
            public void windowClosing(WindowEvent e) {
                System.exit(0);
            }
        });
    }
    public static void main(String[] args) {
        new TestAbstractListModel();
    }
    // 创建继承自 AbstractListModel 抽象类的内部类 DataModel
    class DataModel extends AbstractListModel {
        TestDB db= new TestDB();
        //getxElementAt()方法中的参数 index，系统会自动由 0 开始计算，不过要自己作累加
          的操作
        public Object getElementAt(int index) {//实现继承的 getElementAt()方法
                return (index + 1) + "." + db.getData()[index++];
        }
        public int getSize() {                              //实现继承的 getSize()方法
            return db.getData().length;
        }
    }
}
```

由于在 DataMode 类中继承 AbstractListModel，并实现了 getElementAt()与 getSize()方法，因此可以由 DataModel 类产生一个 ListModel 的实体。当程序调用 setVisible(true)方法时，系统会先自动调用 getSize()方法，看看这个 list 长度有多少；然后再调用 setVisibleRowCount()方法，看要一次输出多少数据；最后调用 getElementAt()方法，将 list 中的项目值填入 list 中。

19.3 JTable 组件创建数据库应用程序

JTable 是 Swing 新增加的组件，主要功能是把数据以二维表格的形式显示出来。

19.3.1 JTable 相关的类

JTable 组件的父类依然是 JComponent，使用表格类（javax.swing.JTable）的构造方法 JTable(TableMode model)可创建指定表格模型的表格对象，参数 model 是实现 java.swing.table.TreeNode 接口的表格模型。表格类 JTable 的常用方法如表 19.4 所示。

表 19.4　表格类JTable的常用方法

JTable()	构造一个默认的 JTable，使用默认的数据模型、默认的列模型和默认的选择模型对其进行初始化
JTable(int numRows,int numColumns)	使用 DefaultTableModel 构造具有 numRows 行和 numColumns 列个空单元格的 JTable
JTable(Object[][]rowData,Object[] columnNames)	构造一个 JTable 来显示二维数组 rowData 中的值，其列名称为 columnNames

续表

int getColumnCount()	返回表格的列数
int getRowCount()	返回表格的行数
void setValueAt(int row,int column)	设置表格行索引值为 row、列索引值为 column 的单元格的内容
void getValueAt(int row,int column)	得到表格行索引值为 row、列索引值为 column 的单元格的内容
int getRowCount()	返回表格列索引值为 column 的列名称

1. TableModel

由于 TableModel 本身是一个接口，因此若要直接实现此界面来建立表格并不容易，不过 Java 提供了两个类分别实现了这个界面，一个是 AbstractTableModel 抽象类，另一个是 DefaultTableModel 实体类。前者实现了大部分的 TableModel 方法，让用户可以很有弹性地构造自己的表格模式；后者继承前者类，是 Java 默认的表格模式。这三者的关系如下：

TableModel---implements--->AbstractTableModel-----extends--->DefaultTableModel

2. AbstractTableModel

Java 提供的 AbstractTableModel 是一个抽象类，这个类帮我们实现大部分的 TableModel 方法，除了 getRowCount()、getColumnCount()、getValueAt()这 3 个方法外。因此我们的主要任务就是去实现这 3 个方法。利用这个抽象类就可以设计出不同格式的表格。

3. TableColumnModel

TableColumnModel 本身是一个接口，里面定义了许多与表格的“列（行）”有关的方法，例如，增加列、删除列、设置与取得“列”的相关信息。通常不会直接实现 TableColumnModel 界面，而是会利用 JTable 的 getColumnModel()方法取得 TableColumnModel 对象，再利用此对象对字段做设置。举例来说，如果想设计的表格是包括有下拉式列表的组合框，就能利用 TableColumnModel 来达到这样的效果。

19.3.2 DefaultTableModel 创建 JTable

DefaultTableMode 类继承 AbstractTableModel 抽象类而来，且实现了 getColumnCount()、getRowCount()与 getValueAt()等方法，DefaultTableModel 比 AbstractTableModel 简单许多。在 DefaultTableMode 中，常常使用 Vector（向量）来填充表格中的数据。使用 DefaultTableModel 来创建一个表格（JTable 对象），表格的内容为 userinfo 表中的学生信息。代码如下所示：

```
import java.awt.*;
import java.awt.event.*;
import java.sql.*;
import java.util.Vector;
import javax.swing.*;
import javax.swing.table.DefaultTableModel;
public class TestDefaultTableModel extends JFrame {
    Vector colsv = new Vector();                    //创建一个向量
    JTable table;                                   //声明一个 JTable 对象
    DefaultTableModel tablemodel;                   //创建 DefaultTableModel 模型
    public TestDefaultTableModel() {
        this.setLayout(new FlowLayout());
        //将 String 对象"编号"、"姓名"、"年龄"、"性别"和"地址"加入向量中用以显示表头
        colsv.add("编号");
        colsv.add("姓名");
        colsv.add("年龄");
        colsv.add("性别");
        colsv.add("地址");
```

```
            //实例化表格模型，列值为向量 colsv
            tablemodel = new DefaultTableModel(new Vector(), colsv);
            String str = "select * from userinfo";
            TestDB db = new TestDB();
            ResultSet rs = db.query(str);                   //执行查询操作
            //将查询出的结果集中的值放到 vector
            Vector value = new Vector();
            try {
                while (rs.next()) {                         //循环遍历结果集 rs 中的记录
                    Vector vc = new Vector();               //创建向量对象
                    //将从当前记录中获得的相应字段的值添加到向量中
                    vc.add(rs.getString(1));
                    vc.add(rs.getString(2));
                    vc.add(rs.getString(3));
                    vc.add(rs.getString(4));
                    vc.add(rs.getString(5));
                    value.add(vc);
                }
                //在表格中写入新的行，其值为向量 value
                tablemodel.setDataVector(value, colsv);
            } catch (SQLException e) {
                e.printStackTrace();
            }
            table = new JTable(tablemodel);                 //使用 tablemodel 创建表对象
            this.add(new JScrollPane(table));               //将表格添加到滚动面板中
            this.setSize(500, 300);                         //设置窗体大小
            this.setVisible(true);                          //使窗体可见
            //设置监听器，关闭窗口后，程序结束
            this.addWindowListener(new WindowAdapter() {
                public void windowClosing(WindowEvent e) {
                    System.exit(0);
                }
            });
        }
        //主程序
        public static void main(String[] args) {
            new TestDefaultTableModel();
        }
    }
```

在此例中，创建 DefaultTableModel 模型，其列值为向量 colsv，等值为向量 value。在 DefaultTableModel 中使用向量来添加表格中的数据非常方便。

19.4 典型实例

【实例 19-1】本章前面介绍了使用 Swing 组件创建数据库应用程序的几个组件，下面演示一个综合应用实例。具体步骤如下：

（1）在 MS SQL Server 中创建一个数据库 swingdb。

（2）在数据库 swingdb 中使用以下 SQL 语句创建表 Employees。

```
    CREATE TABLE [dbo].[Employees](
        [empID] [int] IDENTITY(1,1) NOT NULL,
        [Name] [nvarchar](50) NOT NULL,
        [dept] [nvarchar](50) NOT NULL,
        [job] [nvarchar](50) NOT NULL,
     CONSTRAINT [PK Employees] PRIMARY KEY CLUSTERED
    (
        [empID] ASC
    )WITH (PAD INDEX = OFF, STATISTICS NORECOMPUTE = OFF, IGNORE DUP KEY = OFF,
ALLOW ROW LOCKS = ON, ALLOW PAGE LOCKS = ON) ON [PRIMARY]
    ) ON [PRIMARY]
```

（3）做好以上准备工作之后，就可以开始编写以下程序代码：

```
package com.java.ch191;
import java.awt.event.ActionEvent;
import java.awt.event.ActionListener;
import java.sql.*;
import java.awt.*;
import javax.swing.*;
public class SwingDb extends JFrame implements ActionListener {
    JButton add, select, del, update;
    JTable table;
    Object body[][] = new Object[50][4];
    String title[] = { "编号", "姓名", "部门", "职务" }; // 标题
    Connection conn; // 数据库连接变量
    Statement stat;
    ResultSet rs;
    JTabbedPane tp;
    public SwingDb() {
        super("数据库操作");
        this.setSize(400, 300);
        this.setLocation(300, 200);
        this.setDefaultCloseOperation(JFrame.EXIT_ON_CLOSE);
        JPanel ps = new JPanel(); // 新建面板
        add = new JButton("添加"); // 添加按钮
        select = new JButton("显示"); // 显示按钮
        update = new JButton("更改"); // 更改按钮
        del = new JButton("删除"); // 删除按钮
        add.addActionListener(this);
        select.addActionListener(this);
        update.addActionListener(this);
        del.addActionListener(this);
        ps.add(add);
        ps.add(select);
        ps.add(update);
        ps.add(del);
        table = new JTable(body, title);
        tp = new JTabbedPane();
        tp.add("员工信息表", new JScrollPane(table));
        this.getContentPane().add(tp, "Center");
        this.getContentPane().add(ps, "South");
        this.setVisible(true);
        this.connection();
    }
    public void connection() {// 连接MS SQL Server数据库
        try {
            Class.forName("com.microsoft.sqlserver.jdbc.SQLServerDriver");
            // 数据库驱动
           Stringurl="jdbc:sqlserver://localhost:1433;DatabaseName=swingdb";
            // 连接字符串
            conn = DriverManager.getConnection(url, "sa", "123456");
            // 获取连接
            stat = conn.createStatement(ResultSet.TYPE_SCROLL_INSENSITIVE,
                    ResultSet.CONCUR_READ_ONLY);
        } catch (ClassNotFoundException e) {
            e.printStackTrace();
        } catch (SQLException e) {
            e.printStackTrace();
        }
    }
    public static void main(String[] args) {
        SwingDb data = new SwingDb();
    }
    public void actionPerformed(ActionEvent e) {
        if (e.getSource() == add) {
            add();
        }
```

```
        if (e.getSource() == select) {
            select();
        }
        if (e.getSource() == update) {
            update();
        }
        if (e.getSource() == del) {
            del();
        }
    }
    public void del() {// 删除数据
        try {
            int row = table.getSelectedRow();
            stat.executeUpdate("delete Employees where empID='" + body[row][0] +
"'");
            JOptionPane.showMessageDialog(null, "数据已成功删除");
            this.select();
        } catch (SQLException ex) {
        }
    }
    public void update() {// 修改数据
        try {
            int row = table.getSelectedRow();
            JTextField t[] = new JTextField[6];
            t[0] = new JTextField("输入姓名:");
            t[0].setEditable(false);
            t[1] = new JTextField();
            t[2] = new JTextField("输入部门:");
            t[2].setEditable(false);
            t[3] = new JTextField();
            t[4] = new JTextField("输入职务:");
            t[4].setEditable(false);
            t[5] = new JTextField();
            String but[] = { "确定", "取消" };
            int go = JOptionPane.showOptionDialog(null, t, "插入信息",
                    JOptionPane.YES_OPTION, JOptionPane.INFORMATION_MESSAGE,
                    null, but, but[0]);
            if (go == 0) {
                String Name = new String(t[1].getText().getBytes("ISO-8859-1"),
                        "GBK");
                String dept = t[3].getText();
                int job = Integer.parseInt(t[5].getText());
                stat.executeUpdate("update Employees set Name='" + Name
                        + "',dept='" + dept + "',job='" + job
                        + "'  where empID='" + body[row][0] + "'");
                JOptionPane.showMessageDialog(null, "修改数据成功");
                this.select();
            }
        } catch (Exception ex) {
        }
    }
    public void select() {// 查询数据
        try {
            for (int x = 0; x < body.length; x++) {
                body[x][0] = null;
                body[x][1] = null;
                body[x][2] = null;
                body[x][3] = null;
            }
            int i = 0;
            rs = stat.executeQuery("select * from Employees");
            while (rs.next()) {
                body[i][0] = rs.getInt(1);
                body[i][1] = rs.getString(2);
                body[i][2] = rs.getString(3);
```

```
                body[i][3] = rs.getInt(4);
                i = i + 1;
            }
            this.repaint();
        } catch (SQLException ex) {
        }
    }
    private void add() {// 新增数据
        try {
            JTextField t[] = new JTextField[6];
            t[0] = new JTextField("输入姓名:");
            t[0].setEditable(false);
            t[1] = new JTextField();
            t[2] = new JTextField("输入部门:");
            t[2].setEditable(false);
            t[3] = new JTextField();
            t[4] = new JTextField("输入职务:");
            t[4].setEditable(false);
            t[5] = new JTextField();
            String but[] = { "确定", "取消" };
            int go = JOptionPane.showOptionDialog(null, t, "插入信息",
                    JOptionPane.YES_OPTION, JOptionPane.INFORMATION_MESSAGE,
                    null, but, but[0]);
            if (go == 0) {
                try {
                    String Name = new String(t[1].getText().getBytes(
                            "ISO-8859-1"), "GBK");
                    String dept = t[3].getText();
                    int job = Integer.parseInt(t[5].getText());
                    stat.executeUpdate("insert into Employees(Name,dept,job)
values('"
                            + Name + "','" + dept + "','" + job + "')");
                    JOptionPane.showMessageDialog(null, "数据已成功插入！");
                } catch (Exception ee) {
                    JOptionPane.showMessageDialog(null, "插入数据错误！");
                }
            }
        } catch (Exception ex) {
        }
    }
}
```

运行以上程序，将显示如图 19.1 所示的操作界面，此时由于表 Empolyees 中还没有数据，因此表格中没有数据显示。

单击下方的“添加”按钮，将显示如图 19.2 所示的“插入信息”界面，在其中输入员工的信息，单击“确定”按钮即可将数据保存到数据库中，并在图 19.2 所示的界面中显示出来。

图19.1　初始界面图

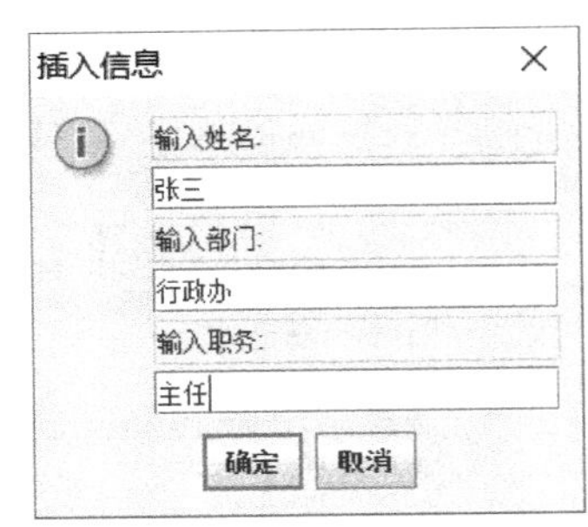

图19.2　插入信息

第五篇 Java Web 基础

第 20 章 JSP

JSP（Java Server Pages）是由 Sun Microsystems 公司倡导、许多公司参与一起建立的一种动态网页技术标准。JSP 技术类似于 ASP 技术，它是在传统的网页 HTML 文件（*.htm,*.html）中插入 Java 程序段（Scriptlet）和 JSP 标记（tag），从而形成 JSP 文件（*.jsp）。JSP 开发的 Web 应用是跨平台的，既能在 Linux 下运行，也能在其他操作系统上运行。

20.1 JSP 简介

JSP 技术使用 Java 编程语言编写类 XML 的 tags 和 scriptlets，封装产生动态网页的处理逻辑。网页还能通过 tags 和 scriptlets 访问存在于服务器端的资源的应用逻辑。JSP 将网页逻辑与网页设计和显示分离，支持可重用的基于组件的设计，使基于 Web 的应用程序的开发变得迅速和容易。

Web 服务器在遇到访问 JSP 网页的请求时，首先执行其中的程序段，然后将执行结果连同 JSP 文件中的 HTML 代码一起返回给客户。插入的 Java 程序段可以操作数据库、重新定向网页等，以实现建立动态网页所需要的功能。

JSP 与 Java Servlet 一样，是在服务器端执行的，通常返回给客户端的就是一个 HTML 文本，因此客户端只要有浏览器就能浏览。

JSP 1.0 规范的最后版本是 1999 年 9 月推出的，12 月又推出了 JSP 1.1 规范。目前较新的是 JSP 1.2 规范，JSP 2.0 规范的征求意见稿也已出台。

JSP 页面由 HTML 代码和嵌入其中的 Java 代码组成。服务器在页面被客户端请求以后对这些 Java 代码进行处理，然后将生成的 HTML 页面返回给客户端的浏览器。Java Servlet 是 JSP 的技术基础，而且大型的 Web 应用程序的开发需要 Java Servlet 和 JSP 配合才能完成。JSP 具备了 Java 技术的简单易用，完全面向对象，具有平台无关性且安全可靠，主要面向因特网的所有特点。

自 JSP 推出后，众多大公司都支持 JSP 技术的服务器，如 IBM、Oracle、Bea 公司等，所以 JSP 迅速成为商业应用的服务器端语言。

JSP 可用一种简单易懂的等式表示为：HTML+Java=JSP。

20.1.1 MVC 模式

MVC 是 3 个单词的缩写，分别为：模型（Model）、视图（View）和控制（Controller）。MVC 模式的目的就是实现 Web 系统的职能分工。Model 层实现系统中的业务逻辑，通常可以用 JavaBean 或 EJB 来实现。View 层用于与用户的交互，通常用 JSP 来实现。Controller 层是 Model 与 View 之间沟通的桥梁，它可以分派用户的请求并选择恰当的视图以用于显示，同时它也可以解释用户的输入并将它们映射为模型层可执行的操作。

随着技术的不断进步，现在需要用越来越多的方式来访问应用程序。MVC 模式允许用户使用各种不同样式的视图来访问同一个服务器端的代码。它包括任何 Web（HTTP）浏览器或无线浏览器（Wap），例如用户可以通过电脑也可以通过手机来订购产品，虽然订购的方式不一样，但处理订购产品的方式是一样的。由于模型返回的数据没有进行格式化，所以同样的构件能被不同的界面使用。例如，很多数据可能用 HTML 来表示，但是也有可能用 Wap 来表示，而这些表示所需要的命令是改变视图层的实现方式，而控制层和模型层无须做任何改变。

20.1.2 JSP 技术的优点

JSP 技术的优点如下：

- 一次编写，多处运行。除了系统之外，代码不用做任何更改。
- 系统的多平台支持。基本上可以在所有平台上的任意环境中开发，在任意环境中进行系统部署，在任意环境中扩展。
- 强大的可伸缩性。从只有一个小的 Jar 文件就可以运行 Servlet/JSP，到由多台服务器进行集群和负载均衡，再到多台 Application 进行事务处理、消息处理，一台服务器到无数台服务器，Java 显示了巨大的生命力。
- 多样化和功能强大的开发工具支持。这一点与 ASP 很像，Java 已经有了许多非常优秀的开发工具，而且许多可以免费得到，并且其中许多已经可以顺利地运行于多种平台之上。
- 支持服务器端组件。Web 应用需要强大的服务器端组件来支持，开发人员需要利用其他工具设计实现复杂功能的组件供 Web 页面调用，以增强系统性能。JSP 可以使用成熟的 Java Beans 组件来实现复杂的商务功能。

20.2 基本语法

在 JSP 页面中，可以分为 JSP 程序代码和其他程序代码两部分。JSP 程序代码全部写在<%和%>之间，其他代码部分如 JavaScript 和 HTML 代码按常规方式写入。换句话说，在常规页面中插入 JSP 元素，即构成了 JSP 页面。

20.2.1 注释

和其他的程序语言一样，JSP 也同样提供注释语句。JSP 注释分为 HTML 注释和隐藏注释。JSP 隐藏注释语句在 JSP 页面执行时会被忽略，不会执行，并且注释语句信息不会被送到客户端的浏览器中。也就是说，用户通过查看源文件是无法看到这些注释信息的，所以称为隐藏注释。HTML 注释和 JSP 注释的不同之处在于，HTML 注释在客户端浏览器能通过查看源文件而被查看到。

1. JSP 隐藏注释

JSP 注释语句的语法如下：

```
<%--comment--%>
<%-- 这是一些注释信息，不会在查看网页源文件的时候看到 --%>
```

在使用时，一定要注意<%--和--%>必须成对出现，否则会编译出错。

2. HTML 注释

HTML 注释语句的语法如下：

```
<!-- comment [ <%= expression %> ] -->
例如：
<!--该注释可以被查看-->
在客户端的 HTML 源代码中产生和上面一样的数据：
<!--该注释可以被查看-->
```

这种注释和 HTML 语言很像，它可以在“查看源代码”中看到。唯一有些不同的就是，用户可以在这个注释中使用表达式。这个表达式是不定的，随页面不同而不同，用户能够使用各种表达式，只要是合法的即可。

20.2.2 JSP 指令

JSP 指令用于设置整个 JSP 页面相关的属性。指令能够让 JSP 引擎按照指定的参数处理 JSP 代码，指定页面的有关输出方式、引用包、加载文件、缓冲区、出错处理等相关设置，主要作用是在 JSP 引擎之间进行沟通。主要的 3 种指令是 page、include 和 taglib 指令，下面对 3 种指令进行详细说明。

1. page 指令

在 JSP 文件中，可以通过<%@ page %>命令定义整个 JSP 页面的属性，通过这个命令定义的属性会对该 JSP 文件和包含进来的 JSP 页面起作用。此命令的语法比较复杂一些，语法格式如下：

```
<%@ page
[ language="java" ]
[ extends="package.class" ]
[ import="{package.class | package.*}, ..." ]
[ session="true | false" ]
[ buffer="none | 8kb | sizekb" ]
[ autoFlush="true | false" ]
[ isThreadSafe="true | false" ]
[ info="text" ]
[ errorPage="relativeURL" ]
[   contentType="mimeType   [   ;charset=characterSet   ]"   |   "text/html   ;
charset=ISO-8859-1" ]
[ isErrorPage="true | false" ]
%>
```

下面是使用 page 命令的示例，代码如下：

```
<%@   page   contentType="text/html;   charset=gb22012"   language="java"
import="java.sql.*" buffer="5kb" autoFlush="false" errorPage=" error.jsp " %>
```

通过 page 命令，可以为整个 JSP 页面定义上面提到的全局属性，其中除了“import”之外，其他的都只能引用一次，import 属性和 Java 语言中的 import 非常相似，可以在 JSP 页面中多次使用它。

关于<%@ page %>的位置可以不去考虑，放在任何地方都可以很好地工作，但出于良好的编程习惯，建议放在 JSP 页面的顶部。几乎所有的 JSP 页面顶部都可以找到 page 指令。

page 指令包括以下属性。

- language 属性：定义 JSP 页面使用的脚本语言，若使用 JSP 引擎支持 Java 以外的语言，可指定所使用的语言种类。默认语言为 Java，指明 JSP 文件中使用的脚本语言，目前只能使用 Java。

- contentType 属性：contentType 属性定义了 JSP 页面字符编码和页面响应的 MIME 类型。默认的 MIME 类型是 text/html，默认的字符集是 ISO-8859-1。例如：

```
<%@ page contentType="text/html; charset=gb22012" language="java"
import="java.sql.*" %>
```

- import 属性：该属性用于 JSP 引入 Java 包中的类，如果要包含多个包的话，将这些包的名称用逗号隔开放在一个 import 中，或者使用多个 import 分别声明。它是唯一可以多次被指定的属性。
- extends 属性：定义此 JSP 页面产生的 Servlet 是继承自哪个父类。请谨慎使用这一功能，因为服务器也许已经定义了一个。JSP 规范对不完全理解其隐意的情况下使用此属性提出警告。
- isErrorPage 属性：isErrorPage="true|false"，默认值为 true，设置是否显示错误信息。如果为 true，可以看到出错信息，如果为 false，就看不到了。
- errorPage 属性：errorPage="relativeURL"，设置处理异常事件的 JSP 文件的位置。表示如果发生异常错误，网页会被重新指向一个 URL 页面。错误页面必须在其 page 指令元素中指定 isErrorPage="true"。
- session 属性：session="true|false"，默认值为 true，定义是否在 JSP 页面使用 HTTP 的 session。如果值为 true，则可以使用 session 对象；如果值为 false，那么 JSP 页面就不被加入到 session 中，session 内置对象则不能使用，而同时会造成 Bean 的 scope 属性值只能是“page”。
- Buffer 属性：buffer="none|8kb|sizekb"，为内置对象 out 指定发送信息到客户端浏览器的信息缓存大小。以 kb 为单位，默认值是 8kb。也可以自行指定缓存的大小。还可以设置为 none，那么就没有缓冲区，所有的输出都不经缓存而直接输出。
- autoFlush 属性：autoFlush="true|false"，指定是否当缓存填满时自动刷新，输出缓存中的内容。如果为 true，则自动刷新。否则，当缓存填满后，可能会出现严重的错误。当把 buffer 设置为 none 时，就不能将 autoFlush 设置为 false。
- isThreadSafe 属性：isThreadSafe="true|false"，指定 JSP 页面是否支持多线程访问。默认值是 ture，表示可以同时处理多个客户请求，但是应该在 JSP 页面中添加处理多线程的同步控制代码。如果设置为 false，JSP 页面在一个时刻就只能响应一个请求。
- info 属性：info="text"，指定任何一段字符串，该字符串被直接加入到翻译好的页面中。可以通过 Servlet.getServletInfo()方法得到。

2. include 指令

include 指令的功能是在 JSP 编译时插入包含的文件，包含的过程是静态的。它可以把内容分成更多可管理的元素，如包括普通页面的页眉或页脚的元素。包含的文件可以是 JSP、HTML、文本或 Java 程序。include 指令的语法格式如下：

```
<%@ include file="relativeURL" %>
```

其中只有一个 file 属性，这个属性指定了被包含文件的路径。如果路径是以"/"开头的，那么这个路径应该就是相对于 JSP 应用程序上下文而言的。而如果以目录名或文件名开头则是相对 JSP 文件所在路径为当前路径而言的。例如：

```
"header.jsp"
"/templates/onlinestore.html"
"/beans/calendar.jsp"
```

在 JSP 中，可以用 include 指令将 JSP 文件、HTML 文件或 Text 文件包含到一个 JSP 文件中，这种包含是静态包含，也就是说当使用这种方法包含文件时，会将被包含文件的内容插入包含文件中，替换掉<%@ include %>这行语句。如果包含的是一个 JSP 文件，那么包含在这个文件中的 JSP 程序将被执行。

当使用 include 包含一个文件时，一定要注意，在被包含文件中不能含有<html>、</html>、<body>、</body>等 HTML 元素，否则会导致执行错误。因为被包含的文件会整体加入到 JSP 文件中，这些标记会与 JSP 文件中类似的标记冲突。示例代码如下：

```
<html>
<head><title>An Include Test</title></head>
<body bgcolor="white">
The current date and time are
<%@ include file="date.jsp" %>
</font>
</body>
</html>
date.jsp
<%@ page import ="java.util.*" %>
<%= (new java.util.Date()).toLocaleString() %>
```

上面的例子在执行后，会在客户端的浏览器中显示和下面类似的信息：

```
The current date and time are
Dec 200,2011 2:28:40
```

使用包含文件有以下优点：

- 被包含文件可以在多个文件中被使用，实现了代码共享和重用。
- 当被包含文件修改后，包含此文件的 JSP 文件的执行结果也发生变化，这样就提高了修改效率，为维护提供方便。

3．taglib 指令

taglib 指令的功能是使用标签库定义新的自定义标签，在 JSP 页面中启用定制行为。taglib 指令的语法格式如下：

```
<%@ taglib uri="URIToTagLibrary" prefix="tagPrefix" %>
```

例如：

```
<%@ taglib uri="http://www.jspcentral.com/tags" prefix="public" %>
<public:loop>
</public:loop>
```

<% @ taglib %>指令声明此 JSP 文件使用了自定义的标签，同时引用标签库，也指定了标签的前缀。

这里自定义的标签有标签和元素之分。因为 JSP 文件能够转化为 XML，所以了解标签和元素之间的联系很重要。标签只不过是一个在意义上被抬高了的标记，是 JSP 元素的一部分。JSP 元素是 JSP 语法的一部分，和 HTML 一样有开始标记和结束标记。元素可以包含其他的文本、标记、元素。使用自定义标签之前必须使用<% @ taglib %>指令，而且可以在一个页面中多次使用，但是同一前缀只能引用一次。

URI 根据标签的前缀对自定义的标签进行唯一的命名 prefix="tagPrefix"，在自定义标签前的前缀，例如，在<public:loop>中的 public，如果不写 public，就是不合法的。不要用 jsp、jspx、java、javax、servlet、sun 和 sunw 作为前缀。

20.3 JSP 脚本元素

JSP 脚本元素用来插入 Java 代码，这些 Java 代码将出现在由当前 JSP 页面生成的 Servlet 中。脚本元素有 3 种格式：声明格式<%! declaration; %>，其作用是把声明加入到 Servlet 类（在任何方法之外）；表达式格式<%= expression %>，其作用是计算表达式并输出其结果；Scriptlet 格式<% code %>，其作用是把代码插入到 Servlet 的 service 方法。

20.3.1 JSP 声明

JSP 声明用来声明 JSP 程序中的变量、实例、方法和类。声明是以<%!为起始，以%>为结尾。在 JSP 程序中，在使用一个变量或引用一个对象的方法和属性前，必须先对使用的变量和对象进行声明。声明后，才可以在后面的程序中使用它们。

JSP 的声明可以定义页面一级的变量以保存信息或定义该 JSP 页面可能需要的方法。其内容必须是一个采用 page 指令所定义的语言编写和完整有效的声明。JSP 内置对象在声明元素中不可见，此时声明的变量作为编译单元的成员变量处理。其语法格式如下：

```
<%! declaration; %>
```

例如：

```
<%! int i=0; %>
<%! int a,b,c; %>
```

注意：

- 编译 JSP 时，脚本小程序生成于 jspService()方法的内部，而声明却生成于 jspService()方法之外，与源文件合成一体。使用<%! %>方式声明的变量为全局变量，即表示当 n 个用户同时在执行此 JSP 网页时将会共享此变量。因此，应尽量少用声明变量，当要使用变量时，直接在 scriptlet 之中声明使用即可。
- 每个声明仅在一个页面中有效，如果想每个页面都用到一些声明，最好把它们写成一个单独的 JSP 页面或单独的 Java 类，然后用<%@ include %>或<jsp:include >动作元素包含进来。

由于声明不会有任何输出，因此它们往往和 JSP 表达式或脚本小程序结合在一起使用。例如，下面的 JSP 代码片断输出自从服务器启动（或 Servlet 类被改动并重新装载以来）当前页面被请求的次数：

```
<%! private int accessCount = 0; %>
```

自从服务器启动以来页面访问次数为：

```
<%= ++accessCount %>
```

20.3.2 JSP 表达式

JSP 表达式用来计算输出 Java 数据，表达式的结果被自动转换成字符型数据，结果可以作为 HTML 的内容，显示在浏览器窗口中。JSP 表达式包含在“<%= %>”标记中，不以分号结束，除非在加引号的字符串部分使用分号。开始字符和结束字符之间必须是一个完整合法的 Java 表达式。可以是复杂的表达式，在处理这个表达式时按照从左向右的方式来处理。其语法格式如下：

```
<%= expression %>
```

例如：

```
<%= i %>
<%= "Hello" %>
<%= a+b %>
```

下面的代码显示页面被请求的日期/时间：

```
当前时间为：<%= new java.util.Date() %>
```

为简化这些表达式，JSP 预定义了一组可以直接使用的对象变量。内置对象在表达式中可见。对于 JSP 表达式来说，最重要的几个内置对象及其类型如下，后面将详细介绍这些内置对象。

- request：HttpServletRequest。
- response：HttpServletResponse。
- session：和 request 关联的 HttpSession。
- out：PrintWriter 用来把输出发送到客户端。

例如：

```
Your hostname: <%= request.getRemoteHost() %>
```

20.4 JSP 动作

JSP 动作利用 XML 语法格式的标记来控制 Servlet 引擎的行为。动作组件用于执行一些标准的常用 JSP 页面。利用 JSP 动作可以动态地插入文件、重用 JavaBean 组件、把用户重定向到另外的页面、为 Java 插件生成 HTML 代码。JSP 动作元素包括以下几个。

- jsp:include：当页面被请求时引入一个文件。
- jsp:forward：请求转到一个新的页面。
- jsp:plugin：根据浏览器类型为 Java 插件生成 OBJECT 或 EMBED 标记。
- jsp:useBean：寻找或实例化一个 JavaBean。
- jsp:setProperty：设置 JavaBean 的属性。
- jsp:getProperty：输出某个 JavaBean 的属性。

20.4.1 include 动作元素

<jsp:include>动作元素表示在 JSP 文件被请求时包含一个静态的或动态的文件。语法格式如下：

```
<jsp:include page="path" flush="true" />
```

其中，page="path"表示相对路径，或者为相对路径的表达式。flush="true"表示缓冲区满时会被清空，一般使用 flush 为 true，它默认值是 false。

例如：

```
inc.jsp
<%= 2 + 2 %>
test.jsp
Header
<jsp:include page="inc.jsp"/>
Footer
```

运行结果如下：

```
4
```

<jsp:include>动作是在 JSP 文件被请求时，被包含文件和主文件分别被 JSP 容器编译，产生两个 Servlet，然后将被包含文件的 Servlet 调入到主文件的 Servlet 中。因此，同样引入文件，使用 include 指令要比使用<jsp:include>动作的响应速度快。

20.4.2 forword 动作元素

<jsp:forward>将客户端所发出来的请求，从一个 JSP 页面转交给另一个页面（可以是一个 HTML 文件、JSP 文件、PHP 文件、CGI 文件，甚至可以是一个 Java 程序段）。语法格式如下：

```
<jsp:forward page={"relativeURL"|"<%= expression %>"}/>
```

page 属性包含的是一个相对 URL。page 的值既可以直接给出，也可以在请求时动态计算，如下面的例子所示：

```
<jsp:forward page="/utils/errorReporter.jsp" /.>
<jsp:forward page="<%= someJavaExpression %>" />
```

有一点要特别注意，<jsp:forward>标签之后的程序将不能被执行。

例如：

```
<%
out.println("会被执行!!! ");
%>
<jsp:forward page="other.jsp" />
<%
out.println("不会执行!!!");
%>
```

上面这个范例在执行时，会打印出“会被执行!!!”，随后马上会转入到 other.jsp 的网页中，至于 out.println("不会执行!!! ")将不会被执行。

20.4.3 plugin 动作元素

jsp:plugin 动作用来根据浏览器的类型，插入通过 Java 插件运行 Java Applet 所必需的 OBJECT 或 EMBED 元素。语法格式如下：

```
<jsp:plugin
type="bean|applet"
code="classFileName"
codebase="classFileDirectoryName"
[name="instanceName"]
[align="bottom|top|middle|left|right"]
[height="displsyPixels"]
[width="displsyPixels"]
[hspace="leftRightPixels"]
[vspace="topButtomPixels"]
[jreversion="java 的版本"]
[<jsp:params>
[<jsp:param name="parameterName" value="参数的值"/>]
</jsp:params>]
[<jsp:fallback> 这里是在不能启动插件的时候，显示给用户的文本信息</jsp:fallback>]
</jsp:plugin>
```

plugin 中的各个属性如下。

- type="bean|applet"：插件将执行的对象的类型，必须指定。
- code="classFileName"：插件将执行的 Java 类文件的名称，在名称中必须包含扩展名，且此文件必须在用"codebase"属性指明的目录下。

- codebase="classFileDirectoryName"：包含插件将运行的 Java 类的目录或指相对这个目录的路径。

20.4.4　param 动作元素

param 动作元素用于传递参数。还可以使用<jsp:param>将当前 JSP 页面的一个或多个参数传递给所包含的或是跳转的 JSP 页面。该动作元素必须和<jsp:include>、<jsp:plugin>、<jsp:forward>动作一起使用。

和<jsp:include>一起使用的语法如下：

```
<jsp:include page="相对的 URL 值"|"<% =表达式%> " flush="true">
<jsp:param name="参数名 1" value="{参数值|<%=表达式 %>}"/>
<jsp:param name="参数名 2" value="{参数值|<%=表达式 %>}"/>
</ jsp:include>
```

和<jsp: forward>一起使用的语法如下：

```
<jsp:forward page="path"} >
<jsp:param name="paramname" value="paramvalue" />
</jsp:forward>
```

<jsp:param>中 name 指定参数名，value 指定参数值。参数被发送到一个动态文件，参数可以是一个或多个值。要传递多个参数，则可以在一个 JSP 文件中使用多个<jsp:param>将多个参数发送到一个动态文件中。如果用户选择使用<jsp:param>标签的功能，那么被重定向的目标文件就必须是一个动态的文件。

例如：

```
<jsp:include page="scripts/login.jsp">
<jsp:param name="username" value="Aqing" />
<jsp:param name="password" value="1220456"/>
</jsp:include>
```

20.4.5　useBean 及 setProperty 和 getProperty 动作元素

1. useBean 动作元素

<jsp:useBean>动作用来查找或实例化一个 JSP 页面使用的 JavaBean 组件。JavaBean 是特殊类型的 Java 类，它与普通 Java 类相比主要区别是包含了两种特殊的方法：setXXX( )（设置属性值的方法）、getXXX( )（获取属性值的方法）。

在程序中可以把逻辑控制、数据库操作放在 JavaBeans 组件中，然后在 JSP 文件中调用它。这个功能非常有用，因为它使得我们既可以发挥 Java 组件重用的优势，同时也避免了损失 JSP 区别于 Servlet 的方便性。所以，<jsp:useBean>动作几乎是 JSP 最重要的用法。其语法格式如下：

```
    <jsp:usebean id="name" scope="page | request | session | application"  typespec
/>
```

其中，typespec 有以下几种可能的情况：

```
    class="classname" | class="classname" type="typename" | beanname="beanname"
type="typename" | type="typename" |<jsp:useBean id="name" class="package.class" /
>
```

注意，必须使用 class 或 type，但不能同时使用 class 和 beanname。beanname 表示 bean 的名字，其形式为“a.b.c”。

只有当第一次实例化 Bean 时才执行 Body 部分，如果是利用已有的 Bean 实例则不执行 Body 部分，jsp:useBean 并非总是意味着创建一个新的 Bean 实例。

获得 Bean 实例之后，要修改 Bean 的属性既可以通过 jsp:setProperty 动作进行，也可以在脚本小程序中利用 id 属性所命名的对象变量，通过调用该对象的方法显式地修改其属性。当说"某个 Bean 有一个类型为 X 的属性 foo"时，就意味着"这个类有一个返回值类型为 X 的 getfoo 方法，还有一个 setfoo 方法以 X 类型的值为参数"。

通过 jsp:setProperty 和 jsp:getProperty 修改和提取 Bean 的属性。

useBean 动作元素属性如下。

- id 用来引用 Bean 实例的变量。如果能够找到 id 和 scope 相同的 Bean 实例，jsp:useBean 动作将使用已有的 Bean 实例而不是创建新的实例。
- class 指定 Bean 的完整包名，表明 bean 具体是对哪个类的实例化。
- scope 指定 Bean 的有效范围，可取 4 个值，分别为：page、request、session 和 application。默认值是 page，表示该 Bean 只在当前页面内可用（保存在当前页面的 PageContext 内），有效范围是当前页面。request 表示该 Bean 在当前的客户请求内有效（保存在 ServletRequest 对象内）。有效范围在一个单独客户请求的生命周期内。session 表示该 Bean 对当前 HttpSession 内的所有页面都有效。有效范围是整个用户会话的生命周期内。最后，如果取值 application，则表示该 Bean 对所有具有相同 ServletContext 的页面都有效。有效范围是应用的生命周期内。

scope 之所以很重要，是因为 jsp:useBean 只有在不存在具有相同 id 和 scope 的对象时才会实例化新的对象；如果已有 id 和 scope 都相同的对象，则直接使用已有的对象，此时 jsp:useBean 开始标记和结束标记之间的任何内容都将被忽略。

- type 指定引用该对象的变量的类型，它必须是 Bean 类的名称、超类名称、该类所实现的接口名称之一。变量的名称是由 id 属性指定的。
- beanName 指定 Bean 的名称。如果提供了 type 属性和 beanName 属性，允许省略 class 属性。

2. setProperty 动作元素

<jsp:setproperty>标签表示用来设置 bean 中的属性值。在 JSP 表达式或 Scriptlet 中读取 Bean 属性，通过调用相应的 getXXX 方法实现，或者更一般地使用 jsp:getProperty 动作。

可以使用以下两种语法实现。

- 在 jsp:usebean 后使用 jsp:setproperty：

```
<jsp:usebean id="myuser"/>
<jsp:setproperty name="user" property="user"/>
```

在这种方式中，jsp:setproperty 将被执行。

- jsp:setproperty 出现在 jsp:usebean 标签内：

```
<jsp:usebean id="myuser">
<jsp:setproperty name="user" property="user"/>
</jsp:usebean>
```

在这种方式中，jsp:setproperty 只会在新的对象被实例化时才将被执行。在<jsp:setproperty>中的 name 值应和<jsp:usebean>中的 id 值相同。我们既可以通过 jsp:setProperty 动作的 value 属性直接提供一个值，也可以通过 param 属性声明 Bean 的属性值来指定请求参数，还可以列出

Bean 属性表明它的值应该来自请求参数中的同名变量。该动作的含义是使用bean中相应的set()方法设置一个或多个属性的值，值的来源是通过 value 属性明确给出，或者利用 request 对象中相应的参数。

<jsp:setproperty>动作有下面 4 个属性。

- name 用来表明对哪个 bean 实例执行下面的动作，这个值和动作<jsp:useBean>中定义的 id 必须对应起来，包括大小写都必须一致。这个属性是必需的。
- property 用来表示要设置哪个属性。如果 property 的值是“*”，表示用户在可见的 JSP 页面中输入的全部值，存储在匹配的 bean 属性中。匹配的方法是：bean 的属性名称必须与输入框的名称相同。property　property 属性是必需的。它表示要设置哪个属性。有一个特殊用法：如果 property 的值是“*”，表示所有名字和 Bean 属性名字匹配的请求参数都将被传递给相应的属性 set 方法。这个属性也是必需的。
- value 属性是可选的。该属性用来指定 Bean 属性的值。字符串数据会在目标类中通过标准的 valueOf 方法自动转换成数字、boolean、Boolean、byte、Byte、char、Character。例如，boolean 和 Boolean 类型的属性值（如“true”）通过 Boolean.valueOf 转换，int 和 Integer 类型的属性值（如“42”）通过 Integer.valueOf 转换。value 和 param 不能同时使用，但可以使用其中任意一个。
- param 属性是可选的。它指定用哪个请求参数作为 Bean 属性的值。如果当前请求没有参数，则什么事情也不做，系统不会把 null 传递给 Bean 属性的 set 方法。因此，可以让 Bean 自己提供默认属性值，只有当请求参数明确指定了新值时才修改默认属性值。

3. getProperty 元素

<jsp:getproperty>标签表示获取 bean 的属性的值并将之转化为一个字符串，然后将其插入到输出的页面中。该动作实际是调用了 bean 的 get()方法。

在使用<jsp:getproperty>之前，必须用<jsp:usebean>来创建它。不能使用<jsp:getproperty>来检索一个已经被索引了的属性。语法格式如下：

```
<jsp:getProperty name="beanInstanceName" property="propertyName"/>
```

jsp:getProperty 有两个必需的属性：name，表示 Bean 的名字；property，表示要提取哪个属性的值。

例如：

```
<jsp:useBean id="itemBean" ... />
<UL>
<LI>Number of items:
<jsp:getProperty name="itemBean" property="numItems" />
<LI>Cost of each:
<jsp:getProperty name="itemBean" property="unitCost" />
</UL>
```

20.5　JSP 内置对象

为了使开发界面更加方便，JSP 为用户提供了一些内置对象，这些内置对象不需要开发人员实例化，在所有的JSP页面都能直接使用内置对象。JSP内置对象包括request、response、session、application、out、config、exception 和 pageContext，下面就对这些对象进行详细介绍。

20.5.1　request 对象

request 对象的作用是与客户端交互，收集客户端的 Form、Cookies、超链接或收集服务器端的环境变量。

request 对象是从客户端向服务器发出请求，包括用户提交的信息及客户端的一些信息。客户端可通过 HTML 表单或在网页地址后面提供参数的方法提交数据，然后通过 request 对象的相关方法来获取这些数据。request 的各种方法主要用来处理客户端浏览器提交的请求中的各项参数和选项。

该对象封装了用户提交的信息，通过调用该对象相应的方法可以获取封装的信息，即使用该对象可以获取用户。提交信息，它是 HttpServletRequest 的实例。request 对象常用方法如表 20.1 所示。

表 20.1　request对象常用方法

方　法	说　明
object getAttribute(String name)	返回指定属性的属性值
Enumeration getAttributeNames()	返回所有可用属性名的枚举
String getCharacterEncoding()	返回字符编码方式
int getContentLength()	返回请求体的长度（以字节数）
String getContentType()	得到请求体的 MIME 类型
ServletInputStream getInputStream()	得到请求体中一行的二进制流
String getParameter(String name)	返回 name 指定参数的参数值
Enumeration getParameterNames()	返回可用参数名的枚举
String[] getParameterValues(String name)	返回包含参数 name 的所有值的数组
String getProtocol()	返回请求用的协议类型及版本号
String getScheme()	返回请求用的计划名，如 http、https 及 ftp 等
String getServerName()	返回接受请求的服务器主机名
int getServerPort()	返回服务器接受此请求所用的端口号
BufferedReader getReader()	返回解码过了的请求体
String getRemoteAddr()	返回发送此请求的客户端 IP 地址
String getRemoteHost()	返回发送此请求的客户端主机名
void setAttribute(String key,Object obj)	设置属性的属性值
String getRealPath(String path)	返回一虚拟路径的真实路径

下面通过一个示例来进行详细说明。该页面代码用于返回用户计算机信息，具体代码如下：

```
<%@ page contentType="text/html;charset=gb22012"%>
<%request.setCharacterEncoding("gb22012");%>
<html>
<head>
<title>request 对象示例</title>
</head>
<body bgcolor="#FFFFF0">
<form action="" method="post">
    <input type="text" name="qwe">
    <input type="submit" value="提交">
</form>
```

```
请求方式：<%=request.getMethod()%><br>
请求的资源：<%=request.getRequestURI()%><br>
请求用的协议：<%=request.getProtocol()%><br>
请求的文件名：<%=request.getServletPath()%><br>
请求的服务器的 IP：<%=request.getServerName()%><br>
请求服务器的端口：<%=request.getServerPort()%><br>
客户端 IP 地址：<%=request.getRemoteAddr()%><br>
客户端主机名：<%=request.getRemoteHost()%><br>
表单提交来的值：<%=request.getParameter("qwe")%><br>
</body>
</html>
<%@ page contentType="text/html;charset=gb22012"%>
<%request.setCharacterEncoding("gb22012");%>
<%@ page import="java.util.Enumeration"%>
```

20.5.2　response 对象

response 对象对客户的请求做出动态的响应，向客户端发送数据，用户可以使用该对象将服务器的数据以 HTML 的格式发送到用户端的浏览器，它与 request 组成了一对接收、发送数据的对象。

response 对象包含响应客户请求的有关信息，但在 JSP 中很少直接用到它。它是 HttpServletResponse 类的实例。response 对象常用方法如表 20.2 所示。

表 20.2　response对象常用方法

方　法	说　明
String getCharacterEncoding()	返回响应用的是何种字符编码
ServletOutputStream getOutputStream()	返回响应的一个二进制输出流
PrintWriter getWriter()	返回可以向客户端输出字符的一个对象
void setContentLength(int len)	设置响应头长度
void setContentType(String type)	设置响应的 MIME 类型
sendRedirect(java.lang.String location)	重新定向客户端的请求

20.5.3　session 对象

session 对象指的是客户端与服务器的一次会话，从客户连到服务器的一个 Web Application 开始，直到客户端与服务器断开连接为止。它是 HttpSession 类的实例。

当程序需要为某个客户端的请求创建一个 session 时，服务器首先检查这个客户端的请求中是否已包含了一个 session 标识（称为 session id），如果已包含一个 session id，则说明以前已经为此客户端创建过 session，服务器就按照 session id 把这个 session 检索出来使用（如果检索不到，可能会新建一个），如果客户端请求不包含 session id，则为此客户端创建一个 session 并且生成一个与此 session 相关联的 session id，session id 的值应该是一个既不会重复，又不容易被找到规律以仿造的字符串，这个 session id 将被在本次响应中返回给客户端保存。保存这个 session id 的方式可以采用 cookie，这样在交互过程中浏览器可以自动按照规则把这个标识返回给服务器。session 对象常用方法如表 20.3 所示。

表 20.3　session对象常用方法

方　法	说　明
long getCreationTime()	返回 session 创建时间

续表

方　法	说　明
public String getId()	返回 session 创建时端 JSP 引擎为它设的唯一 ID 号
long getLastAccessedTime()	返回 session 中客户最近一次请求时间
int getMaxInactiveInterval()	返回两次请求间隔多长时间此 session 被取消（ms）
String[] getValueNames()	返回一个包含此 session 中所有可用属性的数组
void invalidate()	取消 session 使 session 不可用
boolean isNew()	返回服务器创建的一个 session，客户端是否已经加入
void removeValue(String name)	删除 session 中指定的属性
void setMaxInactiveInterval()	设置两次请求间隔多长时间此 session 被取消（ms）

下面通过一个示例来进行详细说明。代码如下：

```
<%@ page contentType="text/html;charset=gb22012"%>
<%@ page import="java.util.*" %>
<html>
<head><title>session 对象示例</title><head>
<body><br>
session 的 创 建 时 间 :<%=session.getCreationTime()%>  <%=new Date
(session.getCreationTime())%><br><br>
        session 的 Id 号:<%=session.getId()%><br><br>
        客户端最近一次请求时间:<%=session.getLastAccessedTime()%>  <%=new
java.sql. Time(session.getLastAccessedTime())%><br><br>
        两次请求间隔多长时间此 session 被取消(ms):<%=session.getMaxInactiveInterval
()%><br><br>
        是否是新创建的一个 session:<%=session.isNew()?"是":"否"%><br><br>
<%
        session.putValue("name","编程");
        session.putValue("nmber","1472069");
%>
<%
        for(int i=0;i<session.getValueNames().length;i++)
        out.println(session.getValueNames()[i]+"="+session.getValue(session.get
ValueNames()[i]));
%>
<!--返回的是从格林威治时间(GMT)1970 年 01 月 01 日 0: 00: 00 起到计算当时的毫秒数-->
</body>
</html>
```

20.5.4　application 对象

application 对象实现了用户间数据的共享，可存放全局变量。它开始于服务器的启动，直到服务器的关闭，在此期间，此对象将一直存在；这样在用户的前后连接或不同用户之间的连接中，可以对此对象的同一属性进行操作；在任何地方对此对象属性的操作，都将影响到其他用户对此的访问。服务器的启动和关闭决定了 application 对象的生命。它是 ServletContext 类的实例。application 对象常用方法如表 20.4 所示。

表 20.4　application对象常用方法

方　法	说　明
Object getAttribute(String name)	返回给定名的属性值
Enumeration getAttributeNames()	返回所有可用属性名的枚举
void setAttribute(String name,Object obj)	设定属性的属性值

续表

方　法	说　明
void removeAttribute(String name)	删除属性及其属性值
String getServerInfo()	返回 JSP(SERVLET)引擎名及版本号
String getRealPath(String path)	返回虚拟路径的真实路径
ServletContext getContext(String uripath)	返回指定 WebApplication 的 application 对象
void removeValue(String name)	删除 session 中指定的属性
int getMajorVersion()	返回服务器支持的 Servlet API 的最大版本号
int getMinorVersion()	返回服务器支持的 Servlet API 的最小版本号
String getMimeType(String file)	返回指定文件的 MIME 类型
URL getResource(String path)	返回指定资源（文件及目录）的 URL 路径
InputStream getResourceAsStream(String path)	返回指定资源的输入流
RequestDispatcher getRequestDispatcher(String uripath)	返回指定资源的 RequestDispatcher 对象
Servlet getServlet(String name)	返回指定名的 Servlet
Enumeration getServlets()	返回所有 Servlet 的枚举
Enumeration getServletNames()	返回所有 Servlet 名的枚举
void log(String msg)	把指定消息写入 Servlet 的日志文件
void log(Exception exception,String msg)	把指定异常的栈轨迹及错误消息写入 Servlet 的日志文件
void log(String msg,Throwable throwable)	把栈轨迹及给出的 Throwable 异常的说明信息写入 Servlet 的日志文件

下面通过一个示例来具体了解 application 对象，示例代码如下：

```
<%@ page contentType="text/html;charset=gb22012"%>
<html>
<head><title>application 对象示例</title><head>
<body><br>
    JSP(SERVLET)引擎名及版本号:<%=application.getServerInfo()%><br><br>
    返 回 /application1.jsp 虚 拟 路 径 的 真 实 路 径 :<%=application.getRealPath
("/application1.jsp")%><br><br>
    服务器支持的 Servlet API 的大版本号:<%=application.getMajorVersion()%><br><br>
    服务器支持的 Servlet API 的小版本号:<%=application.getMinorVersion()%><br><br>
    指定资源(文件及目录)的 URL 路径:<%=application.getResource("/application1.
jsp")%><br><br><!--可以将 application1.jsp 换成一个目录-->
<br><br>
<%
    application.setAttribute("name","java 编程");
    out.println(application.getAttribute("name"));
    application.removeAttribute("name");
    out.println(application.getAttribute("name"));
%>
</body>
</html>
```

20.5.5 out 对象

out 对象是一个输出流，用来向客户端输出数据。out 对象用于各种数据的输出，其常用方法如表 20.5 所示。

表 20.5　out对象常用方法

方　法	说　明
void clear()	清除缓冲区的内容
void clearBuffer()	清除缓冲区的当前内容
void flush()	清空流
int getBufferSize()	返回缓冲区字节数的大小，如不设缓冲区则为 0
int getRemaining()	返回缓冲区还剩余多少可用
boolean isAutoFlush()	返回缓冲区满时，是自动清空还是抛出异常
void close()	关闭输出流

示例代码如下：

```
<%@page contentType="text/html;charset=gb22012"%>
<html><head><title>out 对象示例</title></head>
<%@page buffer="1kb"%>
<body>
<%
for(int i=0;i<2000;i++)
    out.println(i+"{"+out.getRemaining()+"}");
%><br>
    缓存大小：<%=out.getBufferSize()%><br>
    剩余缓存大小：<%=out.getRemaining()%><br>
    自动刷新：<%=out.isAutoFlush()%><br>
<%--out.clearBuffer();--%>
<%--out.clear();--%>
<!—默认情况下：服务端要输出到客户端的内容，不直接写到客户端，而是先写到一个输出缓冲区中。只
有在下面 3 种情况下，才会把该缓冲区的内容输出到客户端上：
1.该 JSP 网页已完成信息的输出。
2.输出缓冲区已满。
3.JSP 中调用了 out.flush()或 response.flushbuffer()。
-->
</body>
</html>
```

20.5.6　config 对象

javax.servlet.ServletConfig 的实例，该实例代表该 JSP 的配置信息。常用的方法有 getInitParameter(String paramNarne) 及 getInitParameternarnes() 等。事实上，JSP 页面通常无须配置，也就不存在配置信息。

config 对象是在一个 Servlet 初始化时，JSP 引擎向它传递信息用的，此信息包括 Servlet 初始化时所要用到的参数（由属性名和属性值构成）及服务器的有关信息（通过传递一个 ServletContext 对象）。config 对象常用方法如表 20.6 所示。

表 20.6　config对象常用方法

方　法	说　明
ServletContext getServletContext()	返回含有服务器相关信息的 ServletContext 对象
String getInitParameter(String name)	返回初始化参数的值
Enumeration getInitParameterNames()	返回 Servlet 初始化所需所有参数的枚举

20.5.7　exception 对象

exception 对象是一个例外对象，当一个页面在运行过程中发生了例外时，就产生这个对象。如果一个 JSP 页面要应用此对象，就必须把 isErrorPage 设为 true，否则无法编译。它实际上是 java.lang.Throwable 的对象。exception 对象常用方法如表 20.7 所示。

表 20.7　exception对象常用方法

方　法	说　明
String getMessage()	返回描述异常的消息
String toString()	返回关于异常的简短描述消息
void printStackTrace()	显示异常及其栈轨迹
Throwable FillInStackTrace()	重写异常的执行栈轨迹

20.5.8　pageContext 对象

pageContext 对象提供了对 JSP 页面内所有的对象及名字空间的访问，也就是说它可以访问到本页所在的 SESSION，也可以取本页面所在的 application 的某一属性值，它相当于页面中所有功能的集大成者，它的本类名也叫 pageContext。pageContext 对象常用方法如表 20.8 所示。

表 20.8　pageContext对象常用方法

方　法	说　明
JspWriter getOut()	返回当前客户端响应被使用的 JspWriter 流（out）
HttpSession getSession()	返回当前页中的 HttpSession 对象（session）
Object getPage()	返回当前页的 Object 对象（page）
ServletRequest getRequest()	返回当前页的 ServletRequest 对象（request）
ServletResponse getResponse()	返回当前页的 ServletResponse 对象（response）
Exception getException()	返回当前页的 Exception 对象（exception）
ServletConfig getServletConfig()	返回当前页的 ServletConfig 对象（config）
ServletContext getServletContext()	返回当前页的 ServletContext 对象（application）
void setAttribute(String name,Object attribute)	设置属性及属性值
void setAttribute(String name,Object obj,int scope)	在指定范围内设置属性及属性值
public Object getAttribute(String name)	取属性的值
Object getAttribute(String name,int scope)	在指定范围内取属性的值
public Object findAttribute(String name)	寻找一个属性，返回其属性值或 NULL
void removeAttribute(String name)	删除某属性
void removeAttribute(String name,int scope)	在指定范围删除某属性
int getAttributeScope(String name)	返回某属性的作用范围
Enumeration getAttributeNamesInScope(int scope)	返回指定范围内可用的属性名枚举
void release()	释放 pageContext 所占用的资源
void forward(String relativeUrlPath)	使当前页面重导到另一页面
void include(String relativeUrlPath)	在当前位置包含另一文件

示例代码如下：

```
<%@ page  contentType="text/html;charset=gb22012"%>
<html><head><title>pageContext 对象示例</title></head>
<body><br>
<%
request.setAttribute("name","Java 编程");
session.setAttribute("name","Java 计算机编程");
//session.putValue("name","计算机编程");
application.setAttribute("name","编程");
%>
request 设定的值：<%=pageContext.getRequest().getAttribute("name")%><br>
session 设定的值：<%=pageContext.getSession().getAttribute("name")%><br>
application 设定的值:<%=pageContext.getServletContext().getAttribute("name") %><br>
范围 1 内的值：<%=pageContext.getAttribute("name",1)%><br>
范围 2 内的值：<%=pageContext.getAttribute("name",2)%><br>
范围 3 内的值：<%=pageContext.getAttribute("name",20)%><br>
范围 4 内的值：<%=pageContext.getAttribute("name",4)%><br>
<!--从最小的范围 page 开始，然后是 reques、session 以及 application-->
<%pageContext.removeAttribute("name",20);%>
pageContext 修改后的 session 设定的值：<%=session.getValue("name")%><br>
<%pageContext.setAttribute("name","应用技术编程",4);%>
pageContext 修改后的 application 设定的值：<%=pageContext.getServletContext().
getAttribute("name")%><br>
值的查找：<%=pageContext.findAttribute("name")%><br>
属性 name 的范围：<%=pageContext.getAttributesScope("name")%><br>
</body>
</html>
```

20.6 典型实例

【实例 20-1】本章最后做一个 JSP 实例，完成简单文件的上传。

jspSmartUpload 是由 www.jspsmart.com 网站开发的一个可免费使用的全功能的文件上传下载组件，适于嵌入执行上传下载操作的 jsp 文件中。该组件具有：使用简单、能全程控制上传、能对上传文件的大小和类型做限制、下载灵活和可以将文件上传到数据库并可以从数据库中下载出来 5 个特点。

本实例将演示如何使用 jspSmartUpload 组件，实现在 JSP 页面中上传文件的功能。在演示此功能前，需到 www.jspsmart.com 网站上自由下载 jspSmartUpload 组件，压缩包的名字是 jspSmartUpload.zip。下载后，将解压后的 jspsmartupload.jar 放入 Tomcat 服务器/自定义工程/WEB-INF/lib 下，那么此工程中的所有 Java 程序都能使用 jspSmartUpload 组件了。

（1）新建一个类名为：send.jsp。

（2）代码如下所示。

```
<%@ page contentType="text/html; charset=gb2312" language="java"%>
<html>
    <head>
        <title>文件上传</title>
        <meta http-equiv="Content-Type" content="text/html; charset=gb2312">
    </head>
    <body>
        <p>
             
        </p>
        <p align="center">
            <font style="FONT-SIZE:20px;COLOR:#B03060">选择上传文件</font>
        </p>
        <FORM METHOD="POST" ACTION="downlog.jsp" ENCTYPE="multipart/form-data">
            <table width="75%" border="1" align="center" bgcolor="#FDF5E6"
```

```
                    bordercolor="#6B8E23">
                    <tr>
                        <td>
                            <div align="center">
                                <font style="FONT-SIZE:15px;COLOR:#FF8000">上传
文件 1:</font>
                                <input type="File" name="file 1" size="40">
                            </div>
                        </td>
                    </tr>
                    <tr>
                        <td>
                            <div align="center">
                                <font style="FONT-SIZE:15px;COLOR:#FF8000">上传
文件 2:</font>
                                <input type="File" name="file 2" size="40">
                            </div>
                        </td>
                    </tr>
                    <tr>
                        <td>
                            <div align="center">
                                <font style="FONT-SIZE:15px;COLOR:#FF8000">上传
文件 3:</font>
                                <input type="File" name="file 3" size="40">
                            </div>
                        </td>
                    </tr>
                    <tr>
                        <td>
                            <div align="center">
                                <font style="FONT-SIZE:15px;COLOR:#FF8000">上传
文件 4:</font>
                                <input type="File" name="file 4" size="40">
                            </div>
                        </td>
                    </tr>
                    <tr>
                        <td>
                            <div align="center">
                                <font style="FONT-SIZE:15px;COLOR:#FF8000">上传
文件 5:</font>
                                <input type="File" name="file 5" size="40">
                            </div>
                        </td>
                    </tr>
                    <tr>
                        <td>
                            <div align="center">
                                <font  style="FONT-SIZE:15px;COLOR:#0000FF"><B>
上传帐户：</B>
                                </font>
                                <input name="username" type="text">
                                <input type="submit" name="Submit" value="上  传">
                            </div>
                        </td>
                    </tr>
                </table>
            </FORM>
        </body>
    </html>
```

（3）编写 downlog.jsp 处理上传操作后的界面，具体代码如下：

```
<%@ page contentType="text/html; charset=gb2312" language="java"
import="com.jspsmart.upload.*"%>
```

```
    <html>
        <head>
            <title>文件上传</title>
            <meta http-equiv="Content-Type" content="text/html; charset=gb2312">
        </head>
        <body>
            <%  // 新建一个 SmartUpload 对象
                SmartUpload la= new SmartUpload();
                // 上传初始化
                la.initialize(pageContext);
                // 设定上传限制
                // 1.限制每个上传文件的最大长度 15MB
                la.setMaxFileSize(15 * 1024 * 1024);
                // 2.限制总上传数据的长度为 100 MB。
                la.setTotalMaxFileSize(100 * 1024 * 1024);
                //3.设定允许上传的文件（通过扩展名限制），仅允许 txt,mp3,wmv,jpg,doc 文件。
                la.setAllowedFilesList("txt,mp3,wmv,jpg,doc");
                // 4.设定禁止上传的文件（通过扩展名限制），禁止上传带有 exe,bat,
                // jsp,htm,html 扩展名的文件和没有扩展名的文件。
                la.setDeniedFilesList("exe,bat,jsp,htm,html,,");
                // 上传文件
                la.upload();
                // 将上传文件全部保存到指定目录
                // 注意这个目录是虚拟目录，相对于 Web 应用的根目录
                int count = la.save("/lession20");
                out.println("<font
style='FONT-SIZE:35px;COLOR:#FF4500'><B>"+count+"个文件上传成功!</B></font><br>");
                // 利用 Request 对象获取参数之值
                out.println("<BR><font  style='FONT-SIZE:25px;COLOR:#FF4500'><B>
上传帐户： "
                                + la.getRequest().getParameter("uploadername")
                                + "</B></font><BR><BR>");
                // 逐一提取上传文件信息，同时可保存文件。
                for (int i = 0; i < la.getFiles().getCount(); i++) {
                    com.jspsmart.upload.File file = la.getFiles().getFile(i);
                // 若文件不存在则继续
                    if (file.isMissing()) {
                        continue;
                    }
                // 显示当前文件信息
                    out.println("<TABLE   BORDER=1   width=40%   bgcolor=#FDF5E6
bordercolor=#6B8E23 >");
                    out.println("<TR><Th><font
style='FONT-SIZE:15px;COLOR:#FA8072'>表单项名</font></Th><TD>"
                            + file.getFieldName() + "</TD></TR>");
                    out.println("<TR><Th><font
style='FONT-SIZE:15px;COLOR:#FA8072'>文件长度</font></Th><TD>" + file.getSize()
                            + " Byte</TD></TR>");
                    out.println("<TR><Th><font
style='FONT-SIZE:15px;COLOR:#FA8072'>文件名</font></Th><TD>"
                            + file.getFileName() + "</TD></TR>");
                    out.println("<TR><Th><font
style='FONT-SIZE:15px;COLOR:#FA8072'>文件扩展名</font></Th><TD>"
                            + file.getFileExt() + "</TD></TR>");
                    out.println("<TR><Th><font
style='FONT-SIZE:15px;COLOR:#FA8072'>文件来源</font></Th><TD>"
                            + file.getFilePathName() + "</TD></TR>");
                    out.println("</TABLE><BR>");
                // 将文件另存为路径是相对于 Web 应用的根目录
                    file.saveAs("/lession20/saveas/" + file.getFileName(),
                            SmartUpload.SAVE_VIRTUAL);
                // 另存到操作系统的根目录为文件根目录的目录下
                // SmartUpload.SAVE_PHYSICAL 指定了采用物理路径
                    file.saveAs("D:/temp/upload/" + file.getFileName(),
                            SmartUpload.SAVE_PHYSICAL);
```

```
            }
        %>
    </body>
</html>
```

这样，就做好了一个简单的文件上传 JSP。

启动 Tomcat 后，在输入栏中输入：http://127.0.0.1:8080/My_Servlet/lession20/send.jsp，便出现相应界面，如图 20.1 所示。

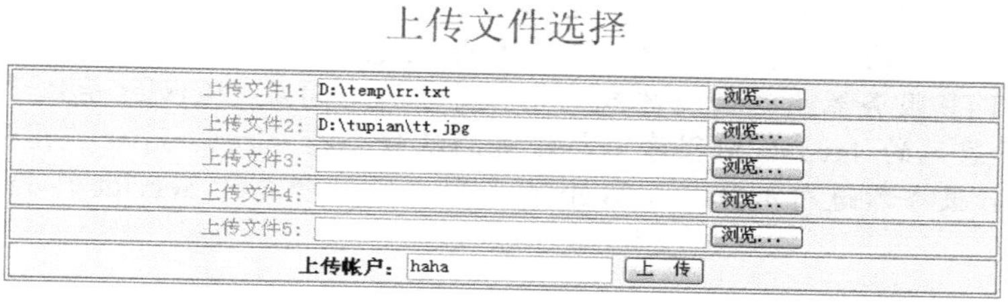

上传文件选择

上传文件1:	D:\temp\rr.txt	浏览...
上传文件2:	D:\tupian\tt.jpg	浏览...
上传文件3:		浏览...
上传文件4:		浏览...
上传文件5:		浏览...
上传帐户：	haha	上 传

图20.1 上传文件到服务器

（4）上传之后的页面，如图 20.2 所示。

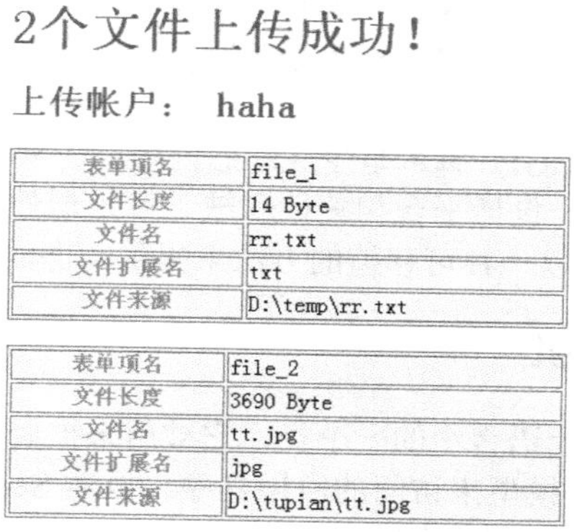

2个文件上传成功！

上传帐户： **haha**

表单项名	file_1
文件长度	14 Byte
文件名	rr.txt
文件扩展名	txt
文件来源	D:\temp\rr.txt

表单项名	file_2
文件长度	3690 Byte
文件名	tt.jpg
文件扩展名	jpg
文件来源	D:\tupian\tt.jpg

图20.2 上传文件的结果界面

第 21 章　Servlet

Servlet 是一种服务器端的 Java 应用程序，具有独立于平台和协议的特性，可以生成动态的 Web 页面。它担当客户请求（Web 浏览器或其他 HTTP 客户程序）与服务器响应（HTTP 服务器上的数据库或应用程序）的中间层。Servlet 是位于 Web 服务器内部的服务器端的 Java 应用程序，与传统的从命令行启动的 Java 应用程序不同，Servlet 由 Web 服务器进行加载，该 Web 服务器必须包含支持 Servlet 的 Java 虚拟机。

21.1　Servlet 简介

当 Web 刚开始被用来传送服务时，服务提供者就已经意识到了动态内容的需要。Applet 是为了实现这个目标的一种最早的尝试，它主要关注使用客户端平台来交付动态用户体验。与此同时，开发人员也在研究如何使用服务器平台实现这个目标。开始的时候，公共网关接口（Common Gateway Interface，CGI）脚本是生成动态内容的主要技术。虽然使用得非常广泛，但 CGI 脚本技术有很多缺陷，包括平台相关性和缺乏可扩展性。为了避免这些局限性，Java Servlet 技术应运而生，它能够以一种可移植的方法来提供动态的、面向用户的内容。

21.1.1　什么是 Servlet

一个 Servlet 就是 Java 编程语言中的一个类，它被用来扩展服务器的性能，服务器上驻留着可以通过“请求-响应”编程模型来访问的应用程序。虽然 Servlet 可以对任何类型的请求产生响应，但通常只用来扩展 Web 服务器的应用程序。Java Servlet 技术为这些应用程序定义了一个特定于 HTTP 的 Servlet 类。

javax.servlet 和 javax.servlet.http 包为编写 Servlet 提供了接口和类。所有的 Servlet 都必须实现 Servlet 接口，该接口定义了生命周期方法。

当实现一个通用的服务时，可以使用或扩展由 JavaServletAPI 提供的 GenericServlet 类。HttpServlet 类提供了一些方法，诸如 doGet 和 doPost，以用于处理特定于 HTTP 的服务。

21.1.2　Servlet 的生命周期

首次创建 Servlet 时，它的 init 对象得到调用，因此 Init 是放置一次性设置代码的地方。在这之后，针对每个用户请求都会创建一个线程，该线程调用前面创建的实例的 Service 方法，多个并发请求一般会导致多个线程同时调用 Service（可以实现特殊的接口 SingleThreadModel 实现单线程运行），之后由 Service 方法依据接收到的 HTTP 请求类型，调用 doGet、doPost 或其他 doXxx 方法，最后如果服务器决定卸载某个 Servlet，调用 Servlet 的 Destroy 方法。

1. Service()方法

服务器每次收到对 Servlet 的请求都会产生一个新的线程，调用 Service 方法检查 HTTP 请求类型（GET、POST、PUT、DELETE 等），从而调用相应的方法。

2. DoGet()、doPost()、doXxx()方法

这些方法都是 Servlet 的主体。

3. Init()方法

可以在 Servlet 开始时，完成初始化，代码如下：

```
//在一个 Servlet 中写一个
public void init( )thorwsServletException{
//init  code
}
```

4. Destroy()方法

服务器移除 Servlet 之前可以调用 Destroy 方法来完成一些工作。例如，使得 Servlet 有机会关闭数据库连接，停滞后台进程，将 cookie 列表和点击数写入磁盘等收尾工作。

21.1.3 Servlet 的基本结构

下面是一个基本的 Servlet。Servlet 一般扩展自 HttpServlet，依据数据发送方式的不同（GET 或 POST）。覆盖 doGet 或 doPost 方法。如果希望 Servlet 对 GET 和 POST 采取同样的行动，只需要让 doGet 调用 doPost 即可，反之亦然。

```
Import java.io.*;
Import javax.servlet.*;
Import javax.servlet.http.*;
Public class ServletTemplate extends HttpServlet{
Public void doGet(HttpServlet Requestrequest,
            HttpServlet Responseresponse)
    Throws Servlet Exception,IOException{
    //Use "request" to read in coming HTTPheaders
    //(e.g.,cookies)and query data from HTMLforms.
    //Use "response" to specify the HTTPresponsestatus
    //code and headers(e.g.,the content type,cookies).
    PrintWriter out  =  response.getWriter( );
    //Use"out"tosend contentto browser
    }
}
```

doGet 和 doPost 都接受两个参数：HttpServletRequest 和 HttpServletResponse。通过 HttpServletRequest 可以获得所有的输入数据：表单数据、HTTP 请求报头、客户主机名等。HttpServletResponse 可以指定输出信息，如 HTTP 状态码和响应报头，最重要的是通过它可以获得 PrintWriter，用它将文档内容发给用户。

21.2 HTTPServlet 应用编程接口

HTTPServlet 使用一个 HTML 表单来发送和接收数据。要创建一个 HTTPServlet，应扩展 HttpServlet 类，该类是用专门的方法来处理 HTML 表单的 GenericServlet 的一个子类。HTML 表单是由<FORM>和</FORM>标记定义的。表单中包含输入字段（如文本输入字段、复选框、单选按钮和选择列表）和用于提交数据的按钮。当提交信息时，它们还指定服务器应执行哪一个 Servlet（或其他的程序）。HttpServlet 类包含 init()、destroy()、service()等方法。其中，init()和 destroy()方法是继承的。Request 和 HttpServletResponse 通过 HttpServletRequest 可以获得所有的输入数据：表单数据、HTTP 请求报头、客户主机名等。HttpServletResponse 可以指定输出信息，如 HTTP 状态码和响应报头。最重要的是通过它可以获得 PrintWriter，用它将文档内

容发给用户。

21.2.1 init()方法

在 Servlet 的生命周期中，仅执行一次 init()方法。它是在服务器装入 Servlet 时执行的。可以配置服务器，以在启动服务器或客户机首次访问 Servlet 时装入 Servlet。无论有多少客户机访问 Servlet，都不会重复执行 init()。

默认的 init()方法通常是符合要求的，但也可以用定制 init()方法来覆盖它，典型的是管理服务器端资源。例如，可以编写一个定制 init()来只用于一次装入 GIF 图像，改进 Servlet 返回 GIF 图像和含有多个客户机请求的性能。另一个示例是初始化数据库连接。默认的 init()方法设置了 Servlet 的初始化参数，并用它的 ServletConfig 对象参数来启动配置，因此所有覆盖 init()方法的 Servlet 应调用 super.init()以确保仍然执行这些任务。在调用 service()方法之前，应确保已完成了 init()方法。

21.2.2 service()方法

service()方法是 Servlet 的核心。每当一个客户请求一个 HttpServlet 对象，该对象的 service()方法就要被调用，而且传递给这个方法一个“请求”（ServletRequest）对象和一个“响应”（ServletResponse）对象作为参数。在 HttpServlet 中已存在 service()方法。默认的服务功能是调用与 HTTP 请求的方法相应的 do 功能。例如，如果 HTTP 请求方法为 GET，则默认情况下就调用 doGet()。Servlet 应该为 Servlet 支持的 HTTP 方法覆盖 do 功能。因为 HttpServlet.service()方法会检查请求方法是否调用了适当的处理方法，没必要覆盖 service()方法。只需覆盖相应的 do 方法就可以了。Servlet 的响应可以是下列两种类型：一个输出流，浏览器根据它的内容类型（如 text/HTML）进行解释；一个 HTTP 错误响应，重定向到另一个 URL、servlet、JSP。

21.2.3 doGet()方法

当一个客户通过 HTML 表单发出一个 HTTPGET 请求或直接请求一个 URL 时，doGet()方法被调用。与 GET 请求相关的参数添加到 URL 的后面，并与这个请求一起发送。当不会修改服务器端的数据时，应该使用 doGet()方法。

21.2.4 doPost()方法

当一个客户通过 HTML 表单发出一个 HTTPPOST 请求时，doPost()方法被调用。与 POST 请求相关的参数作为一个单独的 HTTP 请求从浏览器发送到服务器。当需要修改服务器端的数据时，应该使用 doPost()方法。

21.2.5 destroy()方法

destroy()方法仅执行一次，在服务器停止且卸装 Servlet 时执行该方法。典型的应用是将 Servlet 作为服务器进程的一部分来关闭。默认的 destroy()方法通常是符合要求的，但也可以覆盖它，典型的应用是管理服务器端资源。例如，如果 Servlet 在运行时会累计统计数据，则可以编写一个 destroy()方法，该方法用于在未装入 Servlet 时将统计数字保存在文件中。另一个示例是关闭数据库连接。

当服务器卸装 Servlet 时，将在所有 service()方法调用完成后，或在指定的时间间隔过后调用destroy()方法。一个Servlet在运行service()方法时可能会产生其他的线程，因此应确认在调用destroy()方法时，这些线程已终止或完成。

21.2.6 GetServletConfig()方法

GetServletConfig()方法返回一个ServletConfig对象，该对象用来返回初始化参数和ServletContext。ServletContext接口提供有关Servlet的环境信息。

21.2.7 GetServletInfo()方法

GetServletInfo()方法是一个可选的方法，它提供有关Servlet的信息，如作者、版本、版权。当服务器调用Sevlet的Service()、doGet()和doPost()这3个方法时，均需要"请求"和"响应"对象作为参数。"请求"对象提供有关请求的信息，而"响应"对象提供了一个将响应信息返回给浏览器的一个通信途径。

javax.servlet软件包中的相关类为ServletResponse和ServletRequest，而javax.servlet.http软件包中的相关类为HttpServletRequest和HttpServletResponse。Servlet通过这些对象与服务器通信并最终与客户机通信。Servlet能通过调用"请求"对象的方法获知客户机环境、服务器环境的信息和所有由客户机提供的信息。Servlet可以调用"响应"对象的方法发送响应，该响应是准备发回客户机的。

21.3 创建HttpServlet

根据客户发出的HTTP请求，生成响应的HTTP响应结果。HttpServlet首先必须读取HTTP请求的内容。Servlet容器负责创建HttpRequest对象，并把HTTP请求信息封装到HttpRequest对象中，这大大简化了HttpServlet解析请求数据的工作量。如果没有HttpServletRequest，HttpServlet只能直接处理Web客户发出的原始的字符串数据，有了HttpRequest后，只要调用HttpServletRequest的相关方法，就可以方便地读取HTTP请求中任何部分信息。

创建一个HttpServlet，通常涉及下列4个步骤：

（1）扩展HttpServlet抽象类。

（2）重载适当的方法。如覆盖（或称为重写）doGet()或doPost()方法。

（3）如果有HTTP请求信息，则获取该信息。用HttpServletRequest对象来检索HTML表格所提交的数据或URL上的查询字符串。"请求"对象含有特定的方法以检索客户机提供的信息，有以下3种可用的方法：

- getParameterNames()。
- getParameter()。
- getParameterValues()。

（4）生成HTTP响应。HttpServletResponse对象生成响应，并将它返回到发出请求的客户机上。它的方法允许设置"请求"标题和"响应"主体。"响应"对象还含有getWriter()方法以返回一个PrintWriter对象。使用PrintWriter的print()和println()方法以编写Servlet响应来返回给客户机。或者直接使用out对象输出有关HTML文档内容。一个Servlet样例（ServletSample.java）代码如下：

```
import java.io.*;
import java.util.*;
```

```
import javax.servlet.*;
import javax.servlet.http.*;
public class ServletSample extends HttpServlet{//第一步：扩展 HttpServlet 抽象类
    publicvoiddoGet(HttpServletRequestrequest,HttpServletResponseresponse)
    throwsServletException,IOException{//第二步：重写 doGet()方法
        StringmyName="";//第三步：获取 HTTP 请求信息
        java.util.Enumerationkeys=request.getParameterNames();
        while(keys.hasMoreElements());{
            key=(String)keys.nextElement();
            if(key.equalsIgnoreCase("myName"))
            myName=request.getParameter(key);
        }
            if(myName=="")
            myName="Hello";
            //第四步：生成 HTTP 响应
            response.setContentType("text/html");
            response.setHeader("Pragma","No-cache");
            response.setDateHeader("Expires",0);
            response.setHeader("Cache-Control","no-cache");
            out.println("<head><title>Justabasicservlet</title></head>");
            out.println("<body>");
            out.println("<h1>Justabasicservlet</h1>");

out.println("<p>"+myName+",thisisaverybasicservletthatwritesanHTML
            page.");
            out.println("<p>Forinstructionsonrunningthosesamplesonyour WebSphere 应
用服务器,"+"openthepage:");
            out.println("<pre>http://<em>your.server.name</em>/IBMWebAs/
samples/index.aspl</pre>");
            out.println("where<em>your.server.name</em>isthehostnameofyour
WebSphere 应用服务器.");
            out.println("</body></html>");
            out.flush();
        }
}
```

上述 ServletSample 类扩展 HttpServlet 抽象类、重写 doGet()方法。在重写的 doGet()方法中，获取 HTTP 请求中的一个任选的参数（myName），该参数可以作为调用的 URL 上的查询参数传递到 Servlet。

21.4 调用 HttpServlet

要调用 Servlet 或 Web 应用程序，可使用下列任意一种方法：由 URL 调用、在<FORM>标记中调用、在<SERVLET>标记中调用、在 JSP 文件中调用、在 ASP 文件中调用。

21.4.1 由 URL 调用 Servlet

这里有两种用 Servlet 的 URL 从浏览器中调用该 Servlet 的方法。

- 指定 Servlet 名称：当用 WebSphere 应用服务器管理器来将一个 Servlet 实例添加（注册）到服务器配置中时，必须指定“Servlet 名称”参数的值。例如，可以指定将 hi 作为 HelloWorldServlet 的 Servlet 名称。要调用该 Servlet，需打开 http://your.server.name/servlet/hi。也可以指定 Servlet 和类使用同一名称（HelloWorldServlet）。在这种情况下，将由 http://your.server.name/servlet/HelloWorldServlet 来调用 Servlet 的实例。
- 指定 Servlet 别名：用 WebSphere 应用服务器管理器来配置 Servlet 别名，该别名是用

于调用 Servlet 的快捷 URL。快捷 URL 中不包括 Servlet 名称。

21.4.2 在<FORM>标记中指定 Servlet

可以在<FORM>标记中调用 Servlet。HTML 格式使用户能在 Web 页面（即从浏览器）上输入数据，并向 Servlet 提交数据。例如：

```
<FORMMETHOD="GET"ACTION="/servlet/myservlet">
<OL>
<INPUTTYPE="radio"NAME="broadcast"VALUE="am">AM<BR>
<INPUTTYPE="radio"NAME="broadcast"VALUE="fm">FM<BR>
</OL>
(用于放置文本输入区域的标记、按钮和其他的提示符。)
</FORM>
```

ACTION 特性表明了用于调用 Servlet 的 URL。关于 METHOD 的特性，如果用户输入的信息是通过 GET 方法向 Servlet 提交的，则 Servlet 必须优先使用 doGet()方法。反之，如果用户输入的信息是通过 POST 方法向 Servlet 提交的，则 Servlet 必须优先使用 doPost()方法。使用 GET 方法时，用户提供的信息是查询字符串表示的 URL 编码。无须对 URL 进行编码，因为这是由表单完成的。然后 URL 编码的查询字符串被附加到 ServletURL 中，则整个 URL 提交完成。URL 编码的查询字符串将根据用户同可视部件之间的交互操作，将用户所选的值同可视部件的名称进行配对。例如，考虑前面的 HTML 代码段将用于显示按钮（标记为 AM 和 FM），如果用户选择 FM 按钮，则查询字符串将包含 name=value 的配对操作为 broadcast=fm。因为在这种情况下，Servlet 将响应 HTTP 请求，因此 Servlet 应基于 HttpServlet 类。Servlet 应根据提交给它的查询字符串中的用户信息使用的 GET 或 POST 方法，而相应地使用 doGet()或 doPost()方法。

21.4.3 在<SERVLET>标记中指定 Servlet

当使用<SERVLET>标记来调用 Servlet 时，如同使用<FORM>标记一样，无须创建一个完整的 HTML 页面。作为替代，Servlet 的输出仅是 HTML 页面的一部分，且被动态嵌入到原始 HTML 页面中的其他静态文本中。所有这些都发生在服务器上，且发送给用户的仅是结果 HTML 页面。建议在 Java 服务器页面（JSP）文件中使用<SERVLET>标记。请参阅有关 JSP 技术。

原始 HTML 页面中包含<SERVLET>和</SERVLET>标记。Servlet 将在这两个标记中被调用，且 Servlet 的响应将覆盖这两个标记间的所有东西和标记本身。如果用户的浏览器可以看到 HTML 源文件，则用户将看不到<SERVLET>和</SERVLET>标记。要在 DominoGoWebserver 上使用该方法，应启用服务器上的服务器端包括功能。部分启用过程将会涉及添加特殊文件类型 SHTML。当 Web 服务器接收到一个扩展名为 SHTML 的 Web 页面请求时，它将搜索<SERVLET>和</SERVLET>标记。对于所有支持的 Web 服务器，WebSphere 应用服务器将处理 SERVLET 标记间的所有信息。下列 HTML 代码段显示了如何使用该技术。

```
<SERVLETNAME="myservlet"CODE="myservlet.class"CODEBASE="url"initparm1="value">
<PARAMNAME="parm1"VALUE="value">
</SERVLET>
```

使用 NAME 和 CODE 属性带来了使用上的灵活性。可以只使用其中一个属性，也可以同时使用两个属性。NAME 属性指定了 Servlet 的名称（使用 WebSphere 应用服务器管理器配置），或不带.class 扩展名的 Servlet 类名。CODE 属性指定了 Servlet 类名。使用 WebSphere 应用服务器时，建议指定 NAME 和 CODE，或当 NAME 指定了 Servlet 名称时，仅指定 NAME。如果仅指定了 CODE，则会创建一个 NAME=CODE 的 Servlet 实例。

在上述的标记示例中，initparm1 是初始化参数名，value 是该参数的值。可以指定多个“名称-值”对的集合。利用 ServletConfig 对象（被传递到 Servlet 的 init()方法中）的 getInitParameterNames()和 getInitParameter()方法来查找参数名和参数值的字符串数组。在示例中，parm1 是参数名，并在初始化 Servlet 后被设置某个值。因为只能通过使用“请求”对象的方法来使用以<PARAM>标记设置的参数，所以服务器必须调用 Servletservice()方法，以从用户处传递请求。要获得有关用户的请求信息，可使用 getParameterNames()、getParameter()和 getParameterValues()方法。

21.4.4 在 ASP 文件中调用 Servlet

如果在 Microsoft Internet Information Server（IIS）上有遗留的 ASP 文件，并且无法将 ASP 文件移植成 JSP 文件时，可用 ASP 文件来调用 Servlet。WebSphere 应用服务器中的 ASP 支持一个用于嵌入 Servlet 的 ActiveX 控制，下面介绍 ActiveX 控制 AspToServlet 的方法和属性。该方法说明如下。

- StringExecServletToString(StringservletName)：执行 ServletName，并将其输出返回到一个字符串中。
- ExecServlet(StringservletName)：执行 ServletName，并将其输出直接发送至 HTML 页面。
- StringVarValue(StringvarName)：获得一预置变量值（其他格式）。
- VarValue(StringvarName,StringnewVal)：设置变量值。变量占据的总大小应小于 0.5 个千字节（KB），且仅对配置文件使用这些变量。

其属性如下。

- BooleanWriteHeaders：若该属性为真，则 Servlet 提供的标题被写入用户处。默认值为假。
- BooleanOnTest：若该属性为真，服务器会将消息记录到生成的 HTML 页面中。默认值为假。

21.5 Servlet 之间的跳转

Servlet 和 Servlet 之间可以实现相互跳转，Servlet 的跳转可以将一个项目的模块进行划分，这样更加方便了开发人员的操作。Servlet 之间的跳转分为两种：一种是转向（Forward）；另一种是重定向（Redirect）。

21.5.1 转向（Forward）

转向（Forward）是通过 RequestDispatcher 对象的 Forward（HttpServletRequest request, HttpServletResponse response）来实现的。其语法格式如下：

```
RequestDispatcher dispatcher = request.getRequestDispatcher("/a.jsp");
dispatcher .forward(request, response);
```

Servlet 页面跳转的路径是相对路径。Forward 方式只能跳转到本 Web 应用中的页面上。跳转后浏览器地址栏不会变化。

Forward 是最常用的方式，在 Structs 等 MVC 框架中，都是用 Servlet 来处理用户请求，把结果通过 request.setAttribute()放到 request 中，然后 Forward 到 JSP 中显示。当执行 Forward 方法时，不能有任何输出到达客户端，否则会抛出异常，也就是说，在 Forward 之前，不要使用 out.println()语句向客户端输出。

```
    public void doGet(HttpServletRequest request, HttpServletResponse response)
                                    throws ServletException, IOException {
            String destination = request.getParameter
                            ("destination");
            if("file".equals(destination)){
            RequestDispatcher  d  =  request.getRequestDispatcher("/WEB-INF/web.
xml");
            d.forward(request, response);
            }
            else if("jsp".equals(destination)){
                request.setAttribute("date", new Date());
                //attributes are reset between requests.
                RequestDispatcher   dispatcher  =  request.getRequestDispatcher
("/forward.jsp");
                dispatcher.forward(request, response);
            }
            else if("servlet".equals(destination)){
            RequestDispatcher  disp  =  request.getRequestDispatcher("/servlet/
LifeCycleServlet");
            disp.forward(request, response);
            }
            else{
                response.setCharacterEncoding("UTF-8");
                response.getWriter().println(" 缺 少 参 数 。 用 法 ： "+request.
getRequestURI()+"?destination=jsp 或者 file 或者 servlet");
        }
    }
```

21.5.2 重定向（Redirect）

重定向是通过服务器端返回状态码来实现的。301 和 302 都表示重定向，区别是 301 表示永久性重定向，302 表示临时性重定向。通过 sendRedirect(String location)就可以实现重定向。下述示例主要实现了 Servlet 来实现文件下载并统计下载次数。要下载的文件及下载次数都保存在一个 Map 中。主要思路是：首先加载页面表单，当用户单击下载链接时，客户端发起请求，运行 doGet 中的 if 判断，实现重定向。

重定向和跳转的区别：跳转是在服务器端实现的，客户端浏览器并不知道该浏览动作，而使用重定向跳转时，跳转是在客户端实现的，也就是说客户端浏览器实际上请求了两次服务器。其语法格式如下：

```
    response.sendRedirect("/a.jsp");
```

页面的路径是相对路径。sendRedirect 可以将页面跳转到任何页面，不一定局限于本 web 应用中，例如：

```
    response.sendRedirect("URL");
```

跳转后浏览器地址栏变化。这种方式要传值出去的话，只能在 URL 中带 parameter 或放在 session 中，无法使用 request.setAttribute 来传递。

21.6 典型实例

【实例 21-1】本实例将演示如何利用 Servlet 来获取 Web 服务器的相应信息，包括用户发送给服务器的请求行和头部信息，以及一些可以访问的 HTTP 信息。具体代码如下：

```
package com.java.ch211;

import java.io.IOException;
import java.io.PrintWriter;
import java.util.Enumeration;
import javax.servlet.*;
import javax.servlet.http.*;

public class GetWEBMessServlet extends HttpServlet {
    public void doGet(HttpServletRequest request, HttpServletResponse response)
            throws ServletException, IOException {
        response.setContentType("text/plain;charset=GB2312");
        request.setCharacterEncoding("GB2312");
        PrintWriter out = response.getWriter();
        out.println("用 Servlet 获取 WEB 服务器信息");
        out.println();
        out.println("Servlet 参数初始化:");
        Enumeration e = getInitParameterNames();
        while (e.hasMoreElements()) {
            String key = (String) e.nextElement();
            String value = getInitParameter(key);
            out.println(" " + key + " = " + value);
        }
        out.println();
        out.println("Context 参数初始化:");
        ServletContext context = getServletContext();
        Enumeration num1 = context.getInitParameterNames();
        while (num1.hasMoreElements()) {
            String key = (String) num1.nextElement();
            Object value = context.getInitParameter(key);
            out.println(" " + key + " = " + value);
        }
        out.println();
        out.println("Context 属性:");
        num1 = context.getAttributeNames();
        while (num1.hasMoreElements()) {
            String key = (String) num1.nextElement();
            Object value = context.getAttribute(key);
            out.println(" " + key + " = " + value);
        }
        out.println();
        out.println("Request 属性:");
        e = request.getAttributeNames();
        while (e.hasMoreElements()) {
            String key = (String) e.nextElement();
            Object value = request.getAttribute(key);
            out.println(" " + key + " = " + value);
        }
        out.println();
        out.println("Servlet 名称: " + getServletName());
        out.println("协议: " + request.getProtocol());
        out.println("配置: " + request.getScheme());
        out.println("Server 名称: " + request.getServerName());
        out.println("Server 端口: " + request.getServerPort());
        out.println("Server 信息: " + context.getServerInfo());
        out.println("远程地址: " + request.getRemoteAddr());
        out.println("远程主机: " + request.getRemoteHost());
```

```
            out.println("编码方式: " + request.getCharacterEncoding());
            out.println("内容长度: " + request.getContentLength());
            out.println("内容类型: " + request.getContentType());
            out.println("本地机: " + request.getLocale());
            out.println("默认缓冲区大小: " + response.getBufferSize());
            out.println();
            out.println("本次请求的参数名称:");
            e = request.getParameterNames();
            while (e.hasMoreElements()) {
                String key = (String) e.nextElement();
                String[] values = request.getParameterValues(key);
                out.print(" " + key + " = ");
                for (int i = 0; i < values.length; i++) {
                    out.print(values[i] + " ");
                }
                out.println();
            }
            out.println();
            out.println("本次请求的头部信息:");
            e = request.getHeaderNames();
            while (e.hasMoreElements()) {
                String key = (String) e.nextElement();
                String value = request.getHeader(key);
                out.println(" " + key + ": " + value);
            }
            out.println();
            out.println("本次请求中的Cookies:");
            Cookie[] cookies = request.getCookies();
            if (cookies != null) {
                for (int i = 0; i < cookies.length; i++) {
                    Cookie cookie = cookies[i];
                    out.println(" " + cookie.getName() + " = " + cookie.getValue());
                }
            }
            out.println();
            out.println("Request Is Secure: " + request.isSecure());
            out.println("Auth 类型: " + request.getAuthType());
            out.println("HTTP 方法: " + request.getMethod());
            out.println("远程用户: " + request.getRemoteUser());
            out.println("请求 URI: " + request.getRequestURI());
            out.println("Context 路径: " + request.getContextPath());
            out.println("Servlet 路径: " + request.getServletPath());
            out.println("路径信息: " + request.getPathInfo());
            out.println("路径转化: " + request.getPathTranslated());
            out.println("查询串: " + request.getQueryString());
            out.println();
            HttpSession session = request.getSession();
            out.println("请求会话 Id: " + request.getRequestedSessionId());
            out.println("当前会话 Id: " + session.getId());
            out.println("会话创建时间: " + session.getCreationTime());
            out.println("会话最后访问时间: " + session.getLastAccessedTime());
            out.println("会话最大停止时间间隔: " + session.getMaxInactiveInterval());
            out.println();
            out.println("会话值: ");
            Enumeration names = session.getAttributeNames();
            while (names.hasMoreElements()) {
                String name = (String) names.nextElement();
                out.println(" " + name + " = " + session.getAttribute(name));
            }
        }
    }
```

在程序中，GetWEBMessServlet.类中主要作用是利用 HttpServletRequest 接口作为处理一个对 Servlet 的 HTTP 格式的请求信息。客户请求的信息是由 HttpServletRequest 类提供的方法返回的。能够获取 WEB 服务器信息的方法如下。

- getInitParameterNames()：Servlet 参数初始化，返回一个 Enumeration 对象。此对象的作用同 Iterator 接口相同。
- getServletContext()：Context 参数初始化。
- getAttributeNames()：获取属性，同样返回一个 Enumeration 对象。
- request.getHeaderNames()：本次请求的头部信息。
- getServletName()：Servlet 名称。
- request.getProtocol()：协议。
- request.getScheme()：配置。
- request.getServerName()：Server 名称。
- request.getServerPort()：Server 端口。
- context.getServerInfo()：Server 信息。
- request.getRemoteAddr()：远程地址。
- request.getRemoteHost()：远程主机。
- request.getCharacterEncoding()：编码方式。
- request.getContentLength()：内容长度。
- request.getContentType()：内容类型。
- request.getLocale()：本地机。
- response.getBufferSize()：默认缓冲区大小。
- request.getRemoteHost()：远程主机服务器的访问。
- request.getMethod()：HTTP 方法。
- request.getRemoteUser()：远程用户。
- request.getRequestedSessionId()：请求会话。
- ession.getId()：当前会话。
- session.getCreationTime()：会话创建时间。
- session.getLastAccessedTime()：会话最后访问时间。
- session.getMaxInactiveInterval()：会话最大停止时间间隔。

在 web.xml 在配置上面编写的 Servlet，具体代码如下。

```
<?xml version="1.0" encoding="ISO-8859-1"?>
<!DOCTYPE web-app
PUBLIC "-//Sun Microsystems, Inc.//DTD Web Application 2.3//EN"
"http://java.sun.com/dtd/web-app 2 3.dtd">
<web-app>
    <display-name>My Web Application</display-name>
    <description>A application for test.</description>
    <servlet>
        <servlet-name>GetWEBMessServlet</servlet-name>
        <servlet-class>
            chp20.GetWEBMessServlet
        </servlet-class>
    </servlet>
    <servlet-mapping>
        <servlet-name>GetWEBMessServlet</servlet-name>
        <url-pattern>/GetWEBMessServlet</url-pattern>
    </servlet-mapping>
```

```
</web-app>
```

运行结果如图 21.1 所示。

```
用Servlet获取WEB服务器信息

Servlet参数初始化:

Context参数初始化:

Context属性:
 org.apache.catalina.jsp_classpath = /D:/Tomcat/webapps/My_Servlet/WEB-INF/classes/;/D:/Tomcat/webapps/My_Servlet/WEB-INF/lib/jspupload.jar;D:
 org.apache.catalina.WELCOME_FILES = [Ljava.lang.String;@c792d4
 javax.servlet.context.tempdir = D:\Tomcat\work\Catalina\localhost\My_Servlet
 org.apache.catalina.resources = org.apache.naming.resources.ProxyDirContext@78dc4c

Request属性:

Servlet名称: GetWEBMessServlet
协议: HTTP/1.1
配置: http
Server名称: 127.0.0.1
Server端口: 8080
Server信息: Apache Tomcat/5.0.28
远程地址: 127.0.0.1
远程主机: 127.0.0.1
编码方式: GB2312
内容长度: -1
内容类型: null
本地机: zh_CN
默认缓冲区大小: 8192

本次请求的参数名称:

本次请求的头部信息:
 accept: image/gif, image/x-xbitmap, image/jpeg, image/pjpeg, application/x-shockwave-flash, application/vnd.ms-excel, application/vnd.ms-powe
 accept-language: zh-cn
 accept-encoding: gzip, deflate
 user-agent: Mozilla/4.0 (compatible; MSIE 6.0; Windows NT 5.1; SV1)
 host: 127.0.0.1:8080
 connection: Keep-Alive
 cookie: JSESSIONID=CBD3E4AA80F408A1FCEBD3D390E22B99

本次请求中的Cookies:
 JSESSIONID = CBD3E4AA80F408A1FCEBD3D390E22B99

Request Is Secure: false
Auth类型: null
HTTP方法: GET
远程用户: null
请求URI: /My_Servlet/GetWEBMessServlet
Context路径: /My_Servlet
Servlet路径: /GetWEBMessServlet
路径信息: null
路径转化: null
查询串: null

请求会话Id: CBD3E4AA80F408A1FCEBD3D390E22B99
当前会话Id: 5923DFC68D5F3DCDB33F0BACD5CA5E82
会话创建时间: 1242561800890
会话最后访问时间: 1242561800890
会话最大停止时间间隔: 1800

会话值:
```

图 21.1 获取 Web 信息

第六篇　Java 实战

第 22 章　案例：教务管理系统（一）

随着计算机技术的飞速发展，计算机在管理方面应用的普及，利用计算机来辅助办公、辅助管理势在必行。本章通过一个 IT 职业教育机构的教务管理系统的开发，综合利用学习过的 Java Swing 技术和数据库开发技术，开发教务管理系统，对学校教务工作的信息化管理。使用教务管理系统，能够提高学校的管理水平，提高教学事务处理的效率，节省人力和时间成本。本节就介绍一下本项目的应用背景和涉及的主要技术。

22.1　总体设计与概要说明

经过对教务处教务工作的深入了解，以及与教务人员的沟通，在对系统需求分析的基础上，对教务管理系统的总体功能模块的设计如下。

22.1.1　功能模块划分

经过了解，该教务管理系统的使用人员（角色）主要有 3 类，分别为班主任、教务专员、人事专员。不同角色对教务管理系统的使用如表 22.1 所示。

表 22.1　角色与功能模块

角　色	操　作
班主任	负责学生的考勤管理和档案管理
教务专员	负责班级信息管理（新开班级信息、修改班级信息），并能对错误班级信息进行删除操作
人事专员	负责人事信息管理（员工入职、离职、部门调整等）

根据不同的角色及其需进行的操作，将教务管理系统总体模块设计如图 22.1 所示。

22.1.2　功能模块说明

根据系统总体模块设计，对其中的每个模块和其子模块的功能简要说明如下。

1. 登录模块

登录模块提供登录账号、密码及登录角色验证。用户名为统一设定的员工编号，如“301A008”，具有唯一性。密码要求系统为所有账号提供统一的初始密码，如“111111”，用户登录以后可以自行修改密码。用户如果以初始密码（“111111”）登录的话，系统要提醒用户及时更改密码。修改密码时，需要两次确认。在登录时，要选择要登录的角色。不同的角色，系统提供不同的权限。以不同的角色登录，系统自动出现与所登录角色权限相适应的操作界面。

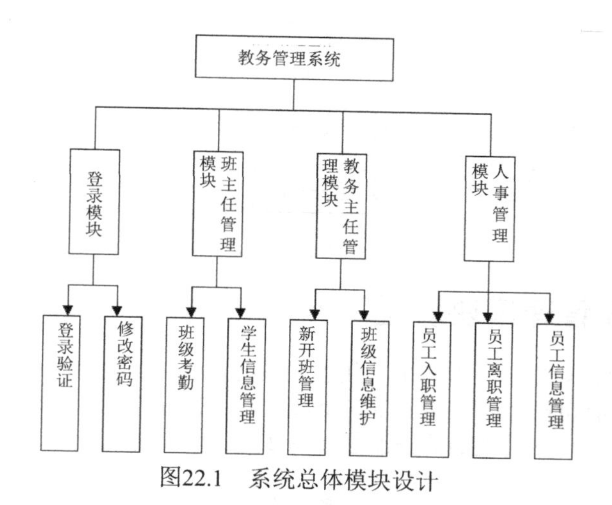

图22.1　系统总体模块设计

2．班主任管理模块

班主任可以对其所带班级中指定的班级进行考勤，包括对班级中每个人某天出勤情况的录入和考勤查询。学生出勤记录分为：出勤、迟到、请假和旷课。班主任负责管理其所带班级的学生基本信息的管理，包括新入学学生档案信息的录入、在校学生档案信息的修改及对非毕业离校学生信息的删除（如开除、劝退等）。

3．教务主任管理模块

教务主任负责对新开班的班级信息进行管理，如为新开班级指定班级编号、班主任和授课教师等。教务专员还负责对班级信息进行维护，如任课教师变更、带班班主任变更、学生休学或转学等。

4．人事管理模块

人事负责学校人事管理，包括浏览学校所有部门的人员信息或各部门的人员信息、新员工入职管理、员工离职管理、员工工作部门变更等。

22.2　业务流程图

程序员必须对应用程序要处理的业务流程非常清晰，才能正确地编写业务逻辑代码。本节对教务管理的业务流程进行分析。

22.2.1　登录模块流程

登录操作比较简单，账号和密码及每个账号所分配的角色都存储在数据库中，系统在接到账号、密码及对应的角色选择后，与数据库建立连接，然后在数据库中查找是否有所接到的账号、密码和角色存在，进行验证。如果存在，就返回正确的信息，并根据登录的角色，进入相应的管理子系统。如果验证不正确，必须给用户以提示信息，说明哪里不正确（如账号和密码不正确，或角色选择与对应账号所分配的角色不匹配）。

另外，应用程序要健壮，那么一定要进行出错处理。例如，在连接数据库失败时，要输出出错信息让用户知道问题出在哪里。

登录模块的业务流程如图 22.2 所示。

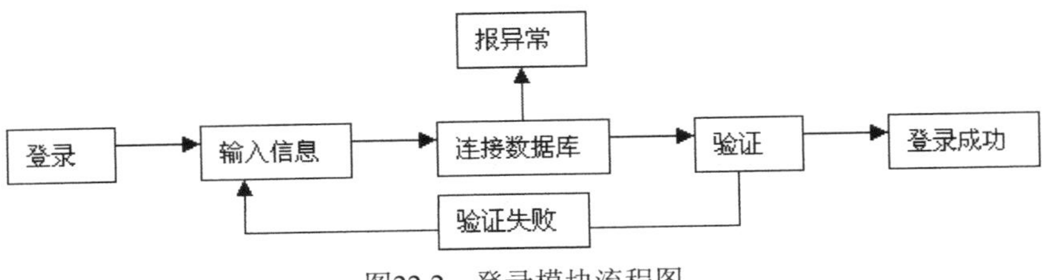

图22.2 登录模块流程图

22.2.2 班主任管理模块流程

班主任登录模块相对复杂一点。班主任进入系统以后，可以对要进行的子操作进行选择，包括浏览所带班级（有可能一个班主任带多个班级）、对指定的班级进行考勤管理、维护指定班级学生的基本信息。这些功能的业务流程如图 22.3 所示。

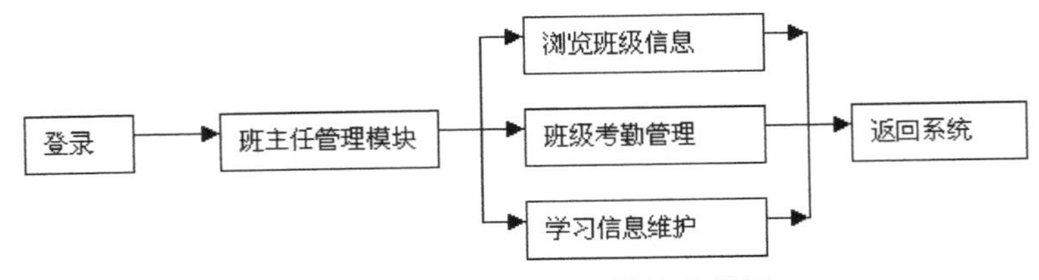

图22.3 班主任管理模块流程图

22.2.3 教务主任管理模块

教务主任进入系统以后，可以浏览和维护班级信息，对新开班级进行管理。其模块流程图如图 22.4 所示。

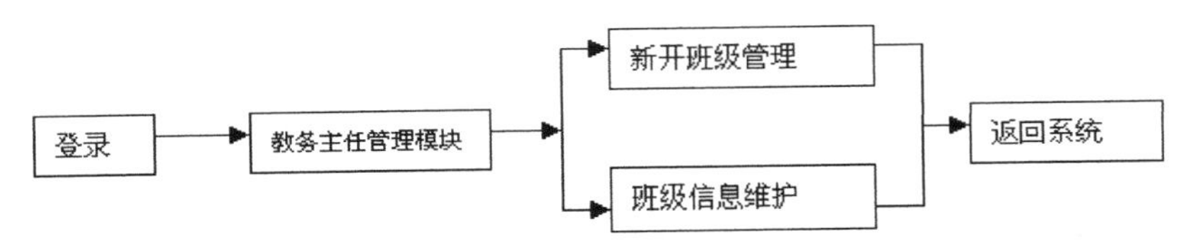

图22.4 教务主任管理模块流程图

22.2.4 人事管理模块

人事进入系统以后，可以对以下业务模块进行操作：入职员工管理、离职员工管理、员工信息维护管理。其模块流程图如图 22.5 所示。

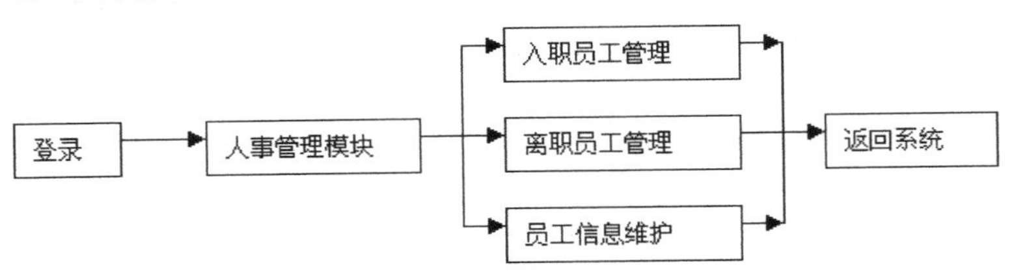

图 22.5 人事管理模块流程图

22.3 数据库设计

教务管理系统是一个数据库应用系统，教学教务等所有信息都保存在数据库中。在数据库应用系统的开发过程中，数据库的结构设计是一个非常重要的问题。这里所说的数据库结构设计是指数据库中各个表结构的设计，包括信息保存在哪些表格中、各个表格的结构如何及各个表之间的关系。

本节开始介绍的是本项目的数据库实现细节，包括数据库的需求分析、数据库结构设计、数据库逻辑结构设计和数据库结构的实现。

22.3.1 数据库需求分析

数据库结构设计的好坏，将直接影响到应用系统的效率及实现的效果。好的数据库结构设计会减少数据库的存储量，数据的完整性和一致性就高，系统会有较快的响应速度，并有助于简化基于此数据库的应用程序的实现等。设计数据库的第一步是数据库需求分析。

在数据库需求分析阶段，主要是基本数据及数据处理的流程，为进一步的设计打下基础。在教务管理系统中，通过对各个功能模块的内容和过程进行分析，所设计的数据项和数据结构如下。

- 用户。包括的数据项有：用户账号、密码和角色类型。
- 班级基本信息。包括的数据项有：班级编号、总部班级信息、授课教员、班主任、开班日期、预计结课日期、预计参加考试时间 、班级种类、周课时数、开课人数、转入、转出、休学、班级人数、结课日期、结课时人数、预计升学率、获证人数、实际开学人数、实际升学率、学期。
- 学生考勤信息。包括的数据项有：学生学号、出勤状态、考勤时间。
- 学生基本信息。包括的数据项有：中心编号、学员学号、学员姓名、姓名拼音、性别、身份证号、所在班级编号、班主任编号、学员状态、已持有证书、学历、专业、毕业学校、工作状态、工作单位、工作种类、联系电话、通讯地址、邮编、就业意向城市、就业意向单位、备注。
- 单位的部门信息。包括的数据项有：部门编号、部门名称。
- 角色信息。包括的数据项有：角色编号、角色名称。
- 教师基本信息。包括的数据项有：员工编号、员工姓名、出生日期、性别、毕业院校、专业、籍贯、入职时间、所在部门、职务。

总结了上面的数据结构和数据项之后，就可以进行下面的数据库设计了。

22.3.2 数据库概念结构设计

数据库概念结构设计阶段，是在需求分析的基础上，设计出能够满足用户需求的各种实体，以及它们之间的关系，为后面的逻辑结构设计打下基础。

这个阶段不需要考虑所采用的数据库管理系统、操作系统和方法类型等问题。在这个阶段，一般使用 E-R 图（Entity-Relation，实体-联系图）进行数据库概念设计。E-R 图是描述数据及其关系的一种直观的描述工具，图中包括：

- 实体。用方框表示，方框内为实体的名称。

- 实体的各种属性。用椭圆来表示，椭圆内为属性名称。使用线段将其和相应的实体联系起来。
- 实体之间的联系。用菱形表示，菱形内为联系的名称。实体和实体之间的联系可分为 1 对 1（1:1）、1 对多（1:n）和多对多（m:n）3 种。

教务管理系统对数据库系统的要求如下：

- 结构合理。
- 所建立的数据冗余度要小，独立性要强。
- 增加、修改、查询和统计快速而准确。
- 保密性和可靠性要好。

根据需求分析，设计本教务管理系统的实体的 E-R 图描述如图 22.6 至图 22.10 所示。

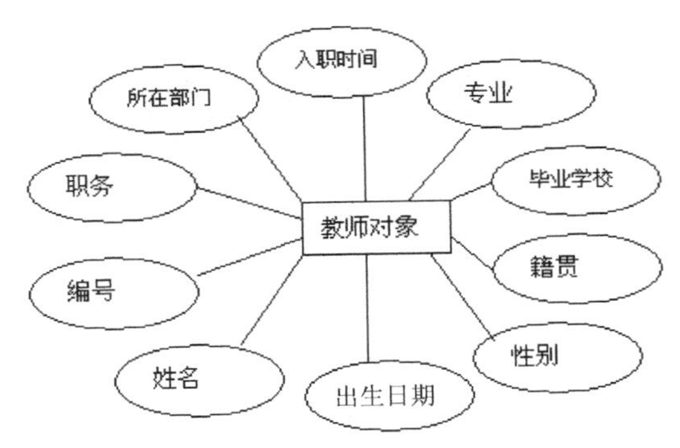

图22.6　教师对象实体E-R图

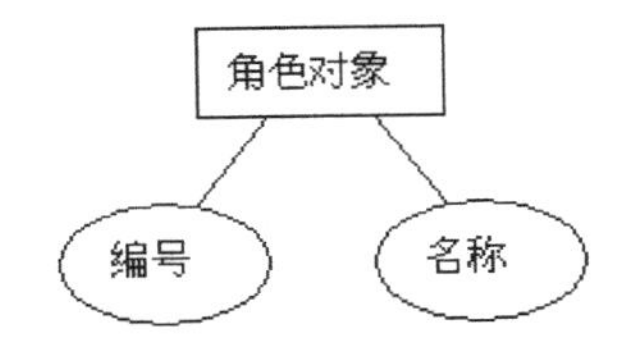

图22.7　角色对象实体E-R图

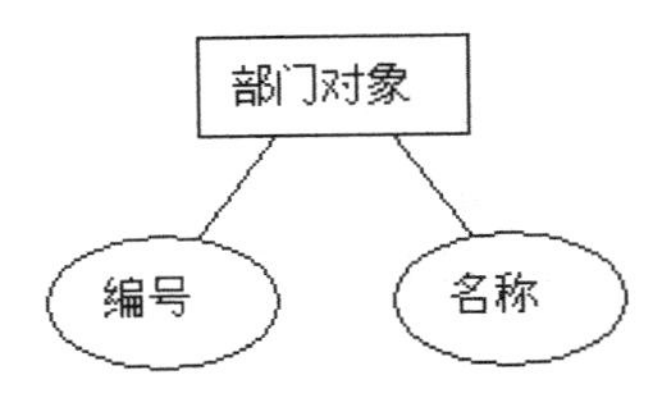

图22.8　部门对象实体E-R图

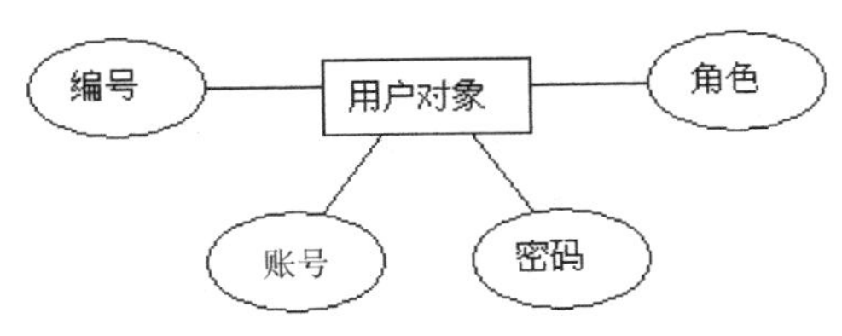

图22.9　用户对象实体E-R图

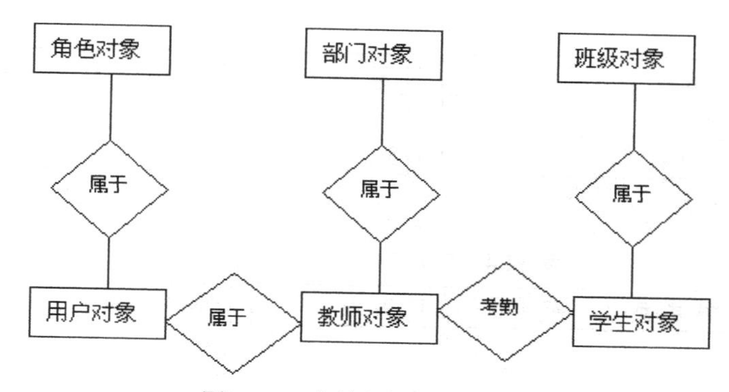

图22.10　实体之间的关系E-R图

其中，图 22.10 所示为实体之间的关系 E-R 图。有了 E-R 图之后，就可以根据 E-R 图将其转化为逻辑结构了。

22.3.3　数据库逻辑结构设计

概念结构是独立于实际数据模型的信息结构，必须将其转化为逻辑结构后才能进行数据库应用的设计。也就是要将概念上的结构转化为数据库系统所支持的实际数据模型。在本项目中采用的是 MySQL 数据库管理系统。

第一种概念结构向逻辑结构的转化是将实体转化为关系表。这种转化比较简单，只需要将实体的属性定义为表的属性即可。

第二种转化是联系的转化。即将各个实体之间的联系转化为表格之间的关系，如外键的定义，或者定义单独的关系表。

在上面工作的基础上，归纳出教务管理系统数据库表格的组成、列的属性及表格之间的联系等。教务管理系统共有 7 张表，其逻辑结构如表 22.2 至表 22.8 所示。

表 22.2 所示为部门基本信息表。

表 22.2　DEPARTMENTINFO角色信息表

列　名	数据类型	字　长	可否为空	是否主键	默认值	说　明
DEPARTMENTID	char	4	NO	PRI		
DEPARTMENTNAME	varchar	15	NO			

表 22.3 所示为教师基本信息表。

表 22.3　TEACHERINFO角色信息表

列　名	数据类型	字　长	可否为空	是否主键	默认值	说　明
teacherid	char	15	NO	PRI		
teachername	varchar	10	NO			
teacherbirthday	varchar	20	YES		NULL	
teachersex	enum('男','女')		NO		男	
teacherschool	varchar	20	YES		NULL	
teachertech	varchar	20	YES		NULL	
teacheraddress	varchar	20	YES		NULL	
teacherindate	varchar	20	YES		NULL	

续表

列　名	数据类型	字　长	可否为空	是否主键	默认值	说　明
teacherdepartment	varchar	12	YES	MUL	NULL	
teacherduty	varchar	16	YES		NULL	

表 22.4 所示为角色表。

表 22.4　ROLEINFO角色信息表

列　名	数据类型	字　长	可否为空	是否主键	默认值	说　明
roleid	char	1	NO	PRI		
rolename	varchar	20	YES		NULL	

表 22.5 所示为用户信息表。

表 22.5　USERINFO角色信息表

列　名	数据类型	字　长	可否为空	是否主键	默认值	说　明
userno	Int	11	NO	PRI	NULL	auto_increment
userid	char	15	NO			
userpwd	varchar	20	NO		111111	
userrole	varchar	6	YES		NULL	

表 22.6 所示为班级信息表。

表 22.6　CLASSINFO角色信息表

列　名	数据类型	字　长	可否为空	是否主键	默认值	说　明
CLASSID	char	15	NO	PRI		
CLASSBID	char	10	NO			
CLASSTEACHER	varchar	10	YES		NULL	
CLASSMANAGER	varchar	10	YES		NULL	
CLASSBEGINDATE	varchar	10	YES		NULL	
CLASSFINISHDATE	varchar	10	YES		NULL	
CLASSTESTDATE	varchar	10	YES		NULL	
CLASSTYPE	varchar	10	YES		NULL	
CLASSPERWEEK	smallint	6	YES		12	
CLASSBEGINNUMBER	smallint	6	YES		0	
CLASSSTUIN	smallint	6	YES		0	
CLASSSTUOUT	smallint	6	YES		0	
CLASSSTUPAUSE	smallint	6	YES		0	
CLASSSTUNUMBER	smallint	6	YES		0	
CLASSENDDATE	varchar	10	YES		NULL	
CLASSENDNUMBER	smallint	6	YES		0	
CLASSPRERATE	float		YES		0	
CLASSPASSNUMBER	smallint	6	YES		0	

续表

列　名	数据类型	字　长	可否为空	是否主键	默认值	说　明
CLASSREALNUMBER	smallint	6	YES		0	
CLASSREALRATE	float		YES		0	
CLASSSEME	char	2	YES		S1	

表 22.7 所示为学生基本信息表。

表 22.7　STUDENTINFO角色信息表

列　名	数据类型	字　长	可否为空	是否主键	默认值	说　明
schooled	char	3	NO		301	
stuid	char	11	NO	PRI		
stuname	varchar	10	NO			
stunamespell	varchar	20	NO			
stusex	enum('男','女')		NO		男	
stuidentity	char	18	YES		NULL	
stuclassid	char	15	YES		NULL	
stuteacherid	char	15	YES		NULL	
stustate	varchar	10	YES		在读	
stucertified	varchar	20	YES		NULL	
stuedulevel	varchar	10	NO		高中	
stusped	varchar	20	YES		NULL	
stuhomeschool	varchar	20	YES		NULL	
stuworkstate	varchar	20	NO		待业	
stucompany	varchar	10	YES		NULL	
stuworktype	varchar	20	YES		NULL	
stutelphone	varchar	20	YES		NULL	
stuaddress	varchar	20	YES		NULL	
stucode	char	6	YES		NULL	
stujobcity	varchar	15	YES		NULL	
stujobcompany	varchar	20	YES		NULL	
remark	varchar	250	YES		NULL	

表 22.8 所示为考勤表。

表 22.8　TIMECHECKINFO角色信息表

列　名	数据类型	字　长	可否为空	是否主键	默认值	说　明
stuid	char	11	YES		NULL	
checkedstate	enum('出勤','迟到','请假','旷课','早退')	20	NO		出勤	
checkedtime	varchar	10	YES		NULL	

22.3.4 数据库结构的实现

在需求分析和概念结构设计的基础上得到数据库的逻辑结构之后，就可以在 MySQL 数据库系统中实现该逻辑结构。首先启动 MySQL 服务方法，然后启动 MySQL 客户端程序，按以下步骤实现数据库结构。

（1）以 dbuser 身份，密码 1234 启动 MySQL 客户端程序：

```
mysql -u dbuser -p
Enter password: ****
```

（2）创建数据库 accp：

```
create database accp;
```

（3）打开数据库 accp：

```
use accp;
```

（4）创建部门基本信息表 DEPARTMENTINFO：

```
create table DEPARTMENTINFO(
    DEPARTMENTID CHAR(4) not null primary key,                /**部门编号*/
    DEPARTMENTNAME VARCHAR(15) not null                       /**部门名称*/
);
```

（5）创建教师基本信息表 TEACHERINFO：

```
create table TEACHERINFO3(
    teacherid CHAR(15) not null primary key,                  /**员工编号*/
    teachername VARCHAR(10) not null,                         /**员工姓名*/
    teacherbirthday VARCHAR(20),                              /**出生日期*/
    teachersex ENUM("男","女") not null default '男',         /**性别*/
    teacherschool VARCHAR(20),                                /**毕业院校*/
    teachertech VARCHAR(20),                                  /**专业*/
    teacheraddress VARCHAR(20),                               /**籍贯*/
    teacherindate VARCHAR(20),                                /**入职时间*/
    teacherdepartment CHAR(4),          /**所在部门——外键表：departmentinfo*/
    teacherduty VARCHAR(16),                                  /**职务*/
    FOREIGN KEY(teacherdepartment) REFERENCES departmentinfo(DEPARTMENTID)
);
```

（6）创建角色表 ROLEINFO：

```
create table ROLEINFO(
    roleid CHAR(1) not null primary key,                      /**角色编号*/
    rolename VARCHAR(20)                                      /**角色名称*/
);
```

（7）创建用户信息表 USERINFO：

```
create table USERINFO(
    userno INTEGER not null auto_increment,                   /**序号*/
    userid CHAR(15) not null,                 /**员工编号，同时作为用户登录账号*/
    userpwd VARCHAR(20) not null default '111111',            /**账户密码*/
    userrole VARCHAR(6),                                      /**用户所分配的角色*/
    PRIMARY KEY  (userno)                                     /**主键*/
);
```

（8）创建班级信息表 CLASSINFO：

```
CREATE TABLE CLASSINFO
(
    CLASSID CHAR(15) not null primary key,                    /**班级编号*/
    CLASSBID CHAR(10) not null,                               /**总部班级编号  */
    CLASSTEACHER VARCHAR(10),                                 /**授课教员  */
```

```
    CLASSMANAGER VARCHAR(10),                          /**班主任  */
    CLASSBEGINDATE VARCHAR(10),                        /**开课日期  */
    CLASSFINISHDATE VARCHAR(10),                       /**预计结课日期  */
    CLASSTESTDATE VARCHAR(10),                         /**预计参加考试时间  */
    CLASSTYPE VARCHAR(10),                             /**班级种类  */
    CLASSPERWEEK SMALLINT default 12,                  /**周课时数  */
    CLASSBEGINNUMBER SMALLINT default 0,               /**开课人数  */
    CLASSSTUIN SMALLINT default 0,                     /**转入  */
    CLASSSTUOUT SMALLINT default 0,                    /**转出  */
    CLASSSTUPAUSE SMALLINT default 0,                  /**休学  */
    CLASSSTUNUMBER SMALLINT default 0,                 /**班级人数  */
    CLASSENDDATE VARCHAR(10),                          /**结课日期  */
    CLASSENDNUMBER SMALLINT default 0,                 /**结课时人数  */
    CLASSPRERATE FLOAT default 0.0,                    /**预计升学率  */
    CLASSPASSNUMBER SMALLINT default 0,                /**获证人数  */
    CLASSREALNUMBER SMALLINT default 0,                /**实际开学人数  */
    CLASSREALRATE FLOAT default 0.0,                   /**实际升学率  */
    CLASSSEME CHAR(2) default 'S1'                     /**学期  */
);
```

（9）创建学生基本信息表 STUDENTINFO：

```
create table STUDENTINFO(
    schoolid CHAR(3) not null default '301',          /**中心编号*/
    stuid CHAR(11) not null primary key,              /**学员学号*/
    stuname VARCHAR(10) not null,                     /**学员姓名*/
    stunamespell VARCHAR(20) not null,                /**姓名拼音*/
    stusex ENUM("男","女") not null default '男',     /**性别*/
    stuidentity CHAR(18),                             /**身份证号*/
    stuclassid CHAR(15),                              /**所在班级编号*/
    stuteacherid  CHAR(15),                           /**班主任编号*/
    stustate VARCHAR(10) null default '在读',         /**学员状态*/
    stucertified VARCHAR(20),                         /**已持有证书*/
    stuedulevel VARCHAR(10) not null default '高中',        /**学历*/
    stuspec VARCHAR(20),                              /**专业*/
    stuhomeschool VARCHAR(20),                        /**毕业学校*/
    stuworkstate VARCHAR(20) not null default '待业',       /**工作状态*/
    stucompany VARCHAR(10),                           /**工作单位*/
    stuworktype VARCHAR(20),                          /**工作种类*/
    stutelphone VARCHAR(20),                          /**联系电话*/
    stuaddress VARCHAR(20) ,                          /**通讯地址*/
    stucode CHAR(6),                                  /**邮编*/
    stujobcity VARCHAR(15) ,                          /**就业意向城市*/
    stujobcompany VARCHAR(20),                        /**就业意向单位*/
    remark VARCHAR(250)                               /**备注*/
);
```

（10）创建考勤表 TIMECHECKINFO：

```
create table TIMECHECKINFO(
    stuid CHAR(11),                                   /**学员学号*/
    checkedstate ENUM("出勤","迟到","请假","旷课","早退") not null default '出勤',
    /**出勤状态*/
    checkedtime VARCHAR(10)                           /*考勤时间*/
);
```

第 23 章 案例：教务管理系统（二）

上一章对该项目进行了详细分析，并创建了教务管理系统的数据库结构，数据库中的各个表都是空的。下面讲述如何在 Java 环境下完成教务管理系统的设计。完整代码包含在视频教程光盘中。下面是部分重点代码示例。

23.1 应用程序实现

首先，建立一个名为 AccpApp.java 的主应用程序，含有 main()方法。代码如下：

```
package accpedu;
import java.awt.Toolkit;
import javax.swing.SwingUtilities;
import javax.swing.UIManager;
import java.awt.Dimension;
public class AccpApp {
    boolean packFrame = false;
    //构造方法，构造登录窗体
    public AccpApp() {
        LoginFrame frame = new LoginFrame();
        //验证窗体是否以首选大小显示
        if (packFrame) {
            frame.pack();
        } else {
            frame.validate();
        }
        //将窗口居中显示
        //获取屏幕大小
        Dimension screenSize = Toolkit.getDefaultToolkit().getScreenSize();
        Dimension frameSize = frame.getSize();    //获取登录窗体大小
        if (frameSize.height > screenSize.height) {    //如果登录窗体比屏幕高
            frameSize.height = screenSize.height;//将登录窗体高度设为屏幕高度
        }
        if (frameSize.width > screenSize.width) {//如果登录窗体比屏幕宽
            frameSize.width = screenSize.width;  //将登录窗体宽度设为屏幕宽度
        }
        //设置登录窗体居中显示
        frame.setLocation((screenSize.width - frameSize.width) / 2,
                          (screenSize.height - frameSize.height) / 2);
        frame.setVisible(true);                               //显示登录窗体
    }
    //主方法，应用程序入口
    public static void main(String[] args) {
        SwingUtilities.invokeLater(new Runnable() {
            public void run() {
                try {                                         //将程序外观设为跨平台外观
                    //UIManager.setLookAndFeel(UIManager.getSystemLookAnd
FeelClassName());

    UIManager.setLookAndFeel(UIManager.getCrossPlatformLookAndFeelClassName());
                } catch (Exception exception) {
                    exception.printStackTrace();
                }
```

```
                    new AccpApp();                          //启动应用程序
                }
            });
        }
    }
```

本教务系统的所有类均位于包 accpedu 中，应用程序 AccpApp 为主程序，含有应用程序入口 main()方法。在 AccpApp 的构造方法中构建登录窗体，设置登录窗口出现在屏幕的中央。

23.2 实现登录模块

由于教务管理系统安全性要求较强，因此所有用户首先要登录以后才能进行相应模块的操作。在应用程序启动以后，首先要调用的就是登录模块。本节将讲述系统登录窗口的设计与实现。

教务管理系统的登录窗体设计如图 23.1 所示。

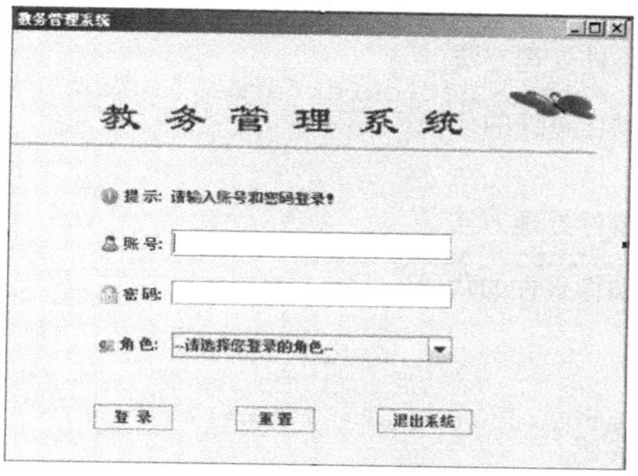

图23.1　登录窗体的设计

功能设计如下：

- ❑ 如果账号或密码为空，则不能登录，并且给用户以提示。
- ❑ 登录用户必须选择一个角色，即必须以某个角色登录。否则，不能登录，并且给用户以提示。
- ❑ 单击“登录”按钮，进行登录验证。如果通过，则进入相应角色的管理界面；如果不通过，给用户以提示。
- ❑ 单击“重置”按钮，则所有文本框清空，组合框恢复到未选择状态。
- ❑ 单击“退出系统”按钮，则程序结束，退出系统。

登录窗体类 LoginFrame 为 javax.swing.JFrame 的子类，其代码实现如下所示（其中由集成开发工具自动生成的代码在此已省略，读者可以查看本书提供的相关源代码）：

```
package accpedu;
import java.awt.*;
import java.awt.event.*;
import javax.swing.*;
import com.borland.jbcl.layout.XYLayout;
import com.borland.jbcl.layout.*;
import java.awt.image.*;
import java.io.*;
import javax.imageio.*;
public class LoginFrame extends JFrame {
    JPanel contentPane;                                     //声明内容面板对象
```

```
    XYLayout xYLayout1 = new XYLayout();        //创建 XYLayout 对象
    XYLayout xYLayout2 = new XYLayout();
JLabel jLabel1 = new JLabel();                  //声明显示“”的标签

//此处省略基本的控件声明代码，使用集成开发工具会自动生成
…

    JPanel jPanel1 = new JPanel();
    public LoginFrame() {                       //登录窗体类的构造方法
        try {
            setDefaultCloseOperation(EXIT_ON_CLOSE);//设置当关闭窗体时，退出系统
            jbInit();                           //对窗体内组件进行初始化设置的方法
        } catch (Exception exception) {
            exception.printStackTrace();
        }
}
    //初始化窗体内的组件，抛出 java.lang.Exception 异常
private void jbInit() throws Exception {
    //初始化窗体的代码
    …
}
    //“重置”按钮动作事件处理方法
    public void resetButton_actionPerformed(ActionEvent actionEvent) {
    //处理“重置”按钮动作事件的代码
    …
}
    //“登录”按钮动作事件处理方法
    public void loginButton_actionPerformed(ActionEvent actionEvent) {
    //处理“登录”按钮动作事件的代码
    …
}
    //将窗体居中显示
    public void centerWindow(JFrame frame){
    //将窗体居中显示的代码
    …
    }
    //内部类，作为“退出系统”按钮的动作事件监听方法
    class LoginFrame_exitButton_actionAdapter implements ActionListener {
    //事件监听方法的实现代码
    }
    //内部类，作为“登录”按钮的动作事件监听方法
    class LoginFrame_jButton1_actionAdapter implements ActionListener {
        //事件监听方法的实现代码
    }
    //内部类，作为“重置”按钮的动作事件监听方法
    class LoginFrame_resetButton_actionAdapter implements ActionListener {
        //事件监听方法的实现代码
}
}
```

可以清楚地看出，在登录窗体类 LoginFrame 中完成了对登录界面的布局初始化，并响应相应的登录、重置和退出系统操作。

下一节讲解如何设计菜单及在菜单中添加修改用户密码的菜单项。

23.3 管理界面介绍

作为事件驱动的系统，菜单所起的作用是非常明显的。一个好的菜单，能给程序起到锦上添花的作用。本节就讲述教务管理系统的菜单设计及其代码实现。

教务管理系统的各个管理子模块各不相同，但菜单都是统一的，用来实现系统管理、用户密码修改和提供作者及版本信息等，如图 23.2 所示。

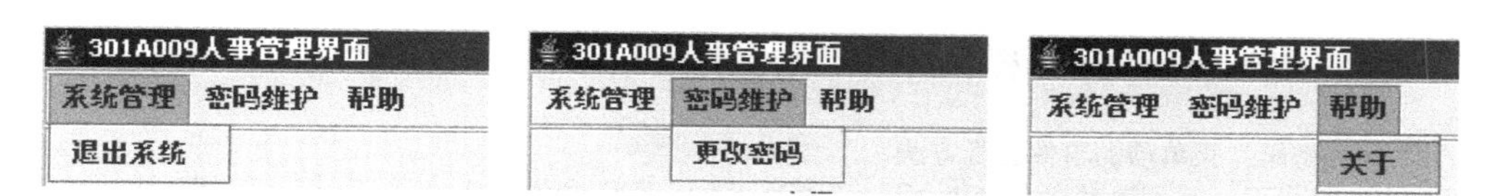

图23.2　菜单栏及菜单

在教务管理系统中单独创建一个 MenuBar 类，并实现一个 createMenuBar()方法，该方法返回一个功能完备的菜单栏。这样，在任何一个管理模块窗口都可以创建 MenuBar 对象并调用其 createMenuBar()方法，获得已经实现了的菜单栏。MenuBar 类的实现代码如下所示：

```
package accpedu;
import javax.swing.*;
import java.awt.event.*;
import java.awt.*;
public class MenuBar {
    JFrame frame = null;                              //声明一个 JFrame 对象
    UserInfoBean userinfo = null;                     //声明一个 UserInfoBean 对象
    JMenuBar jMenuBar1 = new JMenuBar();              //定义一个菜单栏对象
    JMenu jMenuFile = new JMenu();                    //定义“系统管理”的菜单
    //定义“系统管理”菜单的“退出系统”菜单项
    JMenuItem jMenuFileExit = new JMenuItem();
    JMenu jMenuHelp = new JMenu();                    //定义“帮助”的菜单
    JMenuItem jMenuHelpAbout = new JMenuItem();//定义“帮助”菜单的“关于”菜单项
    JMenu jMenuPwd = new JMenu();                     //定义“密码维护”菜单
    //定义“密码维护”菜单的“更改密码”菜单项
    JMenuItem jMenuResetPwd = new JMenuItem();
    //构造方法，接受两个参数
    public MenuBar(JFrame frame,UserInfoBean userinfo) {
        this.frame = frame;                           //接受窗体对象
        this.userinfo = userinfo;                     //接受用户对象
        //设置“系统管理”菜单
        jMenuFile.setText("系统管理");
        jMenuFileExit.setText("退出系统");
        jMenuFileExit.addActionListener(new   //添加事件监听方法
                                  Frame_jMenuFileExit_ActionAdapter());
        jMenuFile.add(jMenuFileExit);                 //添加“退出系统”菜单项
        //设置“帮助”菜单
        jMenuHelp.setText("帮助");
        jMenuHelpAbout.setText("关于");
        jMenuHelpAbout.addActionListener(new //添加事件监听方法
                        Frame_jMenuHelpAbout_ActionAdapter(frame));
        jMenuHelp.add(jMenuHelpAbout);                //添加“关于”菜单项
        //设置“密码维护”菜单
        jMenuPwd.setText("密码维护");
        jMenuResetPwd.setText("更改密码");
        jMenuResetPwd.addActionListener(new   //添加事件监听方法
                 Frame_ jMenuResetPwd_actionAdapter(frame,userinfo));
        jMenuPwd.add(jMenuResetPwd);                  //添加“更改”菜单项
        //将菜单添加到菜单栏
        jMenuBar1.setBackground(new Color(237, 234, 255));
        jMenuBar1.setBorder(BorderFactory.createEtchedBorder());
        jMenuBar1.add(jMenuFile);
        jMenuBar1.add(jMenuPwd);
        jMenuBar1.add(jMenuHelp);
    }
    public JMenuBar createMenuBar(){                  //返回菜单栏
        return this.jMenuBar1;
    }
}
//“退出系统”菜单项的事件监听方法
class Frame_jMenuFileExit_ActionAdapter implements ActionListener {
        public void actionPerformed(ActionEvent actionEvent) {
```

```
            System.exit(0);                              //响应菜单项事件，退出系统
        }
    }
    //“更改密码”菜单项的事件监听方法
    class Frame_ jMenuResetPwd_actionAdapter implements ActionListener {
        private JFrame adaptee;
        private UserInfoBean userinfo;
        Frame_ jMenuResetPwd_actionAdapter(JFrame adaptee,UserInfoBean userinfo) {
            this.adaptee = adaptee;
            this.userinfo = userinfo;
        }
        //单击“更改密码”菜单
        public void actionPerformed(ActionEvent e) {
            //创建自定义的密码修改对话框对象，并修改密码
            UpdatePwdDialog dlg = new UpdatePwdDialog(adaptee," 修 改 密 码 ",
true,userinfo);
            //设置密码修改框居中显示
            Dimension dlgSize = dlg.getPreferredSize();
            Dimension frmSize = adaptee.getSize();
            Point loc = adaptee.getLocation();
            dlg.setLocation((frmSize.width - dlgSize.width) / 2 + loc.x,
                            (frmSize.height - dlgSize.height) / 2 + loc.y);
            dlg.setModal(true);
            dlg.pack();
            dlg.setVisible(true);
        }
    }
    //“关于”菜单项的事件监听方法
    class Frame_jMenuHelpAbout_ActionAdapter implements ActionListener {
        JFrame adaptee;
        Frame_jMenuHelpAbout_ActionAdapter(JFrame adaptee) {
            this.adaptee = adaptee;
        }
        //当单击“关于”菜单项时
        public void actionPerformed(ActionEvent actionEvent) {
            //创建自定义的关于作者信息的对话框对象
            AboutBox dlg = new AboutBox(adaptee);
            //设置“关于”对话框居中显示
            Dimension dlgSize = dlg.getPreferredSize();
            Dimension frmSize = adaptee.getSize();
            Point loc = adaptee.getLocation();
            dlg.setLocation((frmSize.width - dlgSize.width) / 2 + loc.x,
                            (frmSize.height - dlgSize.height) / 2 + loc.y);
            dlg.setModal(true);
            dlg.pack();
            dlg.setVisible(true);
        }
    }
```

在 MenuBar 类中使用了两个自定义的类，一个是用来更改密码的对话框类 UpdatePwdDialog，另一个是用来提供关于作者信息的 AboutBox 对话框类。接下来，介绍 UpdatePwdDialog 类的设计和实现及 AboutBox 类的设计和实现。

23.4 实现修改密码模块

修改密码的界面比较简单，使用对话框类 JDialog 即可。在教务管理系统中，通过派生自 JDialog 类，生成自定义的对话框类 UpdatePwdDialog。其界面如图 23.3 所示。

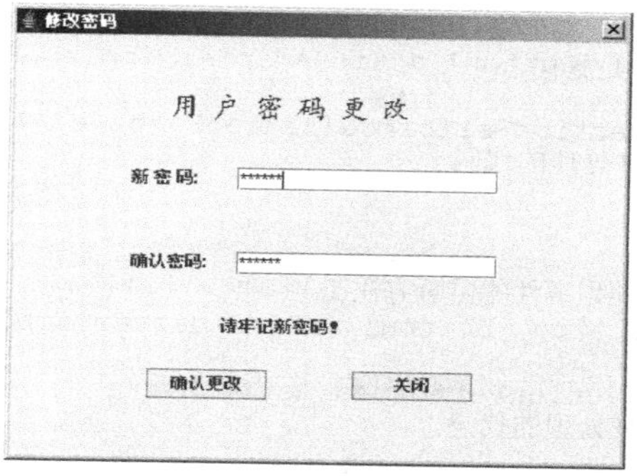

图23.3　用户密码更改界面

其代码实现如下：

```
    package accpedu;
    import java.awt.*;
    import javax.swing.*;
    import java.awt.event.*;
    public class UpdatePwdDialog extends JDialog {
        JPanel panel1 = new JPanel();
        JLabel jLabel1 = new JLabel();                      //声明“密码”标签
        JLabel jLabel2 = new JLabel();                      //声明“确认密码”标签
        JPasswordField jPasswordField1 = new JPasswordField();//声明“密码框”
        JPasswordField jPasswordField2 = new JPasswordField();//声明“确认密码框”
        JLabel jLabel3 = new JLabel();
        JLabel jLabel4 = new JLabel();
        JButton jButton1 = new JButton();                   //声明“确认更改”按钮
        JButton jButton2 = new JButton();                   //声明“关闭”按钮
        UserInfoBean userinfo=null;                         //声明封装用户信息的类
        GridBagLayout gridBagLayout1 = new GridBagLayout();    //声明网格包布局对象
        public UpdatePwdDialog(Frame owner, String title, boolean modal,UserInfoBean
userinfo) {
            super(owner, title, modal);
            this.userinfo=userinfo;                         //获得登录的用户信息
            try {
                //设置当关闭窗体时释放资源
                setDefaultCloseOperation(DISPOSE_ON_CLOSE);
                jbInit();
                pack();
            } catch (Exception exception) {
                exception.printStackTrace();
            }
        }
        public UpdatePwdDialog() {
            this(null, "密码更改对话框", true,null);
        }
        private void jbInit() throws Exception {
        //对界面进行初始化的代码
        …
    }
        //单击“确认按钮”，更改密码
    public void jButton1_actionPerformed(ActionEvent e) {
        //响应事件代码
        …
    }
    //单击“关闭”按钮，关闭修改密码的对话框
        public void jButton2_actionPerformed(ActionEvent e) {
            //响应事件代码
            …
        }
```

```
    //响应“确认更改”按钮动作事件的监听方法类
class UpdatePwdDialog_jButton1_actionAdapter implements ActionListener {
    …
        public void actionPerformed(ActionEvent e) {
            //进行事件处理的代码
            …
        }
    }
    //响应“关闭”按钮动作事件的监听方法类
    class UpdatePwdDialog_jButton1_actionAdapter implements ActionListener {
    …
        public void actionPerformed(ActionEvent e) {
            //进行事件处理的代码
            …
        }
}
```

23.4.1 jbInit()方法

jbInit()方法用来对完成创建界面组件、进行界面布局、注册相应的事件监听方法。其实现代码如下：

```
    private void jbInit() throws Exception {
        panel1.setLayout(gridBagLayout1);
        panel1.setBackground(new Color(237, 234, 255));
        jLabel1.setText("新 密 码:");
        jLabel2.setText("确认密码:");
        jLabel3.setFont(new java.awt.Font("楷体 GB2312", Font.PLAIN, 20));
        jLabel3.setForeground(Color.red);
        jLabel3.setText("用 户 密 码 更 改");
        jLabel4.setForeground(Color.red);
        jLabel4.setText("请牢记新密码！");
        jPasswordField1.setText("111111");
        jPasswordField2.setText("111111");
        jButton1.setBackground(new Color(230, 230, 255));
        jButton1.setText("确认更改");
        //为“确认”按钮添加事件监听方法
        jButton1.addActionListener(new
UpdatePwdDialog jButton1 actionAdapter(this));
        jButton2.setBackground(new Color(230, 230, 255));
        jButton2.setText("关闭");
        //为“关闭”按钮添加事件监听方法
        jButton2.addActionListener(new
UpdatePwdDialog jButton2 actionAdapter(this));
        getContentPane().add(panel1);
        panel1.add(jLabel3, new GridBagConstraints(0, 0, 3, 1, 0.0, 0.0
                , GridBagConstraints.WEST, GridBagConstraints.NONE,
                new Insets(36, 112, 0, 96), 23, 10));
        panel1.add(jLabel1, new GridBagConstraints(0, 1, 1, 1, 0.0, 0.0
                , GridBagConstraints.WEST, GridBagConstraints.NONE,
                new Insets(25, 84, 0, 0), 11, 3));
        panel1.add(jPasswordField1, new GridBagConstraints(1, 1, 2, 1, 1.0, 0.0
                , GridBagConstraints.WEST, GridBagConstraints.HORIZONTAL,
                new Insets(25, 11, 0, 90), 110, -5));
        panel1.add(jLabel2, new GridBagConstraints(0, 2, 1, 1, 0.0, 0.0
                , GridBagConstraints.WEST, GridBagConstraints.NONE,
                new Insets(39, 84, 0, 0), 10, 6));
        panel1.add(jLabel4, new GridBagConstraints(1, 3, 2, 1, 0.0, 0.0
                , GridBagConstraints.WEST, GridBagConstraints.NONE,
                new Insets(24, 0, 0, 156), 7, 4));
        panel1.add(jPasswordField2, new GridBagConstraints(1, 2, 2, 1, 1.0, 0.0
                , GridBagConstraints.WEST, GridBagConstraints.HORIZONTAL,
                new Insets(40, 11, 0, 90), 110, -5));
```

```
        panel1.add(jButton2, new GridBagConstraints(2, 4, 1, 1, 0.0, 0.0
                , GridBagConstraints.CENTER, GridBagConstraints.NONE,
                new Insets(21, 45, 44, 90), 26, -7));
        panel1.add(jButton1, new GridBagConstraints(0, 4, 2, 1, 0.0, 0.0
                , GridBagConstraints.CENTER, GridBagConstraints.NONE,
                new Insets(21, 97, 44, 0), 0, -6));
    }
```

23.4.2　修改用户权限

在数据库中修改某一用户权限的代码定义在一个单独的方法 updateUserRole（String userid,String role)中。该方法接收一个用户的账号和新的角色，根据账号在用户账号信息表中修改角色。该方法的定义如下：

```
    //在数据库中修改某一用户权限
    public int updateUserRole(String userid,String role){
        String sqlstr = "update userinfo set userrole=? where rtrim(userid)=?";
        int result = 0;
        DBConnection dbcon = new DBConnection();
        Connection con = dbcon.getConnection();        //和数据库建立连接
        PreparedStatement ps = null;
        try {
            ps = con.prepareStatement(sqlstr);
            ps.setString(1,role);
            ps.setString(2, userid);
            result = ps.executeUpdate();
        } catch (SQLException ex) {
            System.out.println("更新用户权限时出错");
        } finally {                                    //关闭数据库连接对象
            try {
                if (ps != null)
                    ps.close();
                if (con != null)
                    con.close();
            } catch (SQLException ex) { }
        }
        return result;
    }
```

23.4.3　修改用户密码

在数据库中修改某一用户的密码定义在一个单独的方法 updateUserPwd（String userid, String userpwd）中。该方法接收一个用户的账号和新的密码，根据账号在用户账号信息表中修改密码。该方法的定义如下：

```
    //在数据库中修改某一用户密码
    public int updateUserPwd(String userid,String userpwd){
        String sqlstr = "update userinfo set userpwd=? where rtrim(userid)=?";
        int result = 0;
        DBConnection dbcon = new DBConnection();
        Connection con = dbcon.getConnection();        //和数据库建立连接
        PreparedStatement ps = null;
        try {
            ps = con.prepareStatement(sqlstr);
            ps.setString(1,userpwd);
            ps.setString(2, userid);
            result = ps.executeUpdate();
        } catch (SQLException ex) {
            System.out.println("更改用户密码时出错");
        } finally {                                    //关闭数据库连接对象
```

```
            try {
                if (ps != null)
                    ps.close();
                if (con != null)
                    con.close();
            } catch (SQLException ex) {
                //do nothing
            }
        }
        return result;
    }
}
```

凡是与用户信息有关的业务操作都封装在 UserAction 类中，包括向数据库中增加用户、从数据库中删除用户、修改用户信息等。在这里只使用了其中的 updateUserPwd 方法来修改用户的密码。其他方法在后续的操作中会用到。

23.5 实现“关于”对话框

“关于”对话框主要用来提示一些帮助信息，如软件使用说明、作者信息等。在本系统中，“关于”对话框是 JDialog 类的子类。其实现代码如下：

```
package accpedu;
import java.awt.*;
import java.awt.event.*;
import javax.swing.*;
import com.borland.jbcl.layout.XYLayout;
import com.borland.jbcl.layout.*;
public class AboutBox extends JDialog implements ActionListener {
    JPanel panel1 = new JPanel();
    JPanel panel2 = new JPanel();
    JPanel insetsPanel1 = new JPanel();
    JPanel insetsPanel2 = new JPanel();
    JPanel insetsPanel3 = new JPanel();
    JButton button1 = new JButton();
    JLabel imageLabel = new JLabel();
    JLabel label1 = new JLabel();
    JLabel label2 = new JLabel();
    JLabel label3 = new JLabel();
    ImageIcon image1 = new ImageIcon();
    BorderLayout borderLayout2 = new BorderLayout();
    FlowLayout flowLayout1 = new FlowLayout();
    GridLayout gridLayout1 = new GridLayout();
    String product = "教务管理系统";
    String version = "1.0";
    String copyright = "Copyright (c) 2008";
    String comments = "";
    JLabel jLabel1 = new JLabel();
    XYLayout xYLayout1 = new XYLayout();
    public AboutBox(Frame parent) {
        super(parent);
        try {
            setDefaultCloseOperation(DISPOSE_ON_CLOSE);
            jbInit();
        } catch (Exception exception) {
            exception.printStackTrace();
        }
    }
    public AboutBox() {
        this(null);
    }
    //初始化组件，声明抛出 java.lang.Exception
```

```
    private void jbInit() throws Exception {
        image1 = new ImageIcon(accpedu.LoginFrame.class.getResource("about.
png"));
        imageLabel.setIcon(image1);
        setTitle("关于");
        panel1.setLayout(xYLayout1);
        panel2.setLayout(borderLayout2);
        insetsPanel1.setLayout(flowLayout1);
        insetsPanel2.setLayout(flowLayout1);
        insetsPanel2.setBackground(new Color(237, 234, 255));
        insetsPanel2.setBorder(BorderFactory.createEmptyBorder(10, 10, 10, 10));
        gridLayout1.setRows(4);
        gridLayout1.setColumns(1);
        label1.setText(product);
        label2.setText(version);
        label3.setText(copyright);
        insetsPanel3.setLayout(gridLayout1);
        insetsPanel3.setBackground(new Color(237, 234, 255));
        insetsPanel3.setBorder(BorderFactory.createEmptyBorder(10, 60, 10, 10));
        button1.setBackground(new Color(230, 230, 255));
        button1.setText("OK");
        button1.addActionListener(this);
        insetsPanel1.setBackground(new Color(237, 234, 255));
        panel1.setBackground(new Color(237, 234, 255));
        jLabel1.setFont(new java.awt.Font("隶书", Font.PLAIN, 20));
        jLabel1.setForeground(new Color(219, 0, 0));
        jLabel1.setText("作者：郭现杰  问题反馈 ");
        panel2.setBackground(new Color(237, 234, 255));
        insetsPanel2.add(imageLabel, null);
        panel1.add(label1, new XYConstraints(120, 74, -1, -1));
        panel2.add(insetsPanel2, BorderLayout.WEST);
        getContentPane().add(panel1, null);
        insetsPanel3.add(label2, null);
        insetsPanel3.add(label3, null);
        panel1.add(insetsPanel1, new XYConstraints(0, 219, 400, 81));
        insetsPanel1.add(button1, null);
        panel1.add(jLabel1, new XYConstraints(12, 188, 372, 31));
        panel1.add(panel2, new XYConstraints(0, 0, 400, 75));
        panel1.add(insetsPanel3, new XYConstraints(64, 93, -1, 95));
        setResizable(true);
    }
    //处理“OK”按钮事件，关于对话框，并释放资源
    public void actionPerformed(ActionEvent actionEvent) {
        if (actionEvent.getSource() == button1) {
            dispose();
        }
    }
}
```

23.6 实现人事管理模块

本节介绍人事专员管理窗体界面类 HRFrame 类的设计和实现，它是 JFrame 的子类。其界面设计如图 23.4 所示。

功能设计如下：

- 初始登录界面，以表格形式显示全体员工的基本信息。
- 在表格中单击选中任意一个员工，在下面的组件中显示相对应的详细的员工信息，如图 23.5 所示。

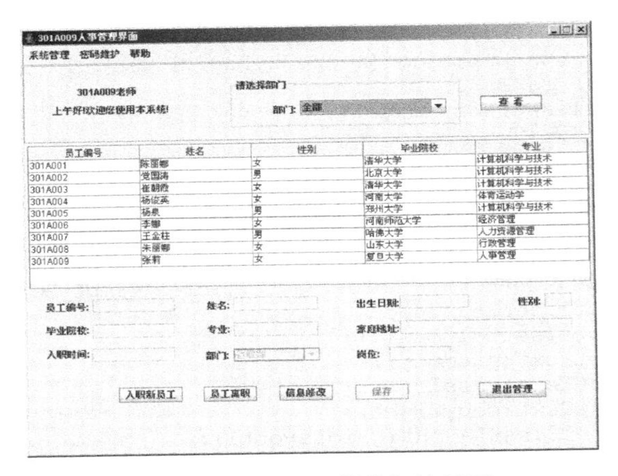

图23.4 人事管理模块初始界面

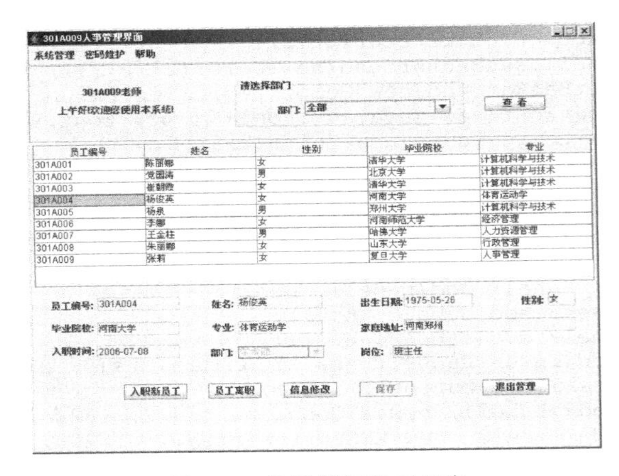

图23.5 显示详细员工信息

❑ 在“部门”组合框中选择任意一个部门，并单击“查看”按钮，会在表格中自动列出所选择部门的员工信息，如图 23.6 所示。

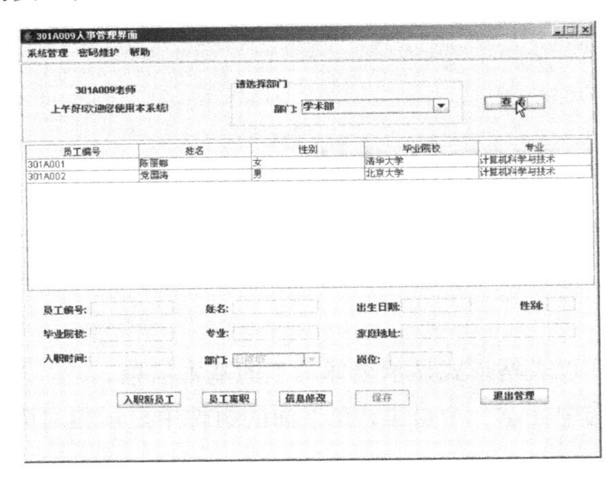

图23.6 显示部门员工信息

- 单击“入职新员工”按钮，则所有文本框清空，“入职新员工”按钮上的文本变为“取消”，“员工离职”按钮和“信息修改”按钮变为禁用状态，“保存”按钮变为可用状态。在详细文本框中输入新入职员工的信息，单击“保存”按钮，会自动将新员工信息保存到数据库中，如图 23.7 所示。

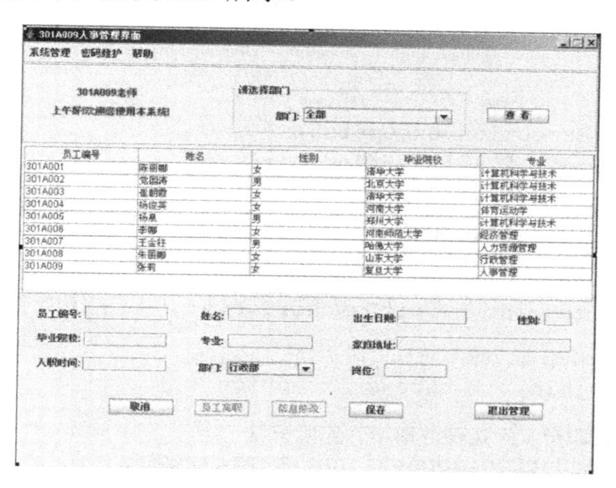

图23.7　显示部门员工信息

- 先在表格中选中要操作的教员，单击“员工离职”按钮，会从数据库及表格中删除要离职的员工；或单击“信息修改”按钮，显示教员详细信息的文本框会变为可编辑，修改信息以后，单击“保存”按钮会保存修改后的员工信息。

23.6.1　退出系统管理

单击“退出管理”按钮，会关闭当前窗体，重新回到登录界面。其代码实现如下：

```
package accpedu;
import java.awt.*;
import javax.swing.*;
import javax.swing.table.*;
import com.borland.jbcl.layout.XYLayout;
import com.borland.jbcl.layout.*;
import javax.swing.border.TitledBorder;
import java.awt.event.*;
import java.util.*;
import javax.swing.event.*;
public class HRFrame extends JFrame implements ListSelectionListener{
    BorderLayout borderLayout1 = new BorderLayout();
    JPanel jPanel1 = new JPanel();
    XYLayout xYLayout1 = new XYLayout();
    TitledBorder titledBorder1 = new TitledBorder("");
    JPanel jPanel2 = new JPanel();
    JPanel tablePanel = new JPanel();
    XYLayout xYLayout2 = new XYLayout();
    JScrollPane jScrollPane1 = new JScrollPane(); //表格要放在滚动面板中
    JTable teacherTable = new JTable();           //声明表对象

//创建组件的代码，此处省略
…

    ArrayList teacherlist = null;                 //动态数组对象，存储所有员工信息
    ArrayList departmentlist = null;              //动态数组对象，存储所有部门信息
```

```
    UserInfoBean userinfo = null;                    //登录用户信息对象
    ClassInfoBean classInfo = null;                  //班级信息对象
    //声明 JTable 的 ListSelectionModel 模型
    ListSelectionModel selectionMode = null;
    String department = "hw04";                      //部门，默认为学术部
    javax.swing.JComboBox jComboBox1 = new JComboBox();
    public HRFrame(UserInfoBean user) {
        this.userinfo = user;                  //将登录用户的信息传递给教务管理窗口

        try {
            jbInit();
        } catch (Exception exception) {
            exception.printStackTrace();
        }
        sayHello();                                  //设置欢迎词
        //初始化 departComboBox
        this.departmentlist = initDepartComboBox();
        initDetailDepart();                          //初始化部门信息
        this.teacherlist = initTeacherTable();       //初始化 Table 表
    }
  //创建组件并进行初始化组件、注册事件监听方法
      private void jbInit() throws Exception {
          ...
          //为“新入职员工”按钮注册事件监听方法
          addteacherButton.addActionListener(new
                                          HRFrame_addteacherButton_
actionAdapter(this));
          ...
          //为“离职员工”按钮注册事件监听方法
          delteacherButton.addActionListener(new
HRFrame_delteacherButton_actionAdapter(this));
          ...
          //为“修改信息”按钮注册事件监听方法
          modifyteacherButton.addActionListener(new
                  HRFrame_modifyteacherButton_actionAdapter(this));
          ...
          saveteacherButton.addActionListener(new  //为“保存”按钮注册事件监听方法
                  HRFrame_saveteacherButton_actionAdapter(this));
          ...
          //为“退出系统”按钮注册事件监听方法
          exitmanageButton.addActionListener(new
                  HRFrame_exitmanageButton_actionAdapter(this));
          ...
          teacherInfoButton.addActionListener(new  //为“查看”按钮注册事件监听方法
                  HRFrame_teacherInfoButton_actionAdapter(this));
          ...
          departComboBox.addActionListener(new //为“部门”组合框注册事件监听方法
                                          HRFrame_departComboBox_
actionAdapter(this));
          ...
      }
      //设置欢迎词
      public void sayHello(){
          ...
      }
  //在部门下拉列表中初始化部门信息
      public ArrayList initDepartComboBox(){
          ...
      }
      //初始化详细信息（detail）部分的部门信息
      public void initDetailDepart(){
          ...
      }
      //初始化 Table 表
```

```
    public ArrayList initTeacherTable(){
        ArrayList list=this.getTeacherInfo();
        ...
        selectionMode.addListSelectionListener(this);
        return list;
    }
    //表格选取响应事件
    /*当用户选取表格数据时会触发 ListSelectionEvent,
    * 我们实现 ListSelectionListener 界面来处理这一事件。ListSelectionListener 界
    * 面只定义一个方法，那就是 valueChanged()。
    */
    public void valueChanged(ListSelectionEvent e) {
        ...
    }
    //当单击“退出管理”按钮时，响应的操作
    public void exitmanageButton_actionPerformed(ActionEvent e) {
        ...
    }
    //单击“查看”按钮，刷新员工信息表格的内容
    public void teacherInfoButton_actionPerformed(ActionEvent e) {
        ...
    }
    //增加一个新的员工信息
    public void addteacherButton_actionPerformed(ActionEvent e) {
        ...
    }

    //当单击“员工离职”按钮时，响应删除员工信息操作
    public void delteacherButton_actionPerformed(ActionEvent e) {
        ...
    }

    //当单击“修改信息”按钮时，响应修改员工信息的操作
    public void modifyteacherButton_actionPerformed(ActionEvent e) {
        ...
    }
    //保存一个新的班级信息
    public void saveteacherButton_actionPerformed(ActionEvent e) {
        ...
    }
}

// 定义事件监听方法类
...
```

23.6.2 创建组件及处理事件

jbInit()方法用来创建组件并进行初始化组件、注册事件监听方法，其实现代码如下：

```
    private void jbInit() throws Exception {
        titledBorder1 = new TitledBorder(javax.swing.BorderFactory.
                              createLineBorder(new Color(232, 212,234), 2),
"请选择部门");
        getContentPane().setLayout(borderLayout1);
        jPanel1.setLayout(xYLayout1);
        jLabel1.setForeground(Color.red);
        jLabel1.setText("XXX 老师");
        jLabel2.setForeground(Color.red);
        jLabel2.setText("上午好!欢迎您使用本系统!");
        jPanel2.setBackground(new Color(237, 234, 255));
        jPanel2.setBorder(titledBorder1);
        jPanel2.setLayout(xYLayout3);
        tablePanel.setBackground(new Color(237, 234, 255));
        tablePanel.setMinimumSize(new Dimension(725, 415));
```

```
        tablePanel.setPreferredSize(new Dimension(725, 415));
        tablePanel.setLayout(xYLayout2);
        teacherTable.setMaximumSize(new Dimension(500, 300));
        teacherTable.setPreferredSize(new Dimension(100, 165));
        jLabel5.setText("员工编号:");
        jLabel6.setText("姓名:");
        jLabel7.setText("出生日期:");
        jLabel8.setText("性别:");
        jLabel9.setText("毕业院校:");
        jLabel10.setText("专业:");
        jLabel11.setText("家庭地址:");
        jLabel12.setText("入职时间:");
        jLabel19.setText("部门:");
        jLabel25.setText("岗位:");
        addteacherButton.setAlignmentY((float) 0.0);
        addteacherButton.setMargin(new Insets(2, 2, 2, 2));
        addteacherButton.setText("入职新员工");
        //为“新入职员工”按钮注册事件监听方法
        addteacherButton.addActionListener(new
                                HRFrame_addteacherButton_action
Adapter(this));
        delteacherButton.setMargin(new Insets(2, 2, 2, 2));
        delteacherButton.setText("员工离职");
        delteacherButton.addActionListener(new//为“离职员工”按钮注册事件监听方法
                                HRFrame_delteacherButton_
actionAdapter(this));
        modifyteacherButton.setMargin(new Insets(2, 2, 2, 2));
        modifyteacherButton.setText("信息修改");
        //为“修改信息”按钮注册事件监听方法
        modifyteacherButton.addActionListener(new
                HRFrame_modifyteacherButton_actionAdapter(this));
        saveteacherButton.setEnabled(false);
        saveteacherButton.setText("保存");
        //为“保存”按钮注册事件监听方法
        saveteacherButton.addActionListener(new
                HRFrame_saveteacherButton_actionAdapter(this));
        exitmanageButton.setText("退出管理");
        //为“退出系统”按钮注册事件监听方法
        exitmanageButton.addActionListener(new
                HRFrame_exitmanageButton_actionAdapter(this));
        teacherInfoButton.setMargin(new Insets(2, 2, 2, 2));
        teacherInfoButton.setText("查  看");
        //为“查看”按钮注册事件监听方法
        teacherInfoButton.addActionListener(new
                HRFrame_teacherInfoButton_actionAdapter(this));
        teacher_5.setOpaque(false);
        teacher_5.setEditable(false);
        teacher_6.setOpaque(false);
        teacher_6.setEditable(false);
        teacher_7.setOpaque(false);
        teacher_7.setEditable(false);
        teacher_4.setOpaque(false);
        teacher_4.setEditable(false);
        teacher_10.setOpaque(false);
        teacher_10.setEditable(false);
        jLabel3.setText("    ");
        teacher_1.setOpaque(false);
        teacher_1.setEditable(false);
        this.setResizable(false);
        teacher_2.setOpaque(false);
        teacher_2.setEditable(false);
        teacher_3.setOpaque(false);
        teacher_3.setEditable(false);
        teacher_8.setOpaque(false);
        teacher_8.setEditable(false);
```

```
            jLabel13.setText("部门:");
            jLabel14.setText("jLabel14");
            jComboBox1.setEnabled(false);
            jComboBox1.setOpaque(false);
            //为部门组合框注册事件监听方法
            departComboBox.addActionListener(new
                              HRFrame_departComboBox_actionAdapter(this));
            jPanel1.setBackground(new Color(237, 234, 255));
            jPanel1.setBorder(BorderFactory.createEtchedBorder());
            this.getContentPane().add(jPanel1, java.awt.BorderLayout.NORTH);
            jPanel1.add(jLabel2, new XYConstraints(35, 45, 149, 23));
            jPanel1.add(jLabel1, new XYConstraints(67, 23, 94, 23));
            this.getContentPane().add(tablePanel, java.awt.BorderLayout.CENTER);
            jScrollPane1.getViewport().add(teacherTable);
            jPanel1.add(jLabel3, new XYConstraints(345, 81, -1, -1));
            tablePanel.add(jLabel5, new XYConstraints(24, 210, 59, -1));
            tablePanel.add(jLabel7, new XYConstraints(421, 210, 57, -1));
            tablePanel.add(teacher_3, new XYConstraints(477, 208, 88, 18));
            tablePanel.add(jLabel8, new XYConstraints(628, 210, 35, -1));
            jPanel1.add(teacherInfoButton, new XYConstraints(583, 46, 78, 19));
            jPanel1.add(jPanel2, new XYConstraints(261, 18, 298, 67));
            jPanel2.add(departComboBox, new XYConstraints(85, 9, 187, 19));
            jPanel2.add(jLabel13, new XYConstraints(51, 12, -1, -1));
            MenuBar menuBar = new MenuBar(this,this.userinfo);
            jMenuBar1 = menuBar.createMenuBar();          //创建菜单栏
            setJMenuBar(jMenuBar1);                       //设置菜单栏
            tablePanel.add(jScrollPane1, new XYConstraints(4, 3, 719, 191));
            tablePanel.add(jLabel6, new XYConstraints(230, 210, 35, -1));
            tablePanel.add(teacher_4, new XYConstraints(662, 208, 35, 18));
            tablePanel.add(jLabel12, new XYConstraints(24, 234, 59, 17));
            tablePanel.add(jLabel19, new XYConstraints(238, 237, -1, 18));
            tablePanel.add(teacher_10, new XYConstraints(462, 237, 79, 18));
            tablePanel.add(jLabel25, new XYConstraints(421, 238, -1, -1));
            tablePanel.add(modifyteacherButton, new XYConstraints(321, 323, 68,
20));
            tablePanel.add(delteacherButton, new XYConstraints(234, 323, 68, 20));
            tablePanel.add(saveteacherButton, new XYConstraints(418, 323, 68, 20));
            tablePanel.add(addteacherButton, new XYConstraints(116, 323, 81, 20));
            tablePanel.add(jLabel9, new XYConstraints(24, 242, 59, 17));
            tablePanel.add(teacher_5, new XYConstraints(83, 242, 105, 18));
            tablePanel.add(jLabel10, new XYConstraints(230, 243, 34, 17));
            tablePanel.add(teacher_6, new XYConstraints(264, 242, 108, 18));
            tablePanel.add(jLabel11, new XYConstraints(421, 244, 57, -1));
            tablePanel.add(teacher_1, new XYConstraints(84, 208, 105, 18));
            tablePanel.add(teacher_7, new XYConstraints(477, 242, 230, 18));
            tablePanel.add(teacher_8, new XYConstraints(82, 234, 106, 18));
            tablePanel.add(teacher_2, new XYConstraints(264, 208, 108, 18));
            tablePanel.add(jComboBox1, new XYConstraints(263, 237, 110, 17));
            tablePanel.add(exitmanageButton, new XYConstraints(576, 326, 86, 21));
    }
```

23.6.3　动态显示登录者相关信息

当人事专员刚登录人事管理模块时，在部门下拉列表中应该初始化显示所有的部门信息，在详细信息部分，也应该初始出现详细的部门信息，在表格中初始显示所有的员工信息。其实现代码如下：

```
    //在部门下拉列表中初始化部门信息
        public ArrayList initDepartComboBox(){
            DefaultComboBoxModel defaultComboBoxModel=new DefaultComboBoxModel();
            defaultComboBoxModel.addElement("全部");
            //访问部门信息的业务类
            DepartmentAction departmentAction=new DepartmentAction();
```

```
        //获取所有的部门
        ArrayList list=departmentAction.findAllDepartments();
        Iterator it=list.iterator();                                //获得迭代方法
        while(it.hasNext()){                                        //迭代所有部门
            DepartmentInfoBean departmentinfo=(DepartmentInfoBean)it.next();
            defaultComboBoxModel.addElement(departmentinfo.getDepartmentName());
        }
        departComboBox.setModel(defaultComboBoxModel);
        departComboBox.setSelectedIndex(0);
        return list;
    }
    //初始化详细信息（detail）部分的部门信息
    public void initDetailDepart(){
        DefaultComboBoxModel defaultComboBoxModel=new DefaultComboBoxModel();
        //创建部门业务类对象
        DepartmentAction departmentAction=new DepartmentAction();
        //调用相关业务方法
        ArrayList list=departmentAction.findAllDepartments();
        Iterator it=list.iterator();
        while(it.hasNext()){
            DepartmentInfoBean departmentinfo=(DepartmentInfoBean)it.next();

defaultComboBoxModel.addElement(departmentinfo.getDepartmentName());
        }
        jComboBox1.setModel(defaultComboBoxModel);
        jComboBox1.setSelectedIndex(0);
    }
    //初始化 Table 表
    public ArrayList initTeacherTable(){
        ArrayList list=this.getTeacherInfo();
        DefaultTableModel defaultTableModel1=new DefaultTableModel();
        defaultTableModel1.setColumnCount(0);
        defaultTableModel1.setRowCount(0);
        //添加表头
        defaultTableModel1.addColumn("员工编号");
        defaultTableModel1.addColumn("姓名");
        defaultTableModel1.addColumn("性别");
        defaultTableModel1.addColumn("毕业院校");
        defaultTableModel1.addColumn("专业");
        //添加表格内容
        TeacherInfoBean teacherinfo=null;
        int i=0;
        if(list!=null){
            Iterator it=list.iterator();
            while(it.hasNext()){
                defaultTableModel1.setNumRows(i+1);
                teacherinfo=(TeacherInfoBean)it.next();
                defaultTableModel1.setValueAt(teacherinfo.getTeacherId(),i,0);
                defaultTableModel1.setValueAt(teacherinfo.getTeacherName(),i,1);
                defaultTableModel1.setValueAt(teacherinfo.getTeacherSex(),i,2);
                defaultTableModel1.setValueAt(teacherinfo.getTeacherSchool(),i,3);
                defaultTableModel1.setValueAt(teacherinfo.getTeacherTech(),i,4);
                i++;
            }
        }else{
            System.out.println("error:HRFrame.initTeacherTable()");
        }
        teacherTable.setModel((TableModel)defaultTableModel1);
        //使得表格的选取是以 cell 为单位，而不是以列为单位。若没有写此行，则在选取表格数
        //据时以整列为单位
        teacherTable.setCellSelectionEnabled(true);
        //取得 table 的 ListSelectionModel
        selectionMode= teacherTable.getSelectionModel();
        //设置为单选
        selectionMode.setSelectionMode(ListSelectionModel.SINGLE_SELECTION);
```

```
            teacherTable.revalidate();
            selectionMode.addListSelectionListener(this);
            return list;
        }
```

23.6.4　员工个人信息的查询

当用户在员工信息表中选择一个员工时（选中其中一行），该员工的详细信息应出现在表格下方的各个文本框中。这是通过为表格添加一个表格选取响应事件监听方法 ListSelectionListener 来实现的。该监听方法会接收并处理用户选取表格数据时触发的 ListSelectionEvent 事件。其实现代码如下：

```
        //表格选取响应事件
        /*当用户选取表格数据时会触发 ListSelectionEvent,
        * 我们实现 ListSelectionListener 监听方法来处理这一事件。ListSelectionListener
        * 监听方法中
        * 只定义一个方法，那就是 valueChanged()
        */
        public void valueChanged(ListSelectionEvent e) {
            int row= teacherTable.getSelectedRow();        //获取用户选择的行
            if(row<0){
                row=0;
            }
            if(row>=0 && teacherlist.size()>0){
                //获取选择的用户信息
                TeacherInfoBean      teacherinfo      =      (TeacherInfoBean)
teacherlist.get(row);
                //给文本框赋值
                teacher 1.setText(teacherinfo.getTeacherId());
                teacher 2.setText(teacherinfo.getTeacherName());
                teacher 3.setText(teacherinfo.getTeacherBirthday());
                teacher 4.setText(teacherinfo.getTeacherSex());
                teacher 5.setText(teacherinfo.getTeacherSchool());
                teacher 6.setText(teacherinfo.getTeacherTech());
                teacher 7.setText(teacherinfo.getTeacherAddress());
                teacher 8.setText(teacherinfo.getTeacherInDate());
                jComboBox1.setSelectedIndex(row);
                teacher 10.setText(teacherinfo.getTeacherDuty());
            }
    }
```

23.6.5　事件处理方法回调

与前面的代码功能模块相似，在这个模块中程序也要大量地响应人事专员的各种操作，这也是通过为相应的组件添加事件监听方法实现的。这些事件监听方法都是单独定义的监听方法类，通过构造监听方法时传递进来的窗体对象进行事件处理方法回调来响应用户的操作。这些监听方法类的实现如下：

```
    //“信息修改”按钮的动作事件监听方法
    class HRFrame_modifyteacherButton_actionAdapter implements ActionListener {
        private HRFrame adaptee;
        HRFrame_modifyteacherButton_actionAdapter(HRFrame adaptee) {
            this.adaptee = adaptee;
        }
        public void actionPerformed(ActionEvent e) {
            adaptee.modifyteacherButton_actionPerformed(e);
        }
    }
    //“保存”按钮的动作事件监听方法
```

```
class HRFrame_saveteacherButton_actionAdapter implements ActionListener {
    private HRFrame adaptee;
    HRFrame_saveteacherButton_actionAdapter(HRFrame adaptee) {
        this.adaptee = adaptee;
    }
    public void actionPerformed(ActionEvent e) {
        adaptee.saveteacherButton_actionPerformed(e);
    }
}
//“员工离职”按钮的动作事件监听方法
class HRFrame_delteacherButton_actionAdapter implements ActionListener {
    private HRFrame adaptee;
    HRFrame_delteacherButton_actionAdapter(HRFrame adaptee) {
        this.adaptee = adaptee;
    }
    public void actionPerformed(ActionEvent e) {
        adaptee.delteacherButton_actionPerformed(e);
    }
}
//“新入职员工”按钮的动作事件监听方法
class HRFrame_addteacherButton_actionAdapter implements ActionListener {
    private HRFrame adaptee;
    HRFrame_addteacherButton_actionAdapter(HRFrame adaptee) {
        this.adaptee = adaptee;
    }
    public void actionPerformed(ActionEvent e) {
        adaptee.addteacherButton_actionPerformed(e);
    }
}
//“查看”按钮的动作事件监听方法
class HRFrame_teacherInfoButton_actionAdapter implements ActionListener {
    private HRFrame adaptee;
    HRFrame_teacherInfoButton_actionAdapter(HRFrame adaptee) {
        this.adaptee = adaptee;
    }
    public void actionPerformed(ActionEvent e) {
        adaptee.teacherInfoButton_actionPerformed(e);
    }
}
//“退出系统”按钮的动作事件监听方法
class HRFrame_exitmanageButton_actionAdapter implements ActionListener {
    private HRFrame adaptee;
    HRFrame_exitmanageButton_actionAdapter(HRFrame adaptee) {
        this.adaptee = adaptee;
    }
    public void actionPerformed(ActionEvent e) {
        adaptee.exitmanageButton_actionPerformed(e);
    }
}
```

在上面的类中用到了如下 4 个类。

- DepartmentInfoBean 类：这是一个部门信息类，用来封装部门的信息。
- TeacherInfoBean 类：这是一个员工信息类，用来封装员工的信息。
- DepartmentAction 类：这是一个对部门信息进行操作的业务类。用来连接数据库，进行与部门信息有关的操作。
- TeacherAction 类：这是一个对员工信息进行操作的业务类。用来连接数据库，进行与员工信息有关的操作。

在后面的相应小节进行详细介绍。

23.7 实现 TeacherInfoBean 信息封装类

通过创建部门信息封装类和员工信息封装类，可以很容易地生成其实例对象。在不同对象间通过传递信息封装类的实例对象，达到信息传递的目的。

代表员工信息的 TeacherInfoBean 类的实现代码如下：

```
package accpedu;
public class TeacherInfoBean {
    private String teacherId;                    //员工编号
    private String teacherName;                  //员工姓名
    private String teacherBirthday;              //员工出生日期
    private String teacherSex;                   //员工性别
    private String teacherSchool;                //毕业院校
    private String teacherTech;                  //专业
    private String teacherAddress;               //联系地址
    private String teacherInDate;                //入职时间
    private String teacherDepartment;            //所在部门
    public TeacherInfoBean() {
    }
    //以下为对属性进行读/写的 get/set 方法
    public void setTeacherId(String tId){
        this.teacherId=tId;
    }
    public String getTeacherId(){
        return this.teacherId;
    }
    public void setTeacherName(String tName){
        this.teacherName=tName;
    }
    public String getTeacherName(){
        return this.teacherName;
    }
    public void setTeacherBirthday(String tBirthday){
        this.teacherBirthday=tBirthday;
    }
    public String getTeacherBirthday(){
        return this.teacherBirthday;
    }
    public void setTeacherSex(String tSex){
        this.teacherSex=tSex;
    }
    public String getTeacherSex(){
        return this.teacherSex;
    }
    public void setTeacherSchool(String tSchool){
        this.teacherSchool=tSchool;
    }
    public String getTeacherSchool(){
        return this.teacherSchool;
    }
    public void setTeacherTech(String tTech){
        this.teacherTech=tTech;
    }
    public String getTeacherTech(){
        return this.teacherTech;
    }
    public void setTeacherAddress(String tAddress){
        this.teacherAddress=tAddress;
    }
    public String getTeacherAddress(){
        return this.teacherAddress;
```

```
    }
    public void setTeacherInDate(String tInDate){
        this.teacherInDate=tInDate;
    }
    public String getTeacherInDate(){
        return this.teacherInDate;
    }
    public void setTeacherDepartment(String tDepartment){
        this.teacherDepartment=tDepartment;
    }
    public String getTeacherDepartment(){
        return this.teacherDepartment;
    }
}
```

23.8 实现 DepartmentAction、TeacherAction 业务处理类

根据 MVC 设计模式，对后台数据进行操作的业务逻辑，用专门的业务处理类实现，可以达到解耦合、可扩展性强的目的。本系统就采用 MVC 的模式，将对部门信息的访问操作和对员工信息的访问操作封装在专门的业务类 DepartmentAction 和 TeacherAction 中。

23.8.1 实现 DepartmentAction 类

DepartmentAction 类用来实现在数据库中查询所有部门信息的功能，代码实现如下：

```
package accpedu;
import java.sql.PreparedStatement;
import java.sql.ResultSet;
import java.util.ArrayList;
import java.sql.SQLException;
import java.sql.Connection;
public class DepartmentAction {
    public DepartmentAction() {
    }
    //在数据库中查询所有部门信息
    public ArrayList findAllDepartments(){
        ArrayList list=new ArrayList();
        String sqlstr="select * from departmentinfo";
        DBConnection dbcon = new DBConnection();
        Connection con = dbcon.getConnection();        //和数据库建立连接
        PreparedStatement ps=null;
        ResultSet rs=null;
        try{
            ps=con.prepareStatement(sqlstr);
            rs=ps.executeQuery();    //执行查询操作，返回的结果保存在结果集中
            while(rs.next()){
                DepartmentInfoBean departmentinfo=new DepartmentInfoBean();
                //将每个班级信息保存到一个班级对象 departmentinfo 中
                departmentinfo.setDepartmentId(rs.getString(1));
                departmentinfo.setDepartmentName(rs.getString(2));
                //将查询出来的班级信息存放到一个动态数组当中
                list.add(departmentinfo);
            }
        }catch (SQLException ex) {
            System.out.println("查询部门时出错");
        }finally{                                        //关闭数据库连接对象
            try{
                if(rs!=null) rs.close();
```

```
                if(ps!=null) ps.close();
                if(con!=null)   con.close();
            }catch(SQLException ex){
                //do nothing
            }
        }
        return list;                    //将集合了所查询到的部门信息动态数组返回
    }
}
```

在 findAllDepartments()方法中，将查询到的每一个部门都封装到部门信息类 DepartmentInfoBean 的实例对象中，然后将每一个对象（代表每一个部门）添加到一个动态数组中，最后返回此动态数组。在应用程序中，就可以在需要的地方调用此方法获得所有部门信息的数组列表。

23.8.2　实现 TeacherAction 类

TeacherAction 类用来实现在数据库中对员工信息进行处理的功能，包括：

- 在数据库中查询某部门已经是用户的员工信息。
- 在数据库中查询某部门非用户的员工信息。
- 在数据库中查询某部门员工信息。
- 向数据库中增加某一员工信息。
- 在数据库中删除某一员工信息。

上述每一个功能，都有相应的方法实现，其代码实现如下：

```
package accpedu;
import java.sql.PreparedStatement;
import java.sql.ResultSet;
import java.sql.Connection;
import java.util.ArrayList;
import java.sql.SQLException;
public class TeacherAction {
    public TeacherAction() {
}
    //在数据库中查询某部门已经是用户的员工信息
    public ArrayList findUserTeachersByDepart(String department){
        ArrayList list=new ArrayList();
        ...
        return list;                                //返回数组列表
    }
    //在数据库中查询某部门非用户的员工信息
    public ArrayList findNonUserTeachersByDepart(String department){
        ArrayList list=new ArrayList();
        ...
        return list;
    }
    //在数据库中查询某部门员工信息
    public ArrayList findTeachersByDepart(String department){
        ArrayList list=new ArrayList();
        ...
        return list;
    }
    //向数据库中增加某一员工信息
    public int addTeacher(TeacherInfoBean teacherinfo){
        int result = 0;
        ...
        return result;
    }
    //在数据库中删除某一员工信息
```

```
    public int delTeacher(String teacherid){
        int result = 0;
        ...
        return result;
    }
}
```

其中，在数据库中查询某部门已经是用户的员工信息的代码定义在一个单独的方法findUserTeachersByDepart(String department)中。该方法接收一个部门的编号，并查找该部门中所有已经是注册用户的员工信息。查询到的所有员工信息放入一个动态数组中，并返回。该方法的定义如下：

```
    //在数据库中查询某部门已经是用户的员工信息
    public ArrayList findUserTeachersByDepart(String department){
        ArrayList list=new ArrayList();
        //设置查询字符串
        String sqlstr="select * from teacherinfo where rtrim(teacherdepartment)
like ? "+"and rtrim(teacherid) in ("+
                    "select userid from userinfo)";
        DBConnection dbcon = new DBConnection();          //创建连接对象
        Connection con = dbcon.getConnection();           //和数据库建立连接
        PreparedStatement ps=null;                        //声明预编译语句对象
        ResultSet rs=null;                                //声明结果集对象
        try{
            ps=con.prepareStatement(sqlstr);              //执行预编译命令
            ps.setString(1,department);                   //设置预编译命令参数
            rs=ps.executeQuery();                         //执行查询操作
            while(rs.next()){                             //如果查询结果不为空
                System.out.println("已经查找到此部门的所有已经是用户的员工信息");
                //创建封装员工信息的实例对象
                TeacherInfoBean teacherinfo=new TeacherInfoBean();
                //将每个员工信息保存到一个教员对象 teacherinfo 中
                teacherinfo.setTeacherId(rs.getString(1));
                teacherinfo.setTeacherName(rs.getString(2));
                teacherinfo.setTeacherBirthday(rs.getString(3));
                teacherinfo.setTeacherSex(rs.getString(4));
                teacherinfo.setTeacherSchool(rs.getString(5));
                teacherinfo.setTeacherTech(rs.getString(6));
                teacherinfo.setTeacherAddress(rs.getString(7));
                teacherinfo.setTeacherInDate(rs.getString(8));
                teacherinfo.setTeacherDepartment(rs.getString(9));
                teacherinfo.setTeacherDuty(rs.getString(10));
                //将查询出来的班级信息存放到一个动态数组当中
                list.add(teacherinfo);
            }
        }catch (SQLException ex) {
            System.out.println("查询教员信息时出错 2");
        }finally{                                         //关闭数据库连接对象
            try{
                if(rs!=null) rs.close();
                if(ps!=null) ps.close();
                if(con!=null)   con.close();
            }catch(SQLException ex){
                //do nothing
            }
        }
        return list;                                      //返回数组列表
    }
```

其中，在数据库中查询某部门非用户的员工信息的代码定义在一个单独的方法findNonUserTeachersByDepart(String department)中。该方法接收一个部门的编号，并查找该部门中所有还未注册成为用户的员工信息。查询到的所有员工信息放入一个动态数组中，并返回。该方法的定义如下：

```
        //在数据库中查询某部门非用户的员工信息
        public ArrayList findNonUserTeachersByDepart(String department){
            ArrayList list=new ArrayList();
            //设置查询字符串
            String sqlstr="select * from teacherinfo where rtrim(teacherdepartment)
like ? "+"and rtrim(teacherid) not in ("+"select userid from userinfo)";
            DBConnection dbcon = new DBConnection();          //创建连接对象
            Connection con = dbcon.getConnection();           //和数据库建立连接
            PreparedStatement ps=null;                        //声明预编译语句对象
            ResultSet rs=null;                                //声明结果集对象
            try{
                ps=con.prepareStatement(sqlstr);              //执行预编译命令
                ps.setString(1,department);                   //设置预编译命令参数
                rs=ps.executeQuery();                         //执行查询操作
                while(rs.next()){                             //如果查询结果不为空
                    TeacherInfoBean teacherinfo=new TeacherInfoBean();
                    //将每个员工信息保存到一个教员对象 teacherinfo 中
                    teacherinfo.setTeacherId(rs.getString(1));
                    teacherinfo.setTeacherName(rs.getString(2));
                    teacherinfo.setTeacherBirthday(rs.getString(3));
                    teacherinfo.setTeacherSex(rs.getString(4));
                    teacherinfo.setTeacherSchool(rs.getString(5));
                    teacherinfo.setTeacherTech(rs.getString(6));
                    teacherinfo.setTeacherAddress(rs.getString(7));
                    teacherinfo.setTeacherInDate(rs.getString(8));
                    teacherinfo.setTeacherDepartment(rs.getString(9));
                    teacherinfo.setTeacherDuty(rs.getString(10));
                    //将查询出来的班级信息存放到一个动态数组当中
                    list.add(teacherinfo);
                }
            }catch (SQLException ex) {
                System.out.println("查询教员信息时出错 2");
            }finally{                                         //关闭数据库连接对象
                try{
                    if(rs!=null) rs.close();
                    if(ps!=null) ps.close();
                    if(con!=null)   con.close();
                }catch(SQLException ex){
                    //do nothing
                }
            }
            return list;
    }
```

其中，在数据库中查询指定某部门的员工信息的代码定义在一个单独的方法findTeachersByDepart (String department)中。该方法接收一个部门的编号，并查找该部门中所有的员工信息。查询到的所有员工信息放入一个动态数组中，并返回。该方法的定义如下：

```
        //在数据库中查询某部门员工信息
        public ArrayList findTeachersByDepart(String department){
            ArrayList list=new ArrayList();
            String sqlstr="select * from teacherinfo where rtrim(teacherdepartment)
like ?";
            DBConnection dbcon = new DBConnection();
            Connection con = dbcon.getConnection();           //和数据库建立连接
            PreparedStatement ps=null;
            ResultSet rs=null;
            try{
                ps=con.prepareStatement(sqlstr);
                ps.setString(1,department);
                rs=ps.executeQuery();
                while(rs.next()){
                    TeacherInfoBean teacherinfo=new TeacherInfoBean();
                    //将每个员工信息保存到一个教员对象 teacherinfo 中
                    teacherinfo.setTeacherId(rs.getString(1));
```

```
                teacherinfo.setTeacherName(rs.getString(2));
                teacherinfo.setTeacherBirthday(rs.getString(3));
                teacherinfo.setTeacherSex(rs.getString(4));
                teacherinfo.setTeacherSchool(rs.getString(5));
                teacherinfo.setTeacherTech(rs.getString(6));
                teacherinfo.setTeacherAddress(rs.getString(7));
                teacherinfo.setTeacherInDate(rs.getString(8));
                teacherinfo.setTeacherDepartment(rs.getString(9));
                teacherinfo.setTeacherDuty(rs.getString(10));
                //将查询出来的班级信息存放到一个动态数组当中
                list.add(teacherinfo);
            }
        }catch (SQLException ex) {
            System.out.println("查询教员信息时出错");
        }finally{  //关闭数据库连接对象
            try{
                if(rs!=null) rs.close();
                if(ps!=null) ps.close();
                if(con!=null)   con.close();
            }catch(SQLException ex){
                //do nothing
            }
        }
        return list;
    }
```

其中，向数据库中增加一个员工信息的代码定义在一个单独的方法 addTeacher (TeacherInfoBean teacherinfo)中。该方法接收一个员工的信息，并将该员工的信息写入数据库中。该方法的定义如下：

```
    //向数据库中增加某一员工信息
    public int addTeacher(TeacherInfoBean teacherinfo){
        String sqlstr = "insert into teacherinfo values(?,?,?,?,?,?,?,?,?,?)";
        int result = 0;
        DBConnection dbcon = new DBConnection();        //创建数据库连接对象
        Connection con = dbcon.getConnection();         //和数据库建立连接
        PreparedStatement ps = null;
        try {
            ps = con.prepareStatement(sqlstr);          //创建预编译语句对象
            ps.setString(1, teacherinfo.getTeacherId());
            ps.setString(2, teacherinfo.getTeacherName());
            ps.setString(3, teacherinfo.getTeacherBirthday());
            ps.setString(4, teacherinfo.getTeacherSex());
            ps.setString(5, teacherinfo.getTeacherSchool());
            ps.setString(6, teacherinfo.getTeacherTech());
            ps.setString(7, teacherinfo.getTeacherAddress());
            ps.setString(8, teacherinfo.getTeacherInDate());
            ps.setString(9, teacherinfo.getTeacherDepartment());
            ps.setString(10, teacherinfo.getTeacherDuty());
            result = ps.executeUpdate();
        } catch (SQLException ex) {
            System.out.println("增加教员信息时出错");
        } finally {                                     //关闭数据库连接对象
            try {
                if (ps != null)
                    ps.close();
                if (con != null)
                    con.close();
            } catch (SQLException ex) {
                //do nothing
            }
        }
        return result;
    }
```

其中，从数据库中删除某一指定员工信息的代码定义在一个单独的方法 delTeacher (String teacherid)中。该方法接收一个员工的工号（工号同时也是教师登录教务系统的账号），并从数据库中删除该账号所对应的员工信息。该方法的定义如下：

```
    //在数据库中删除某一员工信息
    public int delTeacher(String teacherid){
        String sqlstr = "delete from teacherinfo where rtrim(teacherid)=?";
        int result = 0;
        DBConnection dbcon = new DBConnection();          //创建数据库连接对象
        Connection con = dbcon.getConnection();           //和数据库建立连接
        PreparedStatement ps = null;
        try {
            ps = con.prepareStatement(sqlstr);            //创建预编译语句对象
            ps.setString(1, teacherid);                   //设置预编译语句中的参数值
            //执行 SQL 语句对象，并返回一个 int 类型的值
            result = ps.executeUpdate();
        } catch (SQLException ex) {   //在执行数据库操作时，要处理可能会发生的异常
            System.out.println("删除教员信息时出错");
        } finally {                                       //关闭数据库连接对象
            try {
                if (ps != null)
                    ps.close();
                if (con != null)
                    con.close();
            } catch (SQLException ex) {
                //do nothing
            }
        }
        return result;
    }
}
```

23.9 软件部署

至此，教务管理系统的登录模块、密码修改模块、人事管理模块等已基本实现。要部署给用户使用，还需要做如下一些工作。

23.9.1 组织程序所需资源

本系统中，除了包 accpedu 中的 class 文件之外，还用到了一些图像、XYLayout 布局管理方法包和 MySQL 的驱动程序包。为了使这些资源组织得更加合理，保证程序的可移植性，将这些资源布局如图 23.8 所示。

图23.8　程序资源组织

其中，accpedu 文件夹对应 accpedu 包，内放.class 类文件。com 文件夹下对应两个子目录：

borland 内含 XYLayout 布局管理方法类；mysql 内含 mysql 驱动程序。images 文件夹下存放应用程序所需的图像。

23.9.2 运行和测试程序

编写好以上代码之后，将本项目生成 jar 文件，取名为 accpedu.jar 文件，就会启动教务管理系统的登录界面。按前面几节的功能描述进行测试。这里有几点需要注意：

- 在运行之前，首先要保证数据库服务方法处于运行状态。
- 要保证 accpedu.jar 包能双击执行，必须保证应用程序运行所在电脑已经安装了 Java 虚拟机。
- 当移植此应用程序时，保证 com、images 文件夹及 accpedu.jar 文件位于同一目录下。

23.10 项目总结

数据库应用程序的开发是 Java 程序员最经常接触到的项目类型之一。数据库开发技术同样也是 Java 语言中最重要的技术之一。本案例通过一个真实的教务管理系统，着重向读者介绍了从项目背景、需求分析、总体设计和概要设计、数据库设计与实现、功能代码实现到应用程序部署和运行测试的完整的开发过程，比较详细地向读者展示了 Java 数据库应用程序的开发技术。

本项目有以下几个亮点：

- 采用了 MVC 的开发模式，将访问数据库的业务逻辑与前台窗体界面的展示相分离，增强了程序的可扩展性和可维护性。
- 将创建菜单栏和创建数据库连接对象的操作，封装到单独的类中，增强了程序的独立性和灵活性，增加了代码的可复用性，并减少了代码冗余。
- 采用第 4 类 jdbc 驱动程序和开源的 MySQL 数据库，应用程序可移植性高。
- 实用的资源组织和打包实战经验介绍，有助于读者快速掌握可执行程序的创建技术。

当然，作为本书的一个案例，本教务管理系统还有许多待进一步完善的地方：

- 只实现了登录模块和人事管理模块，读者还可以在此基础上实现如班级管理、学生考勤、学生成绩管理、学生基本信息管理等功能。
- 在真正开发此类 MIS 系统项目时，一般会借助于一些集成开发环境工具（IDE），如 JBuilder、Eclipse、NetBeans 等，加快开发进度，并有利于进行代码调试和功能测试，提高工作效率。并且使用可视化开发技术，能将程序员从复杂的界面设计中解脱出来。

在学习本章内容时，读者可能会遇到的难点之一是对应用程序业务逻辑的理解，以及 MVC 的开发模式。另外，读者在实际调试和运行本程序时，也要注意数据库驱动程序的配置。如果驱动程序配置不正确，可能会使得程序无法正常运行，对此，读者一定要注意。